生物分离工程

Bioseparation Engineering

李　健　陈超翔　主编　　曹敏杰　主审

化学工业出版社

·北京·

内容简介

《生物分离工程》系统介绍了生物分离工程中涉及的关键技术和工艺流程，包括生物分离工程中常见的单元操作，如发酵液预处理及液固分离、离心、细胞破碎、沉淀、膜分离、萃取、色谱分离、磁分离、电泳、结晶、蒸发与干燥等。通过纸数融合的形式详细介绍了这些技术的基本原理、主要特点、应用范围、操作过程、影响因素、常用设备等。同时，结合编者团队自身的科研工作，整合多种现代生物制品生产案例，详细介绍了生物分离工程在生物制品研发和生产中的具体应用。

本书可作为高等院校生物工程专业本科生教材，也可供从事生物分离、生物医药、生物化工等领域工作的科研人员参考。

图书在版编目（CIP）数据

生物分离工程 / 李健，陈超翔主编． -- 北京 ：化学工业出版社，2025.8． --（化学工业出版社"十四五"普通高等教育规划教材）． -- ISBN 978-7-122-48125-2

Ⅰ．Q81

中国国家版本馆 CIP 数据核字第 2025Q1A760 号

责任编辑：李建丽　　　　　　　　　　　　文字编辑：刘洋洋
责任校对：赵懿桐　　　　　　　　　　　　装帧设计：张　辉

出版发行：化学工业出版社（北京市东城区青年湖南街13号　邮政编码100011）
印　　装：三河市双峰印刷装订有限公司
787mm×1092mm　1/16　印张18¾　字数469千字　2025年9月北京第1版第1次印刷

购书咨询：010-64518888　　　　　　　　　售后服务：010-64518899
网　　址：http://www.cip.com.cn
凡购买本书，如有缺损质量问题，本社销售中心负责调换。

定　　价：59.00元

编写人员名单

主　编	李　健	集美大学海洋食品与生物工程学院
	陈超翔	集美大学海洋食品与生物工程学院
主　审	曹敏杰	集美大学海洋食品与生物工程学院
参　编	陈玉磊	集美大学海洋食品与生物工程学院
	谢佳璇	集美大学海洋食品与生物工程学院
	吴达仁	集美大学海洋食品与生物工程学院
	黄少华	宁波大学新药技术研究院
	林雄水	同舟纵横（厦门）流体技术有限公司
	颜秀翠	北京欧倍尔软件技术开发有限公司
	李晓静	思拓凡（Cytiva）

序

生物分离工程是现代生物技术的核心支撑环节，其技术水平直接决定了生物制品的纯度、收率和产业化可行性。尤其在基因工程药物、疫苗、抗体等高端生物制品领域，下游分离纯化成本占比高达70%～90%，是突破"卡脖子"技术的关键所在。本教材立足国家"十四五"规划对生物技术人才的战略需求，系统梳理了该领域的技术脉络与发展趋势，恰逢其时地为高等教育和产业创新提供了重要参考。本书具有三大鲜明特色：

一曰体系完整，根基扎实。从原料预处理、固液分离、细胞破碎到色谱纯化、结晶干燥，完整覆盖生物分离全链条单元操作，尤其深入阐释了膜分离、萃取及色谱等技术的科学原理与工程化设计要点，为学习者构建了系统化知识框架。

二曰守正创新，聚焦前沿。在夯实离心、过滤、萃取等传统技术基础上，专章探讨磁分离、混合模式色谱、错流过滤等新兴技术，引入重组腺病毒载体疫苗、细胞外囊泡等新一代生物工程制品作为案例，并融入绿色生物分离、跨学科融合等发展趋势，体现教材的前瞻性。

三曰产教融合，知行合一。主编团队集高校科研优势与企业实践经验，精选疫苗纯化、抗体精制等产业案例，配套动画视频实现"纸数融合"，显著提升教学实效。

本教材由集美大学牵头，联合宁波大学、思拓凡（Cytiva）等院校企业专家共同编纂，理论严谨、案例翔实、表述精炼，既可作为生物工程、生物制药专业的高水平教学用书，亦可为科研人员优化工艺提供方法论指导。相信本书的出版将有力推动我国生物分离领域的人才培养与技术自主创新，为服务健康中国战略、打造生物制造强国奠定坚实基础。

欣然作序，以荐学界同仁。

中国科学院 院士

▶ 前言

　　生物分离工程是生物制品研发和生产过程中下游加工过程的重要组成部分。随着现代生物技术的不断进步，对生物制品下游加工过程的分离纯化技术提出了新的要求，从而促进其不断发展。本书编者结合多年的教学和科研经验，系统介绍了生物分离工程中所涉及的各种关键技术和工艺流程，包括生物分离工程中常见的单元操作，如发酵液预处理及液固分离、离心、细胞破碎、沉淀、膜分离、萃取、色谱分离、磁分离、电泳、结晶、蒸发与干燥等。本书详细介绍了这些技术的基本原理、主要特点、应用范围、操作过程、影响因素、常用设备及其在多种现代生物制品研发和生产过程中的应用案例。

　　本书以纸数融合的新型教材形式呈现，在介绍各种生物分离技术基础理论时通过视频动画加深读者对相关技术原理的理解和掌握。同时，注重理论联系实际，根据现代生物制品的研究前沿和社会生产实际，选择多种代表性生物制品作为典型实例介绍生物分离技术的应用及工艺设计策略。尤其是生物分离综合应用一章，编者团队结合自身科研工作，详细介绍了从小分子、大分子到生物纳米粒子等多种不同尺寸和种类生物制品的典型生物分离工艺设计策略和应用实例，具有较强的前沿性和实用性。通过本书的学习，读者能够针对不同类型的生物制品，综合运用所学的生物分离技术，设计或优化生物分离工艺路线，并对其进行分析。

　　书稿在编写过程中得到曹敏杰教授的总体指导和审阅，另外陈玉磊、谢佳璇、吴达仁、黄少华老师，以及同舟纵横（厦门）流体技术有限公司林雄水、北京欧倍尔软件技术开发有限公司颜秀翠、思拓凡（Cytiva）公司李晓静等企业专家也为本书收集和提供了大量资料和案例，对他们的辛苦工作一并表示感谢！

　　最后，特别感谢化学工业出版社的大力支持，使本书得以顺利出版。由于编者水平有限，书中难免存在不足之处，恳请广大读者批评指正。

主编　李　健　陈超翔

2025 年 3 月

目 录

第5章　沉淀　　49

第8章 色谱 130

第9章 磁分离技术 ⬤206

第10章　电泳技术　217

第11章　结晶　229

第12章　蒸发与干燥　242

第13章　生物分离综合应用　254

第1章

绪　论

在生物工程领域，生物制品的生产一般可以分为3个过程：上游加工过程、中游加工过程和下游加工过程。上游加工过程主要涉及优良生物物种的选育、定向进化及基因工程改造等；中游加工过程涉及生物反应和扩增过程，包括酶催化反应、动植物细胞培养、微生物发酵等；下游加工过程又称为生物分离工程，是为了从成分极其复杂的中游反应液（如发酵液、细胞培养液）中，高效地分离、纯化出符合特定纯度、活性和安全性要求的最终目标产物（如抗原、抗体、酶、活性肽、多糖等）的一系列生物分离单元操作。生物分离工程是生物制品产业化的必经之路和关键所在，它直接影响产品的纯度、收率和成本。对于某些基因工程产品，其下游技术的成本甚至占总成本的70%～90%。因此，生物分离技术对企业保持和提高生物技术领域的经济竞争力至关重要。

1.1　生物分离过程的特点

生物制品大多具有生物活性，在分离纯化过程中必须根据目标产物的特点，在保持其生物活性的前提下进行分离纯化。因此，生物分离不同于一般化工产品的分离纯化，具有以下显著特点。

1.1.1　目标产物浓度低

大多数产物在初始原料液中的浓度极低，要从大体积原料液中分离纯化目标产物，常需对原料液进行高度浓缩，这是造成生物分离成本高的原因之一。而且原料中目标产物浓度越低，所需能耗越高，分离成本越高。

1.1.2　目标产物稳定性差

大多数生物制品均具有特定的生物活性，离开生理环境后容易发生变性失活，分子结构易被破坏。在分离过程中，强酸、强碱、高温、高压、重金属离子及剧烈搅拌和酶解作用都会破坏目标分子的活性。因此，在分离过程中，要注意选择合适的操作条件保护其活性。一般情况下，应尽量选择低温和洁净的环境，并以温和的条件进行分离。

1.1.3 目标产物质量要求高

许多生物制品是药品、生物试剂或功能食品，因此其各项指标必须达到《中华人民共和国药典》（简称《中国药典》）、试剂标准和食品规范的要求。特别是用于注射的生物制品，如疫苗，要求在生产过程中去除热原及具有免疫原性的杂蛋白等有害物质，使最终产品中这些成分的含量降低至对人体没有危害的水平。

1.1.4 原料液成分复杂

首先，许多生物制品源于动植物组织、细胞、微生物等生物体，其自身组分复杂，不仅包含核酸、蛋白质、脂肪和多糖等生物大分子，还包含氨基酸、有机酸和有机碱等小分子代谢产物，这些物质的形状、大小、分子量和理化性质各不相同；此外，在发酵或细胞培养过程中，需要加入各种营养组分，如培养基、胎牛血清等，这些物质的加入进一步增加了原料液成分的复杂性。因此，在生物分离过程中往往需要采用多种分离技术和多个分离步骤共同实现目标物的纯化任务。

1.1.5 生物分离过程异质性显著

细菌发酵和细胞培养多为分批操作，各批发酵液和细胞培养液不尽相同，这要求下游分离纯化设备具有一定的操作弹性，特别是对染菌的样品也能处理。此外，发酵液放罐后，由于条件改变，细胞可能还会继续按另一条途径发酵，菌体也可能自溶，且容易染菌，破坏产品，所以需尽快分离纯化目标产物。若以动植物产物作为生物反应器的生物制品，其产品批次之间的异质性还会受到动植物生命周期、环境变化的影响。

1.2 生物分离工程的一般流程

生物分离工程的一般流程如图1-1所示。首先经过固液分离操作将原料液中的细胞与培养液上清液分开。如果目标产物为胞外产品，则无需细胞破碎和二次固液分离，可直接经过初步纯化、高度纯化及成品加工，获得最终的生物制品（路线2）。如果目标产物为胞内产品，则应先进行细胞破碎，再经过二次固液分离操作将可溶性部分与未破碎的细胞、细胞碎片及包涵体等沉淀分开（路线1）。其中，若该胞内产品为可溶性物质，则可直接衔接下游的分离过程（路线1a）；若目标产物为包涵体（如许多大肠杆菌中表达的重组蛋白），则需先进行包涵体溶解、复性后方可进行进一步分离纯化（路线1b）。因此，在对生物制品进行分离纯化之前，首先应确定目标产物的理化特性及其在原料中的定位，从而制定合适的纯化路线。无论何种分离路线，一般流程均包括：固液分离、初步纯化、高度纯化及成品加工等过程。

```
                        ┌──────────┐
                        │  原料液   │
                        └──────────┘
                             │ 固液分离(离心、过滤等)
         路线1               │              路线2
      ┌──────────────────────┼──────────────────────┐
      ↓                                             ↓
┌──────────────────┐                      ┌──────────────────┐
│ 细胞沉淀(胞内产品) │                      │ 上清液(胞外产品)  │
└──────────────────┘                      └──────────────────┘
      │ 细胞破碎（高压匀浆                           │
      │ 法、珠磨法、超声波                            │
      │ 破碎法、酶法等）                             │
      │                                            │
      │ 固液分离                                    │
  路线1b          路线1a                            │
  ┌───────┴──────────┐                             │
  ↓                  ↓                             │
┌────────┐      ┌──────────────┐                   │
│ 包涵体  │      │  可溶性产品    │←──────────────────┤
└────────┘      └──────────────┘                   │
      │ 溶解（加盐酸胍、脲）                          │
      │                                            │
      │ 复性          ┌─────────────────────────────┘
      └──────────────→┌──────────────────┐
                      │ 初步纯化（沉淀、膜 │
                      │ 分离、萃取、吸附等）│
                      └──────────────────┘
                             ↓
                      ┌──────────────────┐
                      │   高度纯化         │
                      │  （色谱等）        │
                      └──────────────────┘
                             ↓
                      ┌──────────────────┐
                      │ 成品加工（脱盐、浓 │
                      │ 缩、干燥、结晶等）  │
                      └──────────────────┘
                             ↓
                      ┌──────────┐
                      │  产品     │
                      └──────────┘
```

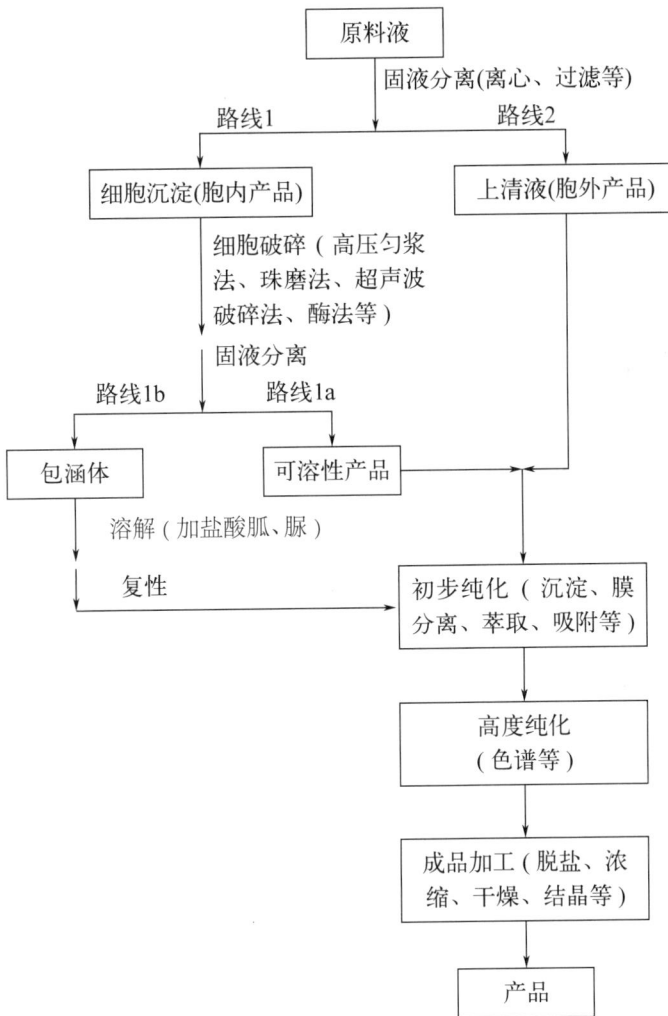

图 1-1　生物分离工程的一般流程

1.2.1　固液分离

生物产品的起始分离材料中含有可溶性及不可溶性、大分子和小分子等多种类型的成分，生物分离的第一步就是固液分离，将菌体细胞或不溶性成分从溶液中分离出来，从而得到澄清液体。然后进行后续操作。如果目标产物在胞内，还要进行细胞破碎，释放出产物，再进行进一步的处理。固液分离所用的单元操作主要有离心和过滤等分离技术。

1.2.2　初步纯化

初步纯化的目的是快速去除大量杂质，同时能浓缩样品和保证样品处于稳定的环境中，一般采用的分离操作步骤有沉淀分离（包括等电点沉淀、有机溶剂沉淀、盐析沉淀等）、膜分离和萃取等。初步纯化使样品体积大幅度减小，这样后续使用的分离纯化设备体积可减小，投资成本及操作成本也可降低。

1.2.3 高度纯化

高度纯化即生物制品的精制，其目的是去除初级纯化后样品中残留的痕量杂质，使产品纯度达到相应的标准和要求。这些痕量杂质往往与目标产物的理化性质接近，通过常规的分离手段难以区分，因此常需要采用高分辨率和高选择性的生物分离技术，如各类色谱技术、磁分离技术及电泳技术等。

1.2.4 成品加工

经过一系列纯化操作后的生物制品，通常需进一步加工处理，提高浓度，更换缓冲液或者制成晶状或粉状固体。产品的规格和用途决定了成品加工方法。工业上常用的加工方法有超滤浓缩、无菌过滤和去热原、结晶、干燥、加入稳定剂等。

1.3 生物分离过程的选择原则

当设计一个生物产品下游加工过程时，不仅要考虑到高产率、低成本的总体目标，还应考虑到以下几点。

1.3.1 分离步骤少

生物制品的分离纯化都是由多个单元操作组合完成，但尽可能采用最少的纯化步骤。由于每一步分离操作的回收率都不能达到100%，因此整个分离过程的总回收率可用以下公式表示：

$$Y_T = \prod_i Y_i$$

其中，Y_i 为第 i 步操作的回收率；Y_T 为总回收率。因此，过多的操作步骤会降低最终生物制品的回收率，且过程成本显著增大。为提高最终产品的回收率，可从两方面进行：一是提高每步操作的回收率；二是尽量减少操作步骤。

例如，对比干扰素的两种纯化工艺：

① 工艺1：醋酸锌盐析（83.0%）→离子交换色谱（62.7%）→硫酸铵盐析（96.2%）→铜螯合色谱（46.0%）→疏水作用色谱（78.3%）→凝胶电泳（88.9%）⇒总回收率=83.0%×62.7%×96.2%×46.0%×78.3%×88.9%=16%。

② 工艺2：硫酸铵盐析（96.0%）→免疫亲和色谱（93.2%）→阳离子交换色谱（85.3%）⇒总回收率=96.0%×93.2%×85.3%=76.3%。

由于工艺2减少了操作步骤，其总回收率大大提高。

1.3.2 分离顺序合理

在生物制品下游加工过程中，不同分离技术的使用顺序应符合初级分离、高级分离和精制的基本要求，应先采用处理量大、分离速度快，但分辨率较低的方法，最后再牺牲处理量和分离速度，运用一些高分辨率、高选择性的技术。

例如，Bonnerjia等人对已经发表的有关蛋白质和酶的分离纯化方法及它们的多步骤特征进行了分析，发现常用的纯化方法出现频率分别为：离子交换色谱75%、亲和色谱60%、沉淀技术57%、凝胶过滤色谱50%、其他＜33%。通过每种方法在纯化阶段中所起的作用来确定其次序的先后，可得到如下顺序：细胞破碎→沉淀→离子交换色谱→亲和色谱→凝胶过滤。关于这个顺序的说明为：沉淀能处理大量的物质，且其受到干扰物质影响的程度比色谱分离小；离子交换色谱用来除去对后续分离产生影响的化合物；亲和色谱常在分离的后阶段使用，以避免由非专一性作用而引起亲和系统性能降低；凝胶过滤用于蛋白质聚集体的分离和脱盐，因为凝胶过滤介质的容量比较小，所以处理量较小，且成本较高。

1.3.3 产品质量及相应的法规要求

产品的最终质量是确定产品纯化程度及选择下游加工方案的主要依据。如果是产品纯度要求低，那么通过低成本的初级纯化就可达到要求。例如，用于动物饲料的赖氨酸纯度要求低，一般可采用以下分离纯化工艺：

发酵液→离心或过滤→调pH→吸附→蒸发→调pH→干燥→饲料级赖氨酸

如果产品是食品级的赖氨酸，其纯度要求较高，分离纯化步骤也比较复杂，且生产过程也需符合相应的食品法规，可采用以下工艺：

发酵液→离心或过滤→调pH→吸附→蒸发→调pH→过滤→结晶→过滤→干燥→食品级赖氨酸

对于注射类药物，产品纯度要求更高，去除的杂质类型和数量更多，需采用高分辨率的分离纯化技术才能达到纯度要求，而且一般选用凝胶过滤色谱去除热原。为防止微生物污染和延长保存期，冷冻干燥前需无菌过滤。此外，整个生产过程必须符合药品生产质量管理规范（Good Manufacture Practice，GMP）的要求。例如，注射用的重组人干扰素α1b型（rHuIFN$_{\alpha 1b}$）的制备：

发酵液→离心收集菌体→高压匀浆→离心取上清液→硫酸铵盐析→溶解沉淀透析→调pH=2酸化处理→离心去杂蛋白→离子交换色谱→亲和色谱→凝胶过滤色谱→合并、稀释、加保护剂、除菌过滤→rHuIFN$_{\alpha 1b}$成品

某些高价值或中等价值的生物制品，如药品、食品，其生产必须符合相应的法律法规。法律法规的限制也会影响生物分离技术和设备的选择。例如，一些产品在生产过程中需保持一定的清洁度或无菌环境，则应选择专用设备。法律法规除了监督产品质量，同时也关注一些产品生产过程中的安全性操作。例如，通过基因改造的微生物生产目的产物时，一般其分离过程处于封闭环境，以减少危险物质的排放。许多利用有机溶剂进行分离的下游加工过程则需选择具有正确防爆功能的设备及设施。

1.3.4 生产规模

生物制品的生产规模也会影响生物分离技术的选择。例如，在细胞破碎时，工业上常用的机械破碎方法为珠磨法或匀浆法，一般比细胞破碎前的固液分离方法在生产能力上小几个数量级，如果生产规模超过机械设备的生产能力，则需要同时使用多台设备，或者考虑结合

其他方法提高破碎效率。此外，在色谱分离过程中，如果生产规模大则需考虑到色谱介质的刚性，因为如果色谱介质强度不够，其自重及色谱柱内的液流压力都可能破坏介质结构，影响分离效果。在生产工艺的最后阶段，当产品需要进行干燥时，常采用冷冻干燥或喷雾干燥。

1.3.5　物料组成

在初始物料中，如果目标产物浓度高，则分离过程较容易实现。如果物料中存在某些化合物与目标产物性质接近，则需要选择性较高的分离技术才能制得符合纯度要求的生物制品。此外，分离前应了解初始物料的形态学或流变学特性。例如，若源于生物反应器的料液是含有丝状微生物的悬浮液，则可选择过滤进行固液分离，而不应选择通道狭窄易堵塞的中空型膜分离系统。同样，含有较高浓度干物质的发酵液或高黏度的培养液，因为粒子的沉降性能差，难以通过离心进行固液分离。

1.3.6　产品定位及理化性质

在选择分离纯化技术时，需考虑目标产物的定位（胞内或胞外），如果是胞内产物，则在发酵液固液分离时要收集细胞，进行细胞破碎，然后再进行后续分离纯化步骤。此外，还需考虑目标产物的理化性质，主要包括：

① 溶解度：溶解度受 pH 值、盐等因素影响，在沉淀、絮凝、吸附、结晶等操作过程可通过改变这些因素控制料液组分的溶解度来去除杂质或分离目标物。

② 电荷：蛋白质、核酸、有机酸等分子具有一定的电荷，其电荷量和性质会随 pH 值改变而改变，依据这一性质可选用离子交换色谱、电泳、离子交换膜分离等技术进行分离。

③ 分子大小：根据分子大小的不同可选择凝胶过滤色谱或膜分离等技术进行纯化。

④ 功能基团：目标产物的功能基团能为基于亲和作用进行分离的技术（如亲和色谱、亲和膜分离、磁分离等）选择提供依据。

⑤ 挥发性：挥发性是某些小分子物质选择分离技术的依据之一。

⑥ 稳定性：包括适宜的 pH 范围、温度范围、溶液环境等。例如，如果产物蛋白质的活性位点或其他活性基团因存在巯基而易氧化，则必须排出空气、填充惰性气体，并使用抗氧化剂，尽可能减少氧化作用的影响；此外，如果料液中存在蛋白酶，则需在纯化早期阶段冷却，降低蛋白酶的反应速率，减小产品的损失。

1.3.7　废弃物的产生及处理

在大部分的生物分离过程中，都会产生一些废气、废液及废渣等，这些废弃物不能未经处理就进行排放。例如，在抗生素生产过程中，富含有机溶剂的滤液常通过蒸馏处理来分离水相与有机溶剂，处理过的水溶液可以达到排放要求，且有机溶剂可循环利用。

在生产过程中，具有危险性的生物物质在处理前或排放前，必须经过灭活处理。如果生物物质是液态，则可用热灭活或化学灭活方法处理；如果是固态物质，则通过高压灭菌法来灭活。

1.4 生物分离工程的发展方向

1.4.1 传统生物分离技术的升级和完善

随着生物工程产品种类和规模的不断扩大，对传统分离技术如离心、沉淀、萃取和色谱等技术的分离效率有了更高的要求。升级传统技术通常意味着提高自动化程度，减少人为误差，并且优化工艺流程以提升产品质量和收率。此外，加强对现有工业设备的改造，例如使用更高效的离心机、改进的过滤系统，以及更先进的色谱介质。通过工艺模拟和优化软件，可以实现对纯化流程参数进行更精确的控制。

1.4.2 多种生物分离技术的整合

将基于不同分离原理的技术串联成一个完整的工艺流程可以更好地对生物制品进行纯化，提高其生产效率、产品质量并降低成本。例如，可以将离心与膜过滤结合起来，先通过离心去除大颗粒杂质，再利用膜过滤技术进行精细分离。这种整合不仅限于物理分离方法，还包括生物分离方法如亲和色谱。在整合这些技术时，要确保它们的兼容性，并且能够顺利过渡，以避免产物损失。

1.4.3 新技术、新材料和新设备开发

新技术的发展往往伴随着新材料和新设备的出现，这些新兴技术如纳米技术和生物传感器等，正在逐步应用于生物分离领域。例如，纳米材料可以用来制造更为精细的过滤系统，或者作为色谱介质增加分离的特异性和效率。微流控系统能够实现小规模高精度、高纯度的生物分离。新设备开发，如高通量自动化色谱系统，能够同时处理多个样品，大幅度提升分离效率。同样，对设备智能化的要求也越来越高，如自动监测和调整分离参数，确保过程的稳定和产品的一致性。此外，新技术、新材料和新设备的自主研发还能降低国产生物制品的成本，提高相应生物制品的质量，实现生物制品全流程的国产化，从而在疫苗研发、抗体生产等关键生物医药领域掌握核心技术自主权，保障国家生物医药产业的战略安全与供应链稳定。

1.4.4 结合生产上中游过程

生物制品的纯化过程优化不仅仅局限于分离技术本身，而应从最上游的生物合成阶段开始全局考虑整个过程的效率和经济性。可以从两个方面进行考虑：一方面，对于微生物表达系统，通过菌种选育和工程菌构建进行优化。目标在于开发新的微生物物种和改进现有的微生物菌株，以增加目标产物的产量。此外，还可通过遗传工程手段，使微生物能够增加目标产物的胞外分泌量，并减少非目标产物的分泌，这将直接简化下游的分离过程。例如，为蛋白质引入可增强其溶解性的融合标签或纯化标签，不仅有助于提高产物的稳定性和活性，还能显著降低纯化过程的难度。另一方面，从培养基的组成和发酵条件的优化入手。这些因素直接影响到样品液中产品的质量和最终产物的分离效率。现代生物技术倾向于使用澄清液体

培养基，减少使用如酵母膏、玉米浆等带色原料，以避免下游分离中去色的步骤。同时，通过精细控制比生长速率、消泡剂的使用量、放罐时间等发酵条件，可以减少下游分离过程中的物理和化学处理步骤，从而使整个生产过程更加经济和高效。通过这样的上中游工艺优化，可以显著降低下游分离过程的复杂性和成本，同时提高整个生物技术生产过程的竞争力和可持续性。

1.4.5　绿色生物分离

伴随着碳达峰和碳中和的"双碳"政策及一系列绿色可持续发展战略，生物分离技术也应朝着低污染、低能耗、低排放的方向发展。例如，可以优化分离工艺，减少高能耗步骤如高速离心和高温蒸馏，转而使用能效更高的分离技术，例如膜分离技术和低温结晶；使用太阳能、风能或生物质能源，降低生物分离工程对化石燃料的依赖；使用生物基或可生物降解的试剂替换传统的有机溶剂和化学试剂，减少有害化学品的使用，同时研发更为环保的化学品；在生物分离过程中产生的废物，如废水和残余生物质，应被回收和再利用，比如将废水处理后回用于工艺流程，或将残余生物质转化为生物能源；对生物分离过程的碳足迹进行评估，并采取措施进行管理和优化，以减少整个生产过程的碳排放。此外，也可以从政策层面进行推动，如制定符合低碳发展的产业政策和市场机制，对低碳技术的研发和应用给予税收减免或补贴，促进绿色分离技术的研发和推广。

1.4.6　跨学科发展

生物分离技术的跨学科发展是在传统工艺的基础上，整合多学科前沿技术和理念来提升其效率和可持续性。例如，通过应用计算流体动力学（CFD），不仅能模拟和优化分离设备中的流体流动，还能精确预测物质在微观层面的传递和分布，从而设计相应的分离工艺和设备以提高效率；实时监测技术的应用则转变了传统的生物分离流程，通过部署新型传感器和在线分析技术，能够获得即时的过程数据，从而提高分离效率和过程控制精度，并允许实时调整，确保产品质量；此外，机器学习和人工智能技术的引入，尤其是在数据处理和模式识别方面，使得处理复杂的生物分离数据成为可能。这些算法可以从过去的操作数据中学习，预测分离过程的最佳参数，甚至在发生偏差时自动调整操作条件，以维持生产的稳定性和效率。在材料科学领域，根据分离需求定制具有特定分离能力的纳米材料，从而开发新型高效和高选择性的分离介质，以提高分离效率和选择性。

总之，生物分离工程的进步正在朝着实现更高的效率、精准度、环保性和可持续性的目标迈进。随着技术的演变，分离工艺正在从宏观操作转变为分子层面的精细处理，实现了从多步骤串联到集成化、简化操作的转变。同时，越来越高的选择性和特异性技术的开发，使得分离过程更加精确，减少了原材料的浪费。在环保方面，随着对环境友好工艺的追求，从传统的环境污染模式转向资源循环利用和低碳技术的应用，符合全球的可持续发展战略。此外，实验室研究与数学模型、工程化应用的结合，推动了过程优化和创新，预示着许多现存的分离工程问题将得到有效解决。这些发展趋势集中体现了生物分离技术在适应现代科技进步和满足环境政策要求中的不断创新和演进。

◆ **思考题** ◆

① 生物制品和普通化工产品有何不同？

② 简述生物分离工程的一般流程。

③ 设计生物产品的分离工艺应考虑哪些因素？

④ 阐述生物分离工程对疫苗、抗体等生物制品生产的影响。

第2章

原料液预处理及固液分离

原料液的预处理及固液分离是生物制品纯化过程中的关键步骤。生物制品的原料液中可能含有细胞、细胞碎片、未完全消耗的培养基及各类代谢产物等，这些杂质不但提高了液体的黏度，也加剧了分离过程的复杂性。为了有效地提取目标产物，必须先对原料液进行预处理，改变其中特定杂质的物理或化学性质，使其容易从溶液中去除，改善溶液特性。例如，通过pH调整或温度控制使可溶性杂质沉淀成固态，以便于后续分离。在预处理后，可通过一定的固液分离手段将原料液中的大颗粒固形物以及预处理后形成的团聚体快速去除，降低下游纯化的难度。其中，过滤是最常用的固液分离技术，被广泛应用于去除原料液中的大颗粒杂质和聚集体。

本章将详细介绍原料液预处理的基本原理和方法，及其在生物制品纯化中的应用。此外，还将介绍过滤的原理和分类，以及常见的过滤设备。

2.1 原料液的预处理

2.1.1 原料液的特性

生物制品生产过程中的原料液主要是细菌发酵液或细胞培养液，其具有一系列特性，包括液相黏度大、多为非牛顿型流体、溶液中目的产物浓度低、悬浮颗粒小、与培养液相对密度差别较小、固体颗粒可压缩性大、过滤时易形成致密的滤饼层，增加后续过滤时的阻力；此外，一般原料液的理化性质不稳定，如与空气接触时易被氧化，易受微生物污染及蛋白酶水解等作用的影响。这些特性使得原料液的固液分离较为困难，因此在生产过程中需要进行适当的预处理。预处理可以改变原料液的物理性质，提高悬浮液中固相物的沉降速度，提高固液分离的效率。同时，预处理还可以去除溶液中的特定杂质，降低后续分离的难度。

2.1.2　原料液的预处理方法

原料液预处理的方法包括：热处理、调节 pH 值、凝聚、絮凝、添加助滤剂或反应剂等。

2.1.2.1　热处理

热处理是一种简单而经济的原料液预处理方法，即将溶液加热至所需温度并保持一定时间。加热可以降低溶液的黏度，同时促使某些杂质蛋白凝聚成大颗粒，从而降低后续固液分离的难度。使用加热预处理方式应注意严格控制加热温度和时间。首先，加热可能会导致蛋白质等变性失活，因此需控制合适的温度范围以保证目标产物的活性；其次，加热温度过高或时间过长会导致细胞过度溶解，产生大量细胞碎片，并使胞内物质外泄，增加原料液的杂质成分，增加后续分离的难度。

2.1.2.2　调节 pH 值

原料液的 pH 值会直接影响某些分子的电离度和电荷特性，适当调节 pH 值可促进固液分离过程。蛋白质是具有两性离解特征的一类分子，根据组成蛋白质的氨基酸差异，其等电点不同。当溶液 pH 值在等电点附近时，蛋白质溶解度最低。因此，可通过调节溶液 pH 值，增大其与目标蛋白等电点的差值，并接近主要杂质蛋白的等电点以降低其溶解度，促进杂质蛋白的沉降。在后续的过滤过程中，原料液中的大分子杂质易与滤膜发生吸附，通过调节 pH 值可以改变此类物质的电荷性质，进而减少膜堵塞和污染。此外，细胞、细胞碎片及某些胶体物质在特定的 pH 值下容易发生团聚，有利于后续的固液分离。

2.1.2.3　凝聚

凝聚作用指的是向胶体悬浮液中加入电解质，在电解质中异电离子作用下，胶体的双电层电位降低，降低胶体稳定性，提高胶体颗粒之间因相互碰撞而发生团聚的概率。在中性 pH 值下，原料液中的细胞或蛋白质等颗粒通常带负电荷，因此，工业上常用阳离子型凝聚剂进行原料液预处理，例如 $Al_2(SO_4)_3 \cdot 18H_2O$（明矾）、$AlCl_3 \cdot 6H_2O$、$FeCl_3$、$ZnSO_4$、$MgCO_3$、$Al(OH)_3$、$Fe_3O_4$、$Ca(OH)_2$ 等。

使胶粒发生凝聚作用的最小电解质浓度称为凝聚值，其代表了凝聚剂的凝聚能力。根据 Schulze-Hardy 法则，反离子的价数越高，凝聚值就越小，即凝聚能力越强。在常见的凝聚剂中，阳离子对带负电荷的原料液胶体粒子凝聚能力的次序为：$Al^{3+} > Fe^{3+} > H^+ > Ca^{2+} > Mg^{2+} > K^+ > Na^+ > Li^+$。

2.1.2.4　絮凝

絮凝是指某些高分子絮凝剂，其分子中的链节结构会通过静电引力、范德瓦耳斯力或氢键等作用分别吸附在不同的胶粒表面上，形成桥架连接作用，使胶体粒子形成网状交联结构，进一步聚集成较大絮凝团的过程。絮凝剂通常具有以下特征：① 通常为水溶性高分子聚合物，其分子量为数万到 1000 万以上，但分子量不能超过一定限度，以保证其具有良好的溶解性；② 分子结构中必须含有足够多的活性官能团，使之能与多个胶粒产生相互作用，提高交联作用；③ 分子结构必须具有长链状的线性结构，以便同时与多个胶粒吸附并形成较大的絮凝团。

工业上常用的絮凝剂可根据制备方法和来源不同，分为以下三类：① 无机高分子聚合物，如聚合铝盐、聚合铁盐等；② 有机高分子聚合物，如聚丙烯酰胺类衍生物、聚苯乙烯类衍生物等；③ 天然有机高分子絮凝剂，如聚糖类胶黏物、海藻酸钠明胶、骨胶、壳聚糖、脱乙酰壳聚糖等。其中，最常用的絮凝剂主要为：聚丙烯酰胺、聚氧化乙烯、聚丙烯酸钠和聚苯乙烯磺酸等。

此外，根据官能团的不同，絮凝剂还可分为阳离子型、阴离子型和非离子型三类。对于带负电荷的菌体或蛋白质来说，可采用阳离子型高分子絮凝剂，其同时具有降低胶粒双电层电位的凝聚作用和产生吸附桥架的絮凝作用，因此单独使用即可产生较好的原料液预处理效果。对于非离子型和阴离子型高分子絮凝剂，则主要通过分子间引力和氢键作用产生吸附桥架，所以它们常与无机电解质凝聚剂搭配使用，称之为混凝（图2-1）。例如，先加入阳离子电解质，降低悬浮粒子的双电层电位，促进其凝聚成微粒；然后，加入高分子絮凝剂，促进微粒进一步聚集成更大的絮凝团。混凝过程中，无机电解质的凝聚作用为高分子絮凝剂的架桥创造了良好的条件，提高了絮凝的效果。

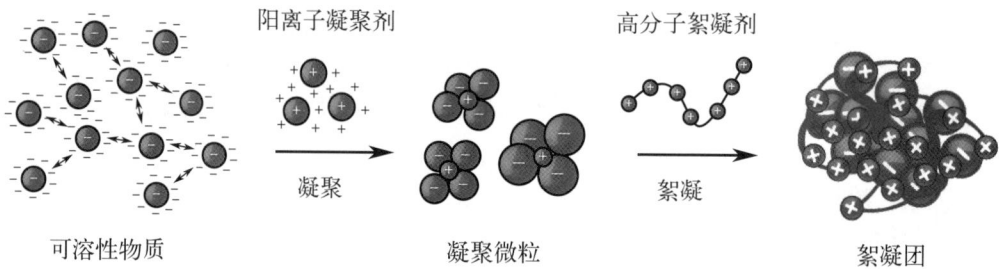

图2-1　混凝（凝聚＋絮凝）示意图

影响絮凝效果的因素包括高分子絮凝剂的浓度、分子量、种类、剂量，以及溶液pH、搅拌速度和时间等。例如，絮凝剂的使用存在最适絮凝浓度范围，当絮凝剂浓度过低，无法产生桥接作用，絮凝效果差；随着絮凝剂浓度增大，开始产生絮凝效果，且在一定范围内絮凝效果随聚合物浓度增大和提升；但是随着聚合物浓度进一步增大，溶液黏度变大，聚合物自身发生团聚，絮凝效果下降。

絮凝剂类型的优化还与固体的浓度、粒子尺寸分布范围、表面化学性质以及后续分离过程对絮凝物类型与特性的要求等因素有关。例如，在旋转真空过滤时，需要使用尺寸均匀、小而坚硬的絮凝块，这些絮凝块能够捕获超细粒子，防止滤布堵塞和滤液的浑浊。此外，这些絮凝块还需要在处理槽中不易沉降和被搅拌器打碎，以避免局部空气穿透、滤饼龟裂及在脱水阶段收缩和断裂。而在使用压带过滤机时，则需要使用大而疏松的絮凝物，这样可产生自然导流沉淀并在一定时间内控制滤饼的断裂，最后再由带间机械挤压使滤饼完全龟裂。

相对于凝聚剂而言，絮凝剂的成本更高，因此其使用剂量必须正确并经过仔细优化。使用过量的絮凝剂既不经济，又可能会覆盖在颗粒表面，阻止絮凝并导致悬浮液重新稳定，或者引起分离操作上的困难。此外，过量使用絮凝剂还会大大增加排污体积。因此，在使用絮凝剂时，必须根据具体情况进行剂量控制，以达到最佳的固液分离效果。

2.1.2.5　使用助滤剂

工业生产中常常在原料液中加入特定的固体物质，以提高过滤效率，这类物质称为助滤剂。助滤剂通常为不可压缩的多孔微粒，加入这些微粒后，悬浮液中大量的细微胶体粒子会被吸附到助滤剂表面，从而改变滤饼结构，使滤饼疏松，可压缩性下降，从而降低过滤阻力，增加过滤速度。常用的助滤剂包括硅藻土、纤维素、石棉粉、珍珠岩、白土、炭粒、淀粉等，其中最常用的是硅藻土。

助滤剂的使用方法有三种：① 直接在滤布表面预涂一层助滤剂，作为过滤介质使用，待过滤结束后与滤饼一并去除；② 将助滤剂按一定比例均匀加入待过滤的料液中，然后一起装入过滤设备，使过滤形成的滤饼疏松，降低其可压缩性，提高过滤效率；③ 两种方法兼用。

2.1.2.6　加入反应剂

在料液中加入不与目的产物反应，也不影响目的产物结构和功能的反应剂，可降低原料液中特定杂质对过滤的影响，从而提高过滤速度。常见的反应剂包括酶和无机盐等。如原料液中含有大量不溶性多糖分子，则可以在预处理阶段加入相应的降解酶将其转化为单糖，以提高过滤速度。又如万古霉素用淀粉作为培养基，原料液过滤前加入0.025%的淀粉酶，搅拌30分钟后，再加2.5%硅藻土助滤剂，从而可使过滤速率提高5倍。

此外，无机盐反应剂能够和料液中某些可溶性盐发生反应，形成不溶性沉淀，如$CaSO_4$、$AlPO_4$等。生成的沉淀能防止菌丝体黏结，使菌丝具有块状结构。沉淀本身还可作为助滤剂，促使胶状物和悬浮物凝固，从而提高过滤效率。例如，在新生霉素的发酵液中同时加入氯化钙和磷酸钠，生成的磷酸钙沉淀既可以作为助滤剂，还能使某些蛋白质凝固，降低后续分离难度。

常见的发酵液预处理方法总结于表2-1。

表2-1　常见的发酵液预处理方法

预处理方法	基本原理	优点	缺点
热处理	通过加热降低溶液的黏度，促使杂质蛋白凝聚	简单经济，减少固液分离难度	易导致目标产品失活，过度加热会增加杂质
调节pH值	调整pH值影响分子电荷，改变溶解度和电荷性质	简单经济，减少固液分离难度	需精确控制pH值，可能影响产物稳定性
凝聚	向悬浮液加入电解质，降低电位，提高颗粒团聚概率	提高胶体粒子团聚概率，凝聚能力强	需找到凝聚值，可能影响后续处理
絮凝	使用高分子絮凝剂形成网状交联结构，聚集成絮凝团	可形成较大的絮凝团，提高分离效率	成本高，需仔细优化使用剂量
使用助滤剂	加入固体微粒助滤剂，改变滤饼结构	提高过滤效率，降低过滤阻力	需要额外添加物质，可能影响最终产物纯度
加入反应剂	加入特定反应剂，减少杂质影响	提高过滤速度，防止菌丝体黏结	必须确保反应剂不影响目标产物

2.1.3　原料液预处理方法的应用

原料液中杂质种类繁多，其中部分杂质不仅直接影响产品纯度和收率，而且会提高后续分离纯化的难度。因此，在原料液预处理时，应当根据这些杂质的特点选择一种或多种合适的方法使这些杂质沉淀、降解或直接去除，从而提高下游分离纯化的效率。

2.1.3.1 杂质蛋白的去除

当下游选择吸附色谱进行纯化时，原料液中存在的大量可溶性蛋白质会降低色谱交换容量和吸附能力；如应用有机溶剂萃取或双水相萃取进行纯化时，蛋白质的存在易产生乳化现象，使两相分离不清，降低产品的纯度和收率；此外，在膜分离时，大量的蛋白质杂质易使膜发生堵塞或污染，降低分离速度。因此，在原料液预处理时可选择以下方法去除杂质蛋白。

① 等电点沉淀法：蛋白质在等电点时溶解度最小，因此，可以通过调整原料液的pH值使之达到杂质蛋白的等电点，使其沉淀而去除。运用该方法时应注意杂质蛋白的等电点需与目标产物具有较大的差异，否则会降低目标产物的得率。同时，应保证目标产物在该pH值条件下不会变性失活。

② 变性沉淀法：使蛋白质变性的方法有热处理、大幅度调节pH，以及加入有机溶剂（丙酮、乙醇等）、重金属离子（如Ag^+、Cu^{2+}、Pb^{2+}等）、有机酸（如三氯乙酸、水杨酸、苦味酸、鞣酸等）或表面活性剂。在运用这些方法时应确保目标产物活性不受影响。

③ 吸附法：在原料液中，加入一些反应剂，它们互相反应生成的沉淀物对蛋白质具有吸附作用而使其凝固去除。例如，在四环素类抗生素的分离纯化中，采用黄血盐（亚铁氰化钾）和硫酸锌的协同作用生成铁氰化锌钾的胶状沉淀来吸附蛋白质；在枯草杆菌发酵液中，加入氯化钙和磷酸二氢钠，二者反应形成凝胶结构，将蛋白质、菌体及其他杂质粒子吸附并包裹在其中而除去，可加快过滤速率。

2.1.3.2 不溶性多糖的去除

多糖在原料液中可能因为其高分子量和黏性特征对下游纯化步骤（如过滤和膜分离）造成困难。它们增加了液体的黏度，导致过滤速率降低，且可能阻塞滤膜。在原料液预处理中去除多糖是提高分离纯化效率的重要步骤。多糖的预处理方法主要包括以下几种。

① 酶处理：使用特定的酶（如淀粉酶、纤维素酶、果胶酶等）可以特异性地降解多糖，将其分解为小分子的糖，从而显著降低原料液的黏度。该方法条件温和，不会对目标产品造成损害。例如，淀粉酶可用于分解淀粉基质中的多余淀粉，而纤维素酶则可以降解纤维素类的多糖。

② 物理法：高速离心可以帮助分离大分子量的多糖，但该方法通常需要在多糖部分降解或溶解性质改变后才能有效去除。另外，对于一些稳定的多糖，可以通过加入无机盐（如硫酸铵）来提高多糖的沉降速率，但应注意对产物收率的影响。

③ 化学法：特定的化学试剂（如草酸、硫酸等）可以与多糖反应生成不溶性的复合物，从而实现分离。该方法可能需要后续的步骤来去除化学试剂残留。

④ 絮凝剂：适当的絮凝剂可以与多糖相互作用，形成较大的絮体，有助于离心和过滤过程中的快速沉降，但同样应注意对产物的影响。

在选择合适的预处理方法时，需要考虑到多糖的类型、分子量以及它们在原料液中的浓度。每种方法都应在不影响目标产品质量和活性的前提下进行选择和优化。对于酶处理方法，必须确定酶的选择性以及对目标产物的安全性。化学方法和絮凝剂添加需要考虑对最终产品纯度和安全性的影响，同时注意附加成本和处理难度。

2.1.3.3 高价金属离子的去除

如选择离子交换色谱作为下游纯化手段，溶液中存在的高价金属离子会影响离子交换树脂的交换容量。对提取和产品质量影响较大的高价金属离子杂质主要是Ca^{2+}、Mg^{2+}、Fe^{3+}等，预处理中应将其去除。对于钙离子，常采用草酸与其反应生成草酸钙沉淀将其去除，但因其溶解度小，不适合用量较大的场合。当原料液中钙离子浓度较高时，可用草酸钠等可溶性盐。反应生成的草酸钙还能促进蛋白质凝固，改善原料液的过滤性能。此外，草酸价格较高，应注意采用适当方法进行回收。溶液中的镁离子也可用草酸进行去除，但生成的草酸镁溶解度不够低，故沉淀不完全。因此，也可采用磷酸盐，使其生成磷酸镁盐沉淀而除去。对于原料液中的铁离子，可以加入黄血盐，使其生成普鲁士蓝沉淀而除去。

2.2 过滤

2.2.1 过滤的原理与分类

过滤是传统的化工单元操作，其原理是借助于过滤介质，在一定的压力差作用下，将悬浮液中的固体粒子截留，从而与液体分离（图2-2）。

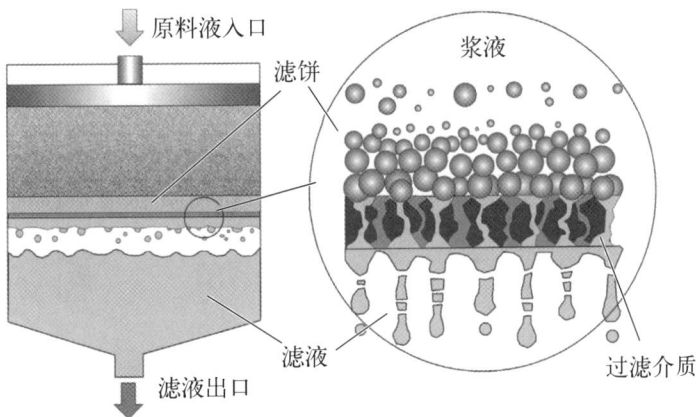

图2-2 直流过滤示意图

根据过滤机理的不同，过滤操作可分为澄清过滤和滤饼过滤两种。

（1）澄清过滤

将过滤介质硅藻土、砂、颗粒活性炭等填充于过滤器内构成过滤层，或用烧结陶瓷、烧结金属及黏合塑料等组成成型颗粒滤层。当悬浮液通过滤层时，固体颗粒被拦截或吸附于滤层的颗粒上，使滤液澄清。此法适合固体含量＜0.1g/100mL、颗粒直径5～100μm的悬浮液的过滤分离，如河水、麦芽汁、酒类和饮料等。

（2）滤饼过滤

过滤介质为滤布，包括天然或合成纤维织布、金属织布、石棉板、玻璃纤维纸、合成纤维等。当悬浮液通过滤布时，固体颗粒被滤布所阻拦而逐渐形成滤饼，当滤饼累积到一定厚度时即起到过滤作用，此时可得到澄清的滤液。在过滤初期，可能会有少量小颗粒溶质通过过滤介质而使滤液浑浊，但随着过滤的进行，颗粒会在过滤孔道中产生架桥现象，使孔道孔径变小，小颗粒难以通过滤膜，进一步促进滤饼的形成。此法适合固体含

2-1
过滤原理与
架桥现象

量＞0.1g/100mL的悬浮液的过滤分离。滤饼过滤按推动力的不同可以分为四种，包括重力过滤、加压过滤、真空过滤和离心过滤。

2.2.2 常见过滤设备

2.2.2.1 板框压滤机（plate-and-frame filter press）

板框压滤机是一种经典的过滤设备，其过滤推动力来源于液压泵或进料贮槽中的气压（图2-3）。板框压滤机的工作步骤包括装合、过滤、洗涤（吹干）、去饼和洗净等。板框压滤机可以分为明流式和暗流式两种形式。明流式的滤出液直接从每块滤板的出口流出，可以直接观察每组板框的工作情况，比如滤布是否破损。而暗流式的滤出液从固定端板的出口集中流出，适用于成品及无菌过滤，可以减少料液与外界接触，防止污染。

2-2
板框过滤机

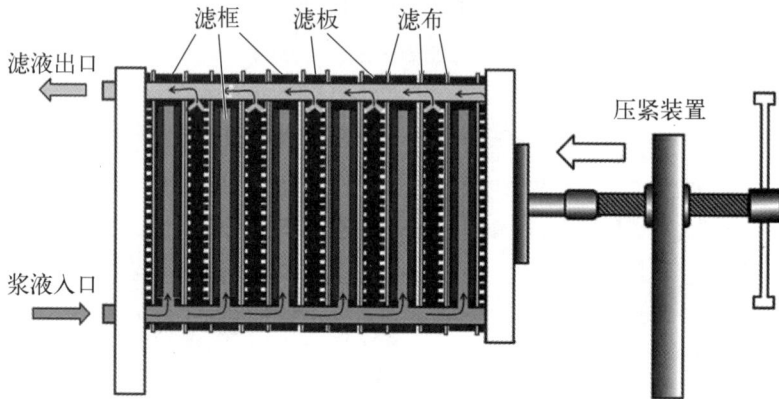

图2-3 板框压滤机示意图

板框压滤机与其他设备相比具有以下优点：结构简单、装配紧凑且过滤面积大；推动力（压力差）可大幅度调整，并能耐受较高的压力差，使固相含水量低，并适应不同过滤特性的原料液；辅助设备少、维修方便、价格低廉且动力消耗较少。然而，其主要缺点是设备体积大、间歇式操作、劳动强度大、卫生条件较差、需较多的辅助时间且生产效率低下。为了解决这些问题，人们开发了自动板框压滤机，实现了板框的拆装、滤饼的脱落卸除和滤饼的清洗等操作的自动化，大大缩短了非生产的辅助时间并减轻了劳动强度。

在发酵工业中，板框压滤机广泛应用于培养基制备的澄清过滤，以及霉菌、放线菌、酵母菌和细菌等多种发酵液的固液分离。相较于真空过滤机，板框压滤机能产生超过0.1MPa的过滤压力降，特别适用于固体含量在1% ～ 10%之间的悬浮液的分离。因此，板框压滤机在发酵工业中具有重要的应用价值。

2.2.2.2 加压叶滤机（pressure leaf filter）

加压叶滤机是一种高效的固液分离设备，适用于生物制品的过滤过程（图2-4）。它由一个封闭的压力容器组成，内部装有多个过滤叶片。这些叶片是过滤单元的核心，通常由金属框架和过滤介质（如滤布或滤纸）构成。过滤介质用于截留悬浮在液体中的固体颗粒，而清洁的液体则穿过介质，收集在容器的下方。

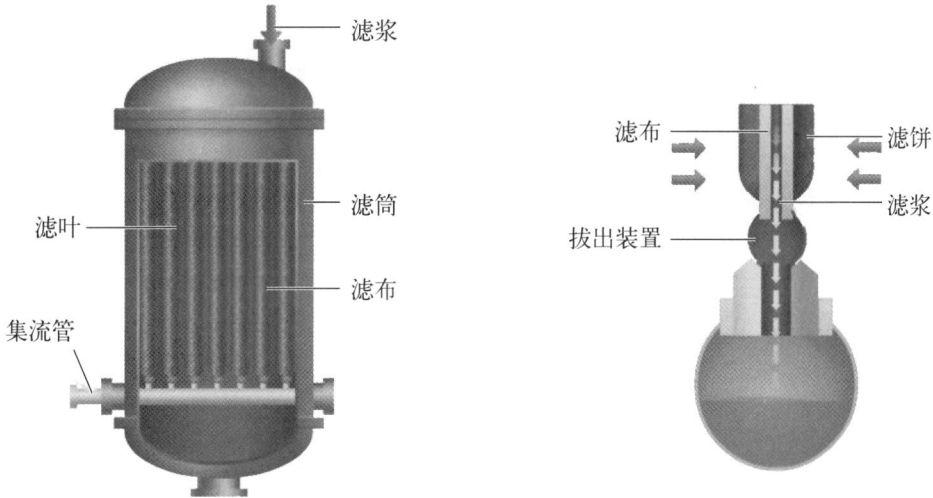

图2-4　加压叶滤机示意图

在操作时，待过滤的液体从顶部进入容器，并在压力作用下流经过滤叶片。过滤叶片上的固体物质形成滤饼，而过滤后的液体通过叶片中的孔隙进入中央的出液管道，最终从底部的出液口排出。当过滤叶片上的滤饼达到一定厚度后，可以通过逆流清洗或者机械振动的方式进行清理，以恢复过滤效率。最后，取出滤筒，卸除滤饼，即完成一次过滤操作。由于加压叶滤机的密闭操作，它可以在无菌条件下进行，且过滤速度快。此外，该设备操作简便，维护成本较低，通常为间歇式操作。

2-3
加压叶滤机

2.2.2.3　真空转鼓过滤机（rotary drum vacuum filter）

真空转鼓过滤机也称为转筒式真空过滤机，其主体结构为一个较低转速的圆筒，一般称之为转鼓。转鼓表面覆盖着金属网或滤布，并放置在滤液槽中旋转，内部形成真空，使滤液在滤布上形成滤饼，滤液则通过中间的管路和分配阀流出。随着转鼓继续旋转，滤饼会被洗涤、吸干和卸渣。最后，为了清除堵塞在滤布孔隙中的微小颗粒，可利用压缩空气在再生区将这些颗粒吹落，以实现滤布的再生。转鼓转动一周，则完成一个过滤循环。对于发酵液的过滤，通常采用预涂助滤剂或在用刮刀卸渣时保留滤饼预流层，这时便不存在再生区。

2-4
转筒式真空过滤机

真空转鼓过滤机是大规模生物工业生产中常用的过滤设备之一（图2-5）。它具有自动化程度高、可连续操作和处理量大等优点，特别适用于固体含量较高（＞10%）的悬浮液分离。在发酵工业中，真空转鼓过滤机被广泛应用于霉菌、放线菌和酵母菌发酵液或细胞悬浮液的过滤分离。然而，由于受到真空度的限制，真空转鼓过滤机通常不适用于菌体较小和黏度较高的细菌发酵液的过滤。此外，相比于加压过滤，采用真空转鼓过滤机所得固相的干度较低。

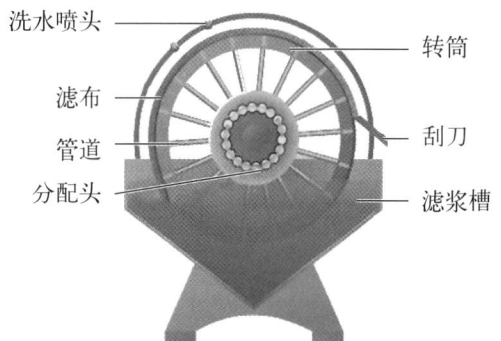

图2-5　真空转鼓过滤机示意图

2.2.2.4 错流过滤机（cross flow filter）

在一般过滤中，滤液的流动方向与滤膜垂直，称为死端过滤（dead-end filtration），或封头过滤。然而，当使用这种过滤方式来分离细菌、细胞碎片、蛋白质等悬浮液时，由于固体颗粒细小且可压缩性大，所形成的滤饼阻力很大，导致过滤速度迅速下降。在此情况下，增加压力的作用有限，因为压力的增加会进一步压缩滤饼，增加过滤阻力。为了维持较高的过滤速率，一种有效的方法是设法增加滤饼的厚度，或者当滤饼达到一定厚度时采用反洗去除滤饼。

错流过滤机一般采用切向流（tangential flow）过滤的方式进行固液分离，该设备是通过泵循环使悬浮液以切向流的方式经过过滤介质（图2-6）。悬浮液在快速流过过滤介质表面时产生的剪切作用会阻止滤饼的形成。在错流过滤中，通过过滤介质的流速较小。与传统的真空过滤或板框压滤相比，错流过滤机具有以下优点：过滤收率高，可达97% ～ 98%；滤液质量好；过滤操作简便，可减少处理步骤。然而，错流过滤不能得到干滤饼，且过滤单位体积料液所需的膜面积较大，能耗比一般过滤高。

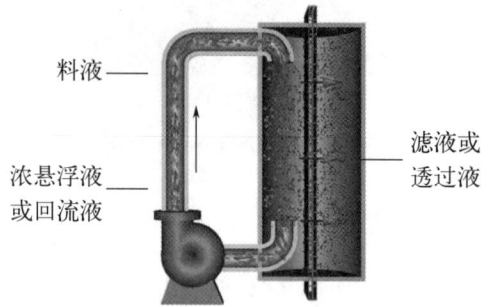

料液
浓悬浮液
或回流液
滤液或
透过液

图2-6 错流过滤示意图

2.2.2.5 硅藻土过滤机（diatomaceous earth filter）

硅藻土过滤机是一种在生物工业中广泛应用的散粒过滤设备，其主要过滤介质为硅藻土，一种较纯的二氧化硅矿石（图2-7）。硅藻土的使用方法主要有两种：① 作为深层过滤介质。硅藻土中的不规则粒子形成许多复杂的毛细孔道，通过筛分和吸附作用去除悬浮液中的固体颗粒。这种方法适用于过滤固含量低于0.1%的悬浮液。② 作为预涂层。在支撑介质（如滤布）的表面涂抹硅藻土薄层作为预涂层，以保护支撑介质的毛细孔道在较长时间内不被悬浮液中的固体粒子堵塞，从而提高和稳定过滤速率。③ 直接添加。将适量的硅藻土分散在待过滤的悬浮液中，使得形成的滤饼具有多孔性，降低滤饼的可压缩性，以提高过滤速率和延长过滤操作周期。

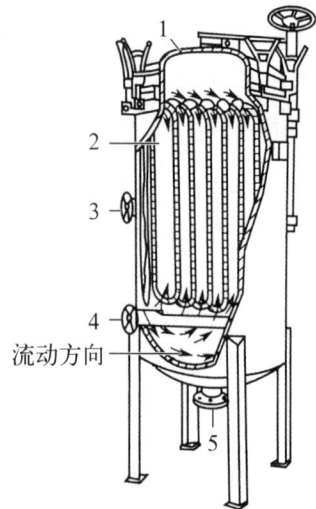

流动方向

图2-7 垂直叶片式硅藻土过滤机
1—快开顶盖；2—滤叶片；3—滤浆入口；
4—滤液排出口；5—滤饼排出口

硅藻土过滤机在啤酒生产中被广泛应用于冷凝固物的分离和成熟啤酒的过滤。此外，它还常用于葡萄酒、清酒以及其他含有低浓度细微蛋白质胶体粒子悬浮液的过滤。根据所需过滤粒子的大小，可以选择不同型号的硅藻土。而硅藻土的用量则取决于悬浮液中固体含量的多少。在硅藻土啤酒过滤机中，常采用预涂和直接添加相结合的方法使用硅藻土。一般预涂硅藻土的用量约为$500g/m^2$，预涂层厚度为2 ～ 4mm，在待过滤啤酒中硅藻土的添加量为0.1%左右。

典型过滤设备的特点与应用见表2-2。

表2-2 典型过滤设备的特点与应用

设备名称	操作原理	优点	缺点	应用场景
板框压滤机	利用液压泵或气压推动滤板，通过装合、过滤、洗涤、去饼和洗净等步骤完成过滤	可调节过滤推动力，适应不同过滤特性，价格低廉，动力消耗少	设备体积大，间歇式操作，劳动强度大，生产效率低	培养基制备澄清过滤，多种原料液的固液分离
加压叶滤机	在封闭的压力容器内，过滤液体通过布满过滤介质的叶片，固体颗粒被截留形成滤饼	密闭操作，无菌条件下进行，过滤速度快	间歇式操作，可能需要逆流清洗或机械振动清理滤饼	生物制品的过滤过程
真空转鼓过滤机	转鼓部分浸在滤液槽中旋转，内部形成真空，通过滤布截留固体颗粒形成滤饼	连续操作，处理量大，适用于固体含量高的悬浮液	对于菌体较小和黏度较高的细菌发酵液不适用	霉菌、放线菌和酵母菌发酵液或细胞悬浮液的过滤分离
错流过滤机	悬浮液以切向流经过过滤介质，剪切作用阻止滤饼形成	效率高，操作简便，处理步骤少	不能得到干滤饼，能耗比一般过滤高	分离细菌、细胞碎片、蛋白质等悬浮液
硅藻土过滤机	利用硅藻土形成的复杂毛细孔道进行深层过滤，或作为预涂层保护过滤介质	效率高，适用于低固体含量悬浮液	需要预涂或直接添加硅藻土，增加了过滤介质的消耗	啤酒生产中的冷凝固物分离和成熟啤酒的过滤

◆思考题◆

① 生物制品的原料液为何需要预处理？处理方法有哪些？

② 凝聚与絮凝过程有何区别？如何将两者结合使用？

③ 错流过滤与传统的直流过滤相比有什么优缺点？

④ 生物工业中常用的过滤方法有哪几种？分别简述其原理和特点。

第3章

离　心

离心，作为一种高效的固液分离手段，广泛应用于生物工程领域。此外，它不仅仅能作为常规固液分离的工艺步骤，更能够在整个生物制品纯化流程中扮演核心角色，例如在疫苗的分离纯化和细胞外囊泡的提取中，多种离心技术的运用贯穿了生物制品的初级纯化和高度纯化，并确保了产品的高纯度和高回收率。因此，通过优化离心参数和选择离心方式，可以实现大颗粒快速分离以及纳米级目标物精制的目的。

在本章中，将详细介绍离心的基本原理，探讨影响离心效率和分离效果的关键因素。此外，本章还将详述各种离心方法，包括差速离心、密度梯度离心以及超速离心等，并结合具体的应用实例，展示这些离心方法在生物制品纯化中的具体应用。最后，本章还介绍了几种常见的实验室和工业离心设备，对比其特点与应用场景。

3.1　离心原理

离心分离是利用转鼓高速转动所产生的离心力，来实现悬浮液、乳浊液分离或浓缩的目的。因为离心力场所产生的离心力可以比重力高几千至几十万倍，所以利用离心可分离悬浮液中极小的固体微粒和大分子物质。在离心时，离心力使料液中具有不同质量、尺寸或密度的颗粒在离心力场中产生相对运动，从而实现相互分离。将离心用于固液分离时，固体微粒或大分子物质被推向离心容器壁上形成固体沉渣，而液体部分则形成液体上清。

在离心分离过程中，离心力的大小与旋转速度以及旋转半径的关系由以下公式表示：

$$F_c = m\omega^2 r = m\left(\frac{2\pi n}{60}\right)^2 r \qquad (3-1)$$

式中　F_c——离心力，N；

m——被离心物质的质量，kg；

ω——旋转运动物体的角速度，rad/s；

n——离心转头的转速，r/min；

r——粒子离转轴中心的距离，即物体的离心半径，m。

目前，离心机配备的离心转头一般分为固定角转头和水平角转头，不同类型的离心转头设计决定了样品在离心力作用下的沉降方式（图3-1）。固定角转头指离心时样品管与转轴之间具有十几度到四十几度不等的固定夹角，离心时样品会首先沉淀到离心管侧壁，然后下滑至离心管的外侧底部聚集。水平角转头则是在离心时，样品管与转轴的角度从0°变为90°，离心结束后又恢复0°，并且离心时样品直接沉积于底部。无论使用何种离心转头，位于离心管内不同位置的溶质都会因离心半径r不同，受到不同大小的离心力。管口靠近转轴一侧的位置离心半径最小（r_{min}），而管底远离转轴一侧的离心半径最大（r_{max}）。在文献或离心报告中，如无特殊说明，离心半径一般指的是最大离心半径r_{max}与最小离心半径r_{min}的平均值，即平均离心半径r_{av}。

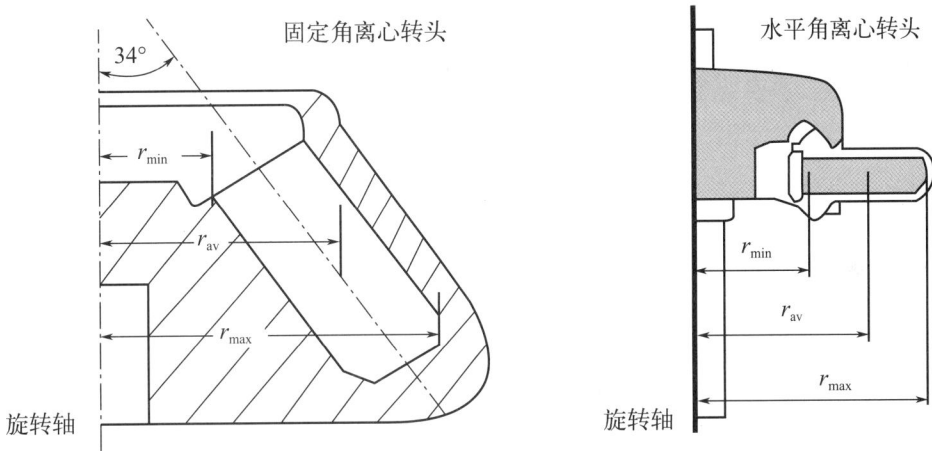

图3-1　平角和固定角离心转头的离心半径示意图

除了用离心转速n表示离心过程，还可以用相对离心力（RCF）来表示：

$$RCF = \frac{F_c}{F_g} = \frac{m\omega^2 r}{mg} = \frac{\omega^2 r}{g} = \frac{(2\pi n)^2 r}{g} \qquad (3-2)$$

式中　RCF——相对离心力，g；

F_g——重力，N；

g——重力加速度，m/s^2。

从式（3-1）与式（3-2）可以发现，当使用离心转速n表示时，除了溶质质量之外，溶质受到的离心力大小还取决于离心半径，而不同离心机或不同离心转头的离心半径不尽相同，使得同一个溶质在不同的离心设备中以相同的离心转速离心时，最终获得的离心效果不同。因此在报告超离心条件时，需说明使用的离心设备或离心半径。而如果用相对离心力RCF表示离心过程，则溶质受到的离心力仅取决于溶质自身的重力。因此在许多科技文献中通常用相对离心力RCF代替离心转速，以排除不同离心设备的影响。

此外，只需知道离心时转头的离心半径，则相对离心力和离心转速之间可以相互换算。例如，某离心转头的离心半径为71.8mm，最大转速为10000r/min，则该转头的最大相对离心力为：

$$RCF = \left(\frac{2 \times 3.14 \times 10000}{60}\right)^2 \times \frac{71.8}{9800} \approx 8000$$

当离心机的转速达到100000r/min时，转头的负载将从1个重力加速度（1g）增加到800000个重力加速度（800000g），相当于0.8t的负载。反之，当转速降至1000r/min时，转头的负载将减小为80个重力加速度（80g），这样一来离心机的制造难度大大降低，且一次离心能够处理的样品量也能大幅增加。离心机转子能够承受的离心力是离心机性能的重要参数，工业上将离心机能够产生的最高额定离心力称为最大分离因素。

3.2 离心方法

3.2.1 差速离心

差速离心（differential centrifugation）是一种在离心分离过程中逐渐增加离心力的方法，以使沉降速度不同的颗粒在不同的离心速度和不同的离心时间下逐级分离（图3-2）。差速离心的操作相对简单，可以通过控制离心转速和时间来分批分离颗粒。从均匀悬浮液开始，逐步增加离心力并调整离心时间，使大颗粒先沉淀，上清液中逐渐不含这种颗粒；然后取出上清液，增加离心力以分离较小的颗粒，以此类推。差速离心具有以下优点：操作简单，离心后可以通过倾倒法轻松分离上清液和沉淀，还可以使用容量较大的固定角转头。然而，差速离心也存在一些缺点：分辨率不高，单次离心难以得到高纯度颗粒；壁效应严重，特别是当颗粒很大或浓度很高时，会在离心管的一侧产生沉淀；颗粒容易被挤压，过高的离心力或过长的离心时间会导致颗粒变形、聚集和失活；离心后容易因机械振动而引起已分层的颗粒再混合。因此，差速离心通常用于分离沉降系数差异较大的组分，或用于其他分离方法之前的粗制品提取，如分离细胞、细胞器和病毒等。

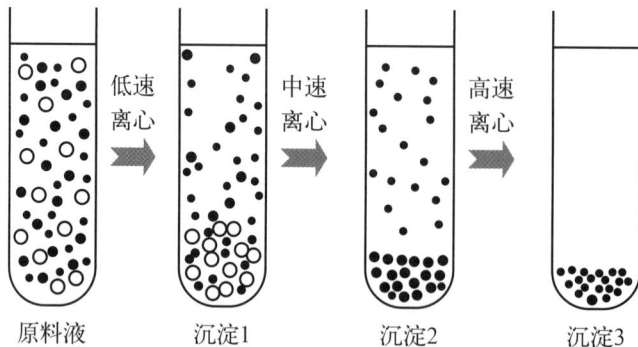

图3-2　差速离心示意图

3.2.2 密度梯度离心

密度梯度离心（density gradient centrifugation）法是一种将样品置于密度呈一定梯度分布的惰性介质中，以一定离心力进行离心沉降或离心平衡的分离方法。该方法可以将颗粒分配到不同梯度区域，从而形成分离效果好的不同区带。密度梯度离心法的优点包括以下几点：首先，它可以一次获得较纯的颗粒样本，分离效果好；其次，该方法既能用于分离沉降系数具有显著差异的颗粒，又能分离沉降系数相近但密度差异较大的颗粒；再次，颗粒在离心过程中不会被挤压变形，能够保持颗粒的活性；最后，通过使用密度梯度离心法，可以防止由对流引起的区带混合。然而，密度梯度离心法也存在一些缺点。首先，离心时间较长，需要较长的离心过程来实现分离；其次，使用该方法需要事先制备梯度介质，增加了操作的复杂性。由于该方法的操作要求严格，需要一定的操作经验以确保有效的分离效果，并且通常在水平角转头中进行离心，以得到较好的分层效果。

进行密度梯度离心操作时，应在离心管中使用具有不同密度的介质形成密度梯度。这种梯度通常从管底到管口呈递减趋势，根据密度变化特点可分为连续密度梯度和非连续密度梯度。离心结束后，应立即收集梯度区带。在从离心机取出转子和离心管，并进行梯度区带操作时，需要非常小心，以避免离心管的震动。最好使操作温度与离心时的温度保持一致，以防温度变化引起的热对流干扰区带。否则，即使分离效果很好，由于回收方法不当或回收操作错误，也可能导致失败。对于梯度区带的分步回收，可以使用手工收集法或仪器操作法：
① 手工收集法。最简单的手工收集法是通过在离心管底部使用针头刺穿的方式，让梯度液从小孔滴出来进行分步收集。另一种常用的手工收集法是从离心管底部注入浓梯度液（通过针头穿刺或从管口伸入细管到管底），使离心管中的梯度液从稀到浓经由顶盖的另一个出口排出。在使用这种方法时，最重要的是要确保管口密封。此外，在某些情况下，可以直接用注射器或吸管从管的上部仔细定量地移出梯度液，也可以获得较好的效果。如果已知某颗粒区带的位置，也可以使用注射针头穿刺管壁来提取，但效果可能较差。② 仪器操作法。作为离心机附属部件的收集装置可以方便可靠地收集梯度区带。例如，离心管切割器可将冻结的塑料管切成薄片，适用于硝酸纤维素管。操作时，将离心管插入操作台的孔中，然后使用锐利的切割刀将管子切割。切下的部分留在刀刃上，然后使用注射器或细管吸取该部分的梯度液，这样可以逐一将梯度分步收集。密度梯度收集仪可按照从低密度到高密度的顺序吸出梯度液。

根据离心机理不同，密度梯度离心法又分为速率区带离心和等密度离心。

（1）速率区带离心（rate zonal centrifugation）

在离心前，离心管内先制备好密度梯度介质，溶液的密度从离心管顶部至底部逐渐增加，然后将待分离的样品加至密度梯度溶液顶部与梯度液一起离心，控制离心时间，使具有不同沉降速度的颗粒处于不同的密度层内分成一系列区带，达到彼此分离的目的（图3-3）。使用该方法时应注意最大介质密度必须小于样品中颗粒的最小密度，保证所有溶质均可在离心过程中进行沉降；此外，速率区带离心仅用于分离有一定沉降系数差的颗粒，与颗粒密度无关。如果样品之间仅有细微的密度差，而尺寸几乎相同，难以用该方法进行分离；离心时间要严格控制，离心时间不够无法使各种颗粒在介质中相互分离形成明显的区带，时间过长

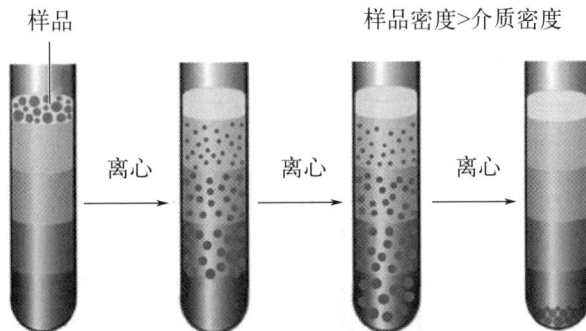

图3-3 速率区带离心示意图

则会导致所有颗粒均沉降至离心管底部。速率区带离心常用于分离细胞器、RNA、DNA、核糖体亚基、蛋白质等生物大分子。该法常用的梯度介质有聚蔗糖（Ficoll）、硅胶颗粒混悬液（Percoll）及蔗糖等。

（2）等密度离心（isopycnic centrifugation）

在离心前，预先配制具有一定密度梯度的介质，该密度梯度中包含了被分离样品所有颗粒的密度，即介质的密度分布范围要大于样品中不同颗粒的密度范围。离心开始时，直接将待分离样品与梯度液混合离心，在离心力场作用下，溶液中不同密度的颗粒或向下沉降，或向上浮起，一直移动至与它们密度相等的密度梯度介质中（即等密度点）。此时，颗粒不再移动，不同密度的颗粒在梯度介质中的不同区域形成各自的分布条带，从而达到分离的目的（图3-4）。等密度离心的特点包括，分离的效果取决于颗粒的密度差，密度差越大，分离效果越好，而颗粒的大小和形状仅决定到达平衡所需的时间和密度区带的宽度，而与分离的效果无直接关联，因此该方法常用于分离大小相近但密度具有显著差异的颗粒；此外，达到平衡后，继续延长离心时间不会改变区带位置，不影响分离效果；密度梯度溶液可以通过预形成梯度和自形成梯度两种方式进行配制。对于前者，样品应铺在液面上进行离心；对于后者，样品既可铺在液面上，也可与梯度介质混合均匀后进行离心。等密度离心可用于分离不同类型的DNA，例如双链和单链DNA、环状和线状DNA、DNA和RNA及卫星DNA等，此外，还可用于分离脂蛋白、细胞器等物质。等密度离心常用的介质主要是卤化盐，如氯化铯、碘化钠等。

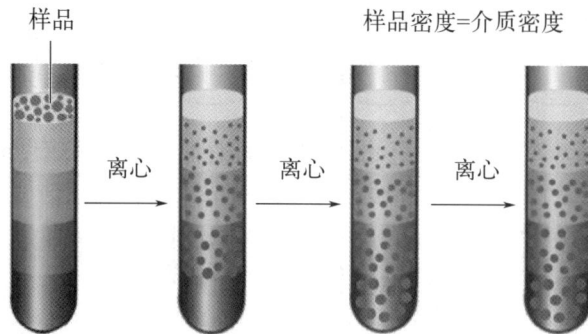

图3-4　等密度离心示意图

（3）超速离心（ultracentrifugation）

超速离心是一种通过常规离心难以达到的极高转速对小颗粒样品进行分离的方法。超速离心法的原理与常规离心法相同，根据溶质的大小、质量和密度以及溶剂的密度对溶液组分进行分离。超速离心与常规离心技术的区别有三点。① 离心转速：通常超速离心的最大相对离心力为100000g到1000000g（或转速为150000r/min），而普通高速离心的最大离心力约为65000g。② 冷却系统：为了避免在极高转速下产生大量热量对设备和样品产生损害，超速离心机配备了维持稳定温度的真空冷却系统，而常规离心技术通常仅配备常规的常压冷却装置或不具备制冷功能。③ 分离精度：超速离心由于其高速旋转，可以更精确地根据颗粒质量、大小和密度进行分离。超速离心法有两种类型：分析型和制备型。分析型超速离心法用于研究纯化的大分子，可以评估其纯度、分子量和构象变化。而制备型超速离心法用于分离组织、细胞和其他颗粒，可以结合差速离心和密度梯度离心实现亚细胞结构、细胞外囊泡、病毒和DNA组分等物质的分离。

3.3 离心配平

不同的离心技术有着不同的适用范围。但无论在使用何种离心技术时都应注意对样品进行配平。离心机在运转过程中，如果没有配平，转轴受到的力矩不同，转子对转轴会产生较大磨损。长时间的磨损会减少离心机使用寿命。如果不平衡值偏差过大的话，可能会直接损坏离心机，甚至伤害操作人员。首先，通过天平称量保证每个离心管等重。如果采用常速或高速离心，可根据中心对称法则（沿离心转轴两两对称或三角对称）将离心管放置于离心转头中进行离心（图3-5）。当使用的是配有吊篮的水平转头时，除了要确保沿转轴相对的吊篮内放置的离心管呈中心对称，还应使每个吊篮的重心在吊篮中心点。运用超速离心时，由于旋转速度极高，微小的失衡可能会产生极大的影响，因此更要确保样品旋转时转子内的重量平衡。并且转子中的所有位置都必须填满，即使只有少量试管，其余位置也必须用等重的空白样品填充。此外，为了避免转子和样品损坏，应运用缓慢加速和减速模式，特别是进行密度梯度离心时，以避免旋转的突然停止对梯度层分离情况的影响。

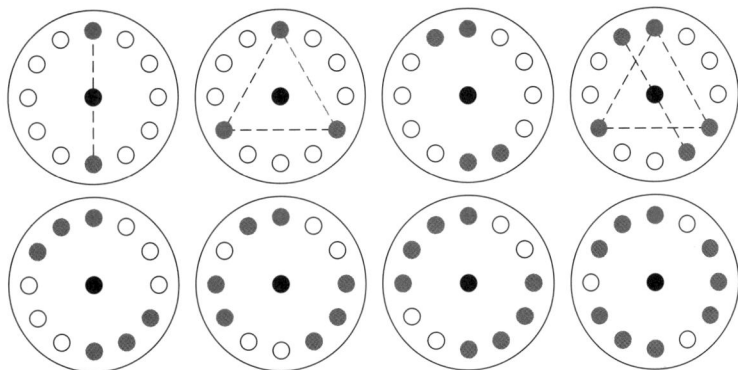

图3-5 几种不同的离心配平方式

3.4 常见的离心分离设备

3.4.1 实验室离心机

离心机是实验室及生物分离工业广泛使用的一种分离设备。实验室使用的离心机以离心管式的转头离心机为主，操作方式为间歇式离心，适用于小规模样品的分离和制备。通常用离心管离心，离心体积在1.5mL ~ 5L之间。离心机可以根据其最大离心转速（或离心力）分为低速离心机、高速离心机和超速离心机。其中，低速离心机和高速离心机可以根据是否内置制冷系统进一步分为低速冷冻离心机和高速冷冻离心机，而超速离心机需配套真空冷却系统。无论采用什么转速，分离生物活性物质，通常都需要使用具有制冷系统的离心机。此外，离心时根据转头的不同，还能分为固定角转头和水平角转头。

根据用途不同，离心机还能分为制备型离心机和分析型离心机，绝大多数离心机均属于制备型离心机，用于分离各种生物材料，所有低速离心机、高速离心机和大多数超速离心机都属于制备型离心机。分析型离心机一般都带有光学检测系统，主要用于研究纯化后生物大分子和颗粒的理化性质，或根据物质在离心场中的行为推断其纯度、结构和分子量等。分析型离心机均为超速离心机。

3.4.2 工业离心设备

离心分离技术在生物产业领域具有广泛应用，包括啤酒和果酒的净化、酵母发酵液的浓缩、谷氨酸晶体的提取，以及各种发酵液中的菌体分离，甚至还涉及疫苗、抗体和干扰素的生产等。相较于其他固液分离方法，离心分离具备分离速率快、分离效率高和液相澄清度好等优势。然而，离心分离方法也存在一些局限性，如设备复杂度高、初始投资成本较大以及能源消耗较高。此外，在连续排料过程中，固相的干燥程度不如过滤设备。

工业离心分离设备的类型繁多，根据其工作原理的不同，主要可分为过滤式离心机和沉降式离心机两大类。前者的转鼓上设有小孔并配有过滤介质，受离心力作用，液体通过过滤介质和小孔流出实现分离，主要适用于处理悬浮液中固体颗粒较大且固体含量较高的样品。后者的转鼓上没有孔，无需过滤介质，在离心力的驱动下，物料根据密度差异分层沉降实现分离，适用于固-液、液-液以及液-液-固物料的分离。以下是生物工业中几种常用的离心分离设备的简介。

（1）碟片式离心机（disk type centrifuge）

碟片式离心机是沉降式离心机的一种，于1877年由瑞典的De Laval发明。它是目前工业生产中应用范围最广的离心机。碟片式离心机具有一个密闭的转鼓，鼓内放置有数十个至上百个锥顶角为40°～100°的锥形碟片。碟片与碟片间的距离通过附于碟片背面、具有一定厚度的狭条来调节和控制，一般碟片间的距离为0.5～2.5mm。当转鼓连同碟片高速旋转时（一般为4000～8000r/min），碟片间悬浮液中的固体颗粒因有较大的质量，先沉降于碟片的内腹面，并连续向鼓壁方向沉降。清液（或轻相）则沿着碟片向轴心方向移动，最终在转鼓颈部进液管周围的环形清液出口排出（图3-6）。

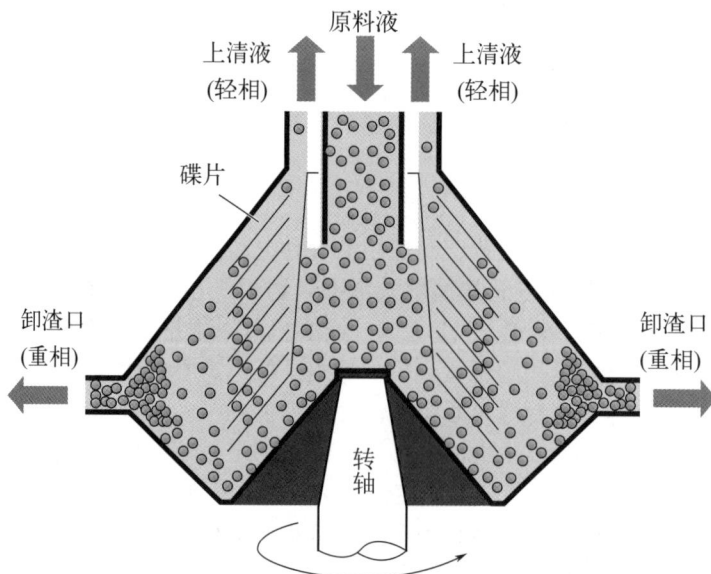

3-1
碟片式离心机

图3-6 碟片式离心机示意图

碟片式离心机的分离因数为1000～20000，最大处理量可达300m³/h，适合处理直径为0.5～500μm的颗粒。碟片式离心机常用于细菌、真菌等多种微生物悬液及细胞碎片等的分离。根据卸料方式的不同，碟片式离心机可分为人工卸料、自动间歇排料和喷嘴连续排料三种类型。人工卸料的碟片离心机适用于固形物含量小于1%～2%的悬浮液，自动间歇排料碟片式离心机适用于固形物含量小于10%的悬浮液，喷嘴连续排料碟片式离心机适用于固形物含量小于25%的悬浮液。

（2）管式离心机（tubular bowl centrifuge）

管式离心机是一种沉降式离心机，具有很高的分离效率。使用管式离心机分离时，样品液从管底引入，在离心力场的作用下沿转鼓内壁向上流动，溶液中的固体粒子逐渐沉降到筒壁上形成固态或黏稠状沉淀物。而主体溶液经离心澄清后从顶部排出。运转一段时间后，随着沉淀物的堆积，分离效率下降，当顶部出口溶液中固体颗粒含量超过规定的最高限定值，澄清度不满足要求时，需停止离心，清除沉淀后方可重新进行离心。因此，管式离心机一般属于间歇式操作。

管式离心机的转鼓一般为细长结构（直径为40～150mm，长径比为4～8），最高离心转速可达15000～50000r/min），分离因数为15000～65000，离心处理量为0.1～0.4m³/h，可用于分离颗粒粒径为0.01～100μm，固形物含量小于1%的悬浮液。管式离心机可配备制冷系统，常用于细胞、细胞碎片、细胞器、病毒、蛋白质和核酸的分离（图3-7）。

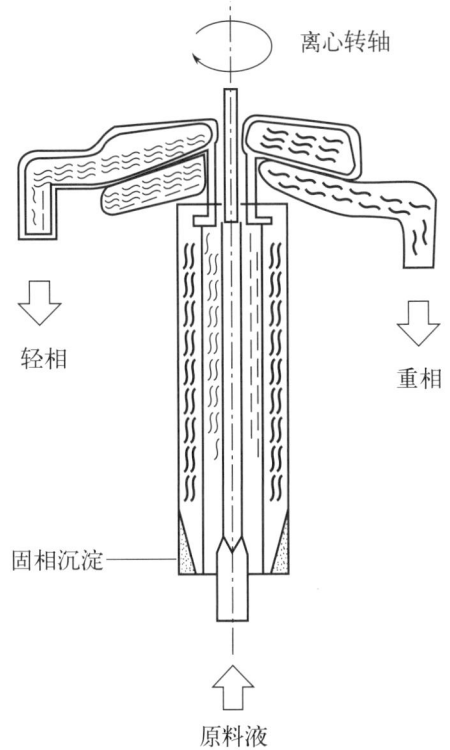

图3-7 管式离心机示意图

（3）螺旋卸料沉降离心机（scroll discharge centrifuge）

螺旋卸料沉降离心机是一种靠离心力和螺旋推动力共同作用实现自动连续分离和排渣的离心机，也称为倾析式离心机。离心时，转鼓与螺旋输送器以固定差速同向高速旋转，原料液由进料孔连续输入螺旋内筒，加速后进入转鼓。在离心力场作用下，料液中的固体颗粒沉降到转鼓壁上。输料螺旋将沉积的固相物连续推至转鼓小端，经排渣口排出。较轻的液相物则在内层形成环状液流，由转鼓大端溢流口连续流出转鼓，并通过排液口排出离心机进行收集。螺旋卸料沉降离心机的转鼓有圆锥形、圆柱形和锥柱形等形式，圆锥形常用于固形物脱水，圆柱形常用于液相澄清，锥柱形既能用于澄清又能用于脱水，是一种最常用的形式。

螺旋卸料沉降离心机具有可连续操作、适用范围广、结构紧凑和便于维护等优势（图3-8）。根据机身形态不同又分为立式和卧式两种。立式螺旋卸料沉降离心机的转鼓和螺旋输送器垂直放置，占地面积较小，常用于需耐压的分离场景，例如高压、高温或易燃、易爆的物料处理。且其分离因数较高，分辨率好；卧式螺旋卸料沉降离心机的转鼓和螺旋输送器水平放置，是一种全速旋转、连续进料、分离和卸料的离心机，它的最大分离因数可达6000，操作温度可达300℃，操作压力一般为常压（密闭型可从真空到0.98MPa），处理量一般为0.4～60m³/h，适用于固形物含量为1%～50%的悬浮液。常用于胰岛素、细胞色素等的分离，以及抗生素生产中的菌丝分离，淀粉精制以及废水处理等。

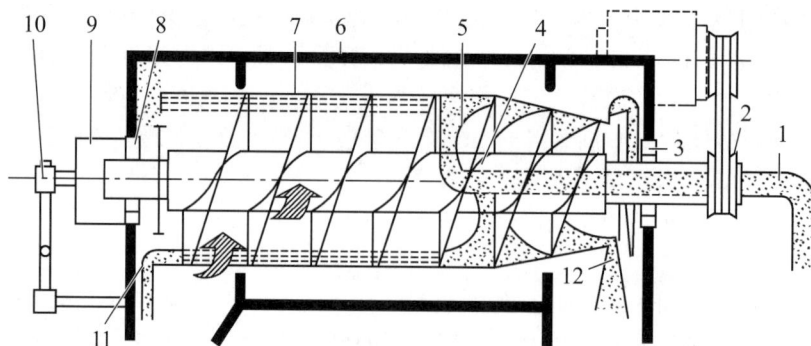

图3-8 螺旋卸料沉降离心机示意图

1—进料口；2—三角皮带轮；3—右轴承；4—螺旋输送器；5—螺旋叶片；6—机壳；7—转鼓；
8—左轴承；9—行星差速器；10—过载保护装置；11—溢流孔；12—排渣孔

（4）双级活塞推料离心机

双级活塞推料离心机与螺旋卸料沉降离心机类似，均为卧式连续操作的高效过滤式离心机。该离心机可在全速下完成所有的操作工序，如进料、分离、洗涤、干燥和卸料等。卧式双级活塞推料离心机主要由泵组、推料机构、机座、转鼓、筛网、机壳等部件组成（图3-9）。物料通过进料管进入离心机内，布料盘使物料均匀分布在转鼓上；洗涤管安装在门盖上并伸入转鼓中，洗涤水通过洗涤管进入转鼓冲洗物料。此外，双级活塞推料离心机采用板式筛网，由带狭槽的筛片组成，狭槽与机器轴线平行，呈楔状，外缘较宽，使滤液能顺利通过狭槽。离心分离时，当转鼓全速旋转后，悬浮液从进料管进入圆形布料盘上，在离心力作用下，多数液相甩出转鼓，固相则被留在板网；通过转鼓的回程将滤渣层沿转鼓轴向前推移一段距离，当内转鼓处于进程时，空出的网面又形成新的滤渣层，随着内转鼓的往复运动，滤渣层依次向前推移并进一步干燥，最后滤渣被推至外转鼓；滤渣松散后重新布料，使滤渣通过外转鼓更进一步被干燥，最后滤渣被推出外转鼓。

3-2
双级活塞推料
离心机

图3-9 双级活塞推料离心机示意图

3.5 离心分离应用实例

（1）Vero细胞狂犬病疫苗的分离纯化

狂犬病疫苗是一种用于预防狂犬病的生物制品，生产过程为病毒的培养、收获、澄清、浓缩、纯化和制剂等步骤。其下游分离纯化路线主要包括：

① 狂犬病疫苗的制备：在10L转瓶中进行常规培养的Vero细胞中接种狂犬病毒固定毒株（CTN-1V株），于37℃培养3天后更换培养液。每隔3至4天收获病毒培养液3次，得到粗制疫苗。

② 疫苗的澄清与浓缩：将粗制疫苗先通过0.45μm微孔滤膜进行澄清过滤，然后使用截留分子质量为300kDa的超滤膜浓缩80～100倍。接着，用浓度为1/3000～1/5000的β-丙内酯进行灭活处理。

③ 高速离心去残渣：将浓缩后的粗制疫苗经过8000r/min离心30min，取上清液待用。

④ 疫苗提纯：以蔗糖溶液作为介质进行速率区带密度梯度离心。梯度分别为10%、20%、30%、40%、50%和60%。在30000r/min离心6h后，用流动紫外检测仪检测280nm处的蛋白质吸收峰，收集不同组分的分离液，并测定相应组分的效力、蛋白质含量、牛血清残留量及DNA含量。

⑤ 疫苗制剂：收集合并不同的疫苗组分分离液，进行除菌过滤，添加保护剂和疫苗佐剂$Al(OH)_3$，即得到纯化的Vero细胞狂犬病疫苗。

Vero细胞狂犬病疫苗纯化工艺流程如图3-10所示。

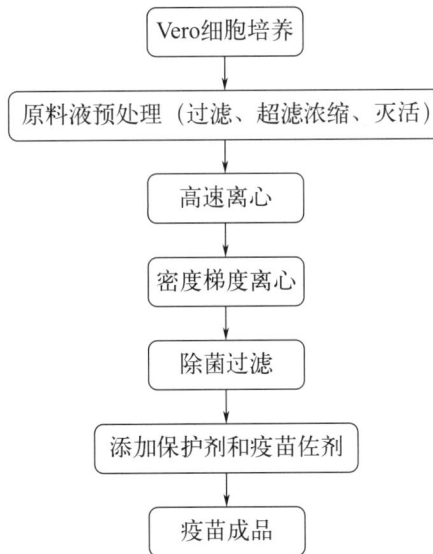

图3-10 Vero细胞狂犬病疫苗纯化工艺流程图

（2）细胞培养液中细胞外囊泡（外泌体）的分离纯化

细胞外囊泡（外泌体）是一类直径在30～150nm之间的生物纳米颗粒，由所有类型的活细胞在生理以及疾病状态下产生。它们由脂质双层膜包裹形成，携载了各种具有不同生物活性的蛋白质、RNA、DNA、脂质及代谢产物。近年来，外泌体由于其在生物信息通信、疾病发病机理研究及用作生物标记物等方面的潜力，成为生物医学研究的热点。此外，纯化的外泌体还可以作为治疗药物、分子载体、疫苗、化妆品等生物制品，具有广泛的应用前景。

目前对外泌体进行分离纯化的"金标准"方法为差速离心结合超速离心和密度梯度离心，以下是从间充质干细胞培养液中提取细胞外囊泡的具体纯化方案。

① 差速离心前处理：将细胞培养液通过4℃低速离心（例如：300g×10min）处理，以去除细胞和大的细胞碎片；离心后的上清液进行4℃高速离心（例如：16500g×20min），以进一步去除小的细胞碎片和大的膜囊泡。

② 超速离心分离外泌体：将前处理后的细胞上清液进行4℃超速离心（例如：100000g×70min），以沉淀外泌体；将获得的沉淀物用无菌PBS进行重悬，并再次进行超速离心（例如：100000g×70min），以清洗外泌体，去除共沉降的杂质。

③ 等密度梯度离心法纯化外泌体：首先，使用无菌PBS稀释OptiPrep™（碘克沙醇：0.6kg/L）分离液，制备40%、20%、10%和5%的碘克沙醇溶液；在离心管中依次加入3mL的40%、20%、10%和5%的碘克沙醇溶液，形成不连续的密度梯度介质；将超速离心获得的外泌体样品用无菌PBS进行重悬后加到蔗糖层上方，并进行4℃超速离心（例如：200000g×16h）。

④ 收集外泌体：从密度梯度介质顶部依次收集1mL的溶液，并使用纳米流式检测仪分析颗粒浓度和粒径，以确定外泌体所在区域（主要密度分布区间为1.13～1.19g/cm³）；将含有外泌体的组分稀释至20mL的PBS中，并在4℃下进行超速离心（例如：100000g×70min）；最后，将得到的外泌体沉淀物重新悬浮在0.2mL PBS中或冻干成粉末进行下游应用。

细胞外囊泡纯化工艺流程如图3-11所示。

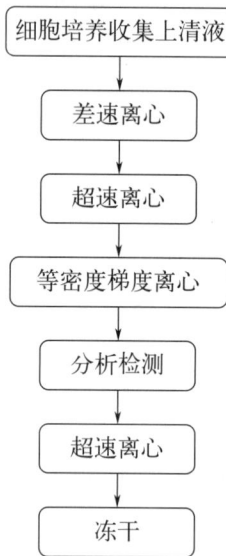

图3-11 细胞外囊泡纯化工艺流程图

◆ 思考题 ◆

① 差速离心法和密度梯度离心法的基本原理和特点是什么？

② 简述速率区带离心法与等密度离心法的区别与联系。

③ 生物工业中常用的离心分离设备有哪几种？分别简述其原理和特点。

④ 超速离心机与低速和普通的冷冻高速离心机的最主要区别是什么？

⑤ 结合灭活疫苗生产过程中的纯化步骤，分析不同离心技术对提高疫苗纯度和产量可能产生的影响。

第4章

细胞破碎

在对发酵液或动植物细胞培养液进行预处理和固液分离之后，如果目标产物为存在于发酵液中的胞外产物，如抗生素、胞外酶、部分多糖及氨基酸等，应收集固液分离后的上清液进行后续的分离和纯化操作。如果目标产物为胞内产物，需要去掉上清液，收集菌体或细胞后进行细胞破碎，释放目标产物，然后进行后续的分离和纯化。例如，许多基因工程菌产生的蛋白质不会被分泌到发酵液中，如青霉素酰化酶、碱性磷酸酶、胰岛素、IL-2、重组人天然干扰素等，对其进行纯化之前必须先破碎细胞。

细胞破碎技术是指通过外力破坏细胞膜和细胞壁，从而使细胞内容物（包括目标产物）释放出来的方法。通常，细胞膜较为脆弱，可以通过温和的物理或化学方法进行破碎；而细胞壁较为坚固，也是细胞破碎的主要阻力来源，通常需要运用机械法或者运用多种技术进行细胞破碎。由于遗传和环境等因素的影响，不同类型的细胞具有不同的细胞壁结构和组成，因此它们的机械强度和破碎难度也有所不同，需要根据不同的细胞类型选择合适的破碎方法。

此外，生物分子的稳定性受溶液环境影响大，在破碎过程中应注意防止目标产物变性或被胞内酶水解。因此，选择合适的破碎方法和优化操作条件（包括破碎缓冲液的组成）对破碎效果和目标物活性的保留至关重要。

4.1 细胞壁

4.1.1 细菌细胞壁

细菌细胞壁主要由肽聚糖（peptidoglycan）组成，肽聚糖是一种难溶的多聚物，其结构是由多糖链通过短肽交联形成的网状结构。多糖链是由 N-乙酰葡糖胺（N-acetyl-D-glucosamine，NAG）和 N-乙酰胞壁酸（N-acetylmuramic acid，NAM）通过 β-1,4-葡萄糖苷键交替连接而成。短肽通常由 $4 \sim 5$ 个氨基酸组成，如 D-丙氨酸（D-Ala）、L-丙氨酸（L-Ala）、D-谷氨酸（D-Glu）和 L-二氨基酸（如 L-Lys）。典型的四肽结构为 L-Ala-D-Glu-L-Lys-D-

Ala。这些短肽连接在 N-乙酰胞壁酸的乳酸残基上，相邻短肽之间交叉连接，形成具有很高机械强度的网状结构。短肽的交联方式和程度因细菌种类而异。例如，革兰氏阴性菌（Gram-negative bacteria）是由连接在聚糖链上的短肽直接交联，而革兰氏阳性菌（Gram-positive bacteria）则通过由甘氨酸组成的五肽与聚糖链上的短肽相连，形成"肽桥"。

几乎所有的细菌都具有上述肽聚糖的基本结构，但不同细菌的细胞壁结构存在差异（图4-1）。革兰氏阴性菌的细胞壁相对革兰氏阳性菌更为复杂。在电子显微镜下，可观察到革兰氏阴性菌的肽聚糖层较薄，仅约2～3nm，约占细胞壁干重的10%。在肽聚糖层外还有一层较厚的外壁层，约8～10nm，主要由脂蛋白（lipoprotein）、脂多糖（lipopolysaccharide）和其他脂类组成，含量约占细胞壁干重的80%。在肽聚糖层和细胞膜之间还存在一层周质空间，其中常存有酶。而革兰氏阳性菌细胞壁较厚，具有约20～80nm的肽聚糖层，约占细胞壁干重的50%。此外，细胞壁还含有大量的磷壁酸。

肽聚糖的网状结构是破碎细菌的主要阻力。网状结构的致密程度和强度取决于聚糖链上存在的肽键的数量和交联程度。如果交联程度较大，则网状结构较致密，导致细菌更难破碎。因此，革兰氏阳性菌通常比革兰氏阴性菌更难破碎。

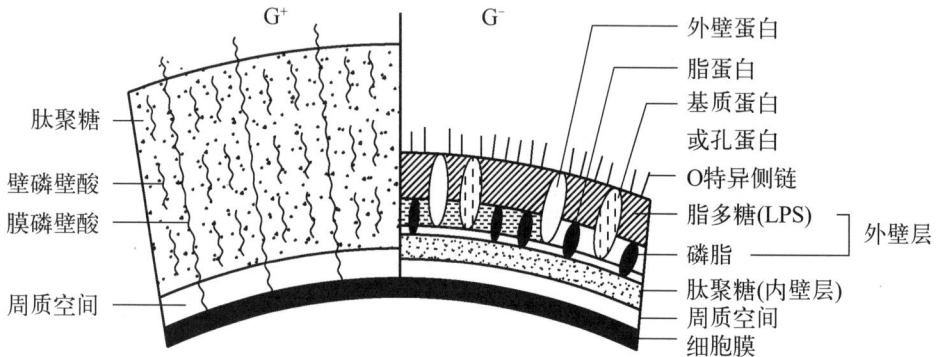

图4-1　革兰氏阳性菌（左）和革兰氏阴性菌（右）细胞壁构造的比较

4.1.2　真菌细胞壁

真菌细胞壁的厚度大约为100～250nm，它占据细胞干物质的30%。细胞壁主要由多糖组成，其次是蛋白质和类脂质。不同类型的真菌细胞壁多糖的类型各不相同。主要的细胞壁多糖包括几丁质、纤维素、葡聚糖和甘露聚糖等，这些多糖都是由单糖聚合而成的聚合物。例如，几丁质是由 N-乙酰葡糖胺分子通过 β-1,4-葡萄糖苷键连接而成的多聚糖。低等真菌的细胞壁主要由纤维素组成，酵母菌以葡聚糖为主，而高等真菌则以几丁质为主。此外，同一种真菌在不同生长阶段的细胞壁成分也会有明显的变化。

真菌细胞壁的结构可以分为有形微纤维部分和无定形基质部分。微纤维部分主要由几丁质构成，形成了细胞壁的骨架。这些几丁质或纤维素的纤维状结构提高了细胞壁的强度，使其比细菌更难以破碎。而基质部分则类似于骨架上的填充物，包括葡聚糖、甘露聚糖和一些糖蛋白。细胞壁中的各种组分紧密结合在一起，以增强细胞壁的强度。其中，一些葡聚糖和几丁质之间存在共价结合，葡聚糖之间也通过侧链连接在一起。这种结构的存在使得细胞壁具有特定的功能和稳定性。

酵母菌也是一种真菌，它在生物制品的生产和研究中具有重要的应用。酵母菌的细胞壁相对于革兰氏阳性菌来说较厚，大约为 $70 \sim 300nm$，但比革兰氏阳性菌的细胞壁要脆弱（图 4-2）。酵母菌的幼细胞细胞壁较薄且具有弹性，随后逐渐变厚和变硬。酵母菌的细胞壁有4层：① 最里层是由葡聚糖的细纤维构成，它是构成细胞壁的刚性骨架，赋予细胞一定的形状；② 纤维上方覆盖了一层糖蛋白；③ 最外层是甘露聚糖，通过1,6-磷酸二酯键共价连接，形成网状结构；④ 在该层内部，存在甘露聚糖-酶的复合物，它可以共价连接到网状结构上，也可独立存在。与细菌细胞壁类似，破碎酵母菌细胞壁的阻力主要取决于壁结构交联的紧密程度和其厚度。

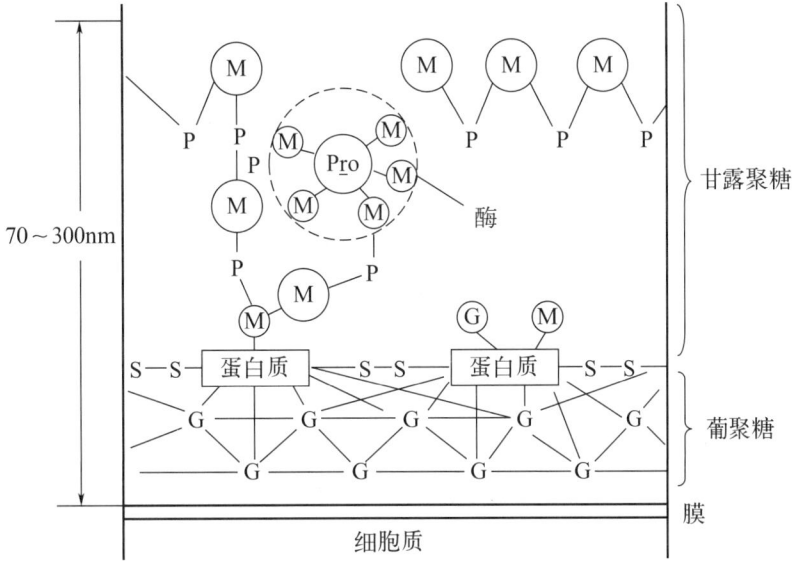

图4-2　酵母细胞壁结构示意图

M—甘露聚糖；P—磷酸二酯键；G—葡萄糖

4.1.3　植物细胞壁

绝大多数植物细胞都具有一定硬度和弹性的细胞壁，这是植物细胞特有的结构，它与液泡、质体一起构成了植物细胞与动物细胞不同的三大结构特征。细胞壁包围在原生质体外，由原生质体分泌的非生命物质构成，起到保护细胞和维持形状的作用。

4.1.3.1　植物细胞壁的主要化学组成

植物细胞壁的主要成分是多糖，包括纤维素、半纤维素、果胶物质。此外，还含有结构蛋白、酶类、木质素以及矿物质等。

（1）纤维素

纤维素是植物细胞壁的主要成分，它是由 $1000 \sim 10000$ 个 β-D-葡萄糖残基以 β-1,4-糖苷键相连的无分支长链，分子质量大约为 $50000 \sim 400000Da$。纤维素内葡萄糖残基间形成氢键，而相邻分子间氢键使带状分子彼此平行相连，这些纤维素分子链具有相同的极性，排列成立体晶格状，可称为分子团，又叫微团。微团组合成微纤丝，微纤丝又组成大纤丝。因此，纤维素牢固的结构使细胞壁具有高强度和抗化学降解能力，提高了植物细胞的破碎难度。

（2）半纤维素

半纤维素是除纤维素和果胶物质以外的，可溶于碱的细胞壁多糖的总称。半纤维素与纤维素的化学结构不同，且不同来源的半纤维素成分也不尽相同。某些半纤维素由一种单糖缩合而成，如聚甘露糖和聚半乳糖，另外一部分半纤维素则由多种单糖缩合而成，如木聚糖、阿拉伯糖、半乳聚糖等。半纤维素覆盖在纤维素微纤丝的表面，以氢键的形式紧密连接，将微纤丝交联成复杂的网格，形成细胞壁内高层次上的结构。

（3）果胶类

果胶物质也是细胞壁的重要组成成分，胞间层基本上是由果胶物质组成的，使相邻的细胞黏合在一起。果胶物质是由半乳糖醛酸组成的多聚体。根据其结合情况及理化性质可分为三类：果胶酸、果胶和原果胶。① 果胶酸是由约100个半乳糖醛酸通过 α-1,4-糖苷键连接而成的直链，呈水溶性，存在于中层中，极易与钙反应生成果胶酸钙凝胶；② 果胶则是半乳糖醛酸酯及少量半乳糖醛酸通过 α-1,4-糖苷键连接而成的长链高分子化合物，分子量在25000～50000之间，每条链含200个以上的半乳糖醛酸残基，水溶性好，存在于中层、初生壁、细胞质或液泡中；③ 原果胶的分子量比果胶酸和果胶高，甲酯化程度介于二者之间，主要存在于初生壁中，难溶于水，在稀酸和原果胶酶的作用下转变为可溶性的果胶。果胶物质分子间由于形成钙桥而交联成网状结构，它们作为细胞间的中层起黏合作用，可允许水分子自由通过。果胶物质所形成的凝胶具有黏性和弹性。钙桥增加，细胞壁衬质的流动性就降低；酯化程度增加，相应形成钙桥的机会就减少，细胞壁的弹性就增加。

（4）木质素

木质素不是多糖，而是由苯基丙烷衍生物的单体所构成的聚合物，在木本植物成熟的木质部中，其含量达18%～38%，主要分布于纤维、导管和管胞中。木质素可以增加细胞壁的抗压强度，提高了植物细胞的破碎难度。

4.1.3.2　植物细胞壁的主要结构

绝大多数高等植物的细胞壁都由胞间层、初生壁及次生壁构成。

（1）胞间层

胞间层又称为中层，是相邻两个细胞之间共享的薄层，主要由果胶类物质组成。胞间层能够将相邻细胞粘连在一起，从而缓冲细胞间的挤压。

（2）初生壁

位于胞间层的两侧，是由原生质体活动产物堆积而成的薄层，较薄（约1～3μm）且柔软。初生壁的主要成分包括纤维素、半纤维素和果胶。初生壁是在细胞生长期形成的，它可以随着细胞的生长而延伸。有些植物终身只具有初生壁，没有形成次生壁。

（3）次生壁

在某些植物细胞停止生长后，在细胞质和初生壁之间形成了次生壁。次生壁一般较厚（4μm以上），主要由纤维素和其他物质（如木质素、角质、栓质、矿物质等）构成。在次生壁中，纤维素和半纤维素的含量比初生壁增加很多，纤维素的微纤丝排列更加紧密和有规则，并存在着木质素等酚类化合物。酚类化合物会与蛋白质结合形成沉淀，在破碎缓冲液中需要加入聚乙烯吡咯烷酮（PVP）来除去它们。因此，次生壁的形成提高了细胞壁的坚硬性，使植物细胞具有很高的机械强度。

4.1.4 细胞壁结构与细胞破碎

微生物细胞壁的形状和强度取决于细胞壁的组成以及它们之间的相互关联程度。为了破碎细胞，必须克服的主要阻力是连接细胞壁的网状结构的共价键。各种微生物细胞壁的组成和结构差异很大，取决于遗传信息、生长环境和菌龄。此外，霉菌的细胞壁结构还随培养过程中机械搅拌作用的强弱而变化。

在机械破碎过程中，细胞的大小和形状、细胞壁的厚度以及聚合物的交联程度是影响破碎难易程度的重要因素。显然，个体小、球形、壁厚且聚合物交联程度高的细胞最难破碎。在使用酶法和化学法溶解细胞时，细胞壁的组成显得特别重要，其次是细胞壁的结构。了解细胞壁的组成和结构，就可以选择合适的溶菌酶和化学试剂，以及在使用多种酶或化学试剂相结合时确定其使用的顺序。

4.2 细胞破碎缓冲液

在细胞破碎过程中，为了最大程度保留目标产物（如蛋白质）的活性，破碎缓冲液常具有以下特点。

① 离子强度与pH值：离子强度为 $0.1 \sim 0.2mol/L$，pH为 $7.0 \sim 8.0$ 的磷酸缓冲液或Tris缓冲液。该离子强度及pH值与生理环境类似，能尽可能减少环境变化导致的目标产物变性失活。

② 抗氧化剂：对于蛋白质类目标物，其释放到溶液中后，结构中的巯基容易被氧化，形成分子内或分子间二硫键，使其变性失活。因此，缓冲液中常需要加入抗氧化剂（如二硫苏糖醇、β-巯基乙醇、半胱氨酸和还原型谷胱甘肽等）。

③ 酶抑制剂：细胞破碎后许多胞内的蛋白酶释放溶液中，易导致蛋白质的降解。因此，通常需要在缓冲液中添加某些酶抑制剂，如丝氨酸蛋白酶抑制剂（如DFP、PMSF、TPCK）、巯基蛋白酶抑制剂（如碘乙酸）、金属蛋白酶抑制剂（如EDTA）等，以防止胞内蛋白酶对目标蛋白的降解。

④ 酶的底物和辅因子：对于部分酶生物制品，在破碎缓冲液中加入低浓度的底物能够结合酶，并稳定酶的结构和活性；此外，有些酶必须有辅因子存在才有活性，但在细胞破碎及后续纯化过程中，辅因子容易丢失。因此，在破碎缓冲液中加入辅因子有助于酶活性的保持。

⑤ 聚乙烯吡咯烷酮（PVP）：植物组织中含有大量酚类化合物，容易与蛋白质结合并引起蛋白质沉淀。因此，植物组织的破碎缓冲液中常需加入不溶于水的PVP吸收酚类物质，再通过离心将其除去。

4.3 细胞破碎方法

细胞破碎的方法众多，Wimpenny根据破碎原理对不同的方法进行了分类。根据是否需要外部作用力，可以将其分为机械法和非机械法两大类（图4-3）。机械法包括珠磨法、高压均质法、超声波破碎法、X-press法等，其中高压均质法和珠磨法适用于大规模生产。在机械破碎法中，由于机械能消耗转化为热量可能导致温度升高，因此在大多数情况下需要采取冷却措施，以防止生物制品变性失活。非机械法包括生物法（酶解法）、化学法、物理法和干燥法等。

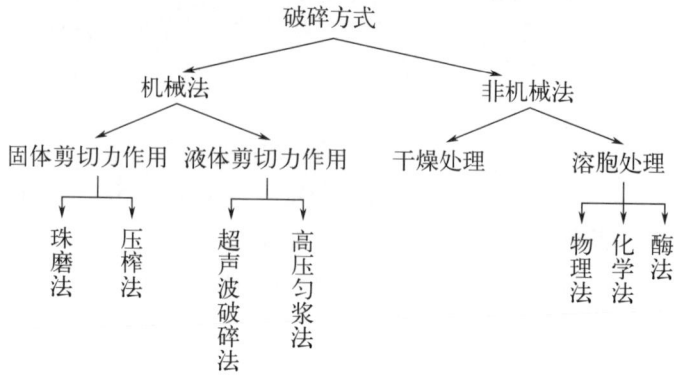

图4-3　细胞破碎的方法

4.3.1　机械法

4.3.1.1　珠磨法

珠磨法是一种常用的细胞破碎方法，其基本工作原理是：将细胞悬液与研磨珠一起加入珠磨机（图4-4）中，并进行快速搅拌与研磨，通过剪切和碰撞作用，使细胞破碎，释放胞内物质。通过珠磨机内部的珠液分离器将研磨剂截留在破碎室内，破碎后的溶液从液流出口引出，从而实现连续操作。在珠磨法进行细胞破碎过程中，研磨珠直径与装量、研磨时间、搅拌速度和操作温度等对细胞破碎效果具有显著的影响。

4-1
珠磨机

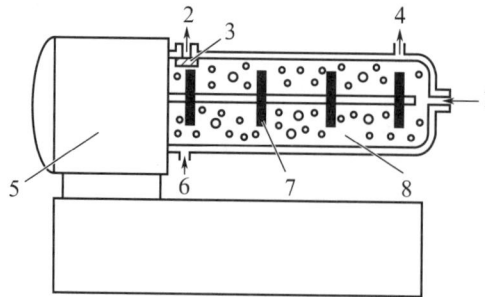

图4-4　珠磨机结构示意图

1—细胞悬浮液；2—匀浆液；3—珠液分离器；4—冷却液出口；5—搅拌电机；
6—冷却液进口；7—搅拌桨；8—玻璃珠

研磨珠一般为无铅玻璃珠、钢珠或陶瓷珠，直径在0.1～1.5mm之间，某些特殊应用场景下也会使用更大的研磨珠。较小的研磨珠能够实现更快的细胞破碎，而均一的珠粒分布可以产生良好且稳定的破碎效果。选择研磨珠的直径通常根据细胞类型、目标蛋白所在位置以及生产规模等因素进行确定。例如，细菌通常需要较小直径的珠粒（0.1～0.15mm），而酵母则需要较大直径的珠粒（0.25～0.75mm）。对于位于细胞质中（可溶性）的目标蛋白，较小直径的珠粒更适合；而对于细胞壁蛋白或膜蛋白，较大直径的珠粒更合适。对于大规模生产而言，使用研磨机进行连续细胞破碎时，要求研磨珠的直径最小不低于0.4mm。最终，最佳的珠粒直径还需通过实验来确定。研磨珠直径与破碎率的关系见图4-5。

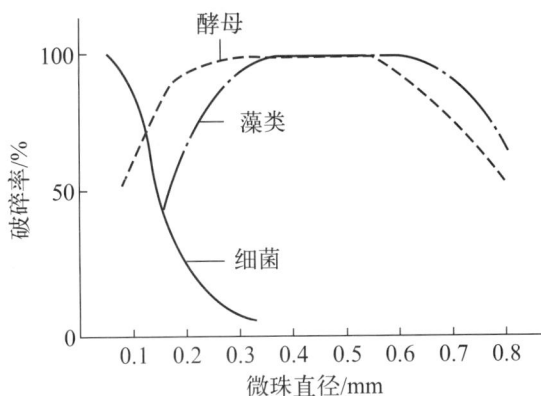

图4-5 研磨珠直径与破碎率的关系曲线

　　在一定范围内，增加珠粒的装填量可以提高细胞破碎速度。然而，过高的研磨珠装填量可能导致搅拌无法正常进行，反而降低了细胞破碎和蛋白质释放效率。为了解决这个问题，必须增加搅拌器的功率，但同时也会增加操作中释放的热量，给细胞破碎带来困难。因此，珠磨机腔体内的填充量应控制在80% ~ 90%之间，并随着珠粒直径的大小而进行调整。

　　搅拌速度在高速搅拌研磨机的细胞破碎过程中也起着重要作用，它决定了研磨珠与细胞的碰撞速度，进而影响作用于细胞的剪切力大小。一般来说，增加搅拌速度可以提高细胞破碎效率，可控制在700 ~ 1450r/min之间。具体的搅拌速度选择还取决于细胞种类和搅拌器的设计。通常情况下，破碎小尺寸细胞所需的搅拌速度要高于破碎大尺寸细胞的速度。

　　珠磨法的主要优点包括：配有制冷装置，破碎过程中目标产物不易失活；单次破碎即可获得较高的破碎率；适合各种微生物细胞的破碎；可连续操作。其主要的缺点为：珠磨过程中会产生大量热能，能耗高，能量利用率极低（1%）；影响破碎率的参数较多，操作过程需经过反复优化。

应用实例：高速搅拌珠磨法破碎酿酒酵母

　　① 在 Dynomill KDL 型珠磨机中安装研磨仓（300mL），确保密封良好；

　　② 向研磨仓中加入直径为0.45 ~ 0.5mm的研磨珠，装填体积为80%，设定搅拌速度为6000r/min；

　　③ 通过50%乙二醇溶液将研磨仓预冷至–20℃，然后加入用10mmol/L硫酸钾缓冲液（pH7.0）制备的45%（湿重/体积）新鲜酿酒酵母悬浮液，同时取样备用作对照；

　　④ 研磨周期设置为每次运行15s，以避免温度快速升高，研磨12min后可获得最大蛋白质释放量；

　　⑤ 细胞破碎后，以12000g、4℃的离心条件进行离心，以去除未破碎的细胞及细胞碎片；

　　⑥ 将获得的上清液稀释十倍，并使用双缩脲试剂法检测溶液中的蛋白质含量。

　　结果表明，随着搅拌时间的延长，溶液中蛋白质的含量逐渐升高，说明细胞破碎程度增加。破碎60s后蛋白质含量的增加趋于平缓，120s后蛋白质含量最高，说明此时破碎效果最佳（图4-6）。

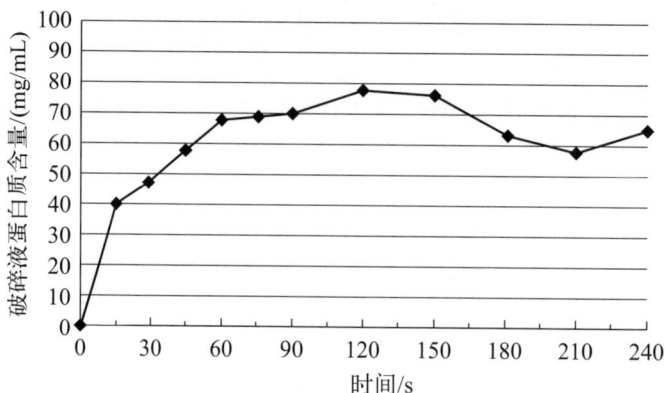

图4-6 高速搅拌珠磨法破碎酿酒酵母上清液蛋白质含量与时间的关系

4.3.1.2 高压匀浆法

高压匀浆法是广泛用于大规模细胞破碎的一种方法，使用的设备为高压匀浆器，主要由高压泵和匀浆阀构成（图4-7）。其工作原理是通过高压力使细胞悬浮液经过针形阀，通过压力的骤降和高速撞击共同引起细胞破碎，从而释放胞内物质。在高压匀浆器中，高压室的压力可达数十兆帕，细胞悬浮液自高压室的针形阀中喷射出来，速度可达数百米每秒。这些高速喷射的液体随后撞击到静止的撞击环上，迫使其改变方向并流出。在这一系列高速运动中，细胞经历了剪切、碰撞，并经历了从高压到常压的变化，从而导致细胞破裂。

4-2
匀浆破碎

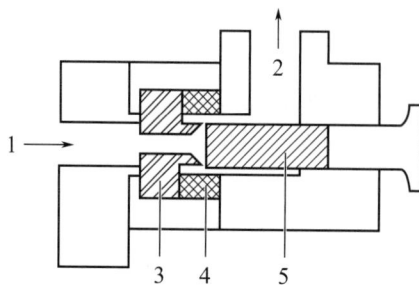

图4-7 高压匀浆器结构简图

1—细胞悬浮液；2—细胞匀浆液；3—阀座；4—碰撞环；5—阀杆

高压匀浆法的细胞破碎效果主要受到压力、温度和匀浆次数的影响。通常情况下，增加压力和匀浆次数均可提高细胞破碎率。但当压力增加到一定程度时，会增加设备的磨损和能耗。因此，在大多数工业生产中，常用的操作压力范围为50～70MPa。在高压匀浆器的操作中，每增加10MPa的压力，温度将上升2℃，因此需要对悬浮液进行冷却处理以保护目标产物的生物活性。对于难以破碎的酵母菌或极高浓度的菌体，常采用多次循环的操作方法，并且需要在级间设置冷却装置。由于料液在匀浆器中的停留时间很短（20～40ms），因此迅速冷却可以有效防止温度升高，保护产物的活性。当悬浮液中的酵母浓度为450～750kg/m³范围内时，破碎率与温度相关，随着温度升高而增加。将操作温度从5℃升高到30℃，破碎率能够增加约1.5倍。然而，高温破碎仅适用于热稳定性高的生物制品。若温度超过40℃，在破碎过程中蛋白质可能发生变性。

破碎细胞的效率也受到阀座类型的影响。通常，阀门底座有两种类型：刃缘阀座和平边阀座。一般情况下，在相同操作压力下，刃缘阀座的破碎效率高于平边阀座，但刃缘阀座更容易磨损。

高压匀浆法的细胞破碎效率也与细胞类型密切相关。一般来说，酵母比细菌更难破碎，静止状态的细胞与处于快速生长状态的细胞相比，其破碎难度更大。此外，团状或丝状真菌以及较小的革兰氏阳性菌容易造成设备堵塞，通常不适于高压匀浆法破碎。一些亚细胞器（如包涵体）由于质地坚硬，容易损伤匀浆阀，也不使用该方法进行处理。高压匀浆法的破碎效率也与培养介质相关，如在复合培养基上培养的细胞比在简单合成培养基上培养的细胞更难破碎。

高压匀浆法的主要优点包括：操作参数少、易于控制、适用于大规模操作、应用范围广泛（包括细菌和动植物细胞）。其主要的缺陷为：需多次循环匀浆才能得到较高的破碎效率，不适用于如丝状真菌和包涵体丰富的基因工程菌破碎。

应用实例：高压匀浆破碎法破碎酿酒酵母

① 使用 pH=7.0 的 10mmol/L 硫酸钾缓冲液制备 45%（湿重/体积）的酿酒酵母细胞悬浮液；

② 将 200L 酵母细胞悬浮液装入 Emulsilex C5 高压匀浆器中；

③ 启动增压泵，将压力升至 700kPa；

④ 进一步调整压力至 103MPa，并设置流速为 70cm/s；

⑤ 使用高压匀浆器进行破碎，并重复破碎 2～5 次，以达到最佳的匀浆效果，每次匀浆之前取样并保留；

⑥ 以 12000g 和 4℃ 条件离心 30min，去除未破碎的细胞及细胞碎片；

⑦ 将获得的上清液稀释十倍，并使用双缩脲试剂法检测溶液中的蛋白质含量。

结果表明，随着匀浆次数的增加，溶液中蛋白质的含量逐渐升高，且匀浆破碎 3 次后，已可获得较高的蛋白质含量，说明破碎效果良好，如图 4-8 所示。

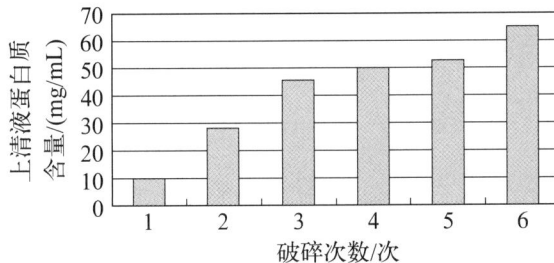

图 4-8 高压匀浆破碎法破碎酿酒酵母破碎次数
与上清液中蛋白质含量的关系

4.3.1.3 超声波破碎法

超声波破碎法利用发射 15～25kHz 的超声波探头处理细胞悬浮液使其破碎。超声波破碎法一般通过三种不同的作用方法使细胞破碎，包括热效应、空化效应和机械效应。其中，空化效应是使细胞破碎最主要的因素，它指的是在超声波作用下，细胞悬浮液产生空穴，空穴泡受到超声波冲击而闭合，产生一个极为强烈的冲击波压力，并通过产生的剪切应力使细胞破碎。影响超声波破碎效果的主要因素包括声频、声能（输出功率）、处理时间、细胞浓度和细菌类型等。输出功率反映了超声波能量的大小，增加输出功率有助于产生更多的气泡，增强破碎效果。细胞浓度影响液体黏度，较低的细胞浓度有利于细胞破碎，而较高的细胞浓度增加了液体黏度，不利于气泡的形成和扩大，从而影响破碎效果。采用短时多次超声波处理的工作方式有利于细胞破碎，而延长每次超声波处理时间和减少处理次数的工作方式会降低破碎率。超声波通过空化效应破碎细胞的过程涉及气泡的形成、振动、膨胀、压缩和崩溃闭合等极短时间内完成的过程，短时多次操作方式有助于充分利用超声波产生的气泡。为了避免长时间超声波处理引起的升温对活性物质的影响，通常采用短时间超声波处理与冷却交替进行的操作方式。对于不同的细菌类型，其发酵液对超声波破碎的响应差异较大，一般来说，杆菌较球菌更易破碎，革兰氏阴性菌较革兰氏阳性菌更易破碎，但对酵母菌的效果相对较差。

4-3
超声破碎

超声波破碎法是一种强力的细胞破碎方法，适用于大多数微生物。然而，超声波破碎的能量利用率相对较低，操作过程会产生大量热量，因此需要在冰水或具有外部冷却装置的容器中进行，同时需要采用短时多次超声波处理的操作方式。由于对冷却的严格要求，超声波破碎法不太适合进行大规模操作，主要用于实验室规模的细胞破碎。

除了常规的间歇式操作，也可以利用超声波破碎法进行连续破碎。连续超声破碎装置一般以超声破碎槽为主体，设置连续进料口和出料口，并有多个内循环管，利用声波振荡能量推动细胞悬浮液进行循环，实现连续进样、破碎和收集的操作（图4-9）。对于极难破碎的菌体，还可添加微小的珠粒以提高超声破碎的效率。

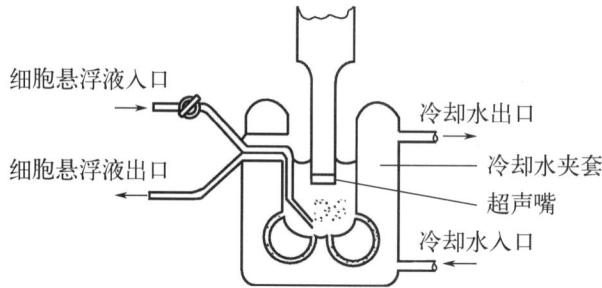

图4-9 连续破碎池的结构简图

超声破碎的效果和破碎程度可以通过多种方法来进行评估，主要包括：

① 外观观察：通常情况下，超声前的菌悬液呈浑浊状态，而超声后的悬液会变得透明、清澈。

② 液体黏滞性：超声破碎后，菌液的黏滞性通常会减小。可注意观察菌液滴下时是否粘连于枪头或涂管壁，若菌液能够顺利地从枪头滴下而不粘连，则表明破碎效果较好。

③ 高速离心沉淀：将破碎后的菌液进行高速离心，常用的离心力为6000g，离心10min。破碎程度较差或未完全破碎的菌体会沉淀，而完全破碎的菌体可能只产生少量的沉淀或不产生沉淀。

④ 染色与镜检：对破碎后的菌液进行染色可以进一步评估破碎效果和菌体的完整性。常用的染色方法是革兰氏结晶紫染色，将菌液制作成涂片后，用革兰氏结晶紫染色剂染色，然

后在显微镜下观察。完全破碎的菌体在显微镜下可能呈现均一染色、无菌体残留的特征。

超声波破碎法的主要特点包括：处理少量样品时操作简便、液体损失较小，适用于实验室规模；超声波破碎时产生大量热量，需要预冷处理，且往往使用间歇式脉冲超声；应根据处理对象和样品所处位置选择合适的超声功率（包涵体内用高功率，细胞质中用低功率）；长时间使用应使用隔音箱；可使用水浴式或探头式超声装置进行细胞破碎，一般后者效果较好；在大规模操作中，声能传递和散热均面临挑战。

应用实例：超声法破碎工程菌，释放胞内蛋白

① 用离心法进行发酵液的固液分离，并用PBS将细菌沉淀洗涤2～3遍；

② 配制细菌裂解液，包含：50mmol/L Tris-HCl、2mmol/L EDTA、100mmol/L NaCl、100μg/mL溶菌酶和0.1% Triton X-100，调节pH=8.0；

③ 按原菌液体积的1/5～1/10加入裂解液重悬菌体；

④ 设置超声功率为100W，脉冲式超声间隔为：30s开/30s关，超声时间为20min；

⑤ 将菌体置于冰上，进行超声；

⑥ 观察菌体浑浊度和黏滞性以判断超声是否完全；

⑦ 将破碎后的悬液进行离心，去除完整的细菌和细菌碎片。

4.3.1.4 其他细胞破碎方法

（1）X-press法

又称为Hughes press法，是一种改进的高压方法。在此方法中，首先将高浓度的菌体悬浮液冷冻至−30～−25℃，形成冰晶。然后，利用高于500MPa的极高压力进行冲击，将冷冻的细胞从高压阀的小孔中挤出。细胞的破碎主要是由于冰晶的磨损，导致被包围在冰中的细胞发生变形并破裂。这种方法主要用于实验室研究，具有广泛适用性、高破碎效率、较低的细胞碎片程度和高活性保存率等优点。然而，需要注意的是该方法不适用于对冷冻-融解敏感的生物物质。

（2）French-press法

最早由Milner、Lawrence和French用于叶绿体的破碎。该方法将样品倒入样品罐中，通过移动活塞来增加罐内的压力，同时也增加了细胞内的压力。当样品通过样品出口管时，细胞外部压力迅速下降至大气压，而细胞内的压力下降速度较慢。这个压力差导致细胞壁和膜破裂，释放细胞内的物质。French-press法通常用于破碎细菌以及各种动植物细胞，通过控制破碎条件，还可以有选择地破碎并释放周质腔中的蛋白质。因此，这种方法适用于大规模生产。

上述几种机械破碎法的作用机理和特点见表4-1。

表4-1 机械破碎法总结

方法名称	作用机理	特点
珠磨法	将细胞悬液与研磨珠一起加入珠磨机中，并进行快速搅拌与研磨，通过剪切和碰撞作用使细胞破碎，释放胞内物质	适用于大规模生产，破碎效果良好且稳定；需要冷却措施防止变性，研磨珠直径与装量、研磨时间、搅拌速度和操作温度等因素对破碎效果有影响

方法名称	作用机理	特点
高压均质法	通过高压力使细胞悬浮液经过针形阀，通过压力的骤降和高速撞击共同引起细胞破碎，从而释放胞内物质	适用于大规模细胞破碎，操作参数少、易于控制；但需多次循环匀浆以获得较高破碎效率，对酵母等难以破碎的细胞或高浓度菌体需要多次循环
超声波破碎法	利用发射 15～25kHz 的超声波探头处理细胞悬浮液使其破碎，通过热效应、空化效应和机械效应使细胞破碎	适用于大多数微生物细胞破碎，能量利用率相对较低，操作过程产生热量需要冷却；不适合大规模操作，主要用于实验室规模细胞破碎
X-press法	首先将高浓度的菌体悬浮液冷冻至 −30～−25℃，然后，利用高于500MPa 的极高压力进行冲击，细胞的破碎主要是由于冰晶的磨损	高破碎效率，较低的细胞碎片程度和高活性保存率；不适用于对冷冻-融解敏感的生物物质，主要用于实验室研究
French-press法	将样品通过高压泵压入并通过阀门迅速释放压力，使得样品在通过阀门的瞬间产生剪切力，导致细胞壁和膜破裂	适用于破碎细菌以及各种动植物细胞，可有选择性破碎并释放周质腔中的蛋白质；设备成本较高，适用于大规模生产

4.3.2 非机械法

4.3.2.1 物理破碎法

（1）渗透压冲击法

渗透压冲击法是一种比较温和的细胞破碎方法，特别适用于易于破碎的细胞，如动物细胞和革兰氏阴性菌（如枯草芽孢杆菌）。该方法的操作步骤为将细胞放置于高渗透压介质中（例如高浓度盐、甘油或蔗糖溶液），使其达到平衡状态，然后将介质突然稀释或将细胞迁移到低渗透压的水或缓冲液中。在渗透压的作用下，水进入细胞，导致细胞壁和膜膨胀并最终破裂。该方法通常适用于细胞壁较脆弱及细胞壁预先用酶处理的细胞类型，或在培养过程中加入某些抑制剂（如抗生素等），使细胞壁有缺陷、强度减弱的细胞。

（2）冻结-融化法

简称冻融法，是一种将细胞急剧冻结（低于−15℃），然后在室温或37℃缓慢融化，反复进行多次以实现细胞破碎的方法。冻结的作用是破坏细胞膜的疏水键结构，增加其亲水性和通透性。同时，胞内外水分差及形成的冰晶均会引起细胞膨胀和破裂。冻融法适用于破碎细胞壁较脆弱的菌体，或释放位于细胞质靠近细胞膜的胞内成分，通常破碎率较低，破碎速度相对较慢，需反复多次，常与其他方法结合使用。此外，在冻融过程中可能引起某些蛋白质变性。

（3）干燥法

通过干燥去除细胞内的结合水，破坏细胞壁和细胞膜的结构完整性，从而改变细胞的渗透性。当使用有机溶剂（如丙酮、丁醇）或缓冲液处理干燥细胞时，胞内物质更容易被提取出来。干燥的方法有气流干燥、真空干燥、喷雾干燥和冷冻干燥等。气流干燥主要适用于酵母菌，真空干燥多用于细菌，冷冻干燥适用于较不稳定的生化物质。干燥条件变化剧烈易引起蛋白质或其他活性物质变性。提取不稳定生化物质时，需要低温处理，并加入某些试剂进行保护，如半胱氨酸、巯基乙醇和亚硫酸钠等还原剂。

（4）爆破性减压法

该方法最早于1951年用于大肠杆菌细胞的破碎。在此方法中，细胞悬浮液在N_2或CO_2高压下平衡，然后在37℃振荡数分钟，使气体扩散到细胞内。接着，突然减压，细胞因胞内外压差而破碎。这个方法操作条件温和，产生的细胞碎片相对较大。当目标蛋白为可溶性时，这种方法非常适合除去后续的细胞碎片。然而，该方法的效率相对较低。

（5）微波加热法

微波加热法是一种常用于生物学和生物工程领域的样品处理方法。它利用频率介于300MHz到300GHz之间的微波电磁波，通过特定的加热原理，实现细胞内有效物质的提取和释放。微波加热法的原理是基于细胞内极性物质（如水）对微波能量的吸收，导致细胞内温度迅速上升，从而引发细胞一系列变化。在微波加热过程中，首先，细胞内的极性物质，特别是水分，吸收微波能量并产生热量，导致细胞内液态水产生压力，进而冲破细胞膜和细胞壁，形成微小孔洞。随着继续加热，细胞内部和细胞壁的水分减少，细胞开始收缩，并在表面出现裂纹。这些微小孔洞和裂纹的存在使得胞外的溶剂能够轻易进入细胞内，溶解并释放出细胞内的重要产物。

微波加热法的优点包括穿透力强、选择性高、加热效率高等，因此被广泛用于处理微生物、植物和动物细胞，以提取胞内的有效物质。例如，通过微波加热法可以成功提取酵母中的海藻糖，或从猪血红红细胞中提取超氧化物歧化酶。此外，它也常用于从植物中提取天然产物。然而，微波加热法也存在一些限制。首先，它主要适用于对热稳定的产物；其次，被处理的物料需要具备较强的吸水性，否则细胞难以吸收足够的微波能量，影响产物的释放；最后，微波加热法不适用于富含淀粉或树胶的天然植物细胞，因为微波干燥容易导致它们变性或糊化，堵塞释放通道，不利于胞内物质的释放。

4.3.2.2 化学破碎法

化学破碎法是一种用于细胞破碎的方法，通过使用一系列化学试剂，能够改变细胞壁或膜的通透性，从而有选择地促使胞内物质渗透出来。这一方法的有效性取决于所使用的化学试剂的类型以及细胞壁膜的结构与组成。

（1）酸、碱处理

酸处理通常采用6mol/L HCl，可以使蛋白质水解成氨基酸；碱处理能溶解细胞壁上的脂类物质或使某些组分从细胞内渗漏出来。酸碱处理法成本较低，反应激烈，但不具选择性。

（2）表面活性剂

表面活性剂包括阴离子、阳离子和非离子型，在细胞破碎中起关键作用。表面活性剂是两性物质，既能与水作用也能与脂质作用，能够与细胞壁上的脂蛋白结合，形成微泡，从而提高膜的通透性或溶解磷脂，使胞内物质释放出来。常用的表面活性剂包括十二烷基硫酸钠（SDS，阴离子型）、Triton X-100和Tween等。

（3）有机溶剂

有机溶剂如丁酯、丁醇、丙酮、氯仿和甲苯等能够分解细胞壁中的磷脂，导致细胞结构破坏，从而使胞内物质释放出来。

（4）EDTA螯合剂

对于革兰氏阴性菌，EDTA螯合剂能破坏细胞壁外层，因为革兰氏阴性菌的壁外层结构通常靠二价阳离子Ca^{2+}或Mg^{2+}结合脂多糖和蛋白质来维持。EDTA螯合这些金属离子，导致脂多糖分子脱落，暴露出内部结构。

（5）变性剂

常用的变性剂包括盐酸胍和脲，它们能改变细胞通透性，溶解不溶性的重组蛋白。这些变性剂在处理基因工程菌时可以使重组蛋白质渗透出来。

（6）复合试剂

复合试剂是一种将不同试剂合理搭配使用的方法，可以有效提高胞内物质的释放率。例如，胍和Triton X-100的复合使用，可以显著提高胞内蛋白的释放率。单独用0.1mol/L的胍处理*E.coli*，仅能释放1%的胞内蛋白，用0.5% Triton X-100可释放4%的胞内蛋白。二者结合，同样时间内可使53%的胞内蛋白释放。因为胍溶解细胞外膜，使内膜暴露于Triton X-100中，双磷脂层被表面活性剂溶解，细胞通透性显著变化。

化学破碎法具有的优点包括：对产物释放具有一定的选择性，可使一些较小分子量的溶质如多肽和小分子的酶蛋白透过，而核酸等大分子量的物质仍滞留在胞内；细胞外形完整，碎片较少，浆液黏度低，易于固液分离和进一步提取。然而，该方法也存在一些缺点，包括：通用性较差、时间较长、效率较低（一般胞内物质释放率不超过50%）以及一些化学试剂具有毒性，可能会对随后的产物纯化造成困难。因此，在选择破碎方法时，需根据需要考虑化学破碎法的适用性和局限性。

4.3.2.3 生物破碎法（酶溶法）

生物破碎法主要指酶解法，主要利用能溶解细胞壁的酶处理菌体，使细胞壁受到破坏后，再利用物理或化学法破坏细胞膜，实现细胞破碎的目的。酶解法可分为外加酶法和自溶法两种。

（1）外加酶法

根据不同菌种或细胞类型的细胞壁结构和化学组成，选择性地添加不同降解酶，并确定相应的加酶次序，以使细胞壁破裂，从而释放胞内物质。根据不同菌种的细胞壁结构和化学组成，常用的酶有溶菌酶（lysozyme）、β-1,3-葡聚糖酶（β-1,3-glucanase）、β-1,6-葡聚糖酶（β-1,6-glucanase）、蛋白酶（protease）、甘露糖酶（mannanase）、糖苷酶（glycosidase）、肽链内切酶（endopeptidase）、几丁质酶（chitinase）等。

对于细菌的破碎常用溶菌酶，它能专一性地分解细菌细胞壁上肽聚糖分子的β-1,4-糖苷键。对于革兰氏阳性菌，加入溶菌酶后很快产生壁溶现象。然而，对于革兰氏阴性菌，单独使用溶菌酶通常无效，必须与螯合剂EDTA一起使用。对于酵母细胞，通常采用两步酶解法来进行细胞破碎。首先，加入甘露糖蛋白酶，它的作用是针对蛋白质-甘露聚糖复合物结构，使这些复合物溶解。接下来，再加入葡聚糖酶，其作用是裂解细胞壁上的葡聚糖层，使之裸露出来。最终的结果是细胞壁被部分破坏，只剩下原生质体。此时，只需改变缓冲液的渗透压，细胞膜将破裂，从而释放出胞内的产物。其他真菌的细胞壁主要包含纤维素、葡聚糖、几丁质等成分，因此常用蜗牛酶、纤维素酶、多糖酶等进行裂解。植物细胞壁主要成分是纤维素，通常采用纤维素酶和半纤维素酶进行破碎。

酶溶法的优点有：① 可从细胞内不同位置选择性地释放目的产物，条件温和；② 核酸泄出量少，细胞外形完整，可进行原生质体融合实验。其缺点有：① 溶酶价格昂贵，限制了其大规模应用；② 通用性差，不同菌种需选择不同的酶，不易确定最佳的破壁条件；③ 存在产物抑制现象，使胞内物质释放率低。

（2）自溶法

自溶法是一种特殊的酶溶细胞破碎方式，其独特之处在于所需的溶胞酶是微生物本身在生长代谢过程中产生的，无需额外添加。在微生物的生长过程中，通常会产生能水解细胞壁上聚合物的酶，以确保生长和繁殖的正常进行。自溶法的核心思想是通过调控特定条件，诱导微生物产生大量的自身溶胞酶或提高这些酶的活性，从而促使细胞自行溶解，达到细胞破碎的目的。自溶法的优点之一是其适用于大规模生产。然而，它也存在一些缺点。首先，对于不稳定的微生物，自溶法可能会引起目标产物的变性。其次，自溶后，细胞悬浮液的黏度会增加，导致过滤速率下降。

上述非机械破碎法的作用机理和特点总结于表4-2。

表4-2 非机械破碎法总结

方法名称	作用机理	特点
渗透压冲击法	利用渗透压差使细胞壁和膜膨胀破裂	温和，适用于细胞壁脆弱的细胞，但可能对细胞内大分子物质有损害
冻结-融化法	通过冻结破坏细胞膜结构	适用于细胞壁脆弱的菌体，破碎率低，速度慢
干燥法	通过干燥改变细胞渗透性	适用于酵母菌和细菌，但可能引起蛋白质变性
爆破性减压法	利用气体在细胞内外压差破碎细胞	操作条件温和，产生的细胞碎片相对较大，效率较低
微波加热法	通过微波加热引起细胞内外温差破裂细胞	穿透力强，加热效率高，但可能引起热稳定性不好的产物变性
化学破碎法	使用化学试剂改变细胞壁或膜的通透性	适用于特定细胞类型，但效率较低，可能影响产物纯化
外加酶法	利用溶解细胞壁的酶处理菌体	条件温和，但酶价格昂贵，通用性差
自溶法	微生物在特定条件下产生的溶胞酶破碎细胞	适用于大规模生产，但可能导致目标产物变性，增加黏度

4.4 影响细胞破碎率的因素

4.4.1 细胞类型

细胞的特性在很大程度上影响了细胞破碎的效率。不同类型的细胞对破碎方法的响应不同。即使在细菌这一类别中，由于肽聚糖层厚度的不同，革兰氏阴性菌相对于革兰氏阳性菌来说更容易被破碎，而细菌相对于酵母来说也更易破碎。此外，动物细胞因无细胞壁，相对于植物细胞来说也更容易被破碎。细胞的形状也是一个重要因素，例如，杆状菌相对于球菌来说更容易破碎。此外，细胞的生长阶段也会对其易于破碎性产生影响。通常情况下，处于生长期初期的细胞比处于生长后期的细胞更容易被破碎，这主要是由于不同时期细胞的细胞壁结构和厚度存在差异。此外，细胞的生长条件也会对其易于破碎性产生影响。例如，生长速度较慢的细胞相对于生长速度较快的细胞更难被破碎。同时，分批发酵与连续发酵也可能影响细胞的易破碎性。分批发酵中，细胞停留在发酵罐中的时间更长，这给了细胞修复细胞壁缺陷的机会，因此其细胞壁更坚固，更难被破碎。

4.4.2 破碎方法

不同的破碎方法对相同类型的细胞会产生不同的破碎效果。以大肠杆菌 ATCC15224 为例，珠磨法（使用直径为 0.25 ～ 0.50mm 的玻璃珠，处理时间 4min）的破碎率为 79%，而高压匀浆法（APV Manton Gaulin，压力 60MPa，经过 3 次处理）的破碎率为 82%。此外，将不同的破碎方法结合使用通常比单一方法更有效。例如，结合酶解法和压力法，酶的处理可以初步破坏细胞壁，从而显著提高压力破碎的效率。总之，无论采用哪种破碎方法，都需要对破碎条件进行优化，包括细胞悬浮液的浓度、施加的压力、玻璃珠的直径、酶解的时间和温度等参数。

在选择具体破碎方法时，应综合考虑以下几个因素：处理的细胞量、细胞壁的强度和结构（包括高聚物的交联程度、种类和壁厚度）、目标产物对破碎条件的敏感性以及所需的破碎程度。此外，选择性地释放目标产物也是一个重要考虑因素。一般而言，当目标产物位于细胞膜附近时，可以采用较温和的方法，例如酶溶法、渗透压冲击法和冻结-融化法等。而当目标产物位于细胞质内时，则需要使用较强力的机械破碎法。当目标产物与细胞膜或细胞壁结合时，可以通过调节溶液的 pH 值、离子强度或添加与目标产物具有亲和性的试剂（如螯合剂、表面活性剂等）来促使目标产物溶解和释放（即化学法）。同时采用机械破碎法和化学法可以使操作条件更加温和，即在实现相同的目标产物释放率的情况下降低细胞的破碎程度。

4.5 细胞破碎率的检测方法

4.5.1 直接测定法

① 显微镜观察：可在显微镜下直接进行细胞计数。统计破碎前后完整细胞的数量，计算细胞破碎效率。观察时应注意如果破碎中释放出大量 DNA 可能会干扰计数结果。

② 细胞染色后镜检计数：通过特定的染料对细胞进行染色，然后通过显微镜观察，提高计数精确度。例如，用结晶紫进行染色以判断革兰氏阳性菌的破碎效率。如果革兰氏阳性菌经过破碎后，染色仍呈紫色，说明其细胞壁仍然保持相对完整，破碎效率可能较低。反之，如果呈现与革兰氏阴性菌相似的红色，那么说明细胞壁的通透性发生了变化，细胞壁破除的可能性较高。

③ 平板计数法：细胞破碎前后，分别在培养皿中培养，计算菌落数，从而测定活菌数。

4.5.2 间接测定法

① 活性测定：在细胞破碎后，可以通过测定破碎液中目的产物的释放量来估算破碎率。一般情况下，将破碎后的细胞悬浮液进行离心分离，以分离细胞碎片，并测定上清液中目的

产物（如蛋白质）的含量或活性。然后，将这个测定结果与100%破碎率所获得的标准数值进行比较，可以计算出细胞的破碎率。

② 电导率测定：当细胞内的物质释放到水中时，会导致水的电导率发生变化，并且随着破碎率的增加，电导率也会逐渐增加。因此，可以利用破碎前后电导率的变化来快速测定细胞的破碎程度。然而，需要注意的是，不同细胞种类、处理条件、细胞浓度、稳定性以及悬浮液中电解质含量的不同可能会导致电导率的差异，因此在使用电导率测定方法前，应该进行适当的标定和校准工作。

4.6 细胞破碎技术的发展

4.6.1 多种破碎方法联合运用

近年来，多种细胞破碎方法的联合运用已成为细胞破碎技术发展的一个重要方向。通过将不同的破碎方法相互结合，可以充分利用它们各自的优势，提高破碎效率，使目标产物选择性释放。其中一种常见的策略是将化学法、酶法和机械法相结合。酶法在细胞破碎前进行处理，可以初步破坏细胞壁，增加细胞膜的通透性，从而提高后续步骤的破碎效率。例如，通过使用溶菌酶预处理面包酵母，然后采用高压匀浆法、超声波破碎法、螯合剂或渗透压法等技术，可以显著提高破碎效果。实验结果表明，在高压匀浆法下进行4次压力为95MPa的匀浆，总破碎率接近100%，而采用1次高压匀浆法的条件下，破碎率仅有32%。除了化学法和酶法的结合，还可以将有机溶剂与冻融法、干燥法等方法相结合。有机溶剂可以改变细胞的物理状态，促进细胞壁的破裂，从而增加破碎效率。冻融法通过在不同温度间的循环冻结和融化过程中破坏细胞结构，有助于细胞破碎。干燥法则通过将细胞样品迅速脱水，导致细胞结构的破坏，进而达到细胞破碎的目的。

多种破碎方法的联合运用可以在提高破碎效率的同时，实现目标产物的选择性释放。选择合适的破碎方法和优化破碎条件，包括化学法、酶法、机械法以及它们之间的组合，对于有效破碎细胞并获得高产率的目标产物至关重要。这种细胞破碎方法的改进将极大地促进生物制药等技术的研究和应用。

4.6.2 结合上下游过程

在发酵培养过程中，培养基、生长期、操作参数（如pH、温度、通气量、搅拌转速、稀释率等）等因素都对细胞壁和细胞的结构与组成产生影响。为了提高细胞破碎效果，可以结合上游制定以下策略。

① 选择易破碎的菌种：革兰氏阴性菌通常较易破碎，因此可以选择这类菌种作为寄主细胞。

② 加入抑制剂：在生长后期加入抑制细胞壁物质合成的抑制剂，如青霉素等，可以导致新分裂的细胞细胞壁有缺陷，从而有利于破碎。

③ 基因工程改造：通过基因工程方法，可以获得便于进行细胞破碎或分离纯化的特性。例如，在细胞内引入具有溶解作用的基因，如噬菌体基因。在培养结束后，控制特定条件（如温度）激活这些基因，使细胞自行溶解，从而释放目标物质；或者将目标物表达成耐

高温型，那么在较高的温度下进行操作既节省了冷却费用，又简化了分离步骤；在胞内蛋白结构域中融合表达跨膜信号肽，使其在发酵过程中释放到胞外，则可省去整个细胞破碎的操作。

此外，细胞破碎和固液分离是紧密相关的步骤。细胞破碎产生的碎片可能对后续的分离纯化过程产生影响，特别是可溶性碎片。为避免色谱柱和超滤膜的堵塞，必须除去这些可溶性碎片。细胞破碎的整体优化需要综合考虑多个因素。例如，多次高压匀浆虽然可以增加产物的释放量，但同时会产生逐级破碎和细小的碎片，增加固液分离的难度。因此，在优化细胞破碎过程时需综合考虑上述因素，选择合适的破碎方法、破碎条件和操作策略，以提高效率和产物质量，并确保后续工艺的顺利进行。

◆**思考题**◆

① 常用的细胞破碎方法有哪些？简述其基本原理、特点及适用性。

② 溶菌酶溶解细胞壁的机理是什么？简述酶溶法的种类及优缺点。

③ 如何测定细胞破碎程度？

④ 如何结合生物制品生产的上游过程来提高细胞破碎效率或减少细胞膜/壁对分离纯化的影响？

第5章

沉　淀

　　沉淀是指将溶液中的溶质由液相变成固相析出的过程。而沉淀分离技术则是通过采取一系列适当的措施，改变溶液的理化参数，从而控制不同成分的溶解度，以实现将目标成分与其他成分有效分离的一项技术。这一方法的应用十分广泛，主要包括浓缩、分离和纯化目标物质，同时还可以将纯化后的产物由液态变为固态，以方便保存或进行后续处理。

　　沉淀分离技术的核心原理在于不同物质在溶剂中的溶解度存在差异，这一差异源于溶质分子间以及溶质与溶剂分子之间的亲和力。溶质的化学性质和结构、溶剂成分的变化、特定的沉淀剂的添加，以及溶液的pH值、离子强度和极性等因素都会显著影响溶质的溶解度。沉淀分离技术操作简便，成本较低，因此不仅广泛应用于实验室研究中，还在一些生产制备过程中得到了广泛使用。特别是在生物大分子的分离纯化领域，如蛋白质和酶的制备，沉淀技术常常是首选方法。需要注意的是，一般来说，产物浓度越高的溶液中，沉淀效果越明显，产物收率也越高。然而，使用沉淀法所得产品的纯度通常较低，可能含有多种物质或大量盐类，或者包裹着溶剂，因此过滤和进一步的纯化可能会较为困难。

　　在采用沉淀分离纯化技术时，需要考虑以下几个重要问题：首先，所采用的分离条件是否会破坏待分离成分的结构；其次，加入溶液中的沉淀剂和其他物质是否容易获得，并且在后续加工中是否易于去除；此外，需要关注加入的沉淀剂和其他物质是否对人体产生毒害作用；还需要确保沉淀剂在待分离的溶液中具有高溶解度，并且对温度的变化不敏感，以便实现对溶液中各组分的分级分离；最后，要考虑沉淀剂对环境的潜在污染以及对沉淀剂的回收再利用等方面的因素。

　　根据沉淀原理不同，沉淀法可以分为盐析法沉淀、有机溶剂沉淀、聚合物沉淀、等电点沉淀以及选择性变性沉淀等多种方法，本章将对这些方法进行逐一介绍。

5.1 盐析沉淀法

5.1.1 盐析沉淀原理

使蛋白质稳定存在于溶液中的因素有两方面，分别是其表面存在的水化层和双电层。因此，盐析沉淀法的关键就是破坏蛋白质表面的水化层和双电层。当蛋白质溶液中加入中性盐时，盐离子与蛋白质表面的离子基团作用，降低蛋白质的活度系数，使其溶解度增加。当盐浓度较低时，以这种情况为主，蛋白质表现为易于溶解，称为盐溶现象。当盐浓度较高时，盐离子与水分子发生水化作用，降低水分子的活度系数，破坏蛋白质的水化层，压缩扩散双电层，降低其电位值。即中性盐既会使蛋白质脱水，又能中和蛋白质所带电荷，降低蛋白质分子间的相互排斥力，使其在布朗运动的互相碰撞下形成聚集物而沉淀析出（图5-1）。因此，在高浓度中性盐存在下，蛋白质（酶）等生物大分子物质在水溶液中的溶解度降低，产生沉淀的过程就称为盐析。

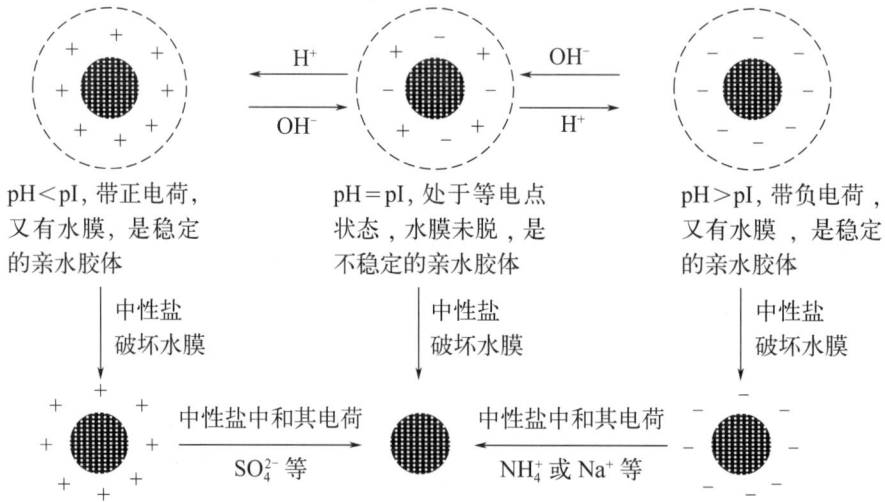

图5-1　盐析机理示意图

5.1.2 盐析沉淀的影响因素

5.1.2.1 蛋白质的种类和浓度

蛋白质的种类对盐析效果有着重要的影响。不同的蛋白质具有独特的结构和物理化学属性，这包括其分子量、结构、电荷分布、亲疏水性以及在特定条件下的稳定性。这些因素都可能对盐析的效果产生影响。例如，疏水性强的蛋白质在较低的盐浓度下就可以发生沉淀，而亲水性强的蛋白质则可能需要更高的盐浓度才能打破其与水分子之间的相互作用，并触发沉淀反应。此外，分子量大、结构不对称的蛋白质通常更容易发生沉淀。

蛋白质浓度是影响盐析过程的关键参数。在较低的蛋白质浓度下，需要更高的盐浓度来促使蛋白质脱水并沉淀。然而，在较高的蛋白质浓度下，可能会导致其他杂蛋白随着目的蛋白一起共沉淀。因此，蛋白质浓度的选择需视具体应用而定，也应该根据实验结果微调，以使盐析过程尽量高效且产物质量高。一般来说，蛋白质浓度应该适当控制在2.5%～3.0%，这样可以减少共沉淀现象，同时避免过低浓度增加反应体积和生产成本，以及降低目的蛋白的回收率。总的来说，蛋白质浓度的选择需要综合考虑多个因素，以达到最佳的盐析效果。

5.1.2.2 盐离子的种类和浓度

能够引起盐析沉淀的盐种类众多，不同种类的盐具有不同的盐析作用能力。根据Hofmeister理论，离子半径小且电荷高的离子盐析作用能力较强；离子半径大而带电量低的离子盐析作用弱，即多价阴离子、单价阳离子的盐析作用通常较强。根据引起盐析沉淀的能力强弱可将不同种类的盐按以下顺序进行排序：

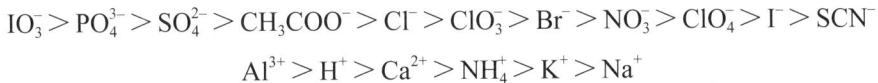

$$IO_3^- > PO_4^{3-} > SO_4^{2-} > CH_3COO^- > Cl^- > ClO_3^- > Br^- > NO_3^- > ClO_4^- > I^- > SCN^-$$

$$Al^{3+} > H^+ > Ca^{2+} > NH_4^+ > K^+ > Na^+$$

在盐析过程中，选择合适的盐是关键。理想的盐应该具有以下特性：首先，盐析作用要强，这是保证蛋白质能够有效盐析的前提。其次，盐需有较大的溶解度，这样才能达到足够的浓度来实现蛋白质的盐析。再次，盐必须是惰性的，这意味着它在反应过程中不产生副反应，对蛋白质不产生破坏。最后，理想的盐应该来源丰富、价格经济，以满足实验和工业生产的需求。

根据以上要点，硫酸铵常被用于盐析。硫酸铵具有强烈的盐析作用，溶解度高，且价格低廉，因此在众多的盐类中被广泛选为盐析用盐。在实际工作中，尽管如氯化钠、硫酸镁等也可用于盐析，但由于种种原因（如价格、效果等）都不如硫酸铵应用广泛。此外，硫酸钠也可作为盐法的沉淀剂，例如，用硫酸钠分级盐析可以提取较纯的血清免疫球蛋白。然而，硫酸钠在30℃以下溶解度较低，而很多生物活性分子在30℃以上容易失活，因此限制了硫酸钠作为沉淀剂的使用。因此，尽管各种中性盐都可作为沉淀剂，但在大多数实践应用中，硫酸铵仍然是首选。

此外，盐浓度对盐析沉淀具有直接的影响。当盐浓度较低时，会产生"盐溶"现象，不利于蛋白质沉淀；当盐浓度提升到一定值后，开始产生"盐析"现象。对于不同的蛋白质，"盐溶"和"盐析"的分界值不同，其达到"完全盐析"所需的盐浓度也不相同，这就为采用盐析技术分离纯化不同蛋白质提供了理论依据。

5.1.2.3 pH值

蛋白质具有两性离解性质，与氨基酸和多肽类似，也有等电点（isoelectric point，pI）。在等电点附近，蛋白质的溶解度最小，容易沉淀。如果需要通过盐析来沉淀目标蛋白，那么盐析的pH值一般应该选择在蛋白质的等电点附近。相反，如果需要通过盐析来除去杂质蛋白，那么盐析的pH值最好远离目标蛋白的等电点。需要注意的是，同一蛋白质在水中和在盐溶液中的等电点是不同的，因此需要通过实验来确定最佳的盐析pH值。在实验中，可以通过调整盐析pH值来寻找最佳的沉淀条件，以达到最高的纯化效率。

5.1.2.4 温度

在低离子强度的溶液或纯水中，蛋白质溶解度通常会随着温度的升高而增加；然而，在高离子强度或高盐浓度的溶液中，蛋白质、酶和多肽等生物大分子的溶解度会随着温度的升高而减少。尽管蛋白质在盐析过程中对温度没有特殊要求，可以在室温下进行，但某些温度敏感的酶需要在0～4℃的环境中进行盐析，以保护蛋白质的结构和功能，防止温度过高导致蛋白质变性。

5.1.3 硫酸铵盐析法

硫酸铵是盐析过程中最常用的盐类，尤其是在大规模生产时基本上是唯一的选择。这是因为硫酸铵具有以下优点：① 硫酸铵的水溶性极高，且受温度影响较小；② 沉淀后残留的硫酸铵容易通过透析、超滤和色谱去除；③ 高浓度的硫酸铵对细菌有抑制作用；④ 硫酸铵不易引起蛋白质变性，有稳定酶与蛋白质结构的作用，某些酶或蛋白质可在2～3mol/L $(NH_4)_2SO_4$ 溶液中保存数年；⑤ 硫酸铵溶解于水中不产生热量；⑥ 硫酸铵是廉价、易得的化工原料。然而，硫酸铵在碱性条件下会释放出氨，不宜在碱性环境下使用。此外，硫酸铵具有一定的腐蚀性，对设备具有一定要求。

5.1.3.1 硫酸铵的纯度要求

对用于盐析沉淀反应的硫酸铵，可选用的纯度至少应为二级，也就是分析纯。这是由于其杂质，特别是重金属离子，有可能破坏生物分子的结构并产生污染。尽管如此，由于更高纯度的硫酸铵价格较高，因此在实际工业生产中，通常会选择三级纯度（即化学纯）的硫酸铵以降低成本。在使用前，会对其进行预处理，通过特定的化学反应使重金属离子沉淀并过滤掉这些沉淀物，然后对硫酸铵进行重结晶。经过这样的处理，硫酸铵可以满足生物制品生产的品质要求。另一方面，值得注意的是，硫酸铵的饱和水溶液是酸性的，其pH约为5.0。因此，在使用之前，我们需要用氨水进行调整，使其达到所需的pH值。

5.1.3.2 硫酸铵饱和度的调整

在硫酸铵盐析过程中，通常以饱和度来标识硫酸铵的浓度，其中饱和硫酸铵的饱和度设定为100%。其中，应注意在不同温度条件下，具有相同饱和度的溶液包含的硫酸铵质量会有一定的区别。例如，若要使1L的溶液从无硫酸铵状态到达饱和状态，那么在0℃时需要用到的硫酸铵为697g，然而在25℃情况下则需要767g的硫酸铵。因此，在进行硫酸铵盐析操作时，必须考虑到温度的影响，特别是在直接投加固态硫酸铵时。

调整硫酸铵饱和度一般有两种做法，分别为直接加入固体硫酸铵，以及加入饱和度为100%的硫酸铵溶液。

（1）加入固体硫酸铵

当硫酸铵盐析需要较高的硫酸铵饱和度或限定分离体积时，通常采用固体硫酸铵直接加入溶液的方法。这种方法在工业上被广泛采用。具体操作时，需要将固体硫酸铵研磨成细小的粉末，然后在充分搅拌的条件下缓慢加入溶液中，以避免出现局部浓度过高的现象，影响盐析效果。固体硫酸铵的加入量可以通过查看表5-1或使用下式进行计算。

固体硫酸铵的加入量计算公式：

$$G=V_0A\frac{S_2-S_1}{100-BS_2}$$

式中　G——需要加入的固体硫酸铵的质量，g；

　　　V_0——待盐析溶液的体积，L；

S_1——待盐析溶液的起始硫酸铵饱和度，%；

S_2——要求达到的硫酸铵饱和度，%；

A——经验常数，0℃时为515，20℃时为513；

B——经验常数，0℃时为0.27，20℃时为0.29。

表5-1 25℃时调整硫酸铵饱和度计算表
[每升溶液中需加入固体硫酸铵的质量（g）]

项目		硫酸铵的终浓度（饱和度）/%												
		20	25	30	35	40	45	50	55	60	65	70	75	80	90
		每升溶液中需加入固体硫酸铵的质量/g												
硫酸铵的初始浓度（饱和度）/%	0	114	144	176	209	243	277	313	351	390	430	472	516	561	662
	20		29	59	91	123	155	189	225	262	300	340	382	424	520
	25			30	61	93	125	158	193	230	267	307	348	390	485
	30				30	62	94	127	162	198	235	273	314	356	449
	35					31	63	94	129	164	200	238	278	319	411
	40						31	63	97	132	168	205	245	285	375
	45							32	65	99	134	171	210	250	339
	50								33	66	101	137	176	214	302
	55									33	67	103	141	179	264
	60										34	69	105	143	227
	65											34	70	107	190
	70												35	72	153
	75													36	115
	80														77

（2）加入饱和硫酸铵溶液

该方法的优势在于，将饱和硫酸铵溶液混入待处理溶液时，可以实现均匀搅拌，极大降低了局部溶液浓度过高的风险。然而，其劣势在于会导致溶液体积的增大，从而使得材料液体被稀释。因此，这一方法更适用于硫酸铵饱和度较低且原溶液体积不大的情境。

计算使用饱和硫酸铵溶液的体积时，可参考下式来进行：

$$V = V_0 \frac{S_2 - S_1}{100 - S_2}$$

式中 V——需要加入的饱和硫酸铵的体积，L；

V_0——待盐析溶液的体积，L；

S_1——待盐析溶液的原始硫酸铵饱和度，%；

S_2——要求达到的硫酸铵饱和度，%。

（3）透析平衡法

该方法使用半透膜，通过透析的方式调整样品中的硫酸铵浓度。将样品溶液放入透析袋中，将其放置于目标浓度的大体积硫酸铵溶液中，通过自然扩散的原理，硫酸铵会逐渐移动到样品溶液中，从而增加硫酸铵的饱和度直至达到平衡。该方法避免了直接添加硫酸铵导致的溶液温度和浓度的急剧变化，硫酸铵浓度呈现连续变化趋势，盐析效果好。但操作较为烦琐费时，透析容量有限，且硫酸铵消耗量较大。

5.1.3.3 其他工艺条件

其他工艺条件也会对硫酸铵盐析产生影响。首先，盐析反应完全需要一定的时间。通常情况下，硫酸铵全部加入后，需放置30min以上才能使沉淀完全形成。此外，为了确保工艺的重复性并减少不同批次沉淀产品质量的差异，盐析的条件必须严格控制，特别是硫酸铵的纯度、加入量、加入方法以及盐析时的温度、pH值等参数。因此，在进行硫酸铵盐析时，需要综合考虑这些因素，以确保最终产品的质量和稳定性。

5.1.4 盐析曲线的制作

盐析曲线是蛋白质纯化过程中一种重要的实验工具。它可以直观地展现不同盐浓度下待分离蛋白质的沉析情况，从过程中我们可以寻找最优化的盐浓度，实现最高的目标蛋白回收率和纯度。以硫酸铵盐析沉淀为例，制作盐析曲线的方法主要有两种。

① 将料液等分若干份，然后分别加入不同浓度的硫酸铵沉淀蛋白；离心分离后分别收集每种硫酸铵浓度下获得的上清液及沉淀，沉淀用缓冲液重新溶解；分别测定沉淀或上清液中的总蛋白和目标蛋白浓度（或酶活）；以硫酸铵饱和度为横坐标，沉淀（或上清液）中总蛋白和目标蛋白浓度（或酶活）为纵坐标，绘制二者之间的相关工作曲线，即盐析曲线（图5-2）。该方法操作简便，且每个样本间的处理是相互独立的，减小了实验误差的传递；缺点是需预先准备各种不同浓度的硫酸铵溶液，且所需的样品量较大。

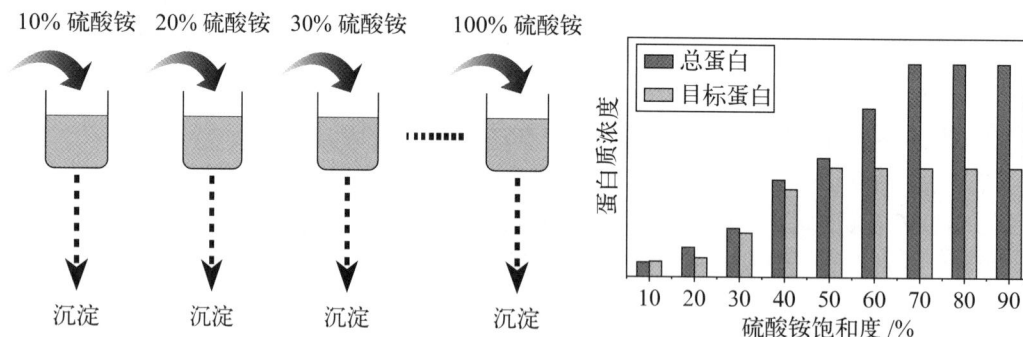

图5-2 等分法盐析曲线制作

② 首先在料液中加入低浓度的硫酸铵（如10%）；静置离心后把上清液移到下一个离心管中，并加入更高浓度的硫酸铵（如20%）；以此类推，最后收集每一份不同硫酸铵浓度沉淀后获得的上清液或各级离心沉淀物，沉淀用缓冲液重新溶解；测定沉淀或上清液中总蛋白质和目标蛋白浓度（或酶活）。以硫酸铵饱和度为横坐标，沉淀（或上清液）中总蛋白质和目标蛋白浓度（或酶活）为纵坐标，绘制二者之间的相关工作曲线，即盐析曲线（图5-3）。该方法只需一份料液，减少了样品用量；但易受到前期操作的影响，误差会逐步叠加。

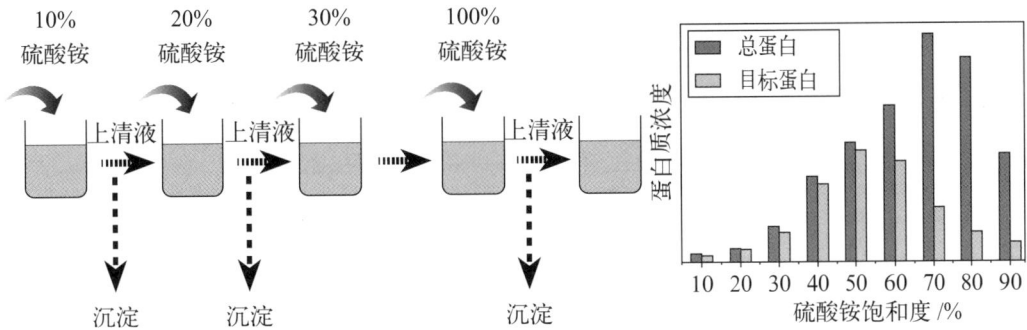

图 5-3 递增法盐析曲线制作

5.1.5 分段盐析

利用盐析曲线获得蛋白质沉淀信息后，各类蛋白质会在不同的浓度范围内发生沉淀，因此可通过多步盐析，选择不同的盐浓度分别沉淀杂质与目标蛋白，或分离不同溶解度的蛋白质，该方法称为分段盐析。例如，用不同浓度的硫酸铵进行盐析时，得到如图 5-4 所示的盐析曲线。此时，目标蛋白在硫酸铵饱和度为 25% 时开始沉淀，55% 时沉淀完全，而整个硫酸铵浓度范围内均有蛋白质发生沉淀，若直接用 55% 的硫酸铵进行沉淀则获得的样品中会混有大量杂质蛋白。因此，分离该蛋白质时可先用 25% 的硫酸铵进行沉淀，去除此时沉淀的杂质，然后将上清液转移到下一个离心管中，加入 55% 的硫酸铵进行沉淀，最后收集该浓度下获得的沉淀，从而提高目标蛋白的纯度（图 5-4）。

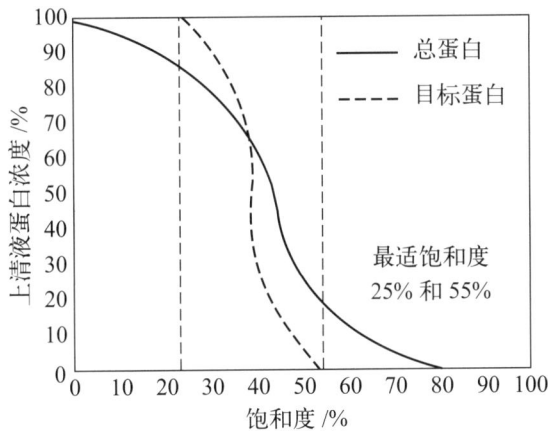

图 5-4 分段盐析法分离蛋白质

5.1.6 盐析沉淀法实例——蛋白质混合物中酶的分离纯化

（1）硫酸铵饱和度优化
① 平行取 10 份 1mL 的蛋白质混合物样品置于冰上；
② 分别向每份样品中加入固体硫酸铵，使其硫酸铵饱和度依次为：0%、10%、20%、30%、40%、50%、60%、70%、80%、90%；

③ 待硫酸铵完全溶解后，放置30min；

④ 将样品置于4℃下，以13000r/min离心10min；

⑤ 取上清液测酶活力，绘制硫酸铵饱和度与上清液酶活力的相关工作曲线（图5-5）。

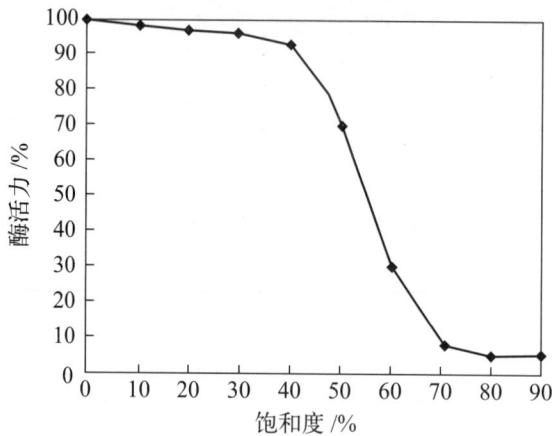

图5-5 硫酸铵饱和度与沉淀上清液中酶活力的关系

由图可知使目标蛋白发生沉淀的硫酸铵的饱和度在40%～70%之间。

（2）目标蛋白的盐析

根据优化的硫酸铵浓度，进行目标蛋白的盐析沉淀：

① 量取蛋白质溶液的体积，缓慢加入固体硫酸铵至饱和度为40%，平衡30min后进行离心，分别收集上清液（S1）和沉淀（P1）；

② 量取S1的体积，继续加入固体硫酸铵至饱和度为70%，平衡30min后进行离心，收集上清液（S2）和沉淀（P2）；

③ 将P1和P2用缓冲液溶解后，测定P1、P2和S2的酶活力。若P2的酶活力远大于P1及S2的酶活力，则可将P1、S2弃去，目标蛋白主要存在于P2中。

（3）沉淀的溶解及脱盐

为了后续进一步分离纯化，应将获得的P2沉淀进行溶解和脱盐：

① 将沉淀溶解于下一步纯化所需的缓冲液中；

② 通过超滤、透析或凝胶过滤色谱进行脱盐换液。

5.2 有机溶剂沉淀法

5.2.1 有机溶剂沉淀法原理

在溶液中加入特定的有机溶剂能够降低某些溶质的溶解度，使其发生沉淀，从而实现目标物分离纯化的目的。有机溶剂能使特定溶质形成沉淀的主要因素有以下三个方面。首先，与水能混溶的有机溶剂，如乙醇和丙酮，其介电常数低于水（如20℃时水的介电常数为80，而乙醇和丙酮的介电常数分别是24和21.4）。因此，当添加有机溶剂时，溶液整体的介电常数下降，使得带电的溶质间的库仑引力增大，进而引发溶质聚集和沉淀。其次，有机溶剂的加入降低了水的极性，从而减小了两性电解质在溶液中的溶解度。最后，有机溶剂能破坏溶质分子周围的水化层，引发脱水，使溶质分子聚集并沉淀出来。一般而言，溶质的分子量越大，其被有机溶剂沉淀的可能性越大，相应地，所需的有机溶剂浓度也越低。

相对于盐析法，有机溶剂沉淀法具有更高的分辨率，这主要是因为引发某种溶质沉淀的有机溶剂浓度范围相对较窄。有机溶剂能使许多水溶性的生物大分子（如核酸、蛋白质和多糖）及小分子物质沉淀，因此其应用范围较广。同时，沉淀无需脱盐，过滤较为容易，且常用的有机溶剂可以轻易去除并回收。然而，有机溶剂沉淀法也有其局限性。例如，有机溶剂既能沉淀生物活性分子，也可能导致其变性。为防止变性，往往需要在低温下进行沉淀，且分离的沉淀须在更低温度下（如 -30℃）冷冻保存；成本相对较高；另外，有机溶剂的毒性和易燃易爆性也需要在设备设计和操作中充分考虑。

选定作为沉淀剂的有机溶剂时，主要考虑以下几个因素：① 能混溶于水；② 不与目标蛋白反应；③ 沉淀效果好；④ 溶剂蒸气无毒且不易燃。乙醇和丙酮在这几方面表现良好，且价格适宜，因此在有机沉淀实验中经常被选用。

5.2.2　有机溶剂沉淀法的影响因素

5.2.2.1　生物分子浓度

生物分子在溶液中的浓度应控制在一定的范围，平衡样品纯度与回收率，并避免过量使用有机溶剂。当生物分子的浓度较高时，所需的有机溶剂数量较少，反应体积相对较小，因此沉淀组分的损失也较小，但由于共沉淀效应，可能会使分离分辨率下降。为降低生物分子的浓度，需要进行稀释操作。然而，稀释将增大生物分子的体积，因此要达到相同的有机溶剂浓度就需要使用更多的有机溶剂，使得总反应体积显著增大，同时还可能引发其他问题，如回收率下降、生物活性组分发生稀释变性、固液分离负荷增加等。较低的生物分子浓度可以带来更高的分离分辨率。一般来说，起始浓度为 0.5% ～ 2% 的蛋白质溶液是相对适宜的；对于黏多糖，起始浓度为 1% ～ 2% 比较恰当。

5.2.2.2　有机溶剂种类及浓度

不同的有机溶剂对同一溶质分子的沉淀效力可能存在差异，这与它们的介电常数有关。一般来说，介电常数较低的有机溶剂沉淀能力更强。然而，同样的有机溶剂对不同溶质分子的作用可能并不完全相同。此外，随着溶液中有机溶剂浓度的升高，整个溶液的介电常数会逐渐减小。在某一局部区域，溶质的溶解度可能会极速降低，从而导致沉淀。溶质溶解度的突变是有机溶剂沉淀法具有良好分辨率的原因之一，因为导致溶液中某一成分沉淀所需的有机溶剂浓度范围非常窄。需要注意的是，使不同溶质的溶解度发生极度变化的有机溶剂浓度范围不同，因此，必须严格控制有机溶剂的添加量，以防低浓度导致不完全沉淀，甚至无法沉淀，高浓度则可能会将其他组分一并沉淀，甚至导致蛋白质变性失活。

5.2.2.3　温度

有机溶剂可能会对生物大分子，比如蛋白质、酶和核酸等的稳定性和完整性产生影响。这些类型的分子对温度十分敏感，有机溶剂能渗透到它们的结构中并可能导致分子变性。然而，降低温度能通过使生物分子的表面变得更"硬"、对有机溶剂的渗透性变低，从而防止变性。因此，使用低温的方法，可以控制变性的产生，并且还会减少有机溶剂的挥发，使得操作更为安全。在用有机溶剂将物质沉淀出来时，温度通常控制在 0℃ 以下。当有机溶剂与水混合时，会产生热量，所以必须事先将有机溶剂冷冻到 –20 ～ –10℃ 的范围。有机溶剂应该缓慢加入，防止溶液局部变热，且应持续搅拌以防止局部浓度过高。更低的温度可以提高生物活性物质的产出量，并减少有机溶剂的挥发。

5.2.2.4　pH 值

为了达到最佳的沉淀效果，需要找到使生物分子溶解度最低的 pH 值，这通常是其等电点（pI）。请注意，当溶液中含有有机溶剂时，蛋白质的等电点与其在水相溶液中的可能会有少许偏差。选用靠近蛋白质等电点的 pH 值进行沉淀可以提高分离的效果。然而，少数生物分子在其等电点附近可能不稳定，可能会影响其活性。此外，要避免目标分子与溶液中其他生物分子带有相反的电荷，因为这可能会强化共沉淀现象，降低目标蛋白的纯度。

5.2.2.5　离子强度

当有机溶剂和水混合液中的离子强度很小时，物质可能无法沉淀。此时，可以通过添加少量电解质来解决。但是，如果盐的浓度太大（0.1mol/L 以上），就需要提高有机溶剂用量来进行沉淀，并可能导致部分盐在加入有机溶剂后析出。此外，当盐的离子强度达到一定程度时，它还会增加蛋白质或酶在有机溶剂中的溶解度。因此，一般来说，离子强度应控制在 0.05mol/L 或稍低，这既可以使沉淀迅速形成，又可以对蛋白质或酶起到一定的保护作用，防止变性。例如，可以用 0.01% ～ 0.05% 的中性盐（如乙酸钠、乙酸铵、氯化钠等）提高有机溶剂沉淀效果。

5.2.2.6　金属离子

在利用有机溶剂对生物分子进行沉淀处理时，我们需要注意某些金属离子的助沉性质。例如，一些金属离子，如锌离子（Zn^{2+}）和钙离子（Ca^{2+}），可以与处于负离子状态的生物分子形成复合物。这种复合物的溶解度会显著降低，但是并不影响生物分子的活性，从而有利于其沉淀的形成，同时还能够减少有机溶剂的使用量。例如，当锌离子浓度在 0.005 ～ 0.02mol/L 的情况下，有机溶剂的使用量可能减少 1/3 ～ 1/2。然而，在此过程中，需要避免某些可能与这些金属离子形成难溶盐的负离子（如磷酸根离子）的存在。同时，沉淀反应后，应尽量除去这些金属离子。

5.2.3　有机溶剂沉淀法操作步骤

① 在 4℃ 下，按一定比例向蛋白质溶液中缓慢加入冰冷（–20℃）的有机溶剂（如丙酮或乙醇），在冰浴中持续温和地搅拌。其中，有机溶剂加入量可按下式计算：

$$V=V_0\frac{S_2-S_1}{100\%-S_2}$$

式中　V——需要加入有机溶剂的体积；

V_0——原溶液体积；

S_1——原溶液中有机溶剂的体积分数，%；

S_2——所需的有机溶剂的体积分数，%。

若所用有机溶剂初始浓度为 95%（如工业乙醇），则公式中的 100 改为 95。

② 将混合溶液在冰浴中持续搅拌 10 ～ 15min。

③ 在4℃下，以10000g的条件离心10min，除去上清液，收集沉淀。

④ 用2倍沉淀体积的预冷缓冲液溶解沉淀。

⑤ 过滤或离心除去溶液中的不溶物。

5.2.4 有机溶剂沉淀法实例——血液白蛋白的分离纯化

白蛋白由单个多肽链构成，含有584个氨基酸，分子质量约为66kDa，等电点为4.6～4.8。因其包含大量的亲水性残基，具有极高的水溶性。目前，人血白蛋白产品是从独立采集的血浆中分离纯化获得的。一般来说，生产企业接收人血浆时处于冷冻状态，保存在–20℃以下。采用特定消毒手段对冰冻血浆的外包装进行洗涤和消毒之后，可移除外包装。此时，血浆一般会被置于双壁罐中融化。通过在双壁罐中加入一定温度的水（通常温度控制在40℃以下），并在搅拌状态下，使冰冻血浆逐步融化。融化后的血浆被转移到反应罐中进行分离。

在我国，血液制品工业普遍采用有机溶剂沉淀法，即低温乙醇法进行人血白蛋白的分离。最常见的方法是Cohn6法、N-K法和压滤法。其中Cohn6法的大致步骤包括：在反应罐中通过添加缓冲溶液来调节pH，加入乙醇以调整乙醇浓度，通入冷却介质来控制物料温度，经过一段时间后就可以稳定地完成某一组分的沉淀反应。然后使用管式离心机或过滤器将沉淀与清液分离。通过多步在不同条件下的沉淀反应，可以逐步剔除其他蛋白质，最后一步反应将生成粗提的人血白蛋白沉淀品（图5-6）。

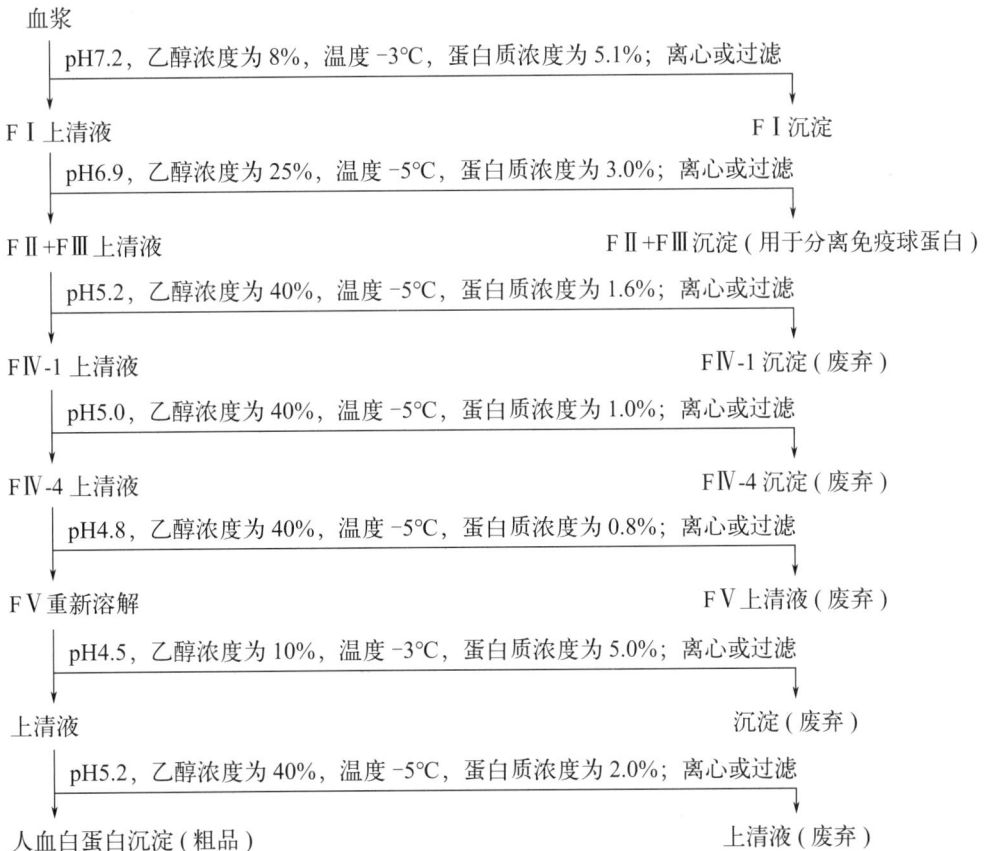

图5-6 Cohn6法分离人血白蛋白的工艺

5.3 等电点沉淀法

蛋白质和氨基酸等两性电解质的溶解度通常因其带电荷的数量而变化。在酸性或碱性环境中，只要其偏离等电点，这些物质的分子将会呈现出净正电荷或净负电荷，此时分子自身会呈现出相互排斥的状态。当溶液pH值为蛋白质的等电点时，分子表面的净电荷为零，导致蛋白质表面双电层和水化膜的削弱或破坏，疏水结构域暴露，分子间引力增加，溶解度降低（图5-7）。因此，等电点沉淀法就是通过调节溶液的pH值至溶质的等电点，降低溶质溶解度使其沉淀分离。

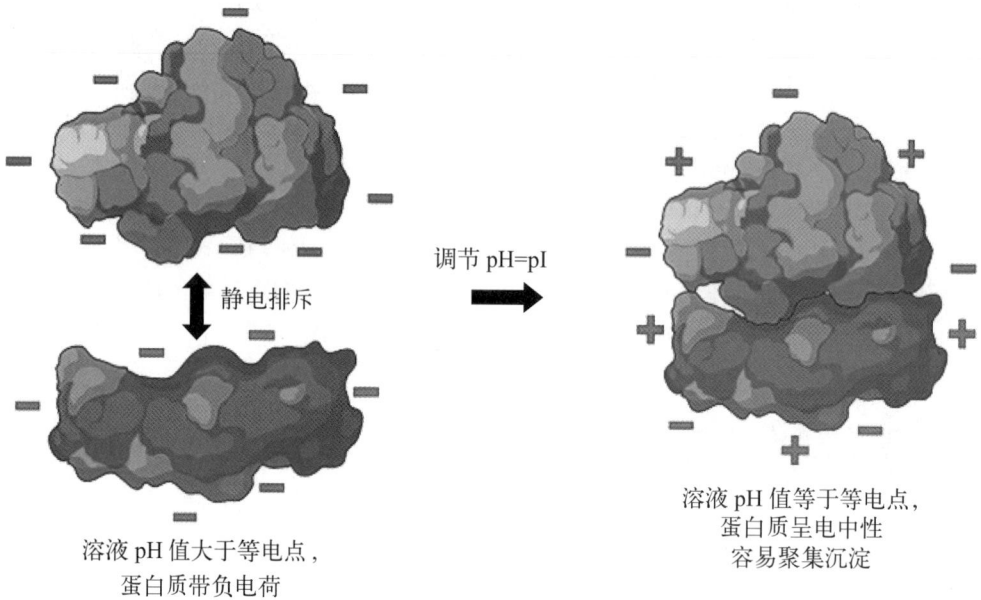

溶液 pH 值大于等电点，
蛋白质带负电荷

调节 pH=pI

静电排斥

溶液 pH 值等于等电点，
蛋白质呈电中性
容易聚集沉淀

图5-7　蛋白质等电点沉淀原理示意图

等电点沉淀法具有以下特点：适用于疏水性强的蛋白质；这种方法价格低廉且无毒，因为很多蛋白质的等电点都在偏酸性范围内，而无机酸通常价格低廉；此外，等电点沉淀法操作简单，试剂消耗少；沉淀出来的蛋白质可以保持天然构象，能够再溶解于水并具有生物活性。但是应注意部分蛋白质对于低pH值敏感，如果在强酸环境下进行等电点沉淀易导致蛋白质变性失活。此外，蛋白质等电点会随盐浓度的变化而变化，当中性盐浓度增大时，等电点会向偏酸方向移动，溶解度也会增大。同时，运用等电点沉淀法纯化时应了解目标物的酸碱稳定性，如α-糜蛋白酶的等电点为8.1 ～ 8.6，但在中性及偏碱环境易水解而失活，故实际操作时只能在pH≤5的溶液环境中。

在生物制品的分离纯化过程中，常利用两性物质如氨基酸、蛋白质、多肽、酶、核酸等具有不同等电点的特性来进行产品的分离纯化。但等电点沉淀只适用于水化程度不大、水化层较薄、在等电点时溶解度很低的物质，如四环素、酪蛋白等。因此，等电点沉淀法常用于料液中杂质的去除。例如，在胰岛素生产过程中可调节pH=8，以去除碱性蛋白质杂质，调节pH=3，以去除酸性蛋白质，再进行下一步纯化。或者，与盐析法、有机溶剂沉淀法及其他沉淀法一起联用提高纯化效果。

5.4 聚合物沉淀法

5.4.1 非离子型聚合物沉淀

非离子型聚合物,其聚合物分子结构中没有可游离的带电荷基团。其开发开始于20世纪60年代,一直以来都是沉淀剂的重要类别。早期,它们被广泛应用于免疫球蛋白的提纯以及一些细菌和病毒的沉淀。近些年它们的使用领域进一步扩大,涵盖了核酸、酶等生物大分子及细胞外囊泡的分离纯化。非离子型聚合物中,最常见的是聚乙二醇(PEG)、聚乙烯基吡咯烷酮(PVP)以及葡聚糖等,其中聚乙二醇的应用最为广泛。

非离子型聚合物沉淀法是通过聚合物与生物大分子发生共沉淀作用实现的(图5-8)。其原理主要包括:① 由于聚合物有较强的亲水性,使生物大分子脱水,破坏水化层,从而发生沉淀;② 聚合物与生物大分子之间以氢键相互作用形成复合物,使溶质溶解度降低,在重力作用下形成沉淀析出;③ 聚合物的空间位阻效应,使液体中生物大分子被迫挤聚在一起而发生沉淀。

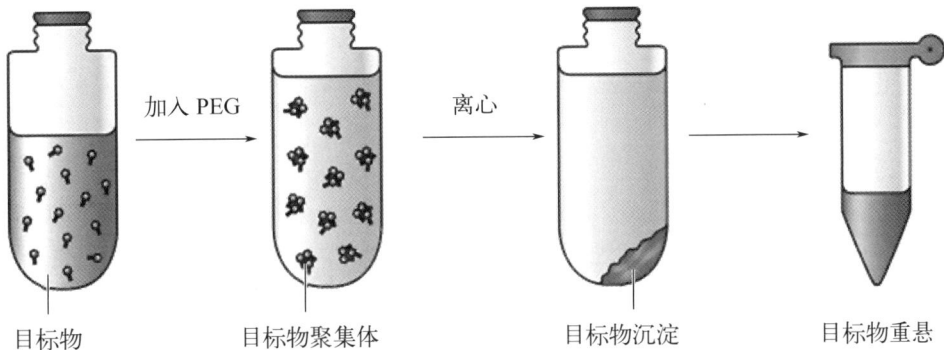

加入PEG　离心

目标物　　目标物聚集体　　目标物沉淀　　目标物重悬

图5-8　非离子型聚合物沉淀原理示意图

以聚乙二醇作为沉淀剂时,溶液的pH值、离子强度、温度和聚乙二醇浓度等多种因素都会影响沉淀效果。例如,当溶液pH值接近待分离组分的等电点时,所需的聚乙二醇浓度就会降低。在沉淀蛋白质时,如果pH值保持不变,那么盐的浓度越高,所需要的聚乙二醇浓度就越低。而且,PEG的分子量越大,其沉淀效果就越好。值得一提的是,大部分聚合物的水溶液黏度较高,但聚乙二醇却是个例外。就算聚乙二醇的水溶液浓度达到200g/L,其溶液黏度仍然不会过高,而大多数蛋白质在聚乙二醇浓度不到20%的情况下就已经可以沉淀出来。PEG沉淀法主要优点有:操作条件温和,可室温操作,不易引起蛋白质变性以及沉淀效果好,用很少的PEG可以沉淀大量蛋白质等。但分离后需考虑PEG对后续分离纯化的影响,选择合适的方法去除。

5.4.2 离子型聚合物沉淀

离子型聚合物沉淀是另一种常见的聚合物沉淀方法。与非离子型聚合物不同,离子型聚合物的沉淀作用是通过离子间相互作用实现的。离子型聚合物也称为聚电解质,是含有重复离子化基团的水溶性聚合物,通过其结构中的带电基团,它们可以与溶液中的离子或带电分子相互作用,形成沉淀。进行蛋白质分离纯化时,蛋白质分子可与带相反电荷的聚电解质结合,形成多分子络合物,同时当络合物超过游离蛋白质的溶解度极限值时,就发生沉淀。即离子型聚合物沉淀是通过静电作用和大分子的架桥作用使蛋白质沉淀下来。离子型聚合物沉淀的优点是选择性强,可以根据需要选择不同的离子型聚合物来沉淀不同的物质。常用的离子型聚合物包括聚丙烯酰胺、聚乙烯亚胺、聚乙烯醇、聚丙烯酸钠等。离子型聚合物沉淀的操作条件与非离子型聚合物沉淀类似,也受到pH、离子强度、温度等因素的影响。应注意离子型聚合物沉淀可能会引起样品中离子浓度的变化。

5.5 选择性变性沉淀法

选择性变性沉淀法是一种常见的生物分离方法,其原理是利用生物分子在不同条件下的稳定性差异,将目标产物与杂质分离。例如,目标产物能忍受一些较极端的实验条件(如温度、pH及有机溶剂等),而杂质却因在这些条件下不稳定而从溶液中变性沉淀。常用的选择性变性沉淀法包括热变性沉淀法、pH变性沉淀法和有机溶剂变性沉淀法。

5.5.1 热变性沉淀法

热变性沉淀法的关键因素是温度。不同生物分子的热稳定性是不同的,当温度较高时,热稳定性差的生物分子将发生变性、沉淀,而热稳定性强的生物分子则仍能稳定地存在于溶液中。例如,核糖核酸酶的热稳定性比脱氧核糖核酸酶强,通过加热处理可以将混杂在核糖核酸酶中的脱氧核糖核酸酶变性沉淀后去除。变性沉淀法简单易行,如果目的产物热稳定性强,且待分离的混合溶液中其他成分均不需要提纯并对热敏感时,就可考虑采用此法。

5.5.2 pH变性沉淀法

pH变性沉淀法是通过调节溶液的酸碱度来实现分离的。当溶液的pH值达到一定范围时,目标产物不变性,而杂质则会因为超出稳定的pH范围而发生变性沉淀。细胞中的pH环境一般为6～7。在相对高和低的pH条件下,都会导致蛋白质分子变性。此法在原核表达重组蛋白的前处理中非常有效。大多数菌体蛋白的等电点在5.0左右,因而可以通过调节pH到5来实现部分蛋白质的沉淀。三氯乙酸是比较常用的酸变性沉淀剂,尤其是在分析样品的浓缩而并不需要考虑活性的情况下。

5.5.3 有机溶剂变性沉淀法

有机溶剂变性沉淀法是利用有机溶剂的特性来实现分离的。一般情况下,有机溶剂沉淀蛋白质的操作温度在0℃左右,以避免蛋白质发生变性。而当有机溶剂作为变性剂来使用时,操作温度一般在20～30℃,甚至更高,有机溶剂的使用浓度也低于沉淀所需的浓度。此法同样要求一定的温度、pH和离子强度的条件。

5.6 生成盐复合物沉淀法

生物大分子或小分子通常具有酸性或碱性官能团，当加入对应的碱性或酸性沉淀剂时，能够生成盐类复合物而产生沉淀。该方法还可进一步细分为：① 与生物分子酸性官能团作用的金属复合盐法（如铜盐、银盐、锌盐、钙盐等）；② 与生物分子的碱性官能团作用的有机酸复合盐法（如苦味酸盐、单宁酸盐等）；③ 无机复合盐类（如磷钨酸盐、磷钼酸盐等）。以上盐类复合物都具有极低的溶解度，容易沉淀析出。若沉淀为金属复合盐，可通过用硫化氢使金属变成硫化物而除去；若为有机酸盐、磷钨酸盐，则可加入无机酸并用乙醚萃取，将有机酸、磷钨酸等移入乙醚中除去，或用离子交换色谱去除。运用该方法时应特别注意，重金属、某些有机酸与无机酸和蛋白质形成复合盐后，可能导致目标蛋白变性沉淀，应用时必须谨慎。

5.7 亲和沉淀法

亲和沉淀法是生化分离技术中的一种独特方法，其沉淀原理与常规沉淀方法有着明显的不同。这种技术主要利用蛋白质与特定生物分子或合成分子（如配基、基质、辅酶等）之间的高度专一性作用，因此其分离原理不是基于蛋白质溶解度的不同，而是依赖于能够"吸附"特定蛋白质的聚合物的溶解度。亲和过程是从复杂混合物中分离并提取单一组分的有效途径。

亲和沉淀的主要步骤包括：首先，使目标产物与溶解在载体上的亲和配体结合形成沉淀；其次，使用适量的缓冲溶液清洗沉淀物以移除可能的杂质；最后，采用合适的试剂从配体中释放出目标产物。

亲和沉淀法具有以下优点：① 配基与目标分子的亲和结合作用可在溶液中进行，无扩散传质阻力，亲和结合速度快；② 亲和配基裸露在溶液中，可更有效地结合目标分子；③ 获得的沉淀可通过离心或过滤技术进行回收；④ 亲和沉淀法可用于溶液黏度或微粒含量较高的料液，因此可运用于分离纯化的前期，有利于减少和简化后续分离步骤，降低纯化成本。

各种沉淀方法的原理及优缺点如表5-2所示。

表5-2 各种沉淀方法的对比

沉淀方法	原理	优点	缺点
盐析沉淀法	通过改变盐浓度来影响蛋白质的溶解度，使其沉淀	操作简单，成本低，广泛应用于蛋白质纯化	盐的用量较大，可能影响蛋白质活性
有机溶剂沉淀法	降低溶液的介电常数和水的活度，使溶质沉淀	分辨率高，沉淀无需脱盐，操作简便	有机溶剂具有毒性和易燃易爆性，成本相对高
等电点沉淀法	调节溶液pH至溶质的等电点，降低溶质溶解度	价格低廉，操作简单，蛋白质可保持天然构象	部分蛋白质对pH敏感，易导致变性失活
聚合物沉淀法	使用聚合物与生物大分子发生共沉淀作用	温和条件，不易引起变性，效果好	需去除聚合物，可能影响后续纯化
选择性变性沉淀法	利用目标物对某些条件的耐受性与杂质不同，通过变性剂使杂质沉淀	简单易行，能快速去除大量杂质	可能导致目标物质部分丢失或变性

续表

沉淀方法	原理	优点	缺点
生成盐复合物沉淀法	生成低溶解度的盐类复合物	选择性强，可生成极低溶解度的沉淀	可能导致目标蛋白变性，操作需谨慎
亲和沉淀法	利用特定生物分子或合成分子与目标蛋白之间的高度专一性作用	高选择性，可直接从复杂混合物中纯化目标分子	初始成本高，配体可能昂贵

5.8 典型生物制品的沉淀分离

在前面的内容中，我们详细介绍了各种沉淀方法，促使目标物在溶液中形成沉淀，从而利于分离和提纯。然而，应该清楚并非所有方法都适用于所有生物制品的沉淀纯化。这一点在生物分离领域尤为重要，因为每一种生物制品的物理化学性质，如溶解性、稳定性以及与其他物质的相互作用等特性，可能在一定程度上决定了最适合的沉淀策略。因此，在实际的沉淀纯化过程中，科研人员需要根据目标产品的特性，对照前面所介绍的各类方法，全面考虑然后选择最优方案。在接下来的内容中，将针对几种典型的生物制品，讨论如何应用所学的沉淀知识，获取纯化的生物制品。

5.8.1 小分子——四环素

四环素是一种广谱抗生素，常通过链丝菌发酵获得。历史上它曾在医疗领域应用广泛，但因细菌耐药率显著升高（如大肠杆菌耐药率＞60%），现已不再作为一线抗生素使用。目前其主要价值集中于特定感染（如立克次体病、支原体肺炎）及非感染性疾病（如中重度痤疮）。四环素的等电点为5，在这个pH水平下，它可以从水溶液中沉淀出来，这为四环素的提取提供了可能。另外，四环素能与尿素形成1:1的复盐并从水溶液中沉淀，且这一反应具有特异性，只有四环素能与尿素反应形成沉淀，而金霉素、土霉素和四环素降解产物则不能，这使得四环素可以通过与尿素的反应进行精细纯化。可以通过如下步骤进行四环素的纯化。

① 发酵液预处理：往发酵液中加入草酸，将pH调至1.7～1.8，然后加入2g/L的黄血盐和硫酸锌。然后进行过滤，滤渣用0.5%的草酸水溶液进行顶洗，将洗液和滤液混合，得到滤洗液。

② 等电点沉淀：在搅拌下慢慢往滤洗液中加入浓氨水，将pH调至4.8。在10～15℃下，搅拌30min，得到沉淀的四环素粗碱。

③ 生成盐复合物沉淀：将粗碱溶于尿素盐酸溶液中（粗碱干重:尿素:水:浓盐酸＝1:2:2:0.25），得到粗碱尿素溶液。然后使用浓氨水调pH至3.5，搅拌20min，然后过滤，得到沉淀的四环素尿素复盐。

④ 有机溶剂溶解：将四环素尿素复盐溶于酸性丁醇中，复盐干重:丁醇:浓盐酸＝1:10:0.3（先添加丁醇，在搅拌下滴加盐酸），得到丁醇悬浮溶液。过滤去掉不溶物，得到丁醇清液。

⑤ 结晶：将丁醇清液冷却，使得四环素从溶液中结晶出来，然后通过过滤或离心，可以得到纯化的四环素晶体。

以上过程就是四环素的纯化过程。这个过程利用了等电点沉淀和生成盐复合物沉淀的方法进行四环素的精制，并通过有机溶剂进行四环素的萃取，最终通过结晶获得纯化的固体四环素产品（图5-9）。

5.8.2 生物大分子——核酸

核酸的分离和纯化通常在 0 ～ 4℃ 的低温环境中进行以防止核酸变性和降解。常用的核酸沉淀方法包括等电点沉淀法、盐类复合物沉淀法、有机溶剂沉淀法及聚合物沉淀法等。

（1）等电点沉淀法

等电点沉淀法分离核酸是基于核酸中常掺杂的主要杂质分子的等电点不同，从而通过 pH 调节进行沉淀分离的方法。例如，脱氧核糖核蛋白的等电点为 4.2，核糖核蛋白的等电点为 2.0 ～ 2.5，tRNA 的等电点为 5；改变 pH 值即可将其转变为不溶形式并沉淀下来，从而通过离心等方法进行分离。

（2）盐类复合物沉淀法

钙盐沉淀是一种常用的 DNA 纯化方法，其原理是利用 DNA 与钙离子结合形成不溶性的钙盐沉淀，从而将 DNA 从混合物中分离出来。首先，在 DNA 溶液中加入适量的钙离子（如氯化钙），使其形成钙离子-DNA 复合物；加入乙醇或异丙醇等有机溶剂，使钙离子-DNA 复合物沉淀下来；用 70% 的乙醇洗涤沉淀物，去除杂质；最后，用缓冲液（如 TE 缓冲液）将 DNA 重新溶解。需要注意的是，钙盐沉淀法获得的 DNA 纯度较高，但收率较低。

（3）有机溶剂沉淀法

有机溶剂沉淀法也是一种有效的核酸提取策略。例如，一种做法是在核酸提取液中加入氯仿/异戊醇或氯仿/辛醇，振荡后在氯仿/水界面上的蛋白质会形成凝胶状沉淀，然后离心使蛋白质沉淀，在水溶液中的核酸可以被留下；在对氨基水杨酸等阴离子化合物存在下，核酸的苯酚水溶液提取液中，DNA 和 RNA 都进入水层，而蛋白质沉淀于苯酚层中被分离除去；最后，在 DNA 与 RNA 的混合液中，用异丙醇选择性地沉淀 DNA 而与留在溶液中的 RNA 分离。

（4）聚合物沉淀法

阳离子型聚合物聚乙烯亚胺（PEI）也被用来分离核酸。PEI 可以与负电荷的 DNA 形成稳定复合体，使 DNA 缩合为微粒，进而通过沉淀实现分离。

无论运用哪种方法，在核酸的沉淀分离过程中，为了防止核酸酶的作用导致核酸的水解，可以加入诸如十二烷基硫酸钠（SDS）、乙二胺四乙酸（EDTA）、8-羟基喹啉、柠檬酸钠等物质来抑制核酸酶的活性。

5.8.3 生物纳米颗粒——牛奶细胞外囊泡

牛奶细胞外囊泡是一种存在于牛奶中的生物纳米颗粒，内含有多种小分子、蛋白质、核酸和脂质等生物分子。它们在许多生物学过程中发挥着重要作用，如细胞间通信、免疫调节

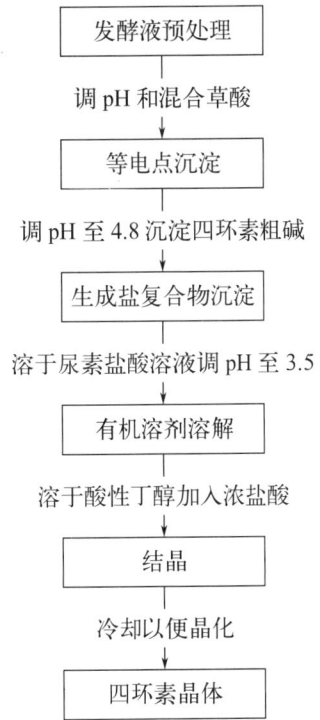

图5-9 四环素纯化工艺流程图

（流程图内容：）

发酵液预处理

↓ 调 pH 和混合草酸

等电点沉淀

↓ 调 pH 至 4.8 沉淀四环素粗碱

生成盐复合物沉淀

↓ 溶于尿素盐酸溶液调 pH 至 3.5

有机溶剂溶解

↓ 溶于酸性丁醇加入浓盐酸

结晶

↓ 冷却以便晶化

四环素晶体

和疾病诊断等。此外，牛奶细胞外囊泡作为一种新兴的生物制品，在化妆品、药物载体和功能食品等领域具有广泛的应用前景。目前有多种牛奶细胞外囊泡的纯化方法，以下是一种以沉淀法为主的分离策略（图5-10）。

① 牛奶预处理：将新鲜的生牛奶在4℃、2000g下离心5min以去除牛奶脂肪球和细胞，然后再次在10000g下离心30min以去除脂肪残留和细胞碎片。

② 等电点沉淀：用醋酸将牛奶调节至pH=4.6，这会引起酪蛋白聚集，继而进行10min孵育，沉淀完全后在4℃、10000g下离心15min。通过此步，可以去除大部分的酪蛋白。

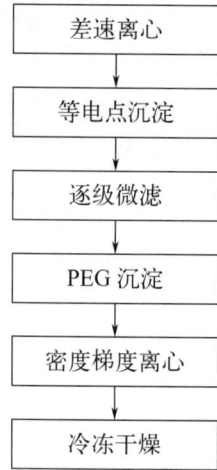

图5-10　牛奶细胞外囊泡纯化工艺流程图

③ 微滤：将沉淀后的上清液依次通过1.0μm、0.45μm和0.22μm的聚醚砜（PES）膜进行过滤，该步骤可以去除剩余的大颗粒。

④ 聚合物沉淀：向过滤出的液体中添加终浓度为10%的聚乙二醇8000（PEG8000）来诱导细胞外囊泡沉淀。在4℃下过夜静置，然后在10000g下离心收集沉淀的囊泡。

⑤ 精制：透析去除PEG后，用密度梯度离心（例如碘酮、蔗糖或铯氯）、磁分离或凝胶过滤色谱等方法进行牛奶细胞外囊泡的进一步精制。最终，通过超滤浓缩或冷冻干燥获得最终的产品。

◆ 思考题 ◆

① 常用的沉淀分离方法有哪些？简述其基本原理、特点及适用性。
② 盐析沉淀法的影响因素有哪些？
③ 聚合物沉淀法有哪些类型？其基本原理分别是什么？
④ 设计一种利用硫酸铵沉淀法分离大肠杆菌胞外酶的工艺路线。

第6章

膜分离

6.1 概述

6.1.1 膜分离技术的历史

膜研究的历史可以追溯到1748年，当时 Abbe Nollet 发现了水自然渗透猪膀胱并进入酒精的现象，但是这个现象在之后百余年未获足够重视。真正引起世人瞩目的是在1854年，Graham发现了透析这一现象，而在1856年，Matteucei 和 Cima 发现天然膜具有各向异性的特性，这引起了人们对膜研究的重视。同时期，Dubrunfaut 利用天然膜制作出第一个渗透器，并成功分离出糖蜜和盐，这一行为标志着膜分离技术的开始，并显示出这项技术的潜力。由于天然膜存在稳定性差、通量低等局限，人工合成膜的开发成为必然趋势。1864年，Traube 成功制造出了历史上的第一张人造膜——亚铁氰化铜膜。自那时以来，尤其是进入20世纪，各种类型的人工合成分离膜相继被开发，包括1930年的不同孔径的硝酸纤维素超滤膜，1960年由Loeb 和 Sorirajian 制作的不对称反渗透膜，1956年美国首次出售的商品化的离子交换膜，以及20世纪70年代的纳米膜。

近年来，膜分离技术得到了快速的发展，已被全球公认为21世纪最有发展潜力的分离技术，并已广泛应用于生物工程、医药、食品及水处理等领域。

6.1.2 膜的定义

在膜分离技术中，膜是存在于某一流体相中的一层薄且凝结的物质层，该物质层将流体相分隔为两部分。膜自身是一个均质的相，或是由两种以上凝聚物质所组成的复合体。膜所分离的流体相是液体或气体。假如厚度大于0.5mm，则它不应被定义为膜。不论膜的薄度为多少，至少应具有两个界面，通过这两个界面分别与两侧的流体相接触。膜可以是完全可透的，也可以是半透的，但不应为全不透的。膜的面积可大可小，可以独立存在于流体相之间，也可以微小到附着于支撑体或载体的微孔隙上。膜必须具有高度的渗透选择性，作为一个有效的分离技术，膜传递某些物质的速度必须超过传递其他物质。

6.1.3　膜分离技术的定义

膜分离技术是以膜的选择性渗透作用为基础，用外界能量（例如压力差、浓度差等）作为驱动力，对溶质和溶剂的二元或多元组分进行分离、分级、纯化和浓缩的过程（图6-1）。膜分离本质上就是基于半透膜进行分离的方法。倘若通过半透膜的只是溶剂，那么溶液就会被浓缩，此过程被称为膜浓缩。如果在过程中，不仅溶剂通过半透膜，而是选择性地让一些溶质组分通过，那么溶液中的不同溶质就实现了分离，此过程被称为膜分离。

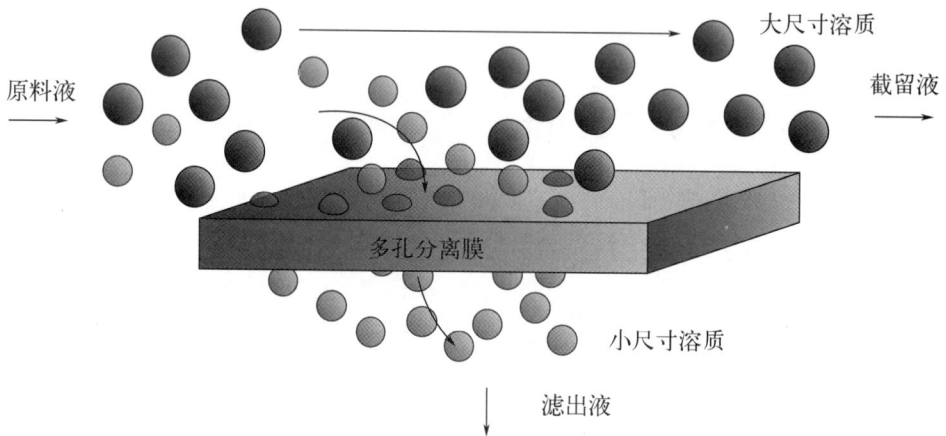

图6-1　膜分离原理示意图

6.1.4　膜分离技术的特点

膜分离技术在现代分离技术中是一种效率较高的分离手段，它在生物分离工程中发挥的作用尤为重要，这主要归功于以下优点：① 在常温下进行，减少了有效成分的损失，尤其适用于热敏性物质如抗生素等药物、果汁、酶、蛋白质的分离与浓缩；② 无相态变化，能耗极低，其费用大约是蒸发浓缩或冷冻浓缩的1/3 ～ 1/8；③ 无化学反应，是典型的物理分离过程，不需要化学试剂，产品无污染；④ 选择性好，可以在分子级别进行物质分离，具有无法被普通滤材取代的优异性能；⑤ 适应性强，可进行实验室及工业规模的分离，可实现连续或间歇操作，工艺流程简单，操作方便，易于自动化。

然而，膜分离技术也存在一些问题：① 在操作过程中膜可能会被污染，导致膜性能降低，因此有必要采取与工艺匹配的膜面清洗方法；② 不同材质的膜对温度、pH值、有机溶剂的耐受程度不同，需根据分离对象选择合适的膜；③ 单独使用膜分离技术的效果有限，因此常常会将膜分离工艺与其他分离工艺结合使用。

6.2 膜的分类方法

6.2.1 膜相态

基于膜相态差异，用于分离的膜可以被归类为固体膜与液态膜。固体膜是膜分离技术中所用的主要膜类型，目前绝大多数生物分离应用中使用的都是固体膜。而液态膜主要是指悬浮在液体中薄薄的一层乳液微粒，其改变了传统固体高分子膜的存在形式，膜厚度更小，使物质穿过膜的扩散系数增大，膜分离速率提升。基于液态膜的分离方法也称为液膜分离法。

6.2.2 膜来源

基于膜的来源差异，膜可被分类为天然膜和合成膜。合成膜又可以细分为无机膜和有机膜。至今，由各种聚合物如纤维素酯、脂肪族和芳香族聚酰胺、聚砜、聚丙烯酯等制成的有机膜占据主流地位。无机膜通常由陶瓷、微孔玻璃、不锈钢和碳素等材料烧制，相对有机膜，它们具有优良的物理和化学稳定性，耐受更高的温度和压力，有效地抵抗微生物，展现出极高的机械强度。

6.2.3 膜断面形态

根据膜断面的物理形态，膜可被区分为对称膜、非对称膜和复合膜（图6-2）。对称膜的结构与方向无关，膜孔结构可能随制造方法不同而变化。非对称膜由一个薄而密实的分离层（$0.1 \sim 1.0\mu m$）以及一个多孔支撑层（$100 \sim 200\mu m$）共同组成，分离层决定了膜的分离特性，而支撑层使膜具有一定的机械强度。因此，非对称膜具有较高传质效率和良好的机械强度。复合膜一般指由两种或两种以上不同膜材料组成的膜。复合膜同样由选择性膜层（活性膜层）决定膜分离特性，以及多孔的底膜（支撑膜）来提供一定的机械强度，但这两层膜的材料是不同的。因此，复合膜一定是非对称膜，但非对称膜不一定是复合膜。

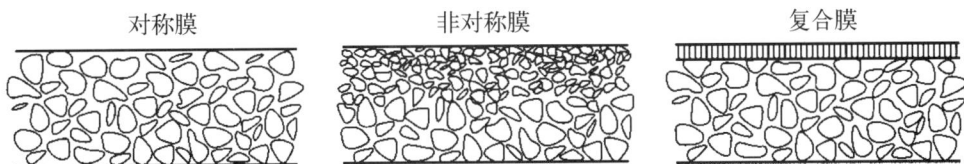

对称膜　　　非对称膜　　　复合膜

图6-2 对称膜、非对称膜和复合膜示意图

6.2.4 固体膜的外形

固体膜的外形会影响其在实际应用中的性能，而根据外形，其可以被区分为平板膜、管状膜、卷状膜和中空纤维膜。平板膜的结构简单，制造工艺成熟，易于清洗和维护，常见于实验室研究和小规模工业生产；管状和卷状膜在大型工业应用中较为常见，归因于其具有较高的膜面积与体积比，有助于提高分离效率；而中空纤维膜，则因其结构特殊，往往能获得更高的分离效能，适用于气体分离、微生物检测等领域。

6.2.5 膜的孔径大小和功能

对膜进行分类的另一个重要标准便是其孔径大小和功能，这也影响了膜在不同应用中的选择。根据孔径大小和功能分类，膜可被划分为微滤膜、超滤膜、反渗透膜、纳滤膜、透析膜、离子交换膜等。微滤膜孔径较大，通常用于移除微生物和大悬浮颗粒污染物；超滤膜孔径较小，通常用于分离和纯化蛋白质，以及病毒、囊泡等纳米粒子；反渗透膜则有最小的孔径，可以阻挡盐分及小分子有机物的通过；纳滤膜介于超滤膜和反渗透膜之间，可应用在水软化、有机物回收等领域（图6-3）。此外，透析膜与超滤膜的分离分级范围类似，主要用于血液透析、溶质分离等，离子交换膜多用在电化学设备中，支持离子的传递。

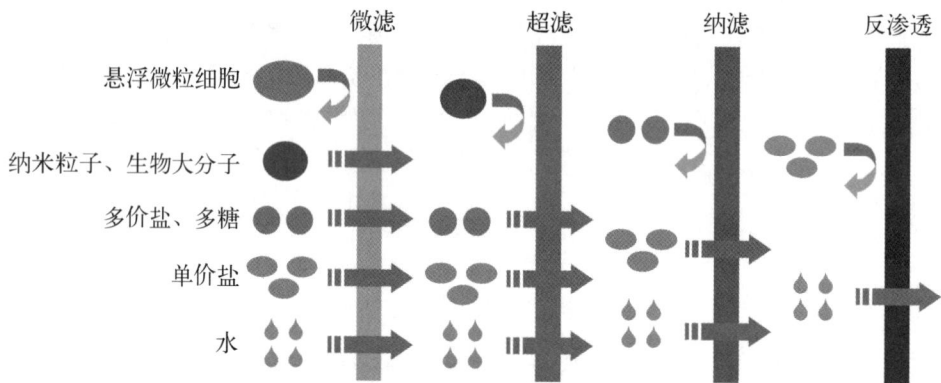

6-1
膜分离实验原理

图6-3 不同膜分离技术的分离对象

6.3 膜分离过程

膜分离过程可以理解为一种物质被透过或被截留于膜的过程，类似于精细的筛分过程，它依靠膜孔径的大小来实现物质间的分离。因此，可以根据膜孔径的大小及分离对象的粒径大致确定每种膜分离技术的适用范围（表6-1）。

表6-1 各种膜分离方法的原理和应用范围

类型	传质推动力	分离原理	应用举例
微滤	压差	筛分	菌体、细胞和病毒的分离，固液分离
超滤	压差	筛分	蛋白质、肽、多糖的浓缩和纯化，病毒的分离
透析	浓差	筛分	脱盐、除变性剂
纳滤	压差	筛分	水软化、有机物和生物活性物质的除盐和浓缩
反渗透	压差	筛分	盐、氨基酸、糖的浓缩，淡水制造
电渗析	电位差	离子迁移	脱盐、氨基酸和有机酸分离
渗透蒸发	压差	溶解扩散	有机溶剂与水的分离，共沸物的分离（如乙醇浓缩）
亲和膜分离	压差	亲和作用	单克隆抗体、干扰素、胰蛋白酶等生物制品纯化

6.3.1 微滤

微滤（microfiltration，MF）是以多孔细小薄膜为过滤介质，依靠膜两侧的压力差来对物质进行选择性透过与截留，达到膜分离目的。微滤膜的孔径一般分布在0.05 ～ 10μm的范围内，同时运行过程中所需施加的压力通常在0.05 ～ 0.5MPa之间。不同的微滤膜根据其平均孔径的大小进行区别和标记。

微滤主要有以下特点：① 微滤滤膜厚度较薄、孔径均一、孔隙率高，因此过滤速度快；② 膜吸附少，分离通量大，运行成本低；③ 微滤主要用于截留大小0.1 ～ 10μm的微生物或微粒子，在生物工业中常用于物料的除菌及澄清过滤，或作为超滤、纳滤、反渗透的预处理方式。

常用于微滤的膜材料主要包括聚偏二氟乙烯（PVDF）、聚醚砜（PES）、尼龙（N66）、聚丙烯（PP）、聚四氟乙烯（PTFE）等，不同的pH值、温度、有机溶剂对微滤膜提出了不同的要求，应根据实际使用情况进行合理选用。

6.3.2 超滤

6.3.2.1 超滤基本概念及特点

超滤（ultrafiltration，UF）是利用膜两侧的压力梯度作为驱动力，从而实现溶液中不同大小的溶质选择性透过膜或被截留的过程。超滤膜的孔径较微滤膜更小，约在1 ～ 50nm之间，而操作所需的压力比微滤高，约为0.1 ～ 1.0MPa。超滤适用于蛋白质、肽、多糖等生物大分子（分子质量3 ～ 1000kDa）的浓缩、纯化、脱盐及缓冲液交换。

超滤膜分离具有以下优点：① 分离过程无相变、无需加热，易保持物料活性；② 分离设备简单，占地面积较小，能耗低，操作成本低；③ 相较于纳滤和反渗透，超滤膜分离所需压力低，故对泵与管道的材料要求不高。然而，超滤易造成不同程度的膜污染，包括浓差极化和膜堵塞。因此，超滤前需要进行物料预处理，超滤时可采用错流膜分离方法，或增加湍流促进器等。

6.3.2.2 截留率

截留率是指膜过滤过程中被截留的物质的百分比，表示膜对溶质的截留能力，可用小数或百分数表示。截留率的计算公式为：

$$R_0 = 1 - \frac{c_p}{c_m}$$

式中，c_m 和 c_p 分别为溶质的膜表面浓度和透过液的浓度。

由于膜表面溶质的浓度不易测定，通常只能测定料液的体积浓度，因此常用表观截留率 R，其计算公式为：

$$R_0 = 1 - \frac{c_p}{c_b}$$

式中，c_b 为溶质在主体料液中的浓度。

显然，如果不存在浓差极化现象，$R=R_0$。此外，如果 $R=1$，则 $c_p=0$，表示溶质全部被截留，不能透过滤膜，通常是分子量较大的溶质；反之，如果 $R=0$，说明 $c_p=c_b$，表示溶质能自由透过膜，完全无法被滤膜截留，通常为小分子溶质。

6.3.2.3　截留曲线与截留分子量

通过对不同分子量的球形蛋白质或水溶性聚合物的截留率进行测定，可以得到膜截留率与溶质分子量之间的关系曲线，即截留曲线。通常情况下，截留曲线上截留率达到90%时对应的溶质分子量就定义为滤膜的截留分子量（molecular weight cut off，MWCO），如图6-4所示。在实际应用中，所选择的滤膜的截留分子量应小于需要分离或浓缩的溶质的分子量。

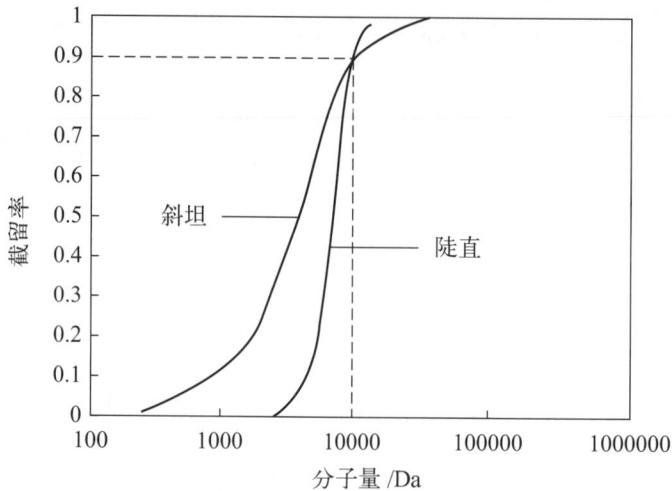

图6-4　截留曲线和截留分子量

在理想状态下，超滤膜的截留曲线应是一条横坐标为截留分子量的竖直线，该线左侧的溶质（即分子量小于MWCO）的截留率为0，右侧的溶质（即分子量大于MWCO）的截留率为1。然而，实际上，由于膜的孔径有一定的分布范围，所以截留曲线的形状会受到影响。孔径分布均一则截留曲线变得陡峭，孔径分布范围过大则会使截留曲线趋平。由于各生产厂家的制膜工艺不同，同样MWCO的两种膜的截留曲线和对相同溶质的截留率可能会有所差异。所以，MWCO只能作为膜特性的一个参考参数，不能作为膜的唯一选择标准，还需要从孔径分布、通量、耐污性等多个方面对膜进行综合评估。

6.3.2.4　影响超滤效果的因素

超滤过程中，有许多因素会影响超滤的效果，包括滤膜材质和孔径大小、溶质浓度及其大小与形状、超滤时间、温度、压力、流速等。质量好的膜，应有陡直的截断曲线，可使不同分子量的溶质分离完全；反之，斜坦的截断曲线会导致分离不完全。为确保膜质量对溶质回收率和纯度的影响，通常滤膜截留分子量不应大于目标蛋白分子量的1/3，比如目标蛋白分子质量为35kDa，可用10kDa截留分子量的超滤膜。此外，颗粒形状对超滤效果影响较大，例如，以截留分子量为10kDa的超滤膜进行分离时，分子质量为35kDa的球型胃蛋白酶截留率可达到90%以上，而分子质量为100kDa的线型葡聚糖分子几乎无法截留。此外，超滤离心时间对分离效果及收率也有一定的影响，超滤时间太短可能未能完全利用超滤膜的分离能力。这可能导致分离效果不佳或影响产品质量，需要再次处理。而随着时间延长，由于膜的污染和堵塞导致膜的通量逐渐下降。

6.3.2.5 离心超滤分离的操作过程

超滤分离技术常用于各种生物制品的纯化和浓缩。图6-5所示是利用截留分子质量为50kDa的离心超滤装置进行单克隆抗体（分子质量为150kDa）超滤纯化和浓缩的操作流程。假设初始溶液中目标物浓度为1mg/mL，含有分子质量为10kDa、浓度为1mg/mL的杂蛋白。

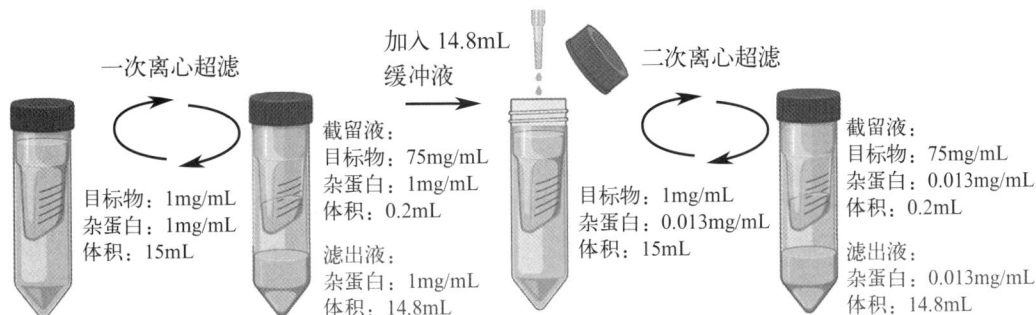

图6-5 超滤纯化单克隆抗体流程图

① 样品前处理：通过过滤、离心等方式去除溶液中的大颗粒或杂质。

② 超滤装置选择：根据分离对象的分子量选择具有合适截留分子量的超滤管，比如用截留分子质量为30kDa，容量为15mL的超滤管。

③ 第一次超滤膜分离：将15mL样品加入超滤管中，在4℃下以5000g的离心力离心超滤30min。假设滤出液体积为14.8mL，不计损失的情况下，此时截留液中抗体的浓度为75mg/mL，体积为0.2mL，而含有的杂蛋白仍为1mg/mL。

④ 第二次超滤膜分离：重新在超滤管中加入14.8mL的缓冲液补齐至15mL，并在4℃下以5000g的离心力进行第二次30min的超滤。假设滤出液体积仍为14.8mL，不考虑损失的情况下，此时截留液中抗体的浓度为75mg/mL，体积为0.2mL，而杂蛋白浓度仅为0.013mg/mL。

⑤ 洗涤和回收：完成离心超滤后，可以用缓冲液或纯水洗涤膜和离心管，以去除任何残留的杂质。目标分子可以通过逆向离心或直接通过移液器进行收集。

通过上述计算可以发现，通过超滤进行纯化，仅需2次离心超滤，总计1～2h的分离即可将抗体中的杂质的含量降低至原来的0.1%以内，抗体的纯度大于99.9%，且浓度浓缩了75倍。

6.3.3 透析

6.3.3.1 透析基本概念及特点

透析也是一项重要的膜分离技术，它利用半透膜进行分子的选择性分离。透析膜的孔径范围与超滤类似，可以使大于截留分子量的高分子溶质无法透过滤膜，其他小分子溶质则通过自由扩散转移至滤膜的另一侧。透析的原理如图6-6所示，将含有大分子目标物的样品（左侧）放置于纯水或缓冲液（右侧）中，由于膜两侧的溶质浓度不同，在浓度差的作用下，左

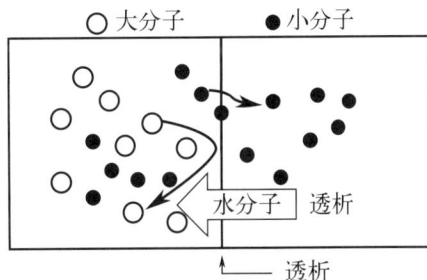

图6-6 透析原理

侧样品溶液中的小分子溶质（如无机盐）扩散透向右侧，而右侧缓冲液中的水分子和其他小分子盐类物质则透向左侧。而大分子由于其尺寸大于滤膜孔径，则无法从样品液转移到右侧的溶液中。最终，平衡后，大分子溶质的浓度和含量不会发生变化，而小分子由于不断扩散到右侧被稀释，通过控制两侧溶液体积和时间，样品中的小分子就会被去除或降低至所需的浓度范围，这个过程就称为透析（dialysis，DS）。通常将右侧纯水或缓冲溶液称为透析液，所用的半透膜称为透析膜。

透析的特点包括：透析过程中透析膜内无流体流动，溶质以扩散的形式移动，推动力为膜两侧溶质的浓度差，无需额外的压力驱动，因此对样品结构影响小；透析可在低温下进行，可最大程度保持生物样品的活性；通常情况下，透析前后样品的体积不会发生明显的变化，不会引起样品的稀释；可根据样品量和样品特性选择不同规格和不同材质的透析膜。然而，达到透析平衡所需的时间较久，且需要消耗较多的透析液。如果需要对样品进行浓缩，可将透析袋放入含有高浓度吸水性强的多聚物的溶液中（如聚乙二醇、聚乙烯吡咯烷酮、右旋糖、蔗糖等），透析袋内溶液中的水便迅速被袋外多聚物所吸收，从而达到袋内液体浓缩的目的，这种方法称为"反透析"。

6.3.3.2 透析膜的分类与选择

透析膜一般为孔径5～10nm的亲水膜，具备多种材质与特性，以满足不同的实验需求。最常用的透析膜材质包括再生纤维素（RC）、纤维素酯（CE）和聚偏二氟乙烯（PVDF），每种材质都有其特点和应用范围。生物技术级的纤维素酯（CE）膜在分离带电荷分子和大分子纯化方面表现出色，但对条件和溶剂的要求相对较高，直接与有机溶剂接触会破坏CE膜。它可以在pH=2～9的酸碱性条件，以及4～37℃的温度条件下使用。生物技术级的再生纤维素（RC）膜通过再生过程制得，截留分子纯度高且均一，适用于与弱酸碱、醇类和一些有机溶剂共用的情况。不过，需要注意避免与强极性或有机溶剂直接接触。生物技术级的聚偏二氟乙烯（PVDF）膜具有疏水、惰性和无电抗性的特性，可以耐受极度高温（如130℃）、多种溶剂［包括N, N-二甲基甲酰胺（DMF）］和大多数酸碱性溶液（包括硝酸）条件。此外，PVDF膜还可经高温高压蒸汽灭菌，适用于样品分装。

在选择透析膜时需要考虑多个参数，包括截留分子量和膜的尺寸。截留分子量反映了透析膜的分子截留能力，通常建议选择截留分子量为欲截留物质分子量的一半的膜。此外，根据溶液的化学特性、使用方法、处理量等因素来选择最合适的膜材质和产品类型。

6.3.3.3 影响透析效果的因素

影响透析效果的因素包括透析膜的选择、透析液体积、透析液更换频率、温度、搅拌条件等。这些因素共同影响着透析的分离效率。因此，提高透析效果的方式主要包括以下几种。

① 选择合适截留分子量的透析膜：根据待处理样品中目标分子的分子大小，选择透析膜的MWCO（截留分子量），确保比目标分子的分子量小，以实现有效的分离。在保证截留率的同时提高滤膜孔径可以提高透析分离的速率。

② 增加透析液的体积：使用更大容量的透析液有助于加速溶质的扩散，提高透析效率，特别是对于大分子而言更为重要。

③ 频繁更换透析液：定期更换透析液可以防止透析液中的溶质浓度过高，保持浓度梯

度，促进分子的扩散。

④ 提高温度：在适当的温度范围内提高温度，可加速分子的热运动，提高透析速度。不过，需要确保目标分子在该温度下稳定。

⑤ 搅拌：使用适当的搅拌装置来促进透析液中分子的均匀分布和扩散，提高透析效果。

⑥ 动态透析：采用动态透析方法，通过不断地循环透析液以维持浓度梯度，提高分离效率，特别适用于需要长时间透析的情况。

6.3.3.4 透析操作

常规的透析膜分离过程主要包括以下步骤。

① 准备透析膜：首先，选择适当材质和规格的透析膜，根据实验目的和待处理样品的性质进行选择。确保透析膜的MWCO适合需要分离或浓缩的分子大小。

② 样品准备：准备待处理的生物样品或混合物。通常，样品需要先进行前处理步骤，如离心、滤除或去除大颗粒物质，以确保透析效果。

③ 装填透析袋或管：将准备好的透析膜置于透析袋或管中，确保袋或管的封口完好。然后，将待处理的样品注入透析袋或管中。

④ 选择透析缓冲液：选择适当的透析缓冲液，其pH和离子浓度应符合实验要求。适当的透析缓冲液有助于调节样品中的离子平衡和维持分子的稳定性。

⑤ 透析：将装有样品的透析袋或管放入含有透析缓冲液的容器中，确保袋或管完全浸泡在缓冲液中。透析的时间和温度取决于实验要求，通常需要几小时到数天不等，其中可以进行多次换液以提高透析效果。

⑥ 样品回收：在透析结束后，取出透析袋或管，小心地将样品从中取出。此时，目标分子已经得到了分离，而溶质和杂质则已经扩散到透析缓冲液中。

需要注意的是，透析的操作条件和步骤可能会因样品性质、透析膜的选择和实验目的而有所不同。因此，在进行透析实验之前，务必仔细设计实验方案，并根据实验要求进行适当的优化和控制。

6.3.4 纳滤

纳滤（nanofiltration，NF）是一种新型的膜分离技术。纳滤膜是一种薄层复合膜，它源于20世纪80年代，科学家发现这种膜能使90%的氯化钠通过，而截留99%的蔗糖。因此，这种膜比反渗透膜（只有溶剂能通过）的截留分子量更大，而比超滤（通常用于截留生物大分子）的截留分子量更小，介于二者之间。这种膜在渗透过程中截留率大于95%的分子约为1nm，因而被命名为"纳滤膜"。从20世纪90年代开始，才有了商品化的纳滤膜产品，纳滤膜分离技术的应用范围日益广泛。

纳滤膜的孔径范围介于超滤和反渗透之间，特别适合对分子量约为200～1200之间的分子进行浓缩、除盐和分离。与反渗透相比，纳滤在高盐度和低压条件下也具有较高的渗透通量，因为无机盐能通过纳滤膜而透析，使得纳滤的渗透压远比反渗透低。因此，在保证一定的膜通量的前提下，纳滤过程所需的外加压力比反渗透低得多，而在同等压力下，纳滤的膜通量则比反渗透大得多。纳滤能同时对溶液进行浓缩和脱盐，是一种有效快速的替代反渗透的技术，具有高浓缩倍数。纳滤膜常用于浓缩抗生素和合成药，因为它们能在常温下操作而不损坏产品，成本低，收率高。纳滤常用于水质软化、有机物和生物活性物质的除盐和浓缩等方面。此外，纳滤不需要有机溶剂或溶剂用量大大减少，因此废水更易处理。

6.3.5 反渗透

反渗透技术（reverse osmosis，RO）是一种重要的膜分离过程，广泛应用于水处理、食品加工、制药、化工和环境工程等领域。它基于半透膜的特性，利用高压力将水或溶液从高浓度溶质区域通过半透膜移动到低浓度溶质区域，从而实现了水的分离和浓缩。

当盐水与纯水分别置于半透膜两侧时［见图6-7（a）］，纯水分子将通过膜而透过到盐水一侧［见图6-7（b）］，直至达到动态平衡。此时，半透膜两侧的压力差即为渗透压。如果向盐水侧施加的外压大于渗透压时，则盐水中的分子会克服渗透压而通过膜透过到纯水侧［见图6-7（c）］，从而达到水纯化的目的，此即为反渗透原理。

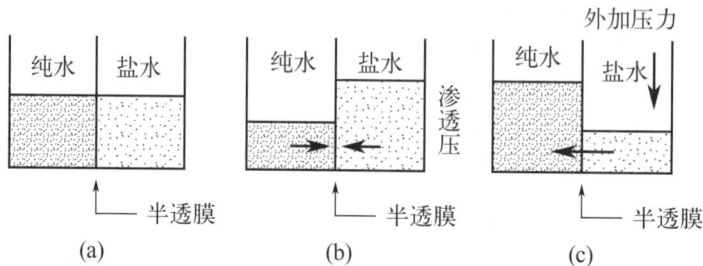

图6-7 反渗透原理

反渗透技术的关键部分是反渗透膜，理想的反渗透膜是无孔的，但实际上膜孔径为$0.1 \sim 1nm$。反渗透所需的操作压力较大，为$1 \sim 10MPa$。反渗透只允许水分子通过，而将离子、大分子和微生物等排除在外。因此，RO可以高效地去除水中的溶解性盐分、重金属、有机物、微生物和其他杂质，产生高纯度的水。这种高效净水的特性使RO技术成为饮用水生产、水处理、海水淡化、工业过程水的净化以及制药和电子工业等领域的重要工具。

6.3.6 其他膜分离技术

6.3.6.1 电渗析

电渗析（electrodialysis，ED）技术是一种利用直流电场作用，通过离子交换膜的选择透过性，实现溶液的淡化和浓缩的过程，其分离推动力主要来自静电引力。在电渗析操作中，离子交换膜是关键材料，这些膜表面和孔隙内含有离子交换基团，如磺酸基团（$-SO_3$）等酸性阳离子交换基和季铵基团（$-N^+R_3$）等碱性阴离子交换基。阳离子交换膜只允许阳离子选择性通过，阻挡阴离子；而阴离子交换膜则只允许阴离子选择性通过，阻挡阳离子。

如图6-8所示，电渗析器通常由交替排列的阳离子交换膜C和阴离子交换膜A构成，这样可以将装置分隔成5个小室。在两端与膜垂直的方向加电场，在电场作用下，将溶液置于脱盐室1、3、5，同时在另外两室2、4中加入适当的电解液。电场引发电解质的电泳效应，由于离子交换膜的选择透过特性，脱盐室的溶液将脱去盐分，而2、4两个室的盐浓度将增加。该过程可连续操作，溶液不断通过脱盐室，同时低浓度电解液连续流过2、4两个室，最终得到脱盐溶液和浓缩盐溶液。

电渗析技术在实现离子分离、水的脱盐和浓缩等方面具有广泛应用，尤其在水处理、食品加工和化工工业中发挥着重要作用。电渗析技术的优势在于能耗相对较低、操作可控、不需要化学试剂，并且适用于连续操作，为液体处理问题提供了一种高效、可持续和环保的解决方案。

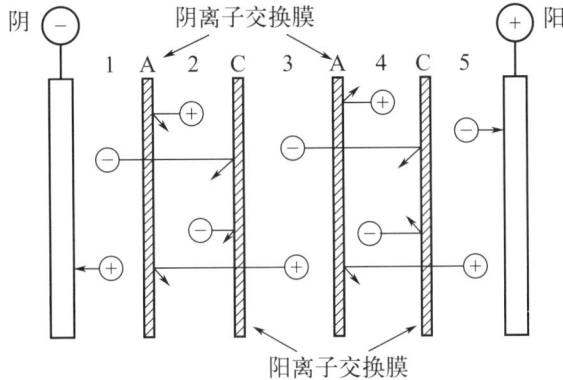

图6-8 电渗析原理

6.3.6.2 渗透蒸发

渗透蒸发（pervaporation，PV）是一种特殊的膜分离技术，其原理如图6-9所示。在渗透蒸发过程中，将料液注入膜的一侧，而在另一侧（透过侧），可以抽真空或通入惰性气体，以产生溶质分压差。在分压差的作用下，料液中的溶质被吸附到膜内，然后扩散穿过膜，在透过侧发生气化，气化的溶质被膜装置外设置的冷凝器冷凝回收。因此，渗透蒸发实现了混合物的分离，其速度取决于膜与溶质之间的相互作用。如果渗透蒸发膜是疏水性膜，根据相似相溶原理，疏水性较大的溶质更容易被吸附于疏水膜，因此渗透速度更快，从而在透过侧得到浓缩。

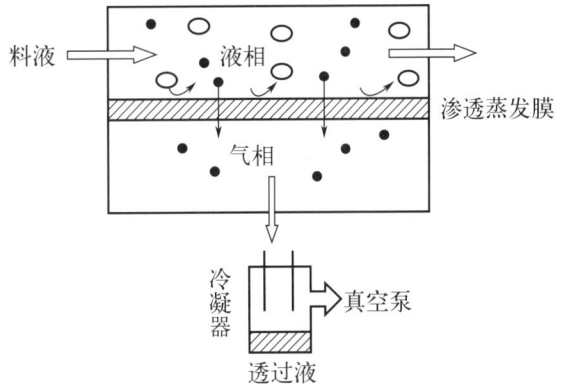

图6-9 渗透蒸发原理示意图

与反渗透不同，渗透蒸发过程中溶质发生相变，透过侧的溶质以气体状态存在，因此不受渗透压的限制，可在较低的压力下进行，适用于高浓度混合物的分离。渗透蒸发尤其适用于共沸物和挥发度相差较小的双组分溶液的分离。例如，通过渗透蒸发浓缩乙醇，由于膜的选择透过性，可以有效消除共沸现象，获得高浓度的乙醇。因此，渗透蒸发也被称为膜蒸馏。

渗透蒸发所使用的膜通常是多孔聚乙烯膜、聚丙烯膜和含氟多孔膜等。随着膜材料的不断改进，自20世纪80年代以来，渗透蒸发技术已经实现产业化，并在挥发性发酵产物（如乙醇和丁醇）的发酵-分离耦合过程中得到广泛应用。

6.3.6.3 亲和膜分离

亲和膜分离（affinity membrane separation）是一种集亲和色谱和膜分离优点于一体的生物产品分离和纯化方法。典型的亲和膜分离过程包括：利用膜作为基质，并对其进行改性，在膜的内外表面活化并偶合上配基；导入样品混合物后，目标物与相应的配基发生特异性相互作用，生成配合物，而连接至膜表面，而其他杂质则可以从滤膜两侧去除；接下来，通过改变条件，如洗脱液组成、pH、离子强度、温度等，降低目标物与配基的结合力，从而将其从配合物分子中解离，并进行收集；然后，通过改变洗脱液组成、pH、离子强度、温度等条件，将与配基相互作用的配合物分子解离，并收集起来；最后，膜进行洗涤、再生和平衡，以备下次分离用（图6-10）。

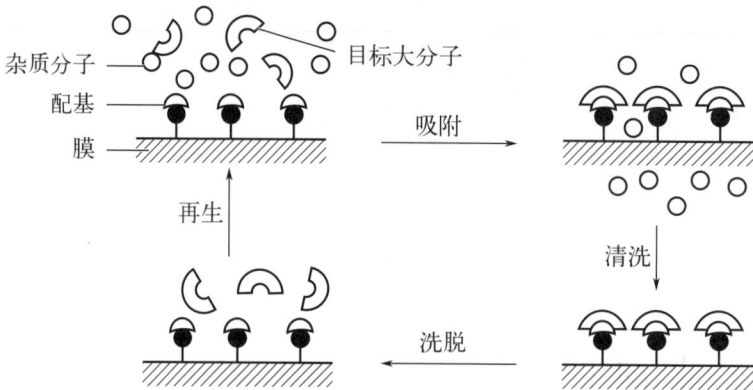

图6-10 亲和膜分离过程示意图

除了直接将配基连接于滤膜表面，也可以利用大尺寸的载体颗粒来进行亲和膜分离。其过程主要包括：选择或制备连有特异性配基的载体（微粒或水溶性高聚物），在适当流动状态下与目标蛋白粗提液混合，载体上偶联的亲和配基与溶液中的目标物特异性结合，形成体积及分子量远大于杂蛋白的复合物；膜分离时，复合物被截留，而杂质透过滤膜；加入缓冲液进行洗涤，去除附着在载体表面或未去除干净的杂质；然后，加入合适的洗脱剂将目标物从载体上洗脱下来，再通过膜分离回收透过滤膜的目标物，从而得到纯化的产品，亲和载体则被截留循环利用（图6-11）。

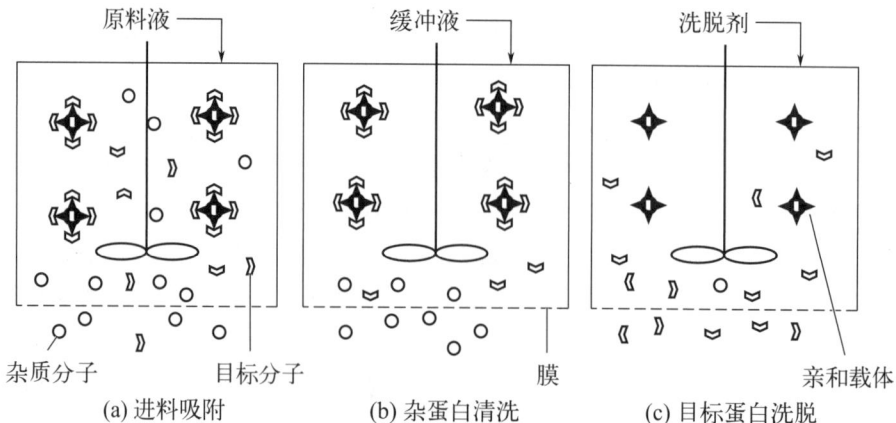

(a) 进料吸附 (b) 杂蛋白清洗 (c) 目标蛋白洗脱

图6-11 基于载体颗粒的亲和膜分离原理图

目前亲和膜分离已用于纯化白蛋白、单克隆抗体、干扰素、胰蛋白酶及其抑制剂等生物制品。亲和膜分离过程提高了流体到配基的传质效率，克服了亲和色谱中出现的传质控制问题，从而提高了配基的使用效率，有利于亲和过程的放大。在亲和分离中，采用亲和膜可直接向膜面对流流动，传质速率提高，操作流速可以增大，因而可缩短循环时间。此外，亲和膜分离不仅利用了生物分子的识别功能，可以分离低浓度的生物产品，而且因为膜的渗透通量大，所以在纯化的同时实现浓缩。因此，亲和膜分离技术具有特异性高、选择性好、操作方便、设备简单、便于大规模生产等特点。但是，亲和膜分离技术在寻找更合适的膜材料、利用计算机辅助分子设计来寻找合适的配基、相关理论研究、操作过程的自动化等方面，以及与传统的凝胶色谱柱相比，亲和膜的吸附容量和制造成本等方面，还有待于进一步探索和研究。

6.4 膜污染

6.4.1 膜污染的定义

膜分离过程中最常见的问题之一是膜污染（membrane fouling）。膜污染是指在膜使用过程中，由于固体颗粒或溶质在膜表面或膜孔内的吸附和沉积，膜孔的尺寸减小或堵塞，从而引发膜通量减小和分离性能恶化的短期、不可逆的现象。在发生膜污染时，通常需要停止操作，对膜系统进行清洗，以恢复膜组件的分离性能。

6.4.2 膜污染的类型

膜污染通常可分为两大类型：内污染和外污染。

① 内污染：内污染发生在膜孔内部，主要是由于溶质在浓缩过程中结晶或沉淀在膜孔内，导致孔径的阻塞，从而减小了膜的有效孔隙率。这种类型的污染会导致膜通量降低和分离性能下降。

② 外污染：外污染发生在膜表面，通常是由于多种原因，包括悬浮物在料液中堆积形成滤饼、溶解性有机物浓缩后在膜表面黏附形成凝胶层、溶解性无机物生成的水垢在膜表面堆积形成水垢层，以及胶体物质或微生物等吸附在膜表面形成吸附层。其中，最常见的外污染类型是浓差极化现象。

浓差极化是在膜分离过程中，料液中溶剂在压力驱动下透过滤膜，溶质被截留，于是在膜表面与邻近膜面区域的局部浓度增加。在浓度梯度作用下，溶质由膜面向本体溶液扩散，形成边界层，使流体阻力与局部渗透压增加，从而导致溶液透过流量下降。溶剂向膜面流动（对流）引起溶质向膜面流动，当溶质向膜面的流动速度与浓度梯度使溶质向本体溶液扩散速度达到平衡时，在膜面附近存在一个稳定的浓度梯度区，这一区域称为浓度极化边界层，这一现象称为浓差极化（如图6-12所示）。

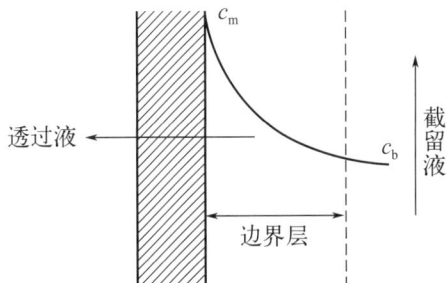

图6-12 浓差极化示意图

浓差极化会带来一系列问题，包括增加渗透压、增大透过阻力、改变膜的分离特性、导致溶质溶胀，甚至引发结晶析出，阻塞流道，进而使膜操作性能恶化。总的来说，膜污染会导致分离效果下降，截留率改变，通量减小。

通常来说，浓差极化现象是可逆的，可以通过改变速度、压力、温度和料液浓度等操作参数来降低该效应。同时，为了减少浓差极化发生的概率，可采取一系列方法，如选择合适的膜组件结构、加入搅拌器、设计横切流动方向、采用脉冲流动或螺旋流、提高流速、适度提高进料液温度以降低黏度，增大传质系数。

6.4.3 膜污染的污染源

膜污染的来源可分为有机类、无机类和微生物三类。

① 有机类污染物：包括蛋白质、脂肪类、多肽、多糖等大分子有机物。它们倾向于在膜表面或膜孔内吸附或沉积，导致膜的孔径减小或堵塞。有机物的吸附和积累会降低膜的通量，并且在长时间使用中会损害膜的分离性能。

② 无机类污染物：这类污染物包括钙、钡的碳酸盐、硫酸盐和硅酸盐等无机盐结垢物。它们会在膜表面或膜孔内形成沉积物，也会导致膜的通量下降和分离效率降低。无机盐的结垢不仅影响了膜的性能，还可能损害膜材料。

③ 微生物污染：微生物污染包括细菌附着于膜表面形成菌群。这些微生物群体可能分泌黏液等物质，导致其他有机物的吸附，形成菌膜，影响产品质量。

6.4.4 膜污染的影响因素

膜污染的影响因素繁多，基本可以分为以下几类。

① 粒子或溶质尺寸、性质及形态：溶质的尺寸、性质和形态直接影响膜污染的程度。较大的粒子或溶质更容易在膜表面或孔隙内沉积和堵塞，而具有吸附性的物质，如含脂类溶质也更容易附着在膜表面。此外，溶质的形态，如颗粒的球状或纤维状，也会影响其在膜上的沉积方式。

② 溶质与膜的相互作用：溶质与膜之间的相互作用是决定膜污染程度的关键因素之一。这些相互作用包括静电作用力、范德瓦耳斯力、溶剂化作用和空间立体作用。不同的相互作用方式会影响溶质在膜上的吸附和沉积行为。

③ 膜的结构与物理特性：膜的结构、孔径分布、孔隙率以及表面粗糙度等物理特性对膜污染起着关键作用。不仅影响了污染物在膜内部的传输行为，还决定了污染物在膜表面的吸附和沉积程度。光滑的表面和均匀的孔径分布通常有助于减少污染物的吸附和沉积，降低污染的程度。

④ 溶液特性：溶液的性质对膜污染至关重要。盐种类和浓度，溶液的pH值、温度和黏度等因素会影响污染物的溶解度和迁移速度。一些盐类和酸碱条件可能会促进沉积物的形成，从而加剧膜污染。

⑤ 操作参数：操作参数包括料液流速、压力和温度等，也会对膜污染产生重要影响。适当的操作参数可以减小膜污染风险，例如，提高流速可以减少污染物在膜表面停留的时间，从而降低污染的程度。使用错流膜分离也可以减少膜污染的发生。

总之，膜污染是一个复杂的问题，其影响因素涵盖了多个方面。了解和控制这些因素对于减轻膜污染、提高膜系统的性能至关重要。因此，在实际操作中需要仔细考虑这些因素，采取适当的措施来预防和应对膜污染问题。

6.4.5 膜污染的控制方法

为了减少或防止膜污染，可以采取多种措施，包括以下几种。

① 料液预处理：在使用前对料液进行预处理，如经过预过滤器，以去除大颗粒物质和悬浮物，防止它们进入膜系统并降低膜性能。此外，也可以通过调整料液的pH值或添加抗氧化剂来防止化学劣化。微生物的清除也是必要的，以防止其在膜表面形成菌群和生物附着，减少生物污染的风险。加热料液可以降低蛋白质在膜表面的吸附倾向，从而减轻蛋白质污染的程度。此外，添加络合剂如EDTA（乙二胺四乙酸）等可以防止盐类离子沉淀，减少沉积物对膜的影响。

② 膜材料的选择：在选择膜材料时要考虑膜的亲疏水性和荷电性。亲水性膜以及与溶质具有相同电荷性质的膜通常更耐污染。此外，对膜表面进行改性也是一种有效的方法。例如，利用TiO_2等材料对膜表面进行改性，以降低污染的程度。

③ 膜孔径或截留分子量的选择：通过实验选择最适合的膜孔径或截留分子量，在保证截留率的前提下使用较大孔径的滤膜以减少膜污染的概率。

④ 膜结构选择：选择合适的膜结构，例如不对称结构膜，可以提高耐污染性。

⑤ 膜组件选择：优化膜组件结构，以最大程度地减少污染物的接触和积聚。

⑥ 溶液pH控制：在特定应用中，通过调整溶液的pH值，使污染物远离其等电点，增加其溶解度并带上电荷，有助于减少吸附和沉积。

⑦ 溶液盐浓度的控制：改变溶液的离子强度可以影响溶质的行为，有助于控制污染。

⑧ 溶液温度的控制：调节溶液的温度可以改变其黏度和传质行为，有助于减少污染。

⑨ 溶质浓度、料液流速和压力的控制：针对不同的应用，选择合适的溶质浓度、料液流速和压力，以避免"凝胶层"形成，从而获得最佳的膜透水率。

6.4.6 膜的清洗和再生

膜污染是膜分离过程中的一大挑战，它不仅导致膜通量的显著下降，还会降低目标产物的回收率。为了确保膜分离操作的高效稳定进行，定期对膜进行清洗和再生是至关重要的。以下是一些常见的膜清洗和再生方法。

① 物理清洗：利用机械作用，例如注水正冲洗、反冲洗和气液混合冲洗等对膜进行清洗。物理清洗方法能够一定程度地恢复膜的透水性能，但对于某些顽固的污染物质可能效果有限。

② 化学清洗：使用化学清洗剂，包括酸、碱、表面活性剂、络合剂等对膜进行清洗。例如，酸液清洗适用于去除无机离子污垢，如钙和镁等，通过降低溶液的pH值可以促使它们转化为可溶性盐。碱洗主要用于清除有机物和油脂污染，通过使用氢氧化物可以分解和去除这些污染物。表面活性剂清洗通过形成亲水层来改善水通量。氧化剂如次氯酸钠和臭氧等能有效去除有机污染物。螯合剂清洗通过与无机离子络合生成可溶性络合物来减轻无机污染物的沉积。

③ 生物清洗：生物清洗使用含有酶的清洗剂，这些酶能够水解和分解膜表面沉积层中的

溶质分子，特别对蛋白质和多糖类污染物有良好的效果。然而，需要谨慎使用，以避免引入新的污染源。

6.5 膜组件

膜分离装置的核心部分是膜组件（或膜件）。所谓的膜组件是指由膜、固定膜的支撑体、间隔物以及收纳这些部件的容器构成的一个单元，也称为膜装置。良好的膜组件应具备以下条件：① 沿膜面的流动情况好，以利于减少浓差极化，例如沿膜面切线方向的流速相当快，或者有较高的剪切力；② 单位体积中所含的膜面积较大；③ 组件的价格低；④ 清洗和膜的更新方便；⑤ 保留体积小，且无死角。

根据膜的形式和排列方式，可把膜区分为管式、平板式、螺旋卷式、毛细管式和中空纤维式五种。它们的特性和应用范围比较见表6-2。

表6-2　各种膜组件特性和应用范围

膜组件	比表面积/（m²/m³）	设备费	操作费	膜面吸附层的控制	应用
管式	$20 \sim 30$	极高	高	很容易	UF，MF
平板式	$400 \sim 600$	高	低	容易	UF，MF，PV
螺旋卷式	$800 \sim 1000$	低	低	难	RO，UF，MF
毛细管式	$600 \sim 1200$	低	低	容易	UF，MF，PV
中空纤维式	约10^4	极低	低	很难	RO，DS

6.5.1 管式膜组件

管式膜是将膜固定在内径为$10 \sim 25$mm的长圆筒状多孔支撑体上构成的，$10 \sim 20$根管式膜并联，或用管线串联，收纳在筒状容器内即构成管式膜组件，如图6-13所示。管式膜组件的内径较大，结构简单，适合处理悬浮物含量较高的料液，操作完后的清洗比较容易，膜芯使用寿命长。膜通量大，浓缩倍数高，可达到较高的固含量。但是管式膜组件单位体积的过滤表面积（即比表面积）在各种膜组件中最小、保留体积大、膜的填装密度较低、单位膜面积造价较高、要求流量及压力高、对泵的要求高。

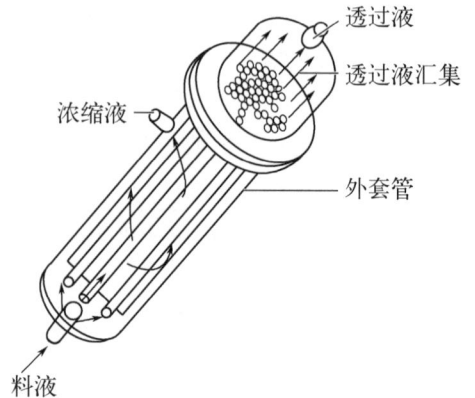

图6-13　管式膜组件

6.5.2 平板式膜组件

平板式膜组件由多枚圆形或长方形平板膜以1mm左右的间隔重叠加工而成，膜间衬有多孔薄膜，供料液或滤液流动（图6-14）。平板膜组件比管式膜组件的比表面积大得多。能量消耗介于管式和螺旋卷式之间，保留体积小，死体积大。

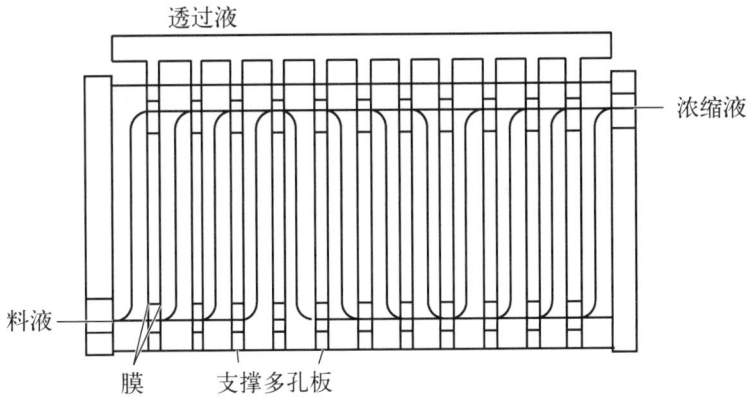

图6-14 平板式膜组件

6.5.3 螺旋卷式膜组件

螺旋卷式膜是将两张平板膜固定在多孔性滤液隔网上（隔网为滤液流路），两端密封。两张膜的上下分别衬设一张料液隔网（为料液流路），卷绕在空心管上，空心管用于滤液的回收，如图6-15所示。

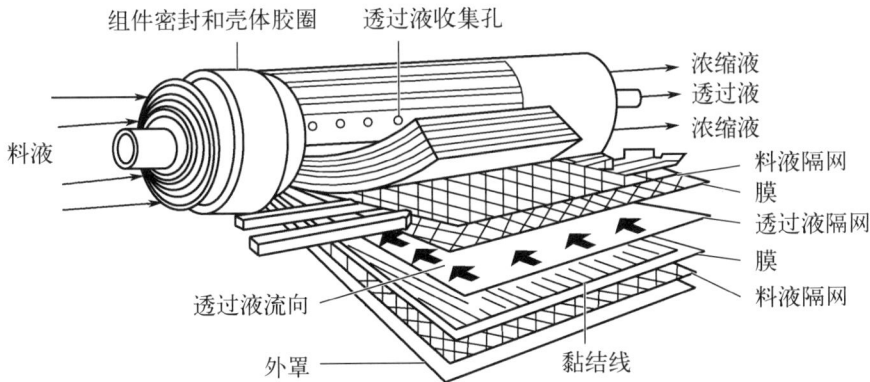

图6-15 螺旋卷式膜组件

螺旋卷式膜组件的比表面积大；结构简单，换新膜容易；膜芯填装密度高，单位面积膜的造价低；操作压力较低，对泵要求低。但是膜间距离窄，流道窄，不允许大于5μm的悬浮物进入膜组件，对料液的预处理要求较高，否则处理浓度较高的料液时容易发生堵塞现象；膜通量小，浓缩倍数低；膜芯清洗困难、膜芯寿命短。

6.5.4 中空纤维膜组件

中空纤维膜组件或毛细管膜组件由数百至数百万根中空纤维膜固定在圆筒形容器内构成，如图6-16所示。严格地讲，内径为40～80μm的膜称为中空纤维膜，而内径为0.25～2.5mm的膜称为毛细管膜。由于两种膜组件的结构基本相同，故一般将这两种膜装置统称为中空纤维膜组件。毛细管膜的耐压能力在1.0MPa以下，主要用于超滤和微滤；中空纤维膜的耐压能力较强，常用于反渗透。

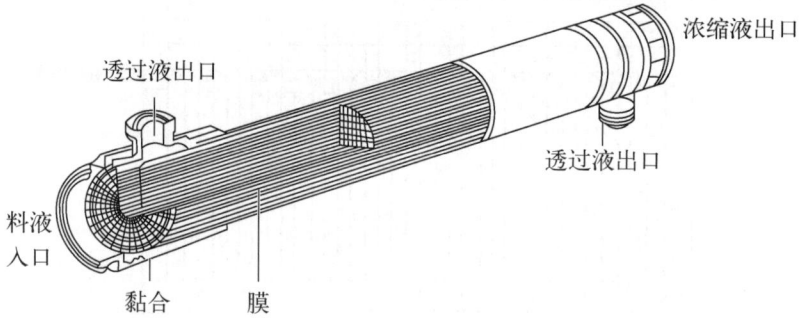

图6-16　中空纤维膜组件

由于中空纤维膜组件由许多极细的中空纤维构成，采用外压式操作，流体流动时，容易形成沟流效应，凝胶吸附层的控制比较困难；采用内压式操作（料液走腔内）时，为防止阻塞，需对料液进行预处理，除去其中的固形微粒。但保留体积小，单位体积中所含过滤面积大；可以进行反冲洗，减少膜污染；操作压力较低（小于0.25MPa），动力消耗较低。单根纤维损坏时，需调换整个膜组件。

中空纤维膜的工作模式分为超滤、再循环、逆洗。如图6-17（a）所示，超滤时料液从膜组件底部进入，流进中空纤维，可透过物通过膜流入组件的低压一侧，在透过液上出口管流出。再循环是过程进行时清洗的有用方法，在这一情况下，透过液的出口管关闭，见图6-17（b），组件内充满滤液，则在组件一半的地方透过液的压力大于浓缩液的压力，从而引起了逆流。当料液逆流时，在相同的清洗条件下，会造成另一半中空纤维组件的净化。在处理含有大量悬浮固体和蛋白质沉淀的液流时，再循环特别有效。逆洗，见图6-17（c），也可用于清洗操作。通过关闭一个透过液出口，并把两个操作出口接通大气。透过液通过加压流入组件，流向纤维并迫使其渗入中空纤维膜内侧，使积累的污垢脱离膜而流出组件。逆洗操作和再循环只适用于中空纤维膜，因为只有它们是自撑式的。

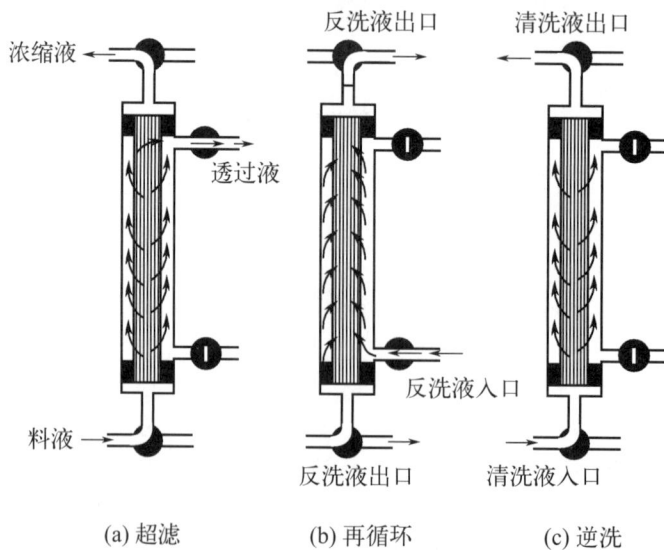

(a) 超滤　　　　(b) 再循环　　　　(c) 逆洗

图6-17　中空纤维膜组件操作示意图

6.6　膜分离技术的应用

6.6.1　实验室规模范围

在实验室规模应用中，常用微滤、超滤和透析三种膜分离法。微滤主要用于清除进入色谱柱之前样品和缓冲液中的颗粒、热敏性物质（如细胞培养液）的除菌过滤、生物样品中大颗粒的去除、样品长期保存前的细菌去除、溶液配制过程中的除杂等；超滤常用于生物制品分离纯化过程中进行脱盐、更换缓冲液以及分离不同分子量的物质，并对样品进行浓缩；当目标物容易受离心力影响在滤膜表面发生吸附时，则可以用透析代替超滤。此外，透析也可用于对载药纳米颗粒的药物释放行为进行动态跟踪。

6.6.2　工业应用

6.6.2.1　菌体分离

利用微滤或超滤进行菌体的错流膜分离是膜分离的重要应用之一。与传统的滤饼过滤和硅藻土过滤相比，错流膜分离有诸多优点，包括透过通量大、滤液清净、高菌体回收率、无需添加助滤剂或絮凝剂、易于进行无菌操作，以及适于大规模连续操作。然而，膜分离的最大问题是膜污染引起的透过通量大幅度下降。解决膜污染和清洗问题，保持较高的透过通量是膜分离取代传统过滤方式的关键。

6.6.2.2　小分子生物制品纯化

超滤膜（截留分子质量为 $10 \sim 30kDa$）广泛用于回收氨基酸、抗生素、有机酸、动物疫苗等分子质量在 2000Da 以下的发酵产品。此外，可结合反渗透技术进行浓缩并除去分子量更小的杂质。抗生素等发酵产物中常含有超过药检允许量的致热原，直接使用会引起恒温动物的体温升高，制成药剂前需进行除热原处理。热原一般由细菌细胞壁产生，主要成分是脂多糖、脂蛋白等，分子量较大。如果产品的分子量在 1000 以下，使用截留分子质量为 10kDa 的超滤膜可有效除去热原，并且不影响产品的回收率。

6.6.2.3　蛋白质纯化

胞外蛋白质产物在微滤除菌的同时可以高效地从滤液中回收，由于滤液的洁净度较高，这给进一步的分离和纯化操作提供了有利条件。蛋白质的透过程度受多种因素的影响，包括其分子量、浓度、带电性质，以及膜表面的吸附层结构、溶液的pH值、离子强度、膜的孔径和结构等。因此，对于特定的蛋白质，需要根据其分子特性来选择合适的膜，并对待处理的液体进行适当的预处理，例如调节 pH 值和离子强度等，以提高目标产物的回收率。一般来说，胞外产物的回收率较高，而胞内产物需要从细胞破碎物中回收，因此其回收率较低。这主要是由于菌体碎片微小，容易导致膜污染和吸附层形成，从而阻止蛋白质的透过。根据蛋白质的分子量，可以选择合适的超滤膜用于蛋白质的浓缩并去除其中的小分子物质，从而实现回收率达到95%以上。回收率的部分降低通常是由于膜表面的蛋白质吸附和在操作过程中的剪切力引起的蛋白质变性。

超滤浓缩和分级分离酶已经在工业规模中实现生产部分纯化的酶制剂。在这个过程中，关键问题是如何有效地抑制酶的失活以及防止膜对酶的吸附。由于超滤膜的孔径存在一定的分布范围，因此在使用超滤膜进行蛋白质的分级分离时，蛋白质之间的分子量差需要达到10倍以上，否则分离会变得困难。

6.6.2.4 膜生物反应器

膜生物反应器（membrane bioreactor）是一种将膜分离过程与生物反应过程相耦合的生物反应装置，可用于高密度培养动植物细胞、微生物发酵和酶反应等生物过程。有多种不同形式的生物反应器，其中包括中空纤维膜反应器（如图6-18所示）。这种反应器被广泛用于动植物细胞的培养，可以实现培养的细胞密度高达10^9/mL，而一般的培养器通常只能达到$10^6 \sim 10^7$/mL的细胞密度。在培养过程中，动物细胞生长在中空纤维膜组件的壳层中，小分子产物（废弃物）不断被排出，同时新鲜的培养基持续灌注，这有助于维持细胞的长期稳定生长，并高效地生产有用的生物物质。利用中空纤维膜生物反应器培养杂交瘤细胞已成为工业生产单克隆抗体的主要方法之一。

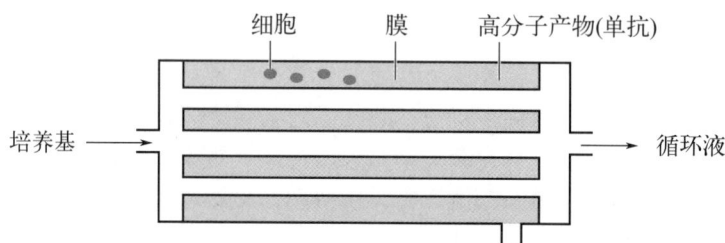

图6-18 中空纤维膜反应器

6.6.3 膜分离应用实例

6.6.3.1 膜分离技术在单克隆抗体生产中的应用

单克隆抗体（简称单抗）是一类高度特异性的生物大分子药物，主要由经过特定抗原处理的B淋巴细胞与骨髓瘤细胞融合产生的杂交瘤细胞分泌。它们以其强大的靶向性、高特异性、低毒副作用及高灵敏度，在生物医药领域占据着核心地位。随着生物技术的进步，单抗的生产滴度不断提升，对下游纯化工艺的效率和成本控制提出了更高的挑战，纯化过程的成本已成为生产成本的重要组成部分，迫切需要创新和优化以降低成本并提升效率。

单克隆抗体的纯化过程包括多个步骤，涉及澄清、捕获、纯化与精制、病毒去除和预制剂等。基于柱色谱的传统方法存在操作效率低等限制，而结合多种膜分离技术的纯化工艺为抗体分离全过程提供了高效、低成本的解决方案（图6-19）。① 原料液预处理澄清阶段可采用微滤膜去除生物反应器中的细胞和大颗粒杂质。② 接着可利用多种新型膜材料进行吸附和捕获。如亲和膜，特别是利用蛋白A功能化的膜，以捕获和浓缩目标抗体，并在此步骤中去除大量的宿主细胞蛋白（HCPs）、DNA以及其他过程杂质。③ 随后，可通过离子交换膜或疏水相互作用膜进一步移除小分子杂质、病毒和产物变体，提高纯度。④ 为了达到临床应用所需的极高纯度和安全性，采用小孔径的超滤膜去除病毒和细菌内毒素等。⑤ 最后，利用更小截留分子量的超滤装置进行抗体浓缩和缓冲液置换，获得单抗预制剂。整个膜分离过程不仅提高了纯化效率，还因其低系统压降、高操作流速的特点而减少了生产时间和成本。

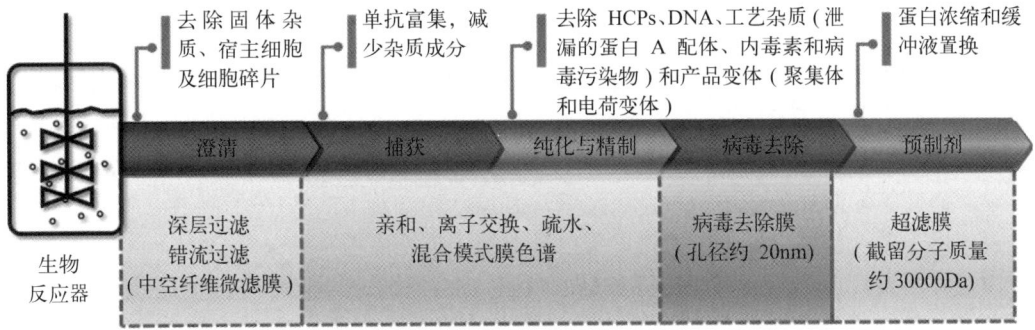

图6-19 中空纤维膜组件操作示意图

目前，在单克隆抗体纯化的膜分离应用中，仍存在一些问题和挑战，主要集中在膜污染、结合容量限制以及缓冲液置换过程中pH和辅料浓度的偏移。具体来说，病毒过滤膜在过滤过程中面临单抗聚集体可能导致的堵孔和滤饼层形成，这会严重降低膜过滤效率和总过滤体积，从而降低工艺的经济性。此外，微滤澄清、病毒去除和蛋白浓缩过程中的膜污染也是一个严重的问题，这些挑战需要通过新型膜材料或改进的过程设计来解决。新型膜材料，如具有有机和无机材料性能的杂化膜、生物相容性好的生物基膜材料等的开发，有望提高膜分离技术的性能和适用性，克服现有的限制。

6.6.3.2 膜分离技术在青霉素生产中的应用

在青霉素的生产过程中，膜分离技术的引入代表了显著的工艺创新（图6-20）。该技术通过超滤膜的应用，取代了传统的真空转鼓过滤，从而消除了对助滤剂的依赖，提升了滤液的收率和品质。该过程中，细菌的菌丝体和大量蛋白质被高效截留，简化了后续的处理步骤，显著降低了操作复杂性和成本。此外，青霉素的提纯过程中，卷式超滤单元的使用在脱除色素方面效果显著，而后续采用的纳滤技术不仅实现了有效的浓缩，还减少了溶剂的使用量，有助于环保和成本控制。尽管离子交换步骤在某些情况下可以省略，但其在去除蛋白质、色素和其他杂质方面具有不可忽视的作用，对提升最终产品的纯度和质量至关重要。

尽管膜分离技术在提升青霉素生产效率方面取得了进展，但在实际应用中仍然存在一些挑战。例如，膜材料的稳定性和耐用性对于保持长期连续运行至关重要，且在某些情况下，污染物的累积可能导致膜通量下降和分离效率降低。此外，高效的膜清洗和再生方法的开发也是提高整体经济效益的关键。未来的研究需要聚焦于膜材料的改良、膜结构的优化以及运行参数的精细调控，以克服现有障碍，进一步提高青霉素生产的经济性和环境可持续性。

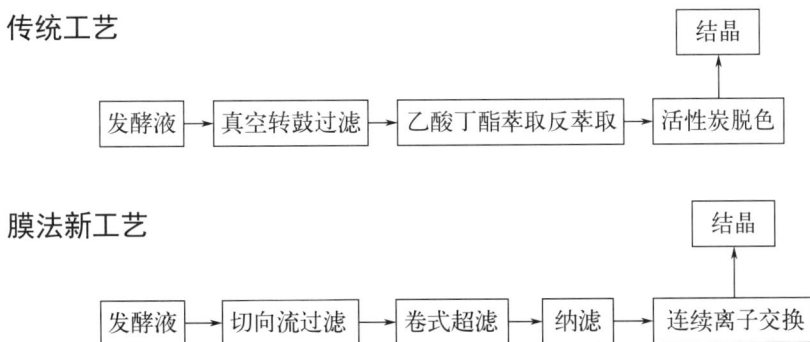

图6-20 青霉素生产的传统工艺与膜法新工艺对比

6.6.3.3 膜分离技术在苹果汁加工中的应用

果汁按照其特征，可分为原汁、浓缩汁、果浆和抽提果汁等4类。原汁指在果汁加工过程中，不添加任何外来添加剂，未经浓缩的原榨汁。原汁又可分为澄清果汁和混浊果汁两种。澄清果汁的稳定性高，但风味等损失较大，所以大部分国家都提倡生产混浊果汁。但对于苹果、葡萄等习惯加工成透明果汁。浓缩汁是原汁浓缩到1/2～1/6而制成。膜在果汁加工中主要应用于原汁超滤除果胶、果肉、蛋白质及纳滤或反渗透浓缩果汁。

传统的苹果汁加工工艺存在的问题是：真空蒸发浓缩在处理糖度较稀的果汁时，不仅处理温度高，能量消耗大，而且对于果汁有效成分的破坏也很大。在现代苹果汁加工技术中，膜分离技术的采用标志着显著的进步。超滤膜的使用不仅在原汁生产过程中去除了果胶和悬浮物质，还提高了果汁的清澈度，同时减少了传统树脂或吸附剂可能引起的副作用。更重要的是，与高温蒸发相比，膜技术的低温操作特性显著减少了对果汁中敏感营养成分的破坏，更有效地保留了自然风味和营养价值。此外，反渗透技术在预浓缩阶段的应用，不仅提高了浓缩效率，还降低了能耗，这在环境和经济效益上均有显著优势。传统工艺与膜法新工艺的比较如图6-21所示。废水处理方面，膜技术的利用有助于资源回收和环境保护，展现了膜分离技术在可持续发展方面的潜力。

在膜分离果汁加工过程中也应注意诸如膜污染、通量下降、膜材料选择和膜系统优化等实际操作中可能遇到的问题。今后，膜材料的创新、膜清洗技术的改进以及操作参数的最优化，是实现高效果汁加工流程的关键。

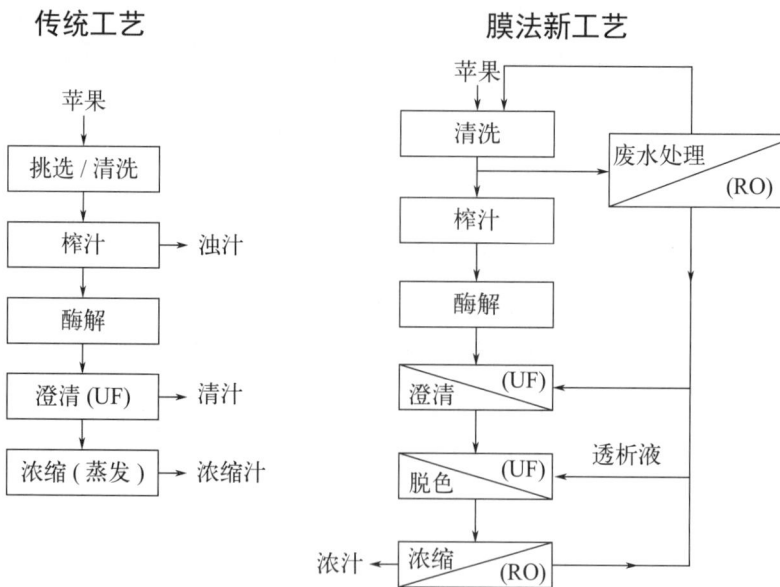

图6-21 苹果汁加工传统工艺与膜法新工艺

6.6.3.4 反渗透在海水淡化中的应用

应用反渗透膜和纳滤膜是当今世界公认最有效的苦咸水、海水淡化技术，具有节约能耗、产水稳定、水质良好等特点。反渗透技术是美国20世纪60年代后期研制成功的，该系统主要由两部分组成：高压泵与反渗透膜。在高压的情况下，除水分子外，水中其他物质——矿物质、有机物、微生物等几乎都被拒于膜外，并被高压水流冲出。渗透到膜另一面的水即是安全、卫生、纯净的水。其原理相当于人体内的半透膜，使有用的物质透过膜得以利用，而无用物质则予以排出。海水淡化简单工艺流程如图6-22所示。

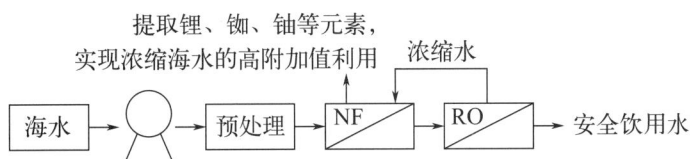

提取锂、铷、铀等元素，
实现浓缩海水的高附加值利用

浓缩水

海水 → 预处理 → NF → RO → 安全饮用水

图6-22　海水淡化简单工艺流程

6-2
膜分离实验
流程

◆ **思考题** ◆

① 按照膜孔径大小，膜分离技术主要分为哪几类？试述各种膜分离技术的原理、特点及其在生物工业中的应用。

② 膜污染指什么？在膜分离应用中如何减少浓差极化？如何对发生膜污染的膜进行清洗和再生？

③ 常见的工业膜组件有哪些？各有何特点？

④ 结合微滤及超滤的特点，举例说明它们在生物制品纯化中的实际应用。

第7章

萃取技术

萃取（extraction）是一种基于溶质在互不相溶的两相之间分配行为不同而实现分离的技术，主要应用于溶质的纯化或浓缩。作为生产中的重要单元操作，传统的有机溶剂萃取法广泛应用于石化和冶金工业中，同时在生物工程领域，对有机酸、氨基酸、抗生素、维生素、激素和生物碱等生物小分子的分离和纯化也起到关键作用。在传统有机溶剂萃取技术的基础上，20世纪60年代末，反胶束萃取等先进的溶剂萃取方法出现，它们可以应用于生物大分子如蛋白质、核酸等的分离纯化。到了20世纪70年代，双水相萃取技术的快速发展为蛋白质，特别是胞内蛋白质的提取纯化提供了有效的手段。近20年来，随着超临界流体萃取技术的应用，萃取方法扩大了应用范围，使得萃取技术在生物工程中的应用更趋全面，不仅可以处理小分子的生物产物，还可以对蛋白质、酶、核酸等生物制品进行提取和精制。

广义上萃取技术包括液固萃取和液液萃取两大类。其中，液固萃取也叫"浸取"，即用一种溶剂（浸取剂）从固体混合物中提取有效成分的方法，常用于中草药提取、天然产物有效成分提取等。本章主要介绍液液萃取技术，液液萃取技术是指用一种溶剂（萃取剂）将物质从另一种溶剂中提取出来的方法。根据所用萃取剂的性质不同或萃取机制不同，可将液液萃取进一步分为多种类型，包括：有机溶剂萃取、反胶束萃取、双水相萃取及超临界萃取等。

7.1 有机溶剂萃取

7.1.1 有机溶剂萃取的定义与特点

有机溶剂萃取是一种传统的萃取分离技术，即通过使用有机溶剂将一种或多种组分从其他物质中萃取出来。在这个过程中，待萃取成分在两种不混溶的液体（有机相和水相）间发生不同程度的溶解和分配行为，从而实现不同物质的萃取和分离。目前，有机溶剂萃取法广泛应用于抗生素、有机酸、维生素、激素等发酵产物工业化提取。

有机溶剂萃取用于生物制品分离纯化具备以下优点：① 通常可在常温或较低温度下进

行，有利于保证目的产物的活性；② 可选择性将目的产物从料液中分离出来；③ 目的产物从发酵液转移到有机相时，可减少目的产物因水解或微生物降解而造成的损失；④ 易于规模化放大；⑤ 能耗较低，纯化周期短，可实现连续操作和自动化控制等。然而，有机溶剂萃取应用于生物制品纯化仍存在一些问题：① 发酵液组分复杂，各种可溶性物质及固体杂质可能会影响目的产物的纯度和收率；② 料液中存在的表面活性物质可能会影响萃取效率；③ 有机溶剂的组成及 pH 等条件会影响目的产物的稳定性和回收率；④ 发酵液的流变性质可能会影响萃取时间及萃取过程；⑤ 有机溶剂用量大，可能产生环境污染，需对其进行特殊处理或回收利用，且对设备和安全要求高，需要各项防火防爆措施。

7.1.2 基本概念

7.1.2.1 萃取和反萃取

在有机溶剂萃取过程中，萃取就是指利用有机溶剂的特性，从原料或料液中分离并提取特定目标产物的过程。在这个过程中，料液是指溶剂萃取过程中被提取的原始溶液，通常为水溶液；溶质则代表我们欲在料液中提取的目标物质；萃取剂是用以进行萃取的有机溶剂；当料液与萃取剂接触后，大部分溶质会被萃取到萃取剂中，形成的新液体被称为萃取液。因此，萃取液就是含有溶质的萃取剂，为有机相；而在溶质被萃取出之后，料液剩余的部分则称为萃余液，为水相溶液。

反萃取（back extraction）就是萃取的逆过程。在这个过程中，萃取液与包含无机酸或碱的反萃取剂水溶液接触，使得原本被萃取到有机相中的溶质重新转入水相。结束反萃取过程后，不含溶质的有机相称为再生有机相，含有溶质的水溶液则被称为反萃取液。反萃取后的样品可进行下一步纯化、浓缩或保存。

7.1.2.2 分配系数和分配比

溶质的分配规律符合能斯特定律，它指在一定温度、压力下，溶质分布在两个互不相溶的溶剂里，达到平衡后，它在两相的浓度比为一常数 K，这个常数称为分配系数（distribution coefficient）。

$$K=\frac{c_1}{c_2}$$

式中　c_1——萃取相浓度；

　　　c_2——萃余相浓度；

　　　K——分配系数（常数）。

其中，K 为常数的前提条件为：① 萃取体系必须是稀溶液；② 溶质不影响有机溶剂和料液的互溶；③ 溶质在两相中的存在形式相同，即溶质分子在水相和有机相中不发生不同程度的解离或络合。然而，在实际的有机溶剂萃取过程中，溶质浓度通常较大，且常常伴随着解离、缔合、络合等化学反应，因此 K 不为常数，无法运用上述公式。

因此，为了更好地描述萃取过程，许多时候用分配比 D（distribution ratio）代替分配系数 K 来表示分配平衡时两相的组成。此时，分配比 D 的计算公式与上述分配定律的公式相似，只是溶质在两相中的浓度以其在两相中的各种化学存在形式的总浓度来表示。

$$D=\frac{c_{\mathrm{L}}}{c_{\mathrm{R}}}=\frac{c_{\mathrm{L}1}+c_{\mathrm{L}2}+c_{\mathrm{L}3}+\cdots+c_{\mathrm{L}n}}{c_{\mathrm{R}1}+c_{\mathrm{R}2}+c_{\mathrm{R}3}+\cdots+c_{\mathrm{R}n}}$$

式中　　D——分配比；

　　　　c_{L}——溶质在萃取相中的浓度；

　　　　c_{R}——溶质在萃余相中的浓度。

分配比不是常数，它表示一个实际萃取体系达到平衡时，溶质在两相中的实际分配情况，因萃取体系及萃取条件不同而不同，因此它在萃取研究和生产中具有重要的实际意义。

7.1.2.3　萃取因素

萃取因素 E（extraction factor）也称萃取比，其定义为萃取平衡后，溶质进入萃取相的总量与其在萃余相中总量之比。与分配系数和分配比不同，萃取因素表示的是溶质的总量而不是浓度。此外，萃取比和分配比一样，也不是常数，随着萃取体系及萃取条件不同而不同。其计算公式如下：

$$E=\frac{c_1V_1}{c_2V_2}=D\times\frac{V_1}{V_2}$$

式中　　E——萃取因素；

　　　　D——分配比；

　　　　V_1——萃取相的体积；

　　　　V_2——萃余相的体积。

7.1.2.4　萃取率

实际生产中常用萃取率（extraction efficiency）来表示一种萃取剂对某种溶质的萃取能力，它的定义为萃取相中溶质的量占原料液中溶质初始量的百分数：

$$H=\frac{萃取相中溶质总量}{原料液中溶质总量}\times100\%=\frac{c_1V_1}{c_1V_1+c_2V_2}\times100\%=\frac{E}{E+1}\times100\%$$

7.1.2.5　分离因数

如果初始料液中有两种以上的溶质，比如A和B，且二者在有机溶剂萃取时的分配系数不同，则萃取相中与萃余相中A和B的相对含量就不相同。若A的分配系数比较大，则萃取相中A溶质的含量就会高于B，当二者的差异达到一定程度时，A和B就实现了分离，这也是萃取技术分离不同溶质的基本原理。在该过程中，萃取剂对溶质A和B的分离能力可用分离因数 β 来表示：

$$\beta=\frac{c_{1\mathrm{A}}/c_{1\mathrm{B}}}{c_{2\mathrm{A}}/c_{2\mathrm{B}}}=\frac{c_{1\mathrm{A}}/c_{2\mathrm{A}}}{c_{1\mathrm{B}}/c_{2\mathrm{B}}}=\frac{K_{\mathrm{A}}}{K_{\mathrm{B}}}$$

式中　　$c_{1\mathrm{A}}$——萃取相中溶质A的浓度；

　　　　$c_{1\mathrm{B}}$——萃取相中溶质B的浓度；

　　　　$c_{2\mathrm{A}}$——萃余相中溶质A的浓度；

　　　　$c_{2\mathrm{B}}$——萃余相中溶质B的浓度；

　　　　K_{A}——溶质A的分配系数；

K_B——溶质B的分配系数。

可以发现，分离因数 β 等于两种溶质分配系数之比。β 越大，表示两种物质分离效果越好。当 $K_A=K_B$，即 $\beta=1$ 时，两种物质无法分开。

此时，如果A是分离的目标物，B是溶液中存在的主要杂质，则该公式也可表示为：

$$\beta=\frac{K_{目标物}}{K_{杂质}}$$

分离因数与萃取剂浓度、组成、料液成分以及萃取温度有关。分离因数往往决定了生物制品的纯度，而萃取率则决定产品的收率，在实际萃取过程中二者可能会存在一定的矛盾，需根据具体要求对萃取工艺进行优化。

萃取的主要概念和参数总结于表7-1。

表7-1 萃取的主要概念和参数

参数名称	符号	定义	公式
萃取	—	利用有机溶剂从料液中分离提取目标产物的过程	—
反萃取	—	萃取的逆过程，使溶质从有机相转移到水相	—
分配系数	K	溶质在两相中浓度比的常数	$K=c_1/c_2$
分配比	D	表示分配平衡时两相的组成	$D=c_L/c_R$
萃取因素	E	溶质进入萃取相的总量与其在萃余相中总量之比	$E=(c_1V_1)/(c_2V_2)=D\times(V_1/V_2)$
萃取率	H	萃取相中溶质量占原料液中溶质初始量的百分数	$H=(c_1V_1)/(c_1V_1+c_2V_2)=E/(E+1)$
分离因数	β	萃取剂对不同溶质分离能力的度量	$\beta=(c_{1A}/c_{1B})/(c_{2A}/c_{2B})=K_A/K_B$

7.1.3 萃取方式

有机溶剂萃取一般包括三个步骤：混合、相分离和回收（图7-1）。其中，混合指将料液和萃取剂充分混匀，形成乳浊液，在此过程中料液中的溶质组分转入萃取剂中，转移的程度与溶质的分配系数或分配比相关；相分离指的是通过静置、离心等方式促进萃取相和萃余相的分离，方便后续回收；最后，分离出萃取相后去除其中的有机溶剂，获得目标产物。其中，有机溶剂应进行统一处理和回收利用。

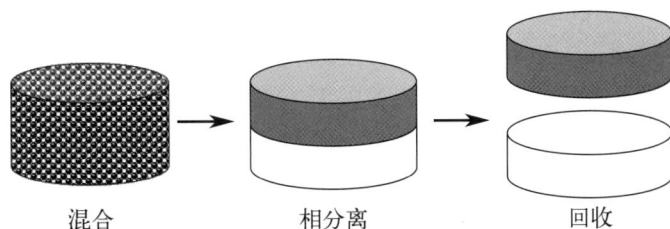

混合　　　　　相分离　　　　　回收

图7-1 有机溶剂萃取基本步骤

因此，一般工业化的有机溶剂萃取装置中包含混合器（如搅拌混合器、静态混合器等）、分离器（如管式离心机、碟片式离心机等）和回收器（如蒸馏塔、转盘塔等）。混合和分离也可在一些多功能萃取机中实现。

根据萃取操作方式的不同，萃取操作流程可分为单级萃取和多级萃取，多级萃取又分为多级错流萃取和多级逆流萃取。

7.1.3.1 单级萃取

单级萃取即只包括一个混合器和一个分离器的萃取操作。如图7-2所示，料液F与萃取剂S一起加入混合器内，并进行搅拌混合。萃取平衡后将溶液转移至分离器内分离，得到萃取相L和萃余相R。其中，萃取相移入回收器，通过蒸馏、反萃取等方式将目的产物与有机溶剂分离，并对溶剂进行回收再利用。萃余相R则作为废液进行处理。

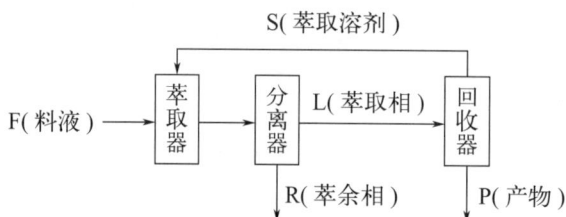

7-1
单级萃取流程

图7-2 单级萃取流程

单级萃取的优点包括：萃取过程简单，使用灵活，可进行间歇或连续操作。缺点是单级萃取通常无法实现溶质的完全分离，萃取率低。因此，单级萃取适合萃取剂分离能力大或对分离要求不高的情况。

7.1.3.2 多级错流萃取

为了提高萃取率，在工业萃取中常采用多级萃取。多级萃取根据萃取剂加入方式不同又可分为多级错流萃取和多级逆流萃取。其中，多级错流萃取的基本原理是将多个混合-分离单元串联起来，在各级混合器中分别加入新鲜的萃取剂，而料液从第一级混合器中加入，进行一次混合萃取，经第一级分离器分离后将萃取液引入第二级混合器，并进行第二次混合萃取，以此类推。每一级的萃取混合可视为单独的平衡步骤，最终从各级分离器中收集萃取液并混合，去除溶剂或反萃取后即可获得目标产物。萃取过程中运用了几套混合-分离装置就称为几级逆流萃取，如图7-3中显示的是一个三级错流萃取的操作流程。多级错流萃取的特点是：每级均加新鲜溶剂，萃取较完全；但有机溶剂消耗量大，得到的萃取液目标产物浓度较稀，溶剂回收处理量大，能耗较大。

7-2
多级错流萃取
流程

7.1.3.3 多级逆流萃取

为了减少有机溶剂用量，并进一步提高萃取效率，目前工业上常使用多级逆流萃取。多级逆流萃取同样是将多个混合-分离单元串联起来，料液从第一级混合器中加入，混合、萃取、分离后进入下一级进行萃取。与多级错流萃取不同，在多级逆流萃取过程中，萃取剂从最后一级的混合器中加入，混合萃取平衡并经分离器分离后，将萃取相引入上一级的混合器

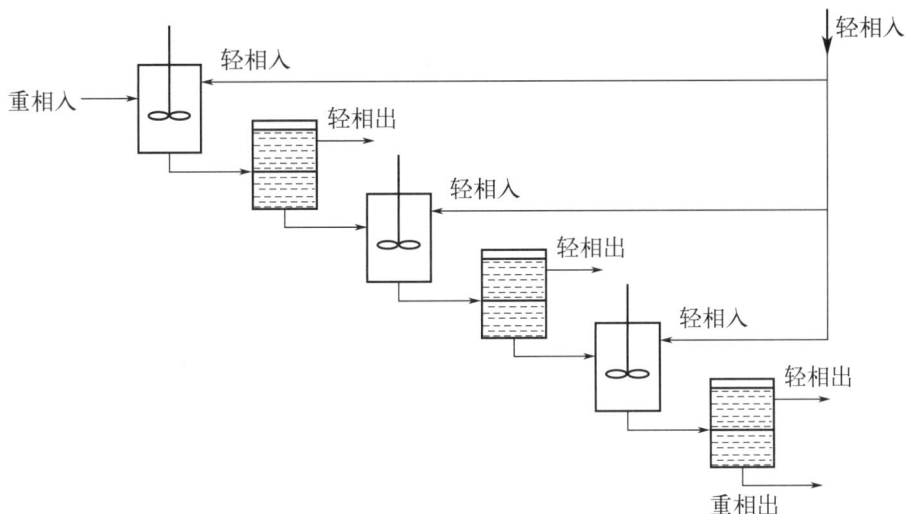

图7-3　多级（三级）错流萃取流程图

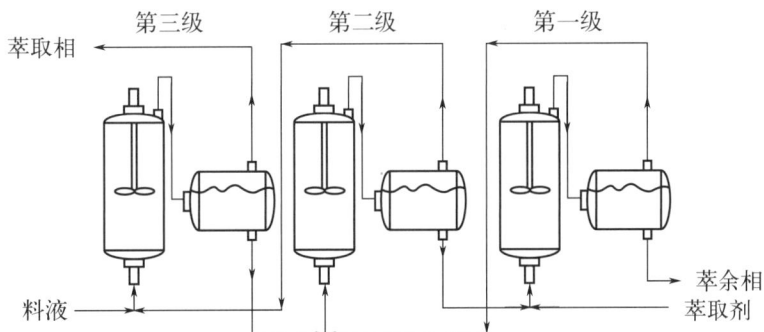

图7-4　多级逆流萃取流程

中，进行又一轮萃取和分离，以此类推。最终从第一级的分离器中收集萃取液，去除溶剂或反萃取后即可获得目标产物（图7-4）。多级逆流萃取的特点是：料液与萃取剂流向相反，只加入一次萃取剂，故和错流萃取相比，萃取剂消耗量少，获得的萃取液中目标产物浓度高，且收率最高。

7-3
多级逆流萃取
流程

7.1.3.4　不同萃取方式的萃取率计算

使用相同体积的萃取剂进行萃取时，不同萃取方式目标产物的萃取效率截然不同。为了方便对比不同萃取方式的萃取率，需要引入萃余率 φ 的概念：

$$\varphi = \frac{萃余相中溶质总量}{原料液中溶质总量} \times 100\% = \frac{M_2 V_2}{M_1 V_1 + M_2 V_2} \times 100\% = \frac{1}{E+1} \times 100\%$$

对于一级萃取而言，萃取率 H 则等于 $1-\varphi$：

$$H = 1 - \varphi = \frac{E}{E+1} \times 100\%$$

而对于多级错流萃取，经一级萃取后，萃余率 φ_1 为：

$$\varphi_1 = \frac{1}{E+1}$$

二级萃取后，萃余率 φ_2 为：

$$\varphi_2 = \frac{1}{(E+1)^2}$$

经过 n 级错流萃取后，萃余率 φ_n 和萃取率 H 分别为：

$$\varphi_n = \frac{1}{(E+1)^n}$$

$$H = 1 - \varphi_n = 1 - \frac{1}{(E+1)^n} = \frac{(E+1)^n - 1}{(E+1)^n}$$

同样，对于多级逆流萃取，假设各级溶质分配均达到平衡，经过 N 级逆流萃取后，最终萃余率 φ_n 和萃取率 H 分别为：

$$\varphi_n = \frac{E-1}{E^{n+1}-1}$$

$$H = 1 - \varphi_n = 1 - \frac{E-1}{E^{n+1}-1} = \frac{E^{n+1}-E}{E^{n+1}-1}$$

根据以上公式可以计算不同萃取方式对同一萃取对象萃取率的差异。例如，用乙酸丁酯萃取青霉素时，假设青霉素在0℃和pH=2.5时的分配比为35，则用50%料液体积的乙酸丁酯进行单级萃取、二级错流萃取和二级逆流萃取的理论萃取率分别为：

① 单级萃取：

$$E = D \times \frac{V_1}{V_2} = 35 \times \frac{0.5}{1} = 17.5$$

$$H = \frac{E}{E+1} = \frac{17.5}{17.5+1} = 94.6\%$$

② 二级错流萃取：

$$E = D \times \frac{V_1}{V_2} = 35 \times \frac{0.25}{1} = 8.75$$

$$H = \frac{(E+1)^n - 1}{(E+1)^n} = \frac{(8.75+1)^2 - 1}{(8.75+1)^2} = 98.95\%$$

③ 二级逆流萃取：

$$E = D \times \frac{V_1}{V_2} = 35 \times \frac{0.5}{1} = 17.5$$

$$H = \frac{E^{n+1}-E}{E^{n+1}-1} = \frac{17.5^3 - 17.5}{17.5^3 - 1} = 99.69\%$$

可以发现，当所用的总萃取剂体积相同时，多级逆流萃取的萃取率高于多级错流萃取，而单级萃取的萃取率最低。因此，目前工业萃取中尽可能使用多级逆流萃取进行生物制品的纯化。

7.1.4　影响萃取的因素

影响有机溶剂萃取的因素主要包括：萃取剂、溶液pH值、萃取温度和时间、盐析作用和乳化现象等。

7.1.4.1　萃取剂

选择萃取剂时应考虑以下因素：① 溶质在萃取剂中的分配系数尽可能大，如果溶质在特定溶剂中的分配系数或分配比未知，则可根据"相似相溶"的原则，选择与目的产物结构相近的溶剂；② 若要分离两种以上溶质，则应选择分离因数较大的溶剂；③ 选择与水相料液不互溶的有机溶剂；④ 溶剂毒性尽可能低，如常用的乙酸乙酯、乙酸戊酯和丁醇等；⑤ 化学稳定性高、腐蚀性低、沸点较低、挥发性较小、价格便宜、来源方便、便于回收。

7.1.4.2　溶液pH值

在有机溶剂萃取操作中溶液的pH值对萃取结果具有显著影响。首先，pH值会影响弱酸或弱碱性药物的分配系数。例如，对于弱酸性抗生素青霉素而言，酸性条件下（pH＜4.4），青霉素的游离酸形式可溶于有机溶剂中（如乙酸丁酯），因此可被萃取至有机相中。又如，对于弱碱性抗生素红霉素，当pH=9.8时，它在乙酸戊酯与水溶液间的分配系数为44.7，而在pH=5.5时，红霉素在水溶液与乙酸戊酯间的分配系数为14.4。

另一方面，溶液pH值对不同溶质的萃取选择性也有影响。如酸性物质一般在酸性条件下被萃取到有机相，而碱性杂质则形成盐留在水相中。如为酸性杂质则应根据其酸性强弱，选择合适的pH值将其去除。例如，青霉素在pH=2的溶液中进行萃取时，乙酸丁酯萃取液中青霉烯酸的含量可达青霉素的12.5%，而在pH=3时，该杂质的含量可降低至4%。对于碱性产物则相反，在碱性条件下萃取到有机溶剂中。此外，选择萃取溶液的pH值时，还应考虑目标物的酸碱稳定性，避免其变性失活。

7.1.4.3　萃取温度和时间

温度对生物活性物质的萃取有显著影响，通常需要在较低的温度下进行。此外，萃取的时间也会对生物活性物质的稳定性产生影响。以青霉素的萃取为例，必须特别关注pH值、温度和萃取时间对其稳定性的影响。青霉素容易在酸性或碱性条件下分解失活，加热也会引起分解，尤其是在酸性水溶液中，其稳定性极差。虽然将其转移到有机溶剂中可以提高其稳定性，但随着时间的推移，其效价会逐渐下降，经过24h后，效价损失约5%。

7.1.4.4　盐析作用

在萃取过程中加入一些盐，如氯化钠、硫酸铵等，可以产生盐析作用，减少游离水的含量，从而降低溶质在水中的溶解度，提高分配系数，进而增加萃取率。同时，盐析剂能使水相溶液的相对密度增加，有助于与有机相溶剂的分相。但盐析剂的用量要适当，用量过多会使杂质也转入有机相，降低目标物的纯度。例如，利用乙酸丁酯萃取青霉素时，加入一定量的氯化钠，可以提高青霉素的收率，同时也使分相更容易。

7.1.4.5　乳化现象

乳化是一种液体分散在另一种互不相溶的液体中的现象。在有机溶剂萃取中，乳化现象的发生会使萃取相和萃余相的分相困难，出现两种不同形式的乳浊液，即：水相中夹带有机溶剂微滴，形成水包油型（O/W）乳浊液，或者有机相中夹带水相微滴，形成油包水型（W/O）乳浊液。正常情况下，萃取时选用的有机溶剂与水不互溶，因此乳化现象的发生通常源自料液中的两亲性物质，即一端具有亲水基团，另一端具有亲油基团，能够降低界面张力的物质。例如，在发酵液的萃取过程中，蛋白质杂质是导致乳化现象的最主要两亲性物质。蛋白质主要导致形成水包油型的乳浊液，溶液中的液滴平均尺寸在$2 \sim 30\mu m$之间。该乳浊液可放置数月不凝聚，一方面是由于蛋白质分散在两相界面，形成无定形黏性膜起保护作用；另一方面是由于发酵液中存在着一定数量的固体粉末，对已经产生的乳化层也有稳定作用。

总之，乳化现象的发生会显著影响萃取分离，水包油型的乳化会使萃取后部分目标产物仍以液滴形式存在于水相中，降低收率；而油包水型的乳化则会给后续分离造成困难，同时在萃取相中引入杂质，降低产品纯度。因此，在萃取之前应充分进行料液预处理和过滤，使杂蛋白含量达到最低，降低乳化发生的概率。而如果萃取时发生了乳化现象，则应该进行破乳化操作。

目前，常用的破乳化方法主要包括：① 加入表面活性剂，改变表面张力，使乳浊液液滴无法稳定存在，从而达到破乳化的目的，例如，对于O/W型乳化，加入亲油性的表面活性剂可使O/W型向W/O型转化，最终溶液澄清；② 离心法，通过离心去掉已经产生的大颗粒液滴；③ 化学法，加电解质（如氯化钠、硫酸铵等）中和乳液中分散相的电荷，促使其聚凝沉淀；④ 物理法，通过加热、吸附、稀释等方法降低乳化液滴的稳定性。

7.1.5　萃取设备

7.1.5.1　单级萃取设备

单级萃取时只需要一套混合器和分离器即可实现萃取。根据萃取过程中要处理的物质和所需的纯度，混合器和分离器可选择不同的设备。

（1）混合器

萃取设备的前半部分，用于将两相混合，形成液液悬浮体系，并使目标物从水相过渡到有机相。具体可用的设备包括两种。① 搅拌罐：这是最常见的设备类型。搅拌罐可以是密封的，也可以是开放的，其中装有一个或多个搅拌器。搅拌器使两种液体充分混合，形成液-液悬浮体系，促进物质传递。② 静态混合器：静态混合器是一个没有移动部件的设备，依赖于流体本身的动力和混合元件对流体进行混合。在这个过程中，流体会被引导冲击各种类型的板元件，这会增加流体截面的速度梯度或形成湍流，进而形成充分混合的条件。在层流状态下，流体一般会产生"切割-扭曲-分离-混合"的运动。通过这些操控，这些流体被分离开来，以备进一步混合。如果流体呈湍流状态，流体的运动会更加复杂。除了上述的"切割-扭曲-分离-混合"的运动，流体还会在断面方向产生剧烈的涡流。这些涡流会产生强烈的剪切力作用，使流体进一步细化并混合。

（2）分离器

在混合结束后，液体混合物进入分离器，通过自发或外力推动，让两者根据密度差异分离，分离后的两种液体分别从设备的两个出口排出。具体可用的设备包括两种。① 重力沉淀罐：也被称为分离器或解脱器，是最常见的分离设备，利用重力作用让两相通过自然沉降实现分离。② 离心分离器：利用管式离心机、碟片式离心机等，通过离心力分离萃取相和萃余相。

7.1.5.2 多级萃取设备

多级萃取时，若使用多套混合器和分离器组合的方式，则设备成本较高，操作也较为烦琐，并且级数越多这些问题越显著。因此，在工业生产中，常用萃取塔进行多级萃取，其中又以脉动塔和转盘塔应用最为广泛。萃取塔操作中有机相与水相采取逆流接触的形式，但与多级逆流萃取不同的是，塔内溶质在其流动方向上的浓度变化是连续的，常用微分方程描述塔内溶质质量的守恒规律，因此塔式萃取又称为微分萃取。在塔式萃取中，有机相与水相连续逆流通过萃取器，两相接触时，溶质即可从水相转移到有机相中。塔式萃取方式能够在不利用独立的混合和分离设备前提下达到物质分离的目的。在塔式萃取过程中，液体的流动和混合主要是基于液体密度的差异。如果主要推动力是重力，通常会使用垂直的萃取塔，其中较轻的液体从底部输入，较重的液体则从顶部输入。然而，对于密度差较小的液体，使用这种设备可能操作困难，而离心萃取机在此类环境下更为有效。对于密度差异极小的液体，离心萃取机特别有用，且萃取过程中的停留时间极短，这在从发酵液体中萃取青霉素等应用中尤为关键。目前常见的多级萃取设备主要包括筛板萃取塔、转盘萃取塔、填料萃取塔、离心萃取机等。

（1）筛板萃取塔

筛板萃取塔是工业萃取过程中常用的一种塔式设备，它通过筛板上的孔洞分散液相，使两种不同密度的液体在塔内形成细小的液滴，从而增加相间接触面积，提高质量传递效率。在筛板萃取塔中，重相和轻相可以通过塔底或塔顶的进口分别进入，其中一相被分散成液滴形式进入另一相中，形成分散相和连续相。该结构有助于实现液-液萃取，实现从料液中分离出一种或多种特定组分的目的。

7-4
筛板萃取塔

在传统筛板萃取塔的基础上还可以引入外力提高传质效率。如脉动筛板塔，它在筛板塔的基础上增加了一个外加脉动器。这个脉动器会引起塔内液体的往复运动，为两相液体提供额外的能量，促使它们充分混合，从而强化萃取过程。这种往复运动提供的额外能量，不仅促进了液滴的形成，还促使这些液滴之间的碰撞和聚合，有助于提高传质效率和分离效果。在脉动筛板塔的设计中，根据需要选择分散相，通过液体分布器如喷嘴分散成细液滴后进入另一连续相中，增加了操作的灵活性（图7-5）。脉动筛板塔适合萃取低处理量样品，或密度差异小、较难分离的样品。

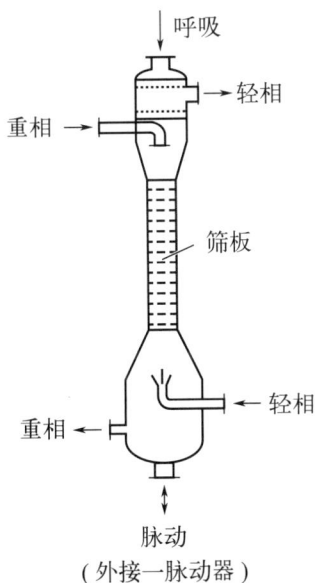

呼吸
轻相
重相
筛板
轻相
重相
脉动
（外接一脉动器）

7-5
脉冲筛板
萃取塔

图7-5 脉动筛板塔示意图

此外，振动筛板塔则利用机械振动来替代脉动，通过筛板的振动来增强两相间的混合和传质，并且可通过振动频率来调整萃取效率。振动筛板塔特别适用于那些容易产生堵塞或需要处理含有固体颗粒、高黏度流体的场合，因为振动可以帮助避免筛板孔的堵塞并保持流体的连续传输。

（2）转盘萃取塔

转盘塔也是一种常见的塔式萃取装置，其结构如图7-6所示。在萃取塔内安装一机械搅拌装置，促使连续相液体的湍动，从而使悬浮在湍动液流中的分散相液滴被剪切成较细小的液滴，并且分布得更为均匀，萃取过程由此得到强化。对于某些分散相液滴易聚集，或产物向萃取相转移速度较慢的物料还可以在塔板上加入填料层，以进一步强化两相间物质的传递。

转盘塔萃取时，轻相从塔的底部进入，重相从塔的顶部加入。先加入并充满全塔的作为连续相，后加入的就分散到原有液体中，成为分散相。塔的两端是分离段，分散相在此区间凝聚成单一液相后离去，连续相则在另一端的分离段中，分离出所夹带的液滴后排出。转盘塔适用于小于5～7个理论级的各种规模的萃取操作。

（3）填料萃取塔

填料萃取塔也是一种常用的连续接触式萃取装置，结构如图7-7所示。与筛板塔使用筛板来提供两相流体接触的界面不同，填料萃取塔内部装填有大量的填料，这些填料提供了大面积的接触表面，使得流经的两相液体能够充分混合，从而促进物质的传递和分离。近年来，新型萃取填料的研发极大地推动了填料萃取塔技术的进步。这些先进的填料通常具有更高的传质效率和更低的压降，能够在相同的操作条件下处理更大的流量，或者在更低的能耗下达到相同的分离效果。

在操作过程中，轻相通常从塔底部进入，并向上流动，而重相则从塔顶部进入，并向下流动。这样的配置允许两相在填料塔中逆流运动，使得传质过程更为高效。流动相（也称为连续相）在塔内充满整个空间，而分散相则通过分散器（如喷嘴或分布器）被分散成细小的液滴，这些液滴在重力和上升流动相的作用下，与流动相进行充分接触和混合，从而实现有效的质量传递。

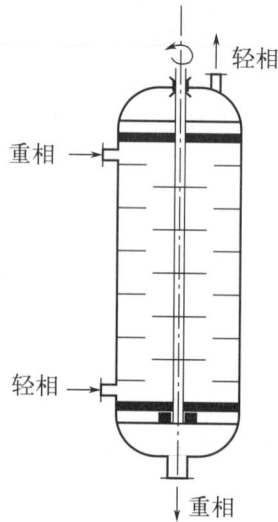

图7-6 转盘塔结构示意图

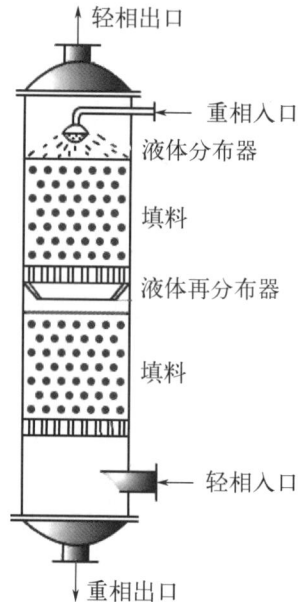

图7-7 填料萃取塔结构示意图

（4）多级离心萃取机

多级离心萃取机是在一台设备中装有两级或三级混合及分离装置的逆流萃取设备。图7-8所示为一台典型的三级逆流离心萃取机结构图，其主体是固定在壳体上并随之作高速旋转的环形盘。壳体中央有固定不动的垂直空心轴，轴上也装有圆形盘，盘上开有若干个喷出孔。离心萃取机分为上、中、下三段，下段是第一级混合与分离区，中段是第二级，上段是第三级，每一段的下部是混合区域，中部是分离区域，上部是重相引出区域。新

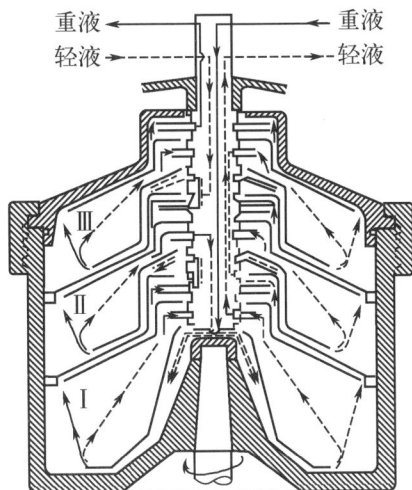

图7-8 三级逆流离心萃取机结构示意图

7-9
单级转筒式
离心萃取机

鲜的萃取剂在第三级加入，待萃取料液则由第一级引出。该逆流离心萃取机操作时转鼓转速为4500r/min，料液最大处理量为7m³/h，料液进口压力5×10⁵Pa，萃取剂进口压力3×10⁵Pa。该类萃取器主要用于制药工业，在一定条件下，效率可接近100%。

7.1.6 有机溶剂萃取应用实例

7.1.6.1 青霉素的提取

青霉素是由一种名为青霉菌的真菌产生的一类抗生素，是6-氨基青霉烷酸（6-aminopenicillanic acid，6-APA）的苯乙酰衍生物。青霉素的发现和使用革命性地改变了医疗领域，它能有效治疗多种细菌性感染，将许多致命疾病变为可治疗病症，同时激发了更多抗生素的研究和开发。根据附加在青霉素结构侧链基团种类的差异，可以分成各种不同的青霉素，如青霉素F、G、X、K和V等，其中青霉素G以其优异的疗效得到了广泛的医疗应用。在实际应用中，青霉素常常采用其钠盐、钾盐、普鲁卡因盐和二苄基乙二胺盐等形式。

当前，随着菌种和生产工艺的不断改进，每毫升青霉素的发酵单位已提升至35000～55000U/mL。然而，发酵液中的青霉素浓度仍然很低，以质量计算仅含有2.0%～3.0%，需要经过大量的浓缩才能结晶。为了提取发酵液中的青霉素，目前主要使用有机溶剂萃取法，即利用青霉素酸在pH值为2左右时容易溶于有机溶剂，而青霉素盐在pH值为7左右时容易溶于水的特性，进行反复萃取操作，以达到提纯和浓缩的目的。为了提高萃取的效率，一般会使用二级逆流萃取。图7-9和图7-10分别展示了工业用青霉素钾盐和注射用青霉素钾盐的提取工艺流程。

7.1.6.2 青蒿素的提取

青蒿素是从中草药黄花蒿（*Artemisia annua*）中提取的一种天然产物，因其在抗疟疾方面的重要作用而广为人知，屠呦呦也因为从黄花蒿中成功提取具有活性的青蒿素而获得2015年的诺贝尔生理学或医学奖。尽管青蒿素对疟疾治疗效果显著，但早年如何从植物中萃取出高纯度、高活性的青蒿素是一大难题。目前，如何进一步优化萃取工艺以降低成本和提高产量

青霉素发酵液

发酵液预处理
真空转鼓过滤

预处理后的青霉素发酵液

一次乙酸丁酯逆流萃取
调 pH=2.0 ～ 2.5

青霉素萃取液

加入碳酸氢钠调节 pH=6.8 ～ 7.1
反萃取

青霉素反萃取液

二次乙酸丁酯逆流萃取
调 pH=2.0 ～ 2.5

青霉素萃取液

脱水脱色
低温过滤

结晶液

升温 (15℃)
加入 CH_3COOK-C_2H_5OH 溶液搅拌，静置

湿晶体

分离、洗涤、干燥

青霉素钾盐成品

青霉素发酵液

冷却至 10℃以下，用 10% 硫酸调 pH=5.0
加入絮凝剂
真空转鼓过滤

预处理后的青霉素发酵液

1/3 体积乙酸丁酯逆流萃取
调 pH=2.0 ～ 2.5

青霉素萃取液

脱水脱色
低温（-15 ～ -10℃）板框过滤

结晶液

升温 (15℃)
加入 CH_3COOK-C_2H_5OH 溶液搅拌，静置

湿晶体

分离、洗涤、干燥

青霉素钾盐成品

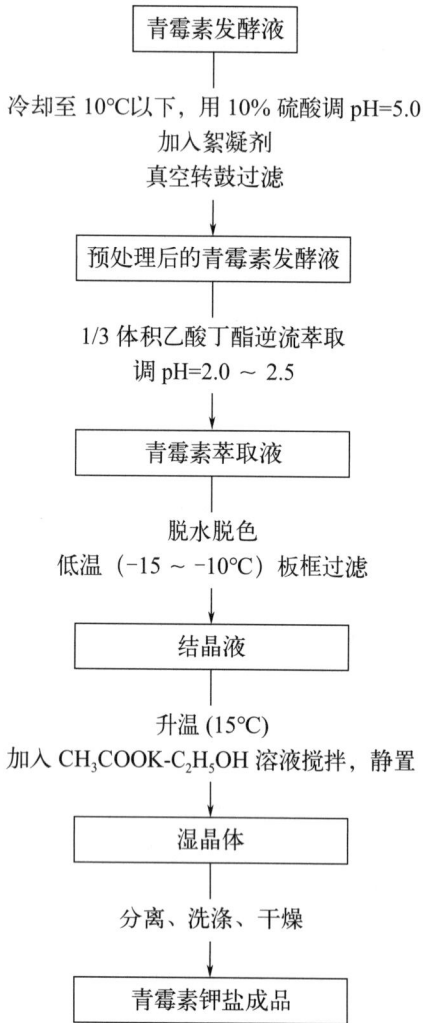

图7-9 工业用青霉素钾盐的提取工艺流程

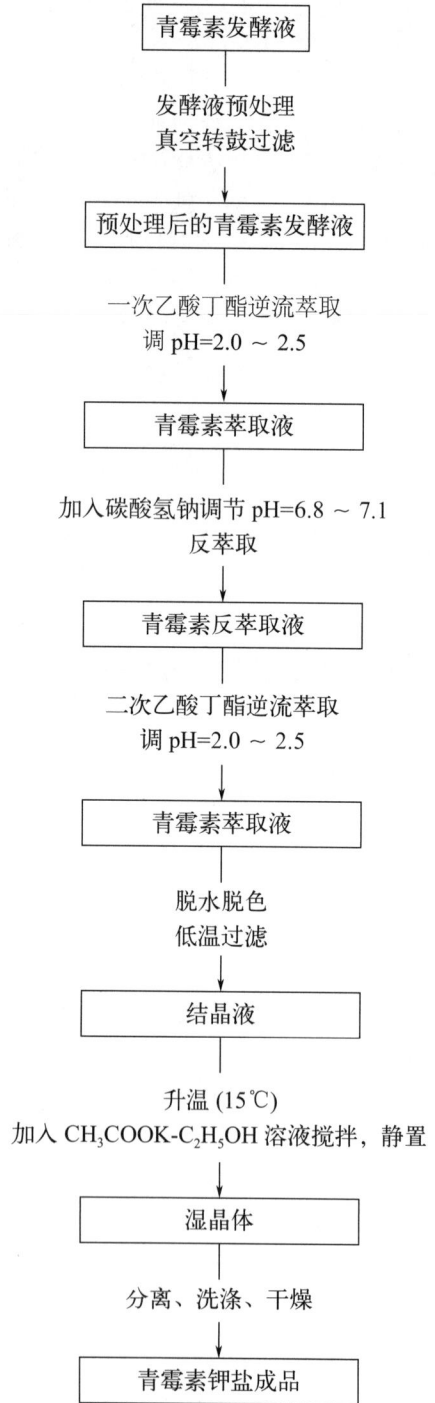

图7-10 注射用青霉素钾盐的提取工艺流程

仍至关重要。

　　青蒿素的分离纯化工艺一般通过有机溶剂萃取实现，常用的溶剂包括乙醚、乙醇、汽油等。图7-11所示为乙醇浸取结合石油醚萃取的青蒿素纯化工艺。首先将新鲜的黄花蒿干燥和粉碎，作为初始原料；加入乙醇低温浸取24h，充分溶解植物中的青蒿素，尽可能保证其分子结构完整；往乙醇提取液中加入含苯的石油醚萃取剂，并通过连续萃取装置进行青蒿素的萃取，乙醇萃余相直接用于下一轮浸取，收集含有青蒿素的石油醚萃取液，加入活性炭进行脱色，并过滤回收溶剂，获得浓缩液。进行冷却结晶，获得青蒿素粗品。最后，通过50%的乙醇进行重结晶，获得高纯度的青蒿素成品。

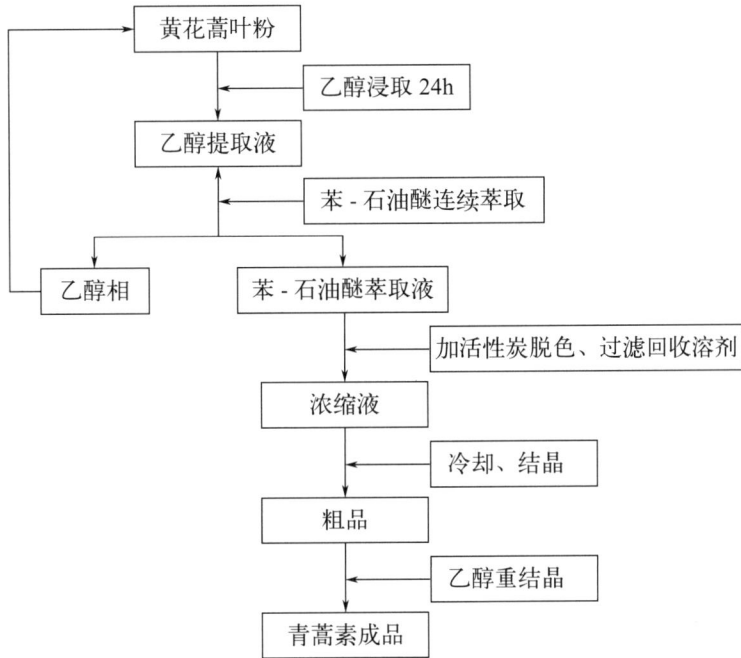

图7-11　青蒿素萃取纯化工艺流程

7.1.6.3　林可霉素的提取

　　林可霉素是一种重要的碱性抗生素，目前临床上使用的林可霉素主要是盐酸林可霉素以及它的半合成衍生物和其酯类，它们对革兰氏阳性球菌有效，特别是对金黄色葡萄球菌、绿色链球菌、肺炎链球菌等有效。该类抗生素毒副作用较小，得到广泛的临床应用。

　　目前，生产林可霉素工业上大多采用有机溶剂萃取法。林可霉素的盐易溶于水，而游离碱在许多有机溶剂中的溶解度高。因此，萃取时可将林可霉素在碱性条件下转入有机溶剂中，然后再反萃取到酸性水相中。

　　图7-12所示为林可霉素的丁醇萃取流程。丁醇萃取前，需将发酵液的pH值调至10左右，此时林可霉素在丁醇和水之间的分配系数达到最大。反萃取前，应进行浓缩和洗涤，通常采用真空薄膜浓缩的方式提高萃取液的浓度。浓缩温度不宜太高，一般为60℃左右。由于萃取液中色素等杂质易溶于水，故采用水洗涤去除部分色素，洗涤水必须用NaOH调节pH≥8。因为在碱性条件下，林可霉素游离碱在水中溶解度很小，可减少损失。反萃取时水相pH应控制在酸性范围内，此时，林可霉素以盐的形式存在，易溶于水。

发酵液滤洗液(NaOH调至pH9.5~10.5)
↓ 丁醇错流萃取2次
丁醇萃取液
↓ 薄膜浓缩，65℃，700mmHg❶
丁醇浓缩液
↓ 洗涤，加入pH8的蒸馏水
净化丁醇浓缩液
↓ pH2.5~3.0的HCl水溶液4次反萃取
酸水反萃取液
↓ 丁醇洗涤
净化酸水反萃取液

真空浓缩
↓
浓缩液
↓ 活性炭脱色
脱色液
↓ 加入8倍体积丙酮冷藏8h
结晶
↓ 洗涤，过滤
洗后湿晶体
↓ 真空干燥
林可霉素成品

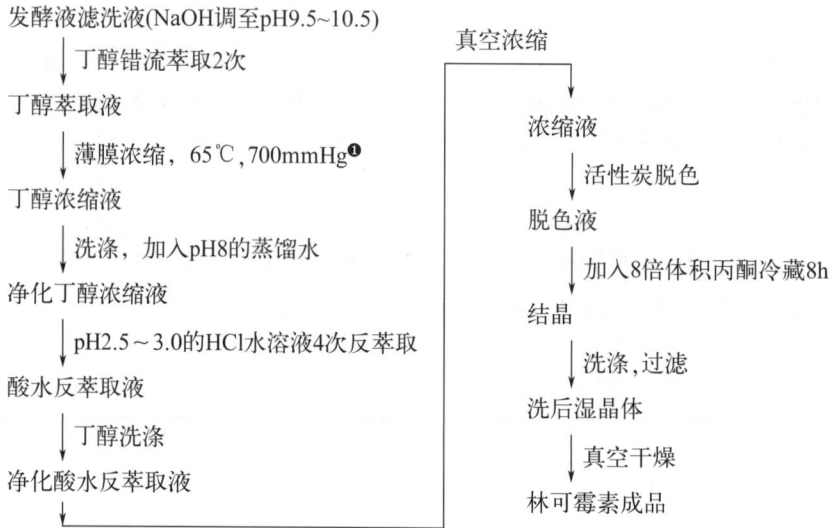

图7-12　林可霉素的丁醇萃取流程

7.2　反胶束萃取

7.2.1　反胶束萃取定义与特点

7.2.1.1　胶束与反胶束

　　当向水溶液中加入表面活性剂，水溶液的表面张力随表面活性剂浓度的增大而下降。当表面活性剂浓度达到一定值后，表面活性剂分子将自聚集形成水溶性的胶束（micelles），溶液的表面张力不再随表面活性剂浓度增大而降低。表面活性剂在水溶液中形成胶束的最低浓度称为临界胶束浓度（critical micelle concentration，CMC）。临界胶束浓度与表面活性剂的种类有关，大多数表面活性剂的CMC值在0.1～1.0mmol/L范围内。水溶液中胶束的表面活性剂亲水头部向外，与水相接触，而疏水尾部在胶团内部。

　　相反，若向有机溶剂中加入表面活性剂，当其浓度超过一定值时，也会形成胶束结构。但与在水溶液中所不同的是，有机溶剂内形成的胶束其表面活性剂分子的疏水尾部向外，与有机溶剂接触，而亲水头部向内，形成内部亲水空间。因此，通常将表面活性剂在有机溶剂中形成的自组装结构称为反胶束，或反胶团（图7-13）。胶束和反胶束的形成均是表面活性剂分子自聚集的结果，是热力学稳定体系。形成反胶束时，水在有机溶剂中的溶解度随表面活性剂浓度而增加。因此，可通过测定有机相中平衡水浓度的变化，确定形成反胶束的临界表面活性剂浓度。

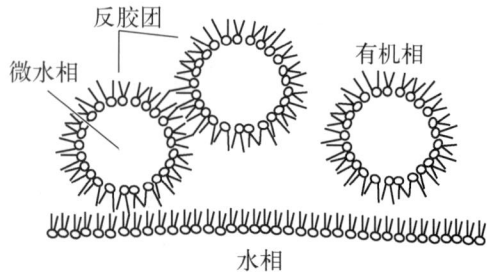

图7-13　反胶束示意图

---

❶ 1mmHg=133.32Pa。

7.2.1.2 反胶束微水池

反胶束内溶解的水通常称为微水相或"微水池"。反胶束的大小以及反胶束内微水相的物理化学性质取决于反胶束的含水率 W。W 的定义为水和表面活性剂的浓度之比，即：

$$W = c_水/c_表$$

当 W 值增大，反胶束的半径也随之增大。通常情况下，反胶束呈球形，其半径一般介于 $10 \sim 100nm$ 之间。反胶束中的微水池与普通水在性质上存在一些显著差异。当 W 值小于 $6 \sim 8$ 时，微水池中的水分子会被表面活性剂的亲水性基团强烈束缚，导致表观黏度增加到普通水的50倍，且水的疏水性显著增强。此外，微水池中的水的冰点通常低于 $0℃$。进一步的研究表明，这部分水实际上在表面活性剂的亲水性基团水合化中起着关键作用。由于这部分水受到紧密束缚，具有较高的黏度和较差的流动性。在琥珀酸二（2-乙基己基）酯磺酸钠（AOT）反胶束中，每个水合化的AOT分子需要约 $6 \sim 8$ 个水分子，而其他水分子则不受束缚，可以像普通水一样自由流动。因此，当 W 值大于16时，微水池中的水逐渐接近主体水相的黏度，并且在反胶束内部也形成了双电层。然而，即使在 W 值较大的情况下，微水池中水的理化性质仍然不能与普通水完全相同，特别是在接近表面活性剂亲水头部的区域。反胶束的变化如图7-14所示。

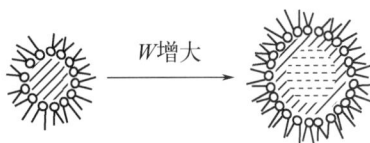

图7-14 反胶束变化示意图

7.2.1.3 反胶束萃取

反胶束的纳米界面和微水池结构使其具有两个特点：① 能够选择性地溶解特定的分子并具有选择性透过的半透膜功能；② 在有机溶剂相中能使亲水性大分子（如蛋白质等）溶解于微水池并使其保持活性。因此，反胶束萃取就是利用反胶束这些特点来对目标分子进行分离的一种技术。反胶束萃取时可在有机相内形成分散的亲水微环境，生物分子在萃取时存在于反胶束的微水池中，随着反胶束进入有机相，但不与有机溶剂直接接触，因此消除了生物分子，特别是蛋白质类生物活性物质难溶于有机溶剂或在有机相中易发生不可逆变性的问题。萃取结束后，只需要改变水相溶液的组成就可以进行反萃取，将目标物转移到水相。因此，本质上，反胶束萃取也是一种有机溶剂萃取方法。

反胶束萃取技术的优点包括：① 萃取率和选择性高；② 可同时进行物质的分离和浓缩，操作较为简便；③ 能使亲水性大分子在有机溶剂萃取时保持溶解性和活性；④ 构成反胶束的表面活性剂具有溶解细胞膜的功能，因此可直接从完整细胞中提取具有活性的蛋白质和酶，无需额外的细胞破碎操作；⑤ 反胶束萃取成本低，溶剂可回收利用。

7.2.2 反胶束的分类

表面活性剂和有机溶剂（如环己烷、庚烷、辛烷、异辛烷、己醇和硅油等）均可形成反胶束。根据形成反胶束的表面活性剂特点分为单一表面活性剂反胶束、混合表面活性剂反胶束和亲和反胶束体系。其中，单一表面活性剂反胶束根据其电荷特点还可分为三类，分别为阴离子型、阳离子型和非离子型表面活性剂，其在特定条件下均可在有机溶剂中形成反胶束。

7.2.2.1 单一表面活性剂反胶束

（1）阴离子型表面活性剂

在用反胶束萃取技术分离蛋白质的研究中使用最多的是阴离子型表面活性剂琥珀酸二（2-乙基己基）酯磺酸钠，商品名为 Aerosol OT，简称为 AOT。AOT 的分子结构式如图7-15所示。

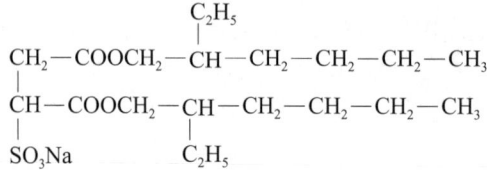

图7-15 AOT分子结构式

AOT 具有疏水双链，极性基团较小，且具有支链结构，因此其可以单独使用，无需添加辅助表面活性剂形成反胶束，且获得的反胶束空间结构较大，稳定性强，有利于生物大分子的溶解。一般来说，阴离子型表面活性剂形成的胶束适用于对等电点较高的蛋白质进行分离。

（2）阳离子型表面活性剂

常用的阳离子型表面活性剂包括：甲基三辛基氯化铵（TOMAC）、十六烷基三甲基溴化铵（CTAB）、双十烷基二甲基溴化铵（DDAB）等。其中，CTAB 和 DDAB 的结构如图7-16所示。

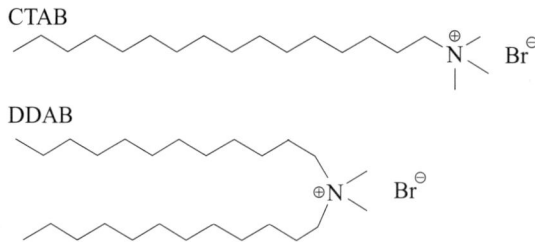

图7-16 CTAB 与 DDAB 的分子结构式

CTAB 只具有疏水单链，因此使用时需要搭配助表面活性剂来形成稳定的反胶束结构。而 DDAB 具有双链结构，可不用助表面活性剂单独使用。该体系一般适用于等电点较低的蛋白质分离。

（3）非离子型表面活性剂

非离子型表面活性剂在溶液中不产生离子，其亲水性相对较弱，通常能形成更大的反胶团体系，用于分离分子量更大的蛋白质。例如，Tween-80 是一种常用的非离子型表面活性剂，它可以在有机相中形成反胶束，并用于蛋白质的萃取和分离。但应注意，这类反胶束体系更容易发生乳化现象。

7.2.2.2 混合表面活性剂反胶束

混合表面活性剂反胶束体系指的是由两种或以上的表面活性剂共同形成反胶束。与单一表面活性剂反胶束体系相比，混合表面活性剂反胶束体系有以下特点：① 反胶束的稳定性更强，因为具备不同性质的表面活性剂可以依照其亲水疏水特性共同稳定反胶束，所以反胶束的稳定性得以增强；② 反胶束中的微环境性质可调，混合表面活性剂可以各自提供独特的化学性质，通过改变反胶束内部各种表面活性剂的比例，可以调整反胶束内部的微环境，以便萃取不同性质的活性物质；③ 通过调整不同表面活性剂的浓度和比例，可以变换反胶束的大小。因此，混合表面活性剂反胶束对蛋白质等生物制品往往具有更高的萃取效率。

7.2.2.3　亲和反胶束

亲和反胶束是指除了有组成反胶束的表面活性剂以外，还具有能与目标物发生亲和作用的助剂，它与普通的表面活性剂共同形成反胶束，在内部微水池中亲和配基与蛋白质特异性结合。往往极少量亲和配基的加入就可使蛋白质的萃取率和选择性大大提高。

7.2.3　反胶束萃取方式

反胶束萃取时蛋白质的溶解方式主要有四种模型，如图7-17所示。（a）水壳模型，蛋白质位于水池的中心，周围存在的水层将其与反胶束壁（表面活性剂）隔开，这也是目前最受认可的蛋白质溶解模型；（b）蛋白质分子表面存在强烈疏水区域，该疏水区域直接与有机相接触，其他亲水区域与表面活性剂亲水基团作用；（c）蛋白质通过特定的作用吸附于反胶束内壁；（d）蛋白质的疏水区与几个反胶束的表面活性剂疏水基团发生相互作用，被几个小反胶束所"溶解"。这些模型描述了蛋白质在反胶束中的不同溶解方式，根据蛋白质的特性和反胶束的组成，可能同时存在其中一种或多种模型。

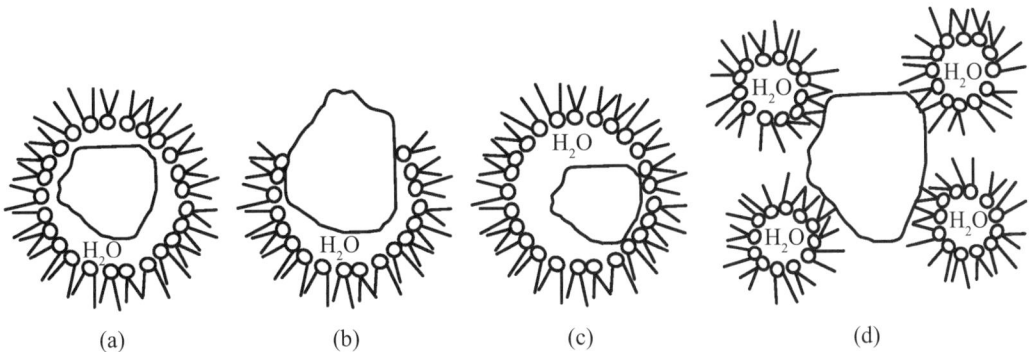

图7-17　反胶束溶解蛋白质模型

7.2.4　反胶束萃取的影响因素

反胶束萃取时主要涉及的影响因素可归纳为三方面：静电相互作用、空间位阻作用和疏水相互作用。

7.2.4.1　静电相互作用

（1）溶液pH值

蛋白质的电荷状态与溶液的pH值有直接关系。蛋白质的等电点（pI）是蛋白质在该pH下总体带电荷为零的点。当溶液的pH等于蛋白质的pI时，蛋白质整体呈电中性。当溶液的pH小于pI时，蛋白质带正电荷；而当pH大于pI时，蛋白质带负电荷。因此，不同pH值下蛋白质的电荷不同。

在反胶束萃取中，表面活性剂通常具有不同的电荷特性，因此在不同pH值下对带不同电荷的蛋白质的萃取效率也不相同。例如，由阳离子表面活性剂（如TOMAC、CTAB等季铵盐）形成的反胶束体系，反胶束内表面带正电荷，因此只有当溶液的pH大于蛋白质的pI时，即蛋白质带负电荷时，才能被有效萃取。这是由于此时蛋白质与表面活性剂的极性头之间存在相互吸引力。而在溶液的pH小于蛋白质的pI时，即蛋白质带正电荷时，由于静电排斥力的存在，会抑制蛋白质萃取。相反，由阴离子表面活性剂（如AOT等）形成的反胶束体系，反胶束内表面带负电荷，因此只有当溶液pH小于蛋白质pI，即蛋白质带正电荷时，才能被有效萃取。

例如，当使用AOT表面活性剂形成的反胶束对细胞色素c（分子质量为12.4kDa，pI=10.6）、核糖核酸酶（分子质量为13.7kDa，pI=7.8）和溶菌酶（分子质量为14.3kDa，pI=11.1）进行萃取时，不同蛋白质的萃取效率与pH值的关系如图7-18所示。结果表明，当pH值高于三种蛋白质的等电点时，蛋白质均带负电荷，难以被萃取到阴离子表面活性剂AOT形成的反胶束中。随着pH值的降低，在pH≈7.8～10.6的范围内时，由于细胞色素c和溶菌酶的等电点均高于该pH范围，其均携带正电荷，因此可被萃取，溶解率接近100%，而此时核糖核酸酶仍带负电荷无法被萃取，留在萃余相中。当pH值进一步降低到7.8以下，三种蛋白质均带正电荷，都能够被AOT反胶束萃取。当pH值更低时，细胞色素c和溶菌酶的溶解率急剧下降，可能是水相中溶解的微量AOT与蛋白质发生静电和疏水作用形成缔合体，引起蛋白质变性，不能正常地溶解在反胶束中。因此，可以发现pH值对不同蛋白质萃取效率具有显著的影响。

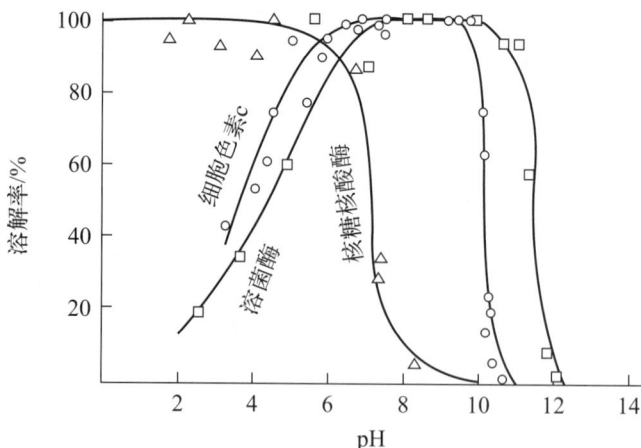

图7-18　溶液pH值对不同蛋白质溶解率的影响（AOT：50mmol/L）

（2）盐浓度

盐浓度也会改变蛋白质与表面活性剂的静电相互作用。其作用机制包括两方面。① 盐离子与表面活性剂作用：离子强度影响反胶束内壁的静电屏蔽的程度，降低了蛋白质分子和反胶束内壁的静电作用力；② 离子与蛋白质作用：盐浓度增加会破坏蛋白质双电层，削弱静电作用，导致溶解率下降。

7.2.4.2　空间位阻作用

许多亲水性物质，如蛋白质、核酸等生物大分子的分子尺寸较大，当反胶束直径较小时，会对蛋白质产生空间排阻作用，从而使蛋白质在反胶束中的溶解度降低，这种现象称为位阻效应。位阻效应与盐浓度、蛋白质分子量和形成反胶束的表面活性剂类型有关。

（1）盐浓度

盐浓度增大除了减弱静电相互作用之外，还影响反胶束的空间排阻作用。盐浓度的增大对反胶束相产生脱水作用，反胶束的含水率随盐浓度的增大而降低，反胶束的直径减小，空间排阻作用增大，蛋白质的溶解率下降。

因此，盐浓度的变化可以通过静电作用和空间排阻作用使不同的蛋白质分子发生不同程度的溶解行为变化，从而对不同的蛋白质进行萃取和反萃取。例如，同样是细胞色素c、核糖核酸酶和溶菌酶这三种蛋白质，它们在不同氯化钾浓度下在反胶束中的萃取率截然不同。在低盐浓度下，空间位阻效应较小，三种蛋白质均可被萃取。随着盐浓度的增加，三种蛋白质的溶解率均下降，并且不同的蛋白质的萃取率在不同的盐浓度下开始下降，据此就可以分离这三种蛋白质（图7-19）。

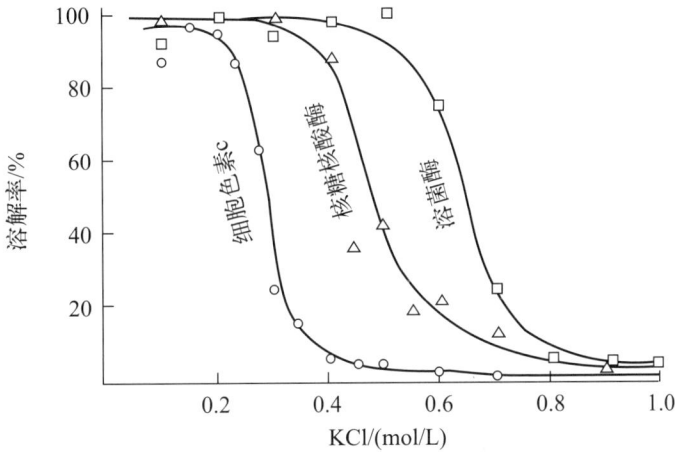

图7-19 盐浓度对蛋白质溶解率的影响（AOT浓度：50mmol/L）

（2）蛋白质分子量

在各种蛋白质的等电点处的反胶束萃取实验研究表明，随着蛋白质的分子量增大，蛋白质的分配系数下降。由于等电点处蛋白质表面电荷为0，排除了静电作用，因此萃取率的变化主要是由空间排阻作用增大造成的。因此，为了提高大分子量蛋白质的萃取率，可以通过调整溶液的pH值，使其偏离蛋白质的等电点，从而增加静电作用的影响。同时也可以采用其他方法，如添加辅助剂、改变表面活性剂的类型和浓度等，来降低空间排阻作用的影响，从而提高大分子量蛋白质的萃取率。

（3）反胶束类型

表面活性剂对反胶束的空间位阻效应有着显著影响。一般来说，当表面活性剂的极性头部较小时，其趋势会形成具有较大内部空间的反胶团。这种较大的内部空间可以更好地容纳大分子量的蛋白质，因此，空间位阻效应较小，有助于提升大分子量蛋白质的萃取率。而当表面活性剂的极性头部较大时，它形成的反胶团内部空间较小，导致空间位阻效应增强，使得大分子量蛋白质更难以被萃取。

7.2.4.3　疏水相互作用

目标分子的疏水性对萃取的分配系数和溶解方式都有显著影响。例如，不同的氨基酸具有不同的疏水性，其分配系数随疏水性的增大而增大，因此疏水性强的蛋白质更容易被萃取。此外，蛋白质的疏水性也会影响其在反胶束中的溶解形式，疏水性强的蛋白质更倾向于以图7-17中的（b）和（d）两种方式进行萃取。

7.2.4.4　其他因素

反胶束萃取中还有其他因素会影响萃取效率。例如，增加表面活性剂的浓度会导致反胶束的数量增多，从而提高对蛋白质的溶解能力。然而，过高的表面活性剂浓度可能会导致形成复杂的聚集体，增大反萃取的难度。此外，有机溶剂的种类也会影响胶束的大小和相应的溶解性。通过精细控制溶剂种类，可以诱导不同的胶束结构形成，以达到选择性增溶生物分子的目的。另一方面，温度的变化也会对反胶束萃取过程产生影响，如适当提高温度能够增强蛋白质在有机相中的溶解度，有效提高蛋白质的萃取效率。而助表面活性剂的使用，如胆固醇、乙二醇等，能够提高反胶束表面活性、增强界面膜流动性，有助于反胶束的形成。总的来说，反胶束萃取的影响因素繁多，需要通过精细的控制以实现最优化的萃取效率。

反胶束萃取的各种影响因素总结于表7-2。

表7-2　反胶束萃取的影响因素

作用类型	具体的影响因素	作用机制与影响	应用
静电相互作用	溶液pH值	影响蛋白质的电荷状态，从而影响萃取效率	通过控制pH值调节蛋白质的电荷状态，以优化萃取效率
	盐浓度	改变蛋白质与反胶束的静电相互作用和双电层，影响萃取效率	调节盐浓度分离不同蛋白质或改善萃取率
空间位阻作用	盐浓度	增加盐浓度导致反胶束脱水，降低含水率，增大空间位阻作用	通过调整盐浓度来控制反胶束大小，影响蛋白质的萃取
	蛋白质分子量	分子量大的蛋白质因空间排阻作用而导致分配系数下降	选择适合的pH值和反胶束类型以提高大分子量蛋白的萃取率
	反胶束类型	表面活性剂结构决定了反胶束的大小和形状，从而影响空间位阻	根据蛋白质大小选择合适的表面活性剂以减少空间位阻效应
疏水相互作用	目标分子疏水性	疏水性分子易与反胶束中的疏水区域相互作用，影响萃取分配系数和溶解方式	选择性萃取疏水性高的蛋白质
其他因素	表面活性剂浓度	增加反胶束数量，提高溶解能力，但过高浓度可能增大反萃取难度	优化表面活性剂浓度以提高萃取和反萃取效率
	有机溶剂种类	溶剂种类影响胶束大小和溶解性，可以用来诱导不同胶束结构形成	选择合适的有机溶剂形成特定胶束结构，增溶目标生物分子
	温度	温度影响蛋白质在有机相中的溶解度，适当提高温度可增强萃取效率	控制温度以提升萃取效率
	助表面活性剂使用	提高反胶束表面活性，增强界面膜流动性，有助于反胶束的形成	使用助表面活性剂来优化反胶束的形成和提高萃取效率

7.2.5 反胶束萃取操作

7.2.5.1 反胶束制备方法

反胶束萃取系统的制备一般有以下三种方法（图7-20）。

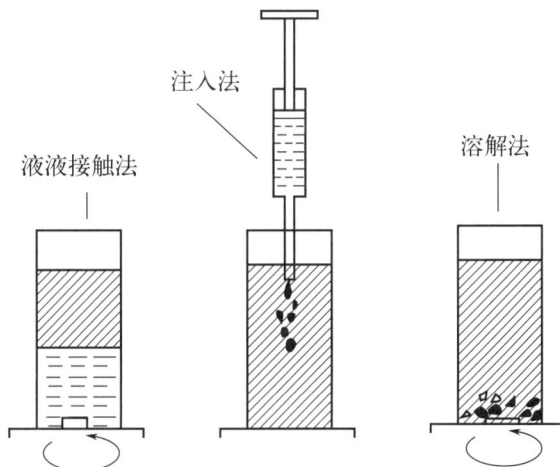

图7-20 反胶束萃取系统的制备方法

（1）相转移法（液液接触法）

使含有蛋白质的水相和含表面活性剂的有机相接触，在缓慢搅拌下，蛋白质逐渐转入有机相。这种制备方法较为费时，但最终得到蛋白质浓度较高。

（2）注入法

将含有蛋白质的水相直接注入含表面活性剂的有机相中，然后进行搅拌直到形成透明溶液。该制备方法可快速形成反胶束，并且容易控制反胶束的大小和含水量，常用于多种水溶性蛋白质的萃取。

（3）溶解法

直接将蛋白质固体粉末加入含表面活性剂的有机相中，搅拌后使蛋白质进入反胶束中。该方法一般用于非水溶性蛋白质的萃取。

7.2.5.2 反胶束萃取过程

反胶束萃取的本质仍为液液有机溶剂萃取，可采用各种微分萃取设备和混合/澄清型萃取设备。此外，也可采用中空纤维膜进行萃取。根据萃取过程不同可分为两种类型。

（1）多步间歇混合/澄清萃取过程

图7-21是利用AOT表面活性剂形成的反胶束萃取分离核糖核酸酶、细胞色素c和溶菌酶三种蛋白质的工艺过程。这一工艺过程主要是通过pH值的变化和盐浓度的改变进行萃取分离的。当pH=9时，KCl浓度为0.1mol/L时，核糖核酸酶带负电荷，萃取率极低，保留在水相而与其他两种蛋白质分离，收集萃余相进行反萃取即可获得该蛋白质；经过相分离后得到的萃取相（含细胞色素c和溶菌酶）与0.5mol/L的KCl溶液接触，由于空间位阻作用，细胞色素c在反胶束中的溶解率低，被反萃取到水相，而溶菌酶仍保留在萃取相中。最后，将含有溶菌酶的反胶束相与2.0mol/L KCl、pH=11.5的水相混合，将溶菌酶反萃取回收到水相中。最终，即可成功分离纯化出三种蛋白质。

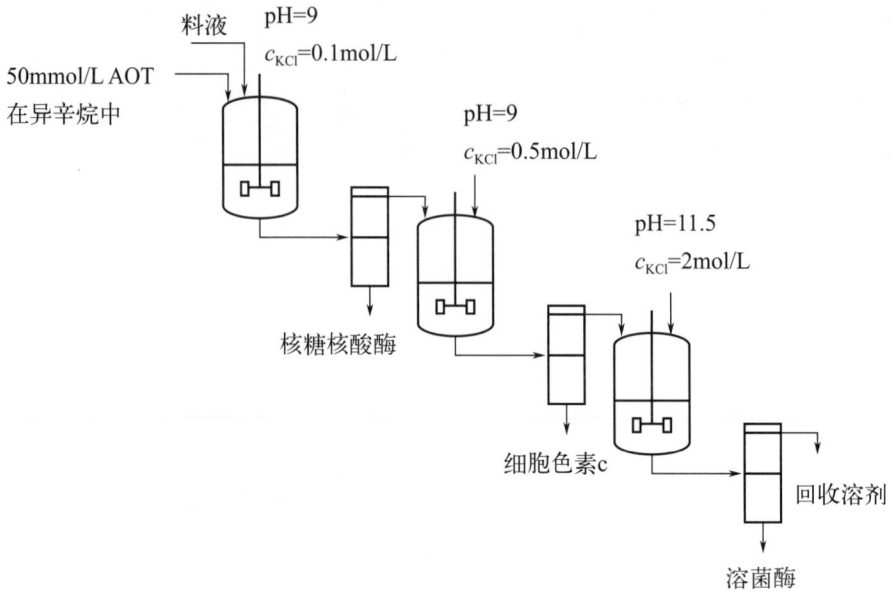

图7-21 反胶束萃取分离核糖核酸酶、细胞色素c和溶菌酶的工艺过程

（2）连续循环萃取 - 反萃取过程

为了实现连续操作并便于对溶剂进行循环利用，可运用连续循环萃取 - 反萃取过程。如图7-22所示是α- 淀粉酶的连续循环萃取 - 反萃取示意图。该过程由两个混合 - 澄清单元串联组成，左侧单元用于反胶束萃取，右侧单元用于反萃取。反胶束萃取相经沉降澄清后，萃取相进入右侧单元的混合器进行反萃取，然后经沉降澄清后，反胶束相循环返回左侧萃取单元的混合器中。同时，原料液和反萃取液分别连续加入萃取混合器和反萃取混合器中，从萃取澄清器中得到萃余相，从反萃取澄清器中得到浓缩产品，从而实现连续萃取分离操作。α- 淀粉酶先由水相转入TOMAC/ 异辛烷反胶束有机相，再通过反萃取使α- 淀粉酶转入另一水相。在高分配系数和传质速率下操作，可使反萃取水相中α- 淀粉酶浓缩17倍，活性得率达85%。每次循环中，反胶束相的表面活性剂损失量可控制在2.5%。由于是连续操作，不可避免地有少量表面活性剂溶于水相而流失，因此必须定期补充表面活性剂，以维持稳定的连续操作。

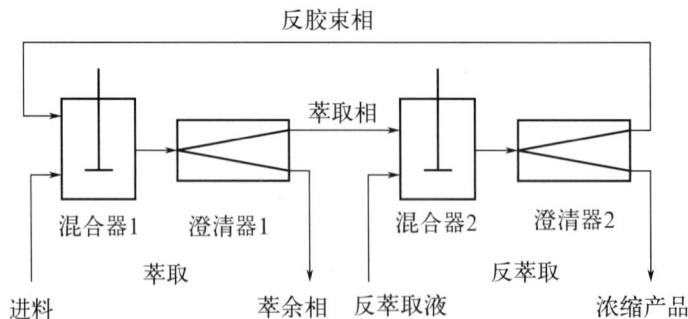

图7-22 连续循环萃取 - 反萃取过程示意图

（3）中空纤维膜萃取

中空纤维膜萃取是一种用于反胶束萃取蛋白质的方法。在反胶束萃取过程中，表面活性剂对乳化有稳定作用。因此，如果在两相间存在乳化现象，将妨碍混合 - 澄清器以及其他萃

取设备的使用。利用微孔膜可固定两种互不溶液体的界面，无需接触分散就可产生一定面积的两相接触面，因而特别适用于搅拌会产生乳化的系统。另外，使用膜萃取不仅利用反胶束的选择性，还可以利用膜的选择性以提高分离效果。

图7-23所示为用中空纤维膜组件进行酶的反胶束膜萃取过程。具体步骤如下：首先，一个由表面活性剂（如AOT）和有机溶剂（如异辛烷）构成的反胶束相被引入到中空纤维膜中，形成一个内部液体相；然后，含有目标蛋白（如α-胰凝乳蛋白酶）的水相被引入膜外，形成一个外部液体相；当这两个液体相接触时，在反胶束相（内部液体相）和水相（外部液体相）的界面处会形成一个微观的反胶束，蛋白质分子由水相转移至反胶束相。因此，蛋白质的分离和浓缩是在微观级别的两相接触面上实现的，从而避免了乳化和改善了分离效率；最后，获得浓缩蛋白质的反胶束相可以从中空纤维膜中排出，而水相则通过膜的排出口排出。

该方法的优点在于：① 比表面积大，可媲美直接混合产生的界面面积，加快蛋白质分子的传质过程；② 中空纤维膜的微孔足够大，使得大分子如蛋白质和包含蛋白质的反胶束能够顺利通过，从而达到高效分离。在整个操作过程中，由于使用了中空纤维膜，能有效地防止出现乳化现象，避免了对萃取设备的影响。

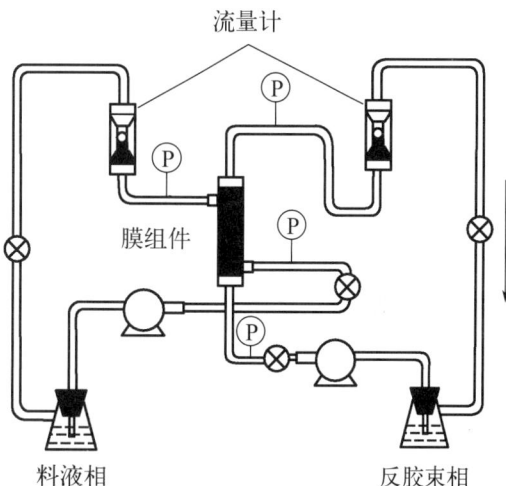

图7-23 中空纤维膜萃取

7.3 双水相萃取

7.3.1 双水相萃取概述

虽然有机溶剂萃取是常用的一种液液分离方法，但是难以应用于蛋白质分离。其主要原因是：① 大多数蛋白质亲水性强，难溶于有机溶剂；② 蛋白质在有机溶剂中易发生变性失活。因此，双水相萃取技术就是基于液液萃取理论，同时兼顾蛋白质等生物制品活性所诞生的一种新型的液液萃取分离技术。

双水相萃取（aqueous two-phase extraction，ATPE）主要是利用两种水溶性高分子聚合物与盐类在水中能形成两层互不相溶的均相水溶液的特点进行的，这样的水相系统称为双水相系统。双水相萃取最早是由荷兰科学家Beijerinck在1896年发现的，当把明胶与琼脂或把明胶和可溶性淀粉的水溶液混合时，会得到一混浊不透明的溶液，随后分成两相，上相含有大部分明胶，下相含有大部分琼脂（或可溶性淀粉），而两相的主要成分都是水。这种现象称为聚合物的不相溶性，由此产生双水相萃取。瑞典科学家Albertsson是第一个将这种技术用于分离的人。他在1955年分离叶绿体时，把吸附叶绿体的羟基磷灰石浸在磷酸钾缓冲液中，然后加入PEG，随后观察到水溶液分为两相，叶绿体分配在上相，而脱吸附的羟基磷灰石留在下相。此后，双水相的研究渗透到各学科领域。

双水相萃取对于生物物质的分离和纯化具有以下优点：① 易于放大，各种参数可以按比例放大而产物收率几乎不降低；② 双水相系统间的传质和平衡过程速度快，分离迅速，回收效率高；③ 操作条件温和，有利于保持产品的生物活性；④ 不存在有机溶剂残留问题，且高聚物一般是不挥发性物质，因而操作环境对人体无害。双水相萃取的主要缺点是：系统容易乳化；成相聚合物价格昂贵，回收困难，因而工业化应用受到一定的限制。目前，双水相系统工业化应用已经涉及酶、核酸、生长激素、病毒等各种物质的分离和提纯。

7.3.2 双水相的组成

双水相现象是当两种聚合物或一种聚合物与一种盐溶于同一溶剂时，由于聚合物之间或聚合物与盐之间的分子空间阻碍作用，无法相互渗透，当聚合物或无机盐浓度达到一定值时，就会分成不互溶的两相。当两种聚合物互相混合时，究竟是否分层还是混合成一相，取决于两种因素：一为体系熵的增加，二为分子间作用力。熵的增加涉及分子数量（聚合物的浓度），与分子大小无关。分子间的作用力可看作分子中各基团间相互作用力之和。分子量越大，分子间的作用力也越大。因此，两种被混合分子间如存在空间排斥力，它们曲线团结构无法互相渗透，则在达到平衡后就有可能分成两相，形成双水相。

根据组成双水相的聚合物体系不同，可以分为聚合物/聚合物，以及聚合物/无机盐两种类型。前者由于成本较高，一般用于小规模地分离生物大分子、膜、细胞等，易与后续处理连接。而后者主要用来大规模地提纯酶，但盐浓度高，蛋白质易盐析，废水处理困难。

（1）聚合物/聚合物双水相

当两种聚合物混合时，由于二者之间存在较强的斥力或空间位阻，使其无法相互渗透，不能形成均一相，故达到平衡后形成两相，这两种聚合物分别富集于互不相溶的两相中，即形成聚合物/聚合物双水相体系。

形成双水相的双聚合物体系很多，如聚乙二醇（polyethylene glycol，PEG）/葡聚糖（dextran，Dx）、聚丙二醇（polypropylene glycol）/聚乙二醇和甲基纤维素（methylcellulose）/葡聚糖等。双水相萃取中常采用的双聚合物系统为PEG/Dx，该双水相的上相富含PEG，下相富含Dx。

（2）聚合物/无机盐双水相

某些聚合物溶液和一些无机盐溶液相混时，在一定浓度下，由于盐析作用，也会形成两相，即聚合物/无机盐双水相体系，常用的无机盐有磷酸盐和硫酸盐。除高聚物、无机盐外，能形成双水相体系的物质还有高分子电解质、低分子量化合物。图7-24所示是2.2%的葡聚糖水溶液与等体积的0.72%甲基纤维素钠的水溶液形成的双水相体系。相混合并静置平衡后，可得到两个黏稠且互不相溶的液相，其中下层含有大部分葡聚糖，而上层含有大部分甲基纤维素钠，两相中98%以上的成分是水。

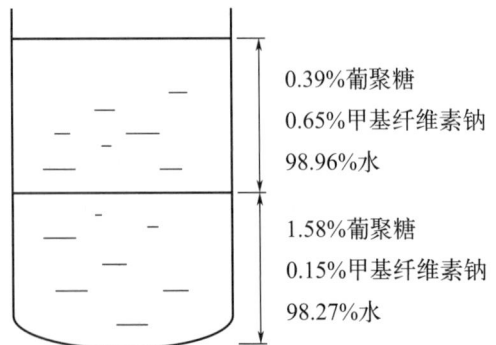

0.39%葡聚糖
0.65%甲基纤维素钠
98.96%水

1.58%葡聚糖
0.15%甲基纤维素钠
98.27%水

图7-24 葡聚糖和甲基纤维素钠的双水相体系

几种典型的双水相系统如表7-3所示。

表7-3 几种典型的双水相系统

两种非离子型聚合物	聚丙二醇	聚乙二醇 聚乙烯醇 葡聚糖（Dex） 羟丙基葡聚糖
	聚乙二醇（PEG）	聚乙烯醇 葡聚糖 聚乙烯吡咯烷酮
其中一种为带电荷的聚电解质	硫酸葡聚糖钠盐 羧甲基葡聚糖钠盐	聚丙烯乙二醇 甲基纤维素
两种都为聚电解质	羧甲基葡聚糖钠盐	羧甲基纤维素钠盐
一种为聚合物，一种为盐类	聚乙二醇	磷酸钾 硫酸铵 硫酸钠 硫酸镁 酒石酸钾钠

7.3.3 双水相萃取的原理

7.3.3.1 分配定律

双水相萃取与一般的有机溶剂萃取的原理相似，都是根据物质在两相间的选择性分配实现的。当萃取体系的性质不同，物质进入双水相体系后，由于分子间的范德瓦耳斯力、疏水作用、分子间的氢键、分子与分子之间电荷的作用，目标物质在两相中的分配系数不同，从而达到分离的目的。和溶剂萃取法一样，物质在两水相中的分配用分配系数 K 表示：

$$K = \frac{c_T}{c_B}$$

式中，c_T、c_B 分别代表上相、下相中溶质的浓度。而分配系数 K 是与温度、压力以及溶质和溶剂性质有关的常数，与溶质的浓度无关。

7.3.3.2 相图

双水相的形成条件和定量关系常用相图表示。对于由两种聚合物形成的双水相系统，其相图如图7-25所示。图中以聚合物P的质量分数为横坐标，聚合物O的质量分数为纵坐标，只有当P和O达到一定浓度时才会形成两相。图中曲线称为双节线，将一相区和两相区分隔开，曲线下方为一相区，曲线上方为两相区。M 表示系统中两种聚合物的组成，T（top）和 B（bottom）分别代表平衡时的上相和下相组成。连接 T 和 B 的直线称为系线（tie line），同一条系线上的各点系统组成不同，但平衡后分成的两相组成相同（体积比不同）。

若用 V_T 表示上相体积，V_B 表示下相体积，根据杠杆规则，可用以下公式表示：

$$\frac{V_T}{V_B} = \frac{BM}{TM}$$

此时，当点 M 向下移动时，系线长度缩短，两相差别减小。到达 K 点时，系线长度为0，两相间差别消失而成为一相，因此 K 点称为系统的临界点。

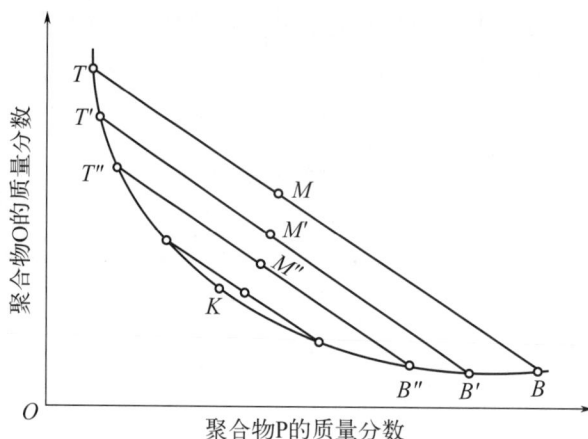

图7-25　聚合物P、O双水相系统的相图示意图

以PEG4000/$(NH_4)_2SO_4$体系为例，双水相体系相图的制作一般有两种方法，分别为分相法和浊点法。

（1）分相法

首先，利用分光光度计建立PEG4000的吸光度与质量分数之间的标准工作曲线，用于确定两相中PEG4000的浓度；然后，测定不同浓度硫酸铵的电导率，建立其质量分数与电导率的标准工作曲线，用于确定两相中硫酸铵的浓度；加入PEG4000和$(NH_4)_2SO_4$形成双水相，根据二者的用量可以得出体系组成的质量分数，即相图的加料点 M；混合分相后，通过建立的标准工作曲线测出上相和下相中PEG4000和$(NH_4)_2SO_4$的含量，由此可以得到相图中的上相点 T 和下相点 B；改变PEG4000或$(NH_4)_2SO_4$的用量，重复上述步骤，得到一系列的加料点、上相点和下相点；最后将得到的上相点和下相点用光滑曲线连接起来即可获得相图，每一次的加料点、上相点和下相点的连线则为系线。

（2）浊点法

首先，将一定量的聚乙二醇PEG4000溶解在一定体积的水中，此时溶液处于单相区；通过滴管逐滴加入已知浓度的硫酸铵溶液，并摇匀；随着浓度的逐渐增加，当溶液开始变得混浊时，记录此时的溶液体积和硫酸铵加入量，计算PEG4000和硫酸铵的含量，此刻的溶质浓度就被定义为浊点，即双节线上的一个临界点 K_1；重新加入一定体积的水稀释溶液，重新形成单一水相，再次逐滴加入硫酸铵至重新出现浑浊，即可计算第二个临界点 K_2；当得到足够数量的临界点后，即可将其连接成相图上的双节线。

PEG/$(NH_4)_2SO_4$体系节线的组成如表7-4所示。

表7-4　PEG/$(NH_4)_2SO_4$体系节线的组成

体系组成/%			上相组成/%			下相组成/%		
PEG4000	$(NH_4)_2SO_4$	H_2O	PEG4000	$(NH_4)_2SO_4$	H_2O	PEG4000	$(NH_4)_2SO_4$	H_2O
9.00	15.00	76.00	20.00	9.00	71.00	3.61	18.10	78.20
11.00	14.00	75.00	19.50	9.50	71.00	3.90	17.50	78.60

体系组成/%			上相组成/%			下相组成/%		
PEG4000	(NH$_4$)$_2$SO$_4$	H$_2$O	PEG4000	(NH$_4$)$_2$SO$_4$	H$_2$O	PEG4000	(NH$_4$)$_2$SO$_4$	H$_2$O
16.00	13.00	71.00	27.00	6.40	66.75	1.70	21.00	77.30
17.50	13.00	69.50	30.10	5.60	64.30	1.50	22.00	76.50
19.00	10.00	71.00	23.80	7.40	68.80	3.00	18.80	78.20

7.3.4 双水相萃取过程

应用双水相萃取时，应满足下列条件：① 目标物与细胞碎片应能够分配在不同的相中；② 目标物的分配系数应足够大，在一定的相体积比时，经过一次萃取就能获得较高的收率；③ 能够用离心或沉降法进行分相。在此基础上，双水相萃取主要包括三个过程：萃取和平衡，两相分离，目标物与多聚物分离。

7.3.4.1 萃取和平衡

萃取在一般在混合-沉降罐中进行。混合-沉降罐装有溢流装置，溢流位置由两相密度差决定，它关系着整个操作系统的稳定性和连续性。虽然在高黏度的体系中，分子扩散速度降低，但是由于体系的表面张力很低（PEG/葡聚糖系统的表面张力$10^{-3} \sim 10^{-2}$mN/m，PEG/盐系统表面张力$10^{-2} \sim 10^{-1}$mN/m），因此分配能在几分钟内达到平衡，而且由于界面张力很小，则界面能低，搅拌时只需要较小的剪切力就能得到分散度很高的悬浮液，能耗小。

7.3.4.2 两相分离

在萃取达到平衡后，就必须使上下相分离。分离基本上依靠两种力：重力和离心力。前者为重力沉降，后者为离心分离。一般分散体系介质黏度在 $3 \sim 15$mPa·s 之间，有粗葡聚糖或高体积比的PEG/盐系统，当出现沉淀物时，上相和下相之间黏度相差很大。这种体系，用重力沉降进行分离，沉降时间必定很长，在生产上是不经济的。当体系一定后，沉降速率和沉降颗粒或液滴直径有关。在没有外加作用力使体系重新混合的情况下，液滴在沉降过程中会发生碰撞、聚结，液滴越来越大。但是，值得注意的是，由于体系界面张力很低，沉降过程中体系很容易发生新的分散。

由于PEG/盐系统相对于PEG/Dx系统，其液滴直径大，两相之间密度差小，黏度低而更适用于重力沉降分离。一般沉降30～90min后可以得到明显分层的沉降物。重力沉降可用于任何规模的提取中，沉降最大的优点是能耗几乎为0，且易于自动控制。但是对于PEG/Dx系统，沉降时间过长，无论怎么改变沉降槽的高径比以及沉降平衡面积，也无法克服重力沉降对PEG/Dx系统的影响。这需要用离心机来实现该系统相与相之间的分离。双水相萃取中用的液-液分离的离心机一般为碟片式离心机。

7.3.4.3 目标物与多聚物的分离

在双水相提取蛋白质的过程中，离心机完成了两相分离的任务，最后一步就是去除目的产物所在相中的多聚物，获得高纯度的目标物。在蛋白质双水相萃取时，目标蛋白中混有的多聚物通常是PEG。因此，两相分离后，可在富含PEG的上相中加入盐，形成新的双水相体系，在适当的条件下，蛋白质会被反萃取进入新的盐相，而大量的PEG得到回收。此外，也可以通过加热来促使PEG发生沉淀与蛋白质分离。或者，利用膜分离技术、色谱技术来分离PEG和蛋白质。回收的PEG可以进行下一轮的双水相萃取。此外，无机盐也需要进行回收，一种方法是将无机盐相冷却，如将含磷酸钠的盐相冷却到6℃，使盐结晶析出，然后用离心机分离收集；另一种是用电渗析法、膜分离法回收无机盐。工业上常常用如图7-26所示的连续双水相萃取工艺进行蛋白质的分离纯化。

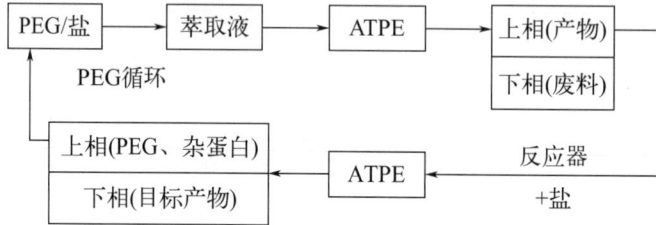

图7-26　连续双水相萃取工艺示意图

7.3.5　影响双水相萃取的因素

影响双水相萃取效率的主要因素有：组成双水相体系的聚合物类型、聚合物的平均分子量和分子量分布、聚合物的浓度、成相盐和非成相盐的种类、盐的离子浓度、pH值、温度等。

7.3.5.1　聚合物的类型

对于聚合物而言，其疏水性强弱直接影响其在双水相萃取系统中的位置和分配。疏水性较强的聚合物，如聚乙二醇和聚丙三醇，更容易与目标物发生相互作用，因此在萃取时萃取率较高。然而，其可能降低溶液的流动性，进而影响分离过程。反之，疏水性较弱的聚合物，如葡萄糖硫酸盐糖和葡萄糖，萃取效率较低，但其较好的溶解性和流动性，有利于提高萃取速度。常见的几种聚合物的疏水性具有以下关系：葡萄糖硫酸盐糖＜葡萄糖＜羟丙基葡聚糖＜甲基纤维素＜聚乙二醇＜聚丙三醇，这种疏水性的差异对目的产物的萃取具有一定的影响。

7.3.5.2　聚合物的分子量

对于特定的相体系，聚合物的疏水性随分子量增加而增加，而分子量降低，可使某些大分子物质（如蛋白质、核酸、细胞粒子等）的分配系数增大。当PEG的分子量增加时，在质量浓度不变的情况下，亲水性蛋白质不再向富含PEG的相中聚集而转向另一相。聚合物分子量对体积较大的蛋白质萃取作用显著，对氨基酸、小分子蛋白质的分配系数影响不大。

例如，以葡聚糖Dextran 500（500kDa）代替Dextran 40（40kDa），即增大下相高聚物的分子量，被萃取的低分子量物质如细胞色素c分配系数增加并不显著。然而，被萃取的大分子量物质，如过氧化氢酶的分配系数可增大到原来的6～7倍。对于某些疏水性较强的蛋白质，聚合物分子量的影响可能与绝大多数亲水性蛋白质相反。

7.3.5.3　聚合物的浓度

在双水相系统中，界面张力很低并且随双曲线长度呈指数规律增大。当系统组成处于临界点时，系线长度为零，上下相组成相同，萃取液均匀地分配在两相中，分配系数 $K=1$。当成相聚合物的总浓度或聚合物/盐混合物的总浓度增加时，系统远离临界点，系线长度增大，两相性质的差别也增大，同时萃取液在两相中界面张力的差别增大，使其趋于向一侧分配，即 K 值或增大超过 1，或减小低于 1。对于不同的物质，需要对所用的聚合物浓度进行优化。

7.3.5.4 萃取温度

萃取温度是影响双水相萃取效果的重要因素之一。温度变化会影响相物理性质的变化，如黏度和密度等，从而影响萃取液的分配。通常情况下，温度对分配系数的影响是通过对相图的影响间接实现的。在临界点附近，温度对相图的影响最显著，对分配系数的影响最强。当远离临界点时，温度对相图的影响较小，分配系数对温度的变化也不敏感。这是由于远离临界点时，成相聚合物的浓度增大，对萃取液的稳定作用增强。

除了影响分配系数，温度还会影响蛋白质的生物活性。大规模双水相萃取操作一般在室温下进行，不需要冷却。这是因为亲水聚合物的多元醇或糖结构可以保护蛋白质，使其在双水相中的稳定性增加。此外，常温下溶液黏度较低，容易相分离，而且常温操作可以节省冷却费用。

7.3.5.5 pH值

双水相体系的pH值对被萃取物的分配有很大影响，这是由于体系的pH变化能明显地改变两相的电位差，而且pH的改变影响蛋白质中可解离基团的解离度，因而改变蛋白质所带电荷和分配系数。体系pH与蛋白质的等电点相差越大，则蛋白质在两相中的分配越不平均，对于酶蛋白体系应控制在酶稳定的pH范围。

另外，pH还影响系统缓冲液磷酸盐的解离程度，从而影响 $H_2PO_4^-$ 和 HPO_4^{2-} 的比例，改变相间电位和蛋白质的分配系数。对于某些蛋白质，pH的微小变化有时会使分配系数改变 $2\sim3$ 个数量级。

对一种特定的蛋白质，在不同盐系统中，pH和其分配系数之间的相关关系不同。而在等电点时，蛋白质不带电，此时对于不同的盐系统，其等电点时的分配系数相等。因此，不同盐体系中获得的pH与分配系数相关曲线会交于一点，该点所对应的pH即为该特定蛋白质的等电点。根据这一原则测定蛋白质等电点的方法称为交错分配法。

7.3.5.6 无机盐的种类和浓度

在PEG/Dx体系中，无机盐离子在两相中也有不同的分配（见表7-5），因此在两相间形成电位差。由于各相要保持电中性，这对带电生物大分子，如蛋白质和核酸等的分配，产生很大的影响。

表7-5 一些无机离子的分配系数

正离子	分配系数 K^+	负离子	分配系数 K^-
K^+	0.824	I^-	1.42
Na^+	0.889	Br^-	1.21
NH_4^+	0.92	Cl^-	1.12
Li^+	0.996	F^-	0.912

注：双水相系统为8% PEG 4000/8% DexT 500，25℃，界面电位为0。

例如，在 PEG/Dx 体系中加入 NaCl，对卵白蛋白和溶菌酶分配系数的影响如下：当 pH=6.9 时，溶菌酶带正电，卵白蛋白带负电，$K_{Cl^-} > K_{Na^+}$，产生电位差，$U_2 - U_1 > 0$，1 相电位小于 2 相电位，导致带正电荷的溶菌酶大量迁移到 1 相，其 K 值增大，而带负电荷的卵白蛋白迁移到 2 相，其 K 值减小，从而使溶菌酶和卵白蛋白得以较好地分离。可见，在体系中加入适当的盐类，会大大促进带相反电荷的两种蛋白质的分离。

7.3.6 双水相萃取技术的应用

双水相萃取技术可应用于蛋白质、酶、核酸、人生长激素及干扰素等的分离纯化。

7.3.6.1 胞内酶的纯化

双水相萃取技术目前较多用于胞内酶的提取和精制上。胞内酶提取的第一步必须先破碎细胞，所得细胞匀浆液黏度很大，且有微小的细胞碎片存在。传统的处理方法是离心分离，除去细胞碎片。这种方法不仅能耗大，且细胞碎片难以完全去除。用双水相萃取可以直接从细胞破碎的浆液中分离目标物，去除细胞碎片。

表 7-6 列出了一些运用双水相萃取进行胞内酶分离的应用实例。在这些体系中，酶主要分配在上相，菌体及细胞碎片在下相。料液中湿细胞含量可高达 30%，酶的提取率可达 90%以上。如果条件选择合适，不仅可从发酵液提取酶，实现它与菌体的分离，还可分离同时存在于发酵液中的各种酶和蛋白质。

表 7-6 利用双水相萃取分离胞内酶的应用实例

菌体	酶	双水相的组成	细胞浓度 /%	分配系数	收率 /%
博伊丁假丝酵母（*Candida boidinii*）	甲醛脱氢酶	PEG4000/粗 Dx	20	11.0	94
	甲酸脱氢酶	PEG4000/粗 Dx	20	7.0	91
	甲酸脱氢酶	PEG4000/磷酸钾盐	33	4.9	90
酿酒酵母（*Saccharomgces cerevisiae*）	葡萄糖 -6-磷酸脱氢酶	PEG1000/磷酸钾盐	30		91
	脱氢酶	PEG/盐	30	4.1	96
	乙醇脱氢酶	PEG/盐	30	8.2	92
大肠杆菌（*Escherichia coli*）	天冬氨酸酶	PEG1550/磷酸钾盐	25	5.7	96
	青霉素酰化酶	PEG4000/粗 Dx	20	1.7	90
	β-半乳糖苷酶	PEG/盐	12	6.2	87

为了尽可能提高细胞匀浆液中分离出的酶等目标产物的纯度，常常采用多级萃取的方式。图 7-27 所示为一个三级错流双水相萃取的操作流程。首先，在细胞匀浆液中加入 PEG 和盐形成双水相，静置平衡后通过离心进行分相。此时，大部分细胞碎片、杂蛋白、核酸、多糖等发酵副产物分配于下相，目标产物分配于上相。分离后，继续向上相中加入盐使其重新形成双水相，进行二级双水相萃取，据此可以将大部分剩余的多糖和核酸溶解到下相中。最后，在上相中加入另一种盐溶液进行反萃取，使目标蛋白溶解于下相，获得高纯度的目标物，而残留的杂蛋白和色素等杂质则保留在 PEG 相中。最后，将 PEG 进行回收重复利用。

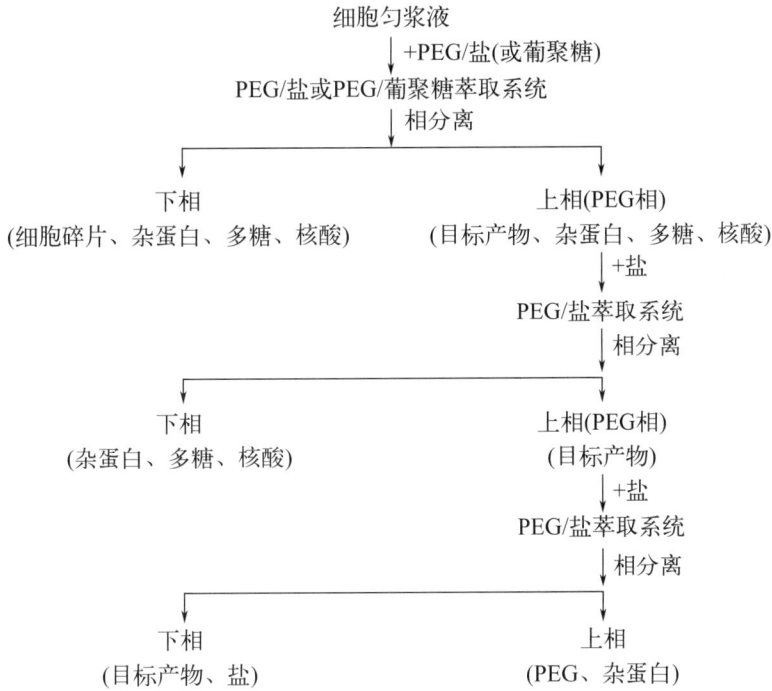

细胞匀浆液

↓ +PEG/盐(或葡聚糖)

PEG/盐或PEG/葡聚糖萃取系统

↓ 相分离

下相
(细胞碎片、杂蛋白、多糖、核酸)

上相(PEG相)
(目标产物、杂蛋白、多糖、核酸)

↓ +盐

PEG/盐萃取系统

↓ 相分离

下相
(杂蛋白、多糖、核酸)

上相(PEG相)
(目标产物)

↓ +盐

PEG/盐萃取系统

↓ 相分离

下相
(目标产物、盐)

上相
(PEG、杂蛋白)

图7-27　三级错流双水相萃取胞内酶的流程示意图

7.3.6.2　人生长激素的提取

用6.6%的PEG4000和14%的磷酸盐组成的双水相体系能够从$E.coli$碎片中提取人生长激素（hGH）。当pH值为7，菌体含量为13.5g/L时，将细胞匀浆液与双水相体系混合5～10s后，即可达到萃取平衡。此时，hGH分配在上相，其分配系数高达6.4，收率大于60%，对蛋白质纯化系数为7.8。如果要提高蛋白质的纯度，可以用图7-28所示的三级错流萃取工艺。经过三级萃取后，hGH的总收率可达81%，纯化系数为8.5。

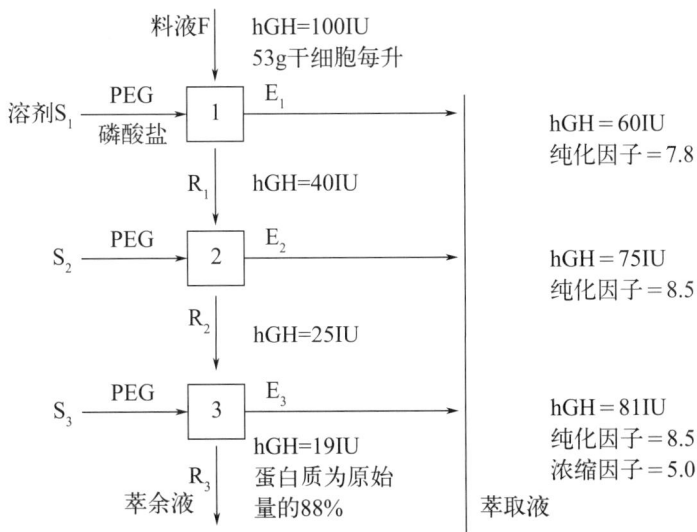

图7-28　从$E.coli$中提取人生长激素的三级错流萃取

121

7.3.7 双水相萃取技术的发展

双水相萃取技术经过多年的发展和研究，现已实现了多项技术集成，有效改进和优化了双水相分离和萃取效率。例如：

① 双水相萃取技术已经与温度诱导相分离、磁场作用、超声波作用、气溶胶技术等实现集成化，有效改善了双水相分配技术中诸如成相聚合物回收困难、相分离时间较长、易乳化等问题，这些改进为双水相分配技术进一步成熟、完善并走向工业化奠定了基础。

② 双水相萃取技术已逐步与亲和沉淀、高效色谱等新型生物分离技术实现过程集成，充分融合了各自的优势，提升分离效率的同时，简化了操作流程，为生物制品的分离和纯化提供了更高效更便捷的解决方案。

③ 双水相萃取技术已被成功引入酶催化反应、生物转化、化学渗透释放等过程中，这些技术给已有的分离技术赋予了全新的内涵，促进反应过程，不仅为现有的分离技术提供了更广阔的应用领域，也为新的分离过程提供了新的思路。

7.4 超临界流体萃取

7.4.1 概述

超临界流体（supercritical fluid，SCF）是指处于超过物质本身的临界温度和临界压力状态时的流体。超临界流体萃取（supercritical fluid extraction，SCFE）是利用超临界流体与待分离混合物中的溶质具有超常的相平衡行为、传递特性和对溶质的特殊溶解能力等特性而实现溶质分离的一项技术。因此，利用超临界流体作为溶剂，可从多种液态或固态混合物中萃取出待分离的组分。

早在1850年，英国的Thoms Andrews博士对二氧化碳超临界现象进行了研究。1879年，J. B. Hanny和J. Hograth发现超临界乙醇具有极佳的溶解能力，这种超临界流体的独特溶解现象引起人们关注。在20世纪50年代，美国的Todd和Elgin从理论上提出将超临界流体用于萃取分离的可能性。20世纪60年代，超临界流体萃取技术在石油、化工等领域得到应用。在超临界萃取技术分离石油和煤炭有效成分取得成功的同时，研究人员也开始了其在食品行业上的应用研究。1979年，联邦德国的HAG公司首先建成了用超临界萃取技术除去咖啡中咖啡碱的生产线，随后在20世纪80年代，国外的超临界工业萃取装置接连应用。我国在20世纪90年代，相继有工业萃取装置问世。超临界流体萃取技术现已经广泛应用于食品、香料、医药、化工和环境等多个领域之中。

7.4.2 超临界流体的特性

所有物质均具有其固有的临界温度（T_c）和临界压力（p_c），在压力-温度相图上称为临界点（见图7-29）。所谓的临界温度是指高于此温度时，无论加压多大也不能使气体液化；临界压力是指在临界温度下，液体气化所需要的压力。在临界点以上的物质处于既非液态也非气态的超临界状态。不同的物质有不同的临界点，表7-7为可以作为超临界流体萃取剂的部分物质的临界参数。

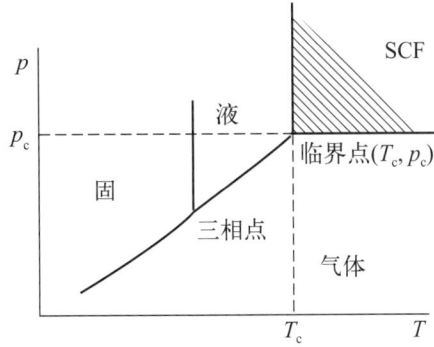

图 7-29 临界点附近的 $p\text{-}T$ 相图

CO_2 的临界点较低，临界温度为 31.3℃，临界压力为 7.38MPa，特别是临界温度接近常温，并且无毒，化学稳定性好，不易燃易爆，易于安全地从混合物中分离出溶质，且价格低廉，所以二氧化碳是最常用的超临界流体萃取剂。

表 7-7 部分超临界流体萃取剂的临界参数

物质	临界温度/℃	临界压力/（×10⁵Pa）	临界密度/（g/mL）
CO_2	31.3	73.8	0.448
NH_3	132.3	114.3	0.236
N_2O	36.6	72.6	0.457
C_2H_6	32.4	48.3	0.203
正丁烷	152.0	38.0	0.228
戊烷	196.6	33.7	0.232
C_2H_4	9.7	51.2	0.217
CH_3OH	240.5	81.0	0.272
H_2O	374.2	226.8	0.344

表 7-8 为超临界流体与常温下气体和液体的三个基本性质（密度、黏度、扩散系数）的比较。从表中可看出，超临界流体兼有气体和液体的特性，其密度接近于液体，因此具有与液体相近的溶解能力；黏度小，扩散系数大，这些性质接近于气体，可以迅速渗透到物体的内部溶解目标物质，快速达到萃取平衡。这是超临界流体作为萃取剂优于液体的主要特点，这一特点在提取固体物质内有用成分时尤为重要。在临界点附近压力或温度的微小变化都会引起超临界流体密度发生很大变化，而且超临界流体的溶解能力主要取决于密度，密度增加，溶解能力增强；密度减小，溶解能力减弱，甚至丧失对溶质的溶解能力。因此，人们可以利用压力、温度的变化来实现萃取和反萃取的过程。

表 7-8 超临界流体与气体和液体的物理性质比较

物理性质	密度/（g/cm³）	黏度/Pa·s	扩散系数/（cm³/s）
气体（常温、常压）	$(0.6 \sim 2) \times 10^{-3}$	$(1 \sim 3) \times 10^{-5}$	$0.1 \sim 0.4$
超临界流体（T_c、p_c）	$0.2 \sim 0.9$	$(1 \sim 9) \times 10^{-5}$	$(0.2 \sim 0.7) \times 10^{-3}$
液体（常温、常压）	$0.6 \sim 1.6$	$(0.2 \sim 3) \times 10^{-3}$	$(0.2 \sim 2) \times 10^{-5}$

与传统普通流体萃取方法相比，超临界流体萃取具有其特有的优势：通过调节压力或温度改变溶剂性质，从而控制溶剂选择性；选择适当的提取条件和溶剂，超临界流体萃取可在接近常温下操作，这对分离热敏性物质有利；超临界流体黏度小、扩散系数大，因此提取速度较快；溶质和溶剂的分离彻底且容易，无有机溶剂残留，不需要复杂的脱除过程；萃取和分离一体化，工艺非常简单。然而超临界流体萃取也存在一些缺点：分离过程在高压下进行，高压系统的设备价格较高，初期投资较大，且设备大都为非标设备，制造周期较长；萃取釜无法连续操作，造成装置的产率较低；更换产品时，清洗容器和管道比较困难，必须从设计时就予以考虑，并提高对清洗的要求；过程消耗指标较高。

7.4.3 影响超临界流体萃取的因素

7.4.3.1 萃取压力

压力是影响超临界流体萃取过程的重要因素之一。不同化合物在不同超临界二氧化碳流体压力下的溶解度曲线表明，不同化合物在超临界二氧化碳流体中的溶解度一般都呈现急剧上升的现象。特别是在超临界二氧化碳流体的临界压力（7.0 ～ 10.0MPa）附近，各化合物在超临界二氧化碳流体中的溶解度参数的增加值可达到两个数量级以上。这种溶解度与压力的关系构成超临界二氧化碳流体过程的基础。

超临界二氧化碳流体的溶解能力一般随密度的增加而增加。一般在临界点附近，压力对密度的影响特别明显，增加压力将提高超临界二氧化碳流体的密度，增加其溶解能力。超过此范围，压力对密度增加的影响变缓慢，相应溶解度增加效应也变缓慢。

根据萃取压力的变化范围，可将超临界萃取分为3类基本应用：一是高压区的全萃取；二是低压区的脱臭，在接近临界点附近，仅能提取易溶解的组分，大部分为有味、有害的成分；三是中压区的选择性萃取。

7.4.3.2 萃取温度

与压力相比，温度对超临界流体萃取的影响要复杂一些：一方面是温度对流体密度的影响，随温度升高，超临界流体密度下降，对物质的溶解度也下降；另一方面是温度对物质蒸气压的影响，随温度升高，物质的蒸气压增大，使物质在超临界流体中溶解度增大。因此，在超临界流体萃取过程中存在一个最佳温度。

7.4.3.3 助溶剂

助溶剂是用来增加物质的溶解度和萃取选择性的一种物质，是实际应用中常见的方法之一。例如，在超临界二氧化碳萃取时添加约14%的丙酮作为助溶剂后，可使甘油酯的溶解度增加22倍。纯的超临界二氧化碳流体几乎不能从咖啡豆中萃取咖啡因，但在加入湿气（水）后，因为生成了具有极性的碳酸，在一定条件下，能选择性地萃取咖啡因。

7.4.3.4 物料特性

物料的粒度也会影响超临界流体的萃取效果，物料破碎有利于超临界流体向物料内的迁移，增加了传质效果；物料过细增大了流动阻力，反而不利于萃取。

超临界二氧化碳萃取植物源性活性物质时，非极性物质的溶解度远远大于极性物质。物料中含水量过高，会使植物有效成分的萃取率下降。水分子主要以单分子水膜形式在亲水性生物大分子界面形成连续系统，从而增加了超临界萃取的阻力。采用高压脉冲电场能破坏水膜，改善萃取效果。

7.4.4　超临界流体操作方式

影响物质在超临界流体中溶解度的主要因素为温度和压力，因此可以调节萃取操作的温度和压力优化萃取操作，提高萃取速率和选择性。超临界流体萃取设备通常由溶质萃取槽和萃取溶质的分离回收槽构成，相当于萃取和反萃取单元。萃取过程是指在高温、高压下，超临界流体溶解目的产物的过程；而分离过程主要指在降温或降压条件下，析出目的产物、回收萃取剂的过程。

通常超临界流体萃取系统主要由四部分组成：① 溶剂压缩机（即高压泵）；② 萃取器；③ 温度、压力控制系统；④ 分离器和吸收器。其他辅助设备包括：辅助泵、阀门、压力调节器、流量计、热量回收器等。根据萃取过程中超临界流体的状态变化和溶质的分离回收方式不同，超临界流体萃取操作主要分为等温法、等压法和吸附法，如图7-30所示。

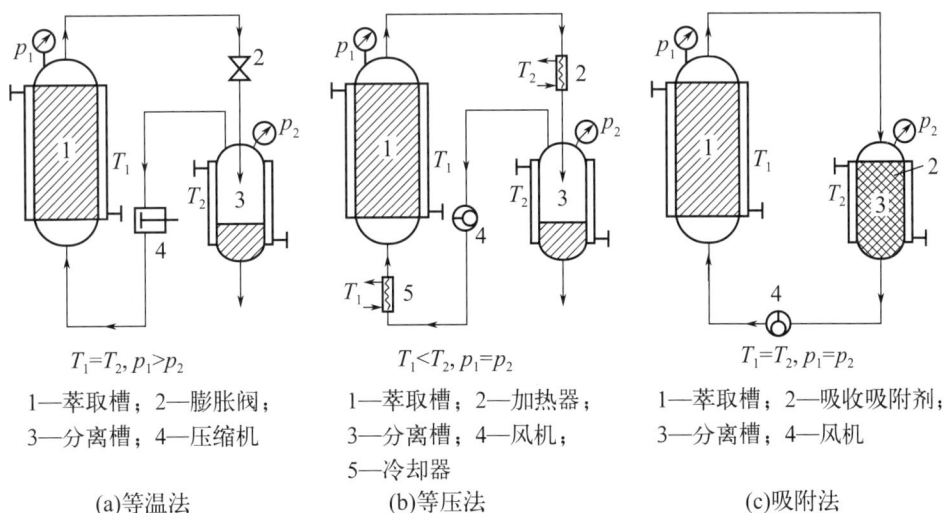

$T_1=T_2, p_1>p_2$

1—萃取槽；2—膨胀阀；
3—分离槽；4—压缩机

(a)等温法

$T_1<T_2, p_1=p_2$

1—萃取槽；2—加热器；
3—分离槽；4—风机；
5—冷却器

(b)等压法

$T_1=T_2, p_1=p_2$

1—萃取槽；2—吸收吸附剂；
3—分离槽；4—风机

(c)吸附法

图7-30　超临界流体萃取典型流程

7.4.4.1　等温法

通过改变操作压力实现溶质的萃取和回收，操作温度保持不变。溶质在萃取槽中被高压（高密度）流体萃取后，流体经膨胀阀而压力下降，溶质的溶解度降低，从分离槽析出，萃取剂则经压缩机压缩后返回萃取槽循环使用。在超临界流体的膨胀和压缩过程中会产生温度变化，所以在循环流路上需设置换热器。

7.4.4.2　等压法

通过改变操作温度实现溶质的萃取和回收。如果在操作压力下溶质的溶解度随温度升高而下降，则萃取流体经加热器加热后进入分离槽，析出目标溶质，萃取剂则经冷却器冷却后返回萃取槽循环使用。

7.4.4.3 吸附法

利用选择性吸附目标产物的吸附剂回收目标产物，有利于提高萃取的选择性。

7.4.5 超临界流体萃取技术的工业应用

7.4.5.1 生物活性物质和生物制品的提取

表7-9列举了超临界二氧化碳流体萃取技术在医药、食品、化妆品等工业领域的应用实例。迄今为止，$SC-CO_2$ 萃取最成功的工业化应用是脱咖啡因和啤酒花萃取。咖啡因是一种较强的中枢神经系统兴奋剂，咖啡豆和茶叶中含量丰富。许多人饮用咖啡或茶时不喜欢咖啡因含量过高，而且从植物中脱除的咖啡因可作药用，常作为药物中的掺合剂。

表7-9 $SC-CO_2$ 萃取在医药、食品、化妆品、香料等领域的应用

医药工业	酶、维生素等的精制回收 动植物中萃取有效药物成分（生物碱、维生素E、EPA、DHA、吗啡等） 原料药的浓缩、精制和脱溶剂（抗生素等） 酵母、细菌菌体产物的萃取（γ-亚麻酸、甾族化合物、酒精等） 脂质混合物的分离精制（甘油酯、脂肪酸、卵磷脂等）
食品工业	植物油脂的萃取（大豆油、向日葵籽油、花生油等） 动物油脂的萃取（鱼油等） 奶脂中脱除胆固醇等 食品脱脂（炸土豆片、油炸食品、无脂淀粉等） 从茶、咖啡中脱除咖啡因，啤酒花的萃取 香辛料的萃取（胡椒、肉豆蔻、肉桂等） 植物色素的萃取（辣椒、栀子等） 共沸混合物分离（$H_2O-C_2H_5OH$），含酒精饮料的软化 油脂的脱色、脱臭
化妆品及香料工业	天然香料萃取（香草豆提取香精等）、合成香料的分离和精制 烟草脱尼古丁 化妆品原料萃取、精制（表面活性物质、脂肪酸酯、甘油单酯等）

图7-31所示为 $SC-CO_2$ 从咖啡豆中脱除咖啡因的工艺流程。开始是用烘烤过的咖啡豆进行萃取，但是影响其芳香性，现已经做了改进。$SC-CO_2$ 可以有选择性地直接从原料中萃取咖啡因而不失其芳香味。具体过程为将绿咖啡豆预先用水浸泡增湿，用70～90℃、16～22MPa的 $SC-CO_2$ 进行萃取，CO_2 可以循环使用；咖啡因从豆中向流体相扩散，然后随 CO_2 一起进入水洗塔，用70～90℃水洗涤，约10h后，所有的咖啡因都被水吸收；该水经脱气后进入蒸馏器回收咖啡因。通过萃取，咖啡豆中的咖啡因可以从原来的0.7%～3%下降到0.02%以下。

啤酒花也称葎草花或蛇麻，是雌性啤酒花成熟时在叶和枝之间生成的籽粒，用于酿造啤酒。啤酒花中对酿酒有用的部分是挥发性油和软树脂中的葎草酮和蛇麻酮，也称为 α-酸和 β-酸。挥发油赋予啤酒特有的香气，而葎草酮在麦芽汁的煮沸过程中将异构化 α-酸。在啤酒酿

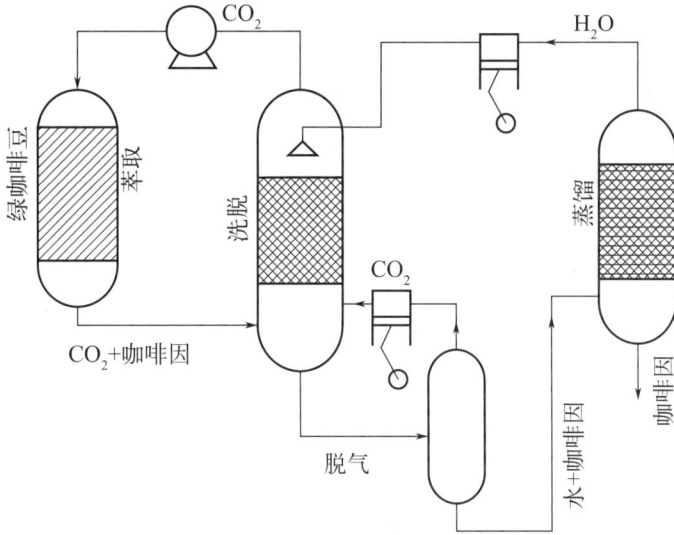

图7-31　SC-CO_2萃取咖啡豆中的咖啡因

造过程中最重要的物质是α-酸，它能赋予啤酒所特有的清爽、苦味和香气。过去在啤酒酿造时直接用啤酒花，存在于啤酒花中的α-酸只能利用25%。现今越来越多地使用啤酒花的萃取物。在传统的萃取过程中常采用二氯甲烷或甲酸等有机溶剂作为萃取剂，最后用蒸发方法去除有机溶剂，α-酸的利用率提高，此时得到暗绿色浆状萃取物。为去除杂质和残留的有机溶剂，还需进一步精制。采用超临界CO_2流体萃取，萃取率高，软树脂和α-酸分别达到96.5%和98.9%，萃取物为黄绿色的带芳香的膏状物，质量较传统的有机萃取法高，且不含有机溶剂。

采用超临界CO_2流体萃取法生产啤酒花浸膏时，首先把啤酒花磨成粉末状，使之更易与超临界CO_2流体接触，然后装入萃取釜，密封后通入超临界CO_2流体，达到萃取要求后，经节流降压，萃取物随CO_2一起被送至分离釜，得到黄绿色产品。图7-32所示为超临界CO_2流

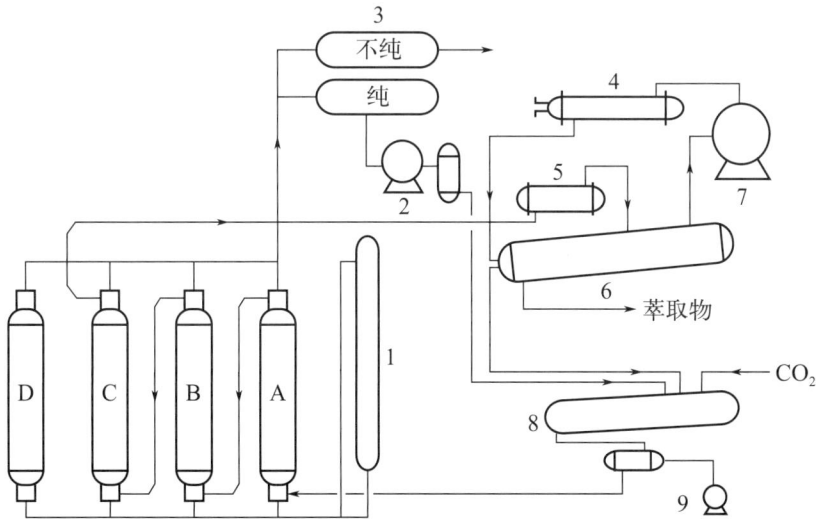

图7-32　超临界CO_2流体萃取啤酒花的生产装置流程示意图

1—传送罐；2,7—压缩机；3,8—CO_2气罐；4—后冷却器；5—预热器；6—热交换器；9—深冷器

体萃取啤酒花的生产装置流程示意图。在该生产装置中有4个萃取釜，在每个萃取周期中总有一个釜是轮空的。生产时，超临界CO_2流体依次穿过每个釜中的啤酒花碎片，然后含萃取物的超临界CO_2流体即混合物节流降压，进入预热器预热，再进入下一个热交换器。在该热交换器中，CO_2受热蒸发，萃取物即啤酒花浸膏析出并自动排出。蒸发的CO_2流体经再压缩，进入后冷却器预冷，之后进入热交换器与上述混合物进行间壁式热交换，管内为再压缩的CO_2流体，管外为含萃取物的CO_2混合物。冷凝后的CO_2流入CO_2储罐，经深冷器冷却后再返回到萃取釜。从传送罐来的CO_2可被送往任何一个萃取釜。另外，有两个气罐用于暂存整个装置系统的纯CO_2和不纯CO_2。

由于啤酒花收获等农业上的原因，在国外采用SC-CO_2流体萃取啤酒花生产是有季节性的（一般为当年的10月到第二年的3月）。为了使设备不致闲置，还用于其他物料的萃取，如从红茶中脱咖啡因、香料提取等，所以在工厂建设中需要考虑到各方面的需要，以求增加品种，降低成本。

7.4.5.2 超临界流体介导的酶促反应

SC-CO_2除了作为萃取剂外，作为特殊的非水相的酶反应溶剂，近年来受到越来越多的关注。许多酶蛋白在SC-CO_2中不失活性，且具有催化功能。因为在自然界中，酶的催化反应是在水相介质中进行的，所以酶在SC-CO_2介质中的催化行为引起人们的强烈兴趣。

SC-CO_2作为酶催化反应的介质具有以下优点：① 与水相比，脂溶性底物和产物可溶于SC-CO_2中，酶蛋白不溶解，有利于三者的分离；② 产品回收时，不需要处理大量的稀水溶液，因而不产生废水污染问题；③ 与其他非水相有机溶剂中的酶催化反应相比，SC-CO_2更适合与生物、食品相关的产品体系，产物分离简单；④ 与萃取一样，SC-CO_2中的质量传递速度快，在临界点附近，溶解能力和介电常数对温度和压力敏感，可控制反应速度和反应平衡。目前研究的反应包括酯化反应、酯水解反应等，反应条件温和，部分反应如表7-10所示。

表7-10 SC-CO_2状态下部分酶促反应

反应名称	酶类	载体	反应器	反应介质和条件
对硝基磷酸苯酯的水解	碱性磷酸酶	—	间歇	CO_2，35℃、10MPa
对甲酚和氯酚的氧化	多酚氧化酶	玻璃珠	间歇，连续	CO_2/O_2，36℃、34MPa CHF_3/O_2，34℃、34MPa
甘油三酯与硬脂酸酸解	脂肪酶	离子交换树脂和硅藻土	间歇	CO_2，50℃、30MPa
乙酸乙酯与异戊醇醇解	脂肪酶	玻璃珠	连续	CO_2，50℃、30MPa
胆甾醇的氧化	胆甾醇氧化酶	离子交换树脂	间歇、连续	CO_2，35℃、10MPa
甘油三辛酯和油酸酸解	脂肪酶	—	间歇	CO_2，60℃、10MPa
N-乙酰-L-苯丙氨酸与乙醇精制	枯草杆菌素	—	间歇	CO_2，45℃、15MPa

7.4.5.3 超临界二氧化碳流体用于细胞破碎

细胞破碎是生物工程下游过程中分离胞内产物的重要步骤。微生物细胞通常有坚硬的细胞壁，工业上常用的珠磨法和高压匀浆法都会产生大量的热量，易使热敏物质受到破坏。

SC- CO$_2$渗透力强，能快速渗入细胞内并达到细胞内外压力平衡，此时如突然降压，细胞因内外压差较大而剧烈膨胀发生破裂。SC-CO$_2$节流膨胀是吸热降温过程，利用这个性质可防止通常破碎过程的升温而引起的热敏性物质的破坏。在近临界点，微小压力变化导致细胞体积变化很大，其能量变化很大，所以SC-CO$_2$可破坏较厚的细胞壁，如常见的酵母细胞壁等。

◆ **思考题** ◆

① 影响有机溶剂萃取的因素有哪些？

② 反胶束萃取的原理是什么？影响因素有哪些？

③ 影响双水相萃取的因素有哪些？在双水相体系中为何可以测定蛋白质的等电点？

④ 超临界流体萃取的影响因素有哪些？根据萃取压力的变化范围，可将超临界萃取分为哪3类基本应用？

第8章

色　谱

8.1　色谱分离技术概论

8.1.1　色谱分离的定义与特点

8.1.1.1　色谱分离的定义

色谱分离技术也称为层析分离技术，是一种起源于20世纪初，由俄国植物学家茨维特（Tswett）首先研究并发展的重要分离技术。茨维特在研究植物叶子组成时，用碳酸钙作吸附剂，用石油醚作为洗脱剂，将干燥的碳酸钙粉末装到细长的玻璃管中，然后把植物叶子的石油醚萃取液倒入管中的碳酸钙上，萃取液中的色素就吸附在管内上部的碳酸钙里，再用纯净的石油醚洗脱被吸附的色素，于是在管内形成了数条相互分离的色带，当时茨维特把这种色带叫作"色谱"（chromatographie）。茨维特在1906年发表在德国植物学杂志的论文中，首次使用此名，英译名为chromatography。在这一方法中把玻璃管称为"色谱柱"，碳酸钙称为"固定相"，纯净的石油醚称为"流动相"。

色谱分离主要定义为：利用两种不同的相之间的相互作用（如吸附、配位等），通过不同的组分在两种相之间的分布行为不同，从而实现组分的分离。色谱分离的基本过程可以归纳为：将样品溶液注入色谱柱（或色谱装置），在外加的力（如重力、离心力、电场力等）作用下，由于各组分物理化学性质的差异，以不同程度分布在两个相（固定相和流动相）中，以不同的速率移动，最终达到分离的目的。色谱分离过程如图8-1所示。

8.1.1.2　色谱分离的基本特点

（1）分离效率高

色谱分离技术具有很高的分辨率，某些色谱分离技术的效率甚至是所有分离技术中最高的。当运用理论塔板数表示色谱分离效率时，每米柱长的理论塔板数高达数千至数十万。

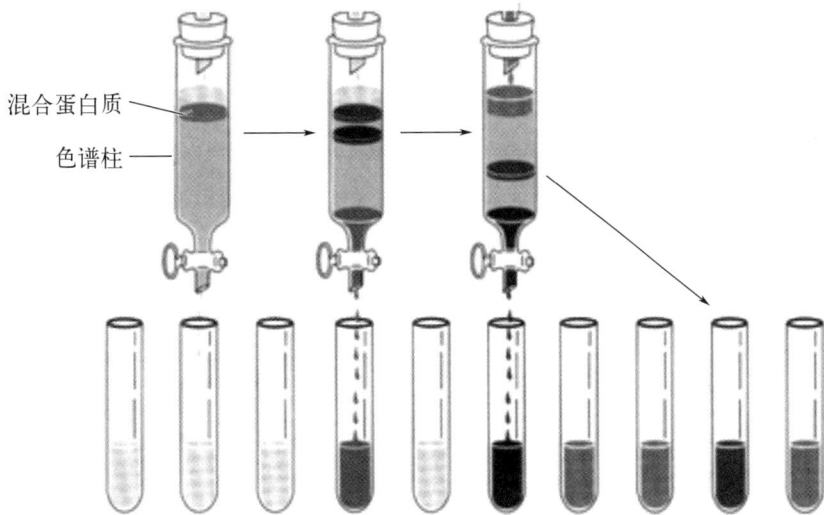

混合蛋白质

色谱柱

图8-1 色谱分离过程示意图

如使用直径为50～150μm的葡聚糖凝胶颗粒作为固定相时，其每米柱长的理论塔板数为3333～10000。因此，一般情况下，不需要太长的色谱柱即可对不同物质进行高效分离。

（2）选择性好

色谱分离可以通过改变各个分离参数，选择性地分离各种不同的目标物质，使其在复杂混合物的分离和纯化中具有独特的优势。例如：可改变固定相，使用不同的色谱分离技术，如凝胶过滤色谱、离子交换色谱、疏水作用色谱、亲和色谱及反相色谱等；可选用不同的流动相，包括各种盐溶液、有机溶剂、超临界流体和气体；可通过调节温度、pH值、离子强度及流速等参数改变分离效果；对于吸附色谱，还可运用不同的洗脱操作，如恒定洗脱、分步洗脱及梯度洗脱等。

（3）适用性广

色谱分离技术适用于多种不同的分离对象。色谱技术可以根据目标物之间存在的各种物理化学属性（如分子的极性、离子化程度、电荷量、尺寸或分子量、亲疏水性等）差异进行分离。此外，色谱技术还能够在接近生理条件下根据分子的基本性质和结构特点进行分离，这在生物大分子纯化方面是其他方法难以实现的。因此，色谱技术可以运用于各种生物制品的分离纯化。

（4）可实时检测

在现代色谱分离操作中，常根据分离对象的特点，搭配不同的检测设备实现分离过程的实时跟踪和检测，以实现分离条件的优化控制，目标物的准确收集，各物质的定量检测等。例如，色谱分离技术常集成紫外可见分光光度计、荧光分光光度计、电导仪、酸度计和质谱等高灵敏的分析设备。

（5）自动化

色谱分离的技术革新以及计算机技术的集成使得色谱分离过程的自动化提升至全新的水平。目前的趋势是利用先进的计算机系统作为控制核心，实现全程自动化操作，从而大大增加色谱分离的准确性和效率，操作包括但不限于自动取样、自动进行梯度洗脱、自动分管收集分离后的样品、自动筛分不符合纯度要求的组分等。通过高度自动化确保了产品质量的稳定性，提高分离效率，节省人力资源，并降低生产成本。

8.1.2 色谱技术的分类

8.1.2.1 根据分离原理分类

按照物质分离依赖的物理或化学作用原理不同，可将色谱分离技术分为凝胶过滤色谱、吸附色谱（包括离子交换色谱、疏水作用色谱、亲和色谱等）和分配色谱三大类。

（1）凝胶过滤色谱

凝胶过滤色谱（gel filtration chromatography，GFC）是以多孔凝胶颗粒作为固定相，并根据物质尺寸差异进行分离的一种色谱技术。凝胶过滤色谱又称为分子筛色谱（molecular sieve chromatography，MSC）、空间排阻色谱或尺寸排阻色谱（size exclusion chromatography，SEC）。凝胶过滤色谱最基本的原理就是利用多孔网状结构的凝胶颗粒，当混合物随流动相流经凝胶柱时，较大的分子无法进入凝胶孔内，从凝胶颗粒之间流动，因此最先从柱子上洗脱，而较小的分子能进入凝胶孔洞，因此较晚流出，实现不同尺寸物质的分离。目前，凝胶过滤色谱主要用于脱盐换液、生物大分子分级分离，以及蛋白质的分子量测定等。

（2）吸附色谱

吸附色谱（adsorption chromatography，AC）通常以某些具有吸附能力的填料颗粒（吸附剂）作为固定相，当待分离物质随流动相流经固定相时，由于这些填料颗粒对不同溶质组分的吸附能力不同，物质流经色谱柱的时间也不相同，从而使混合物得以分离。吸附色谱的关键在于固定相对溶质分子的吸附作用力，包括物理吸附作用、化学吸附作用（如范德瓦耳斯力、静电作用力、共价结合力、氢键作用等）、生物吸附作用（如抗体-抗原相互作用、受体与配体相互作用、酶与底物或抑制剂的结合）。据此，吸附色谱还可进一步分为离子交换色谱（ion exchange chromatography，IEC）、疏水作用色谱（hydrophobic interaction chromatography，HIC）、亲和色谱（affinity chromatography，AFC）等。目前，绝大多数生物制品的分离纯化都会用到一种或一种以上的吸附色谱技术，不同种类的吸附色谱可以实现不同生产规模、成本要求和纯度等级的生物制品纯化。

（3）分配色谱

与凝胶过滤色谱和吸附色谱不同，分配色谱（distribution chromatography，DC）又称液液色谱，其固定相和流动相都是液体，其中，固定相是由固定液与载体结合组成的。分配色谱的分离原理类似于萃取，即利用溶液中不同溶质分子在两液相中分配系数的差异进行分离。根据固定相和流动相的极性差异，分配色谱主要分为正相色谱和反相色谱。正相色谱（normal phase chromatography，NPC）是以极性液体为固定相，非极性液体为流动相，因此样品中极性较强的物质与固定相作用力更强，而极性较弱的物质作用力弱，首先被洗脱下来。反相色谱（reversed phase chromatography，RPC）则相反，固定相为非极性液体，流动相为极性液体，因此更常用于分离极性较弱的溶质。

8.1.2.2 根据固定相载体分类

根据固定相载体的差异，色谱分离技术可分为柱色谱、纸色谱和薄层色谱。

（1）柱色谱

柱色谱指的是以玻璃柱或不锈钢柱等作为载体，将固定相填充至柱内进行色谱分离的一种分离技术。目前绝大多数色谱分离技术都是柱色谱，其具有处理量大、易回收、可规模化放大等优点，广泛应用于各种工业生物制品的纯化。上述介绍的凝胶过滤色谱、吸附色谱和分配色谱等不同原理的色谱技术均可以柱色谱的形式进行物质分离。

（2）纸色谱

纸色谱一般是指以滤纸作为固定相载体的色谱技术。滤纸中的纤维素与大多数有机溶剂的结合力较弱，但能吸附溶液中25%～29%的水分，其中6%～7%以氢键作用与纤维素的羟基结合，且该结合力较强。因此纸色谱实际上是以滤纸纤维及其结合水作为固定相，以有机溶剂为流动相的一种正相分配色谱技术。纸色谱的优点包括设备简单、操作方便、分离效率高、所需样品量少等，主要用于物质的定性或定量分析。但由于分离容量较低，样品难回收，一般不用于生物制品的工业生产。

（3）薄层色谱

薄层色谱是将特定的固定相铺于玻璃平板上形成薄层，从而对不同物质进行分离的色谱技术。因此，根据玻璃平板上所涂固定相种类的不同，薄层色谱又可进一步分为薄层凝胶过滤色谱、薄层吸附色谱和薄层分配色谱等。薄层色谱具有操作简单、分离效率高、适用于多种分离目的等优点。一般来说，薄层色谱主要用于物质的分析，或通过柱色谱进行大规模纯化之前的色谱分离条件优化和确认。若将薄层厚度增加至2～3mm以提高处理量，薄层色谱也可用于小量样品的制备。

8.1.2.3 根据流动相物态分类

根据流动相物理形态的不同，色谱技术可分为液相色谱、气相色谱和超临界流体色谱。其中，液相色谱（liquid phase chromatography，LPC）即以极性或非极性溶剂作为流动相的色谱分离技术，绝大多数生物制品的制备和工业生产均采用液相色谱；而气相色谱（gas chromatography，GC）主要用于易汽化分子的分析检测；超临界流体色谱（supercritical fluid chromatography，SFC）是20世纪80年代中期诞生的一种新兴色谱分离技术，其流动相为超临界流体（如价格较为低廉的SC-CO_2），可以通过压力变化和溶剂极性的改变进行洗脱和物质分离。在某些应用场景下（如部分氨基酸的分离），超临界流体色谱比液相色谱分离效率更高，成本更低。

8.1.2.4 根据操作压力分类

根据色谱分离时所需的操作压力不同，可分为低压色谱（＜0.5MPa）、中压色谱（0.5～5MPa）和高压色谱（5～50MPa）。低压色谱的装置较为简单，无需特殊高压装备，操作费用低，但流动相流动速率慢，分离时间长，易导致某些不稳定物质在分离过程中活性下降；高压色谱的分离流速较高，分离时间短，分辨率高，但需要高压设备，成本较高，且高压操作可能导致部分活性物质失活。因此，大多数生物大分子的工业生产采用中压色谱技术，而高压色谱多用于物质的分析检测。

8.1.2.5 根据分离规模分类

根据色谱分离规模大小可分为以下几类。① 分析型色谱：此类色谱的单次进样量通常少于10mg，常用于实验室规模，或鉴定分析小样本量的混合物；② 半制备型色谱：单次进样量通常在10～50mg之间，它提供了介于分析型和制备型之间的处理量，适用于需要大规模生产前的预制备；③ 制备型色谱：一次进样量在0.1～10g之间，主要用于大规模分离和纯化组分，例如药物开发和生物大分子的分离；④ 工业生产型色谱：一次进样量超过20g，常用于工业级别的生产，例如药品制造、食品工业、化工等领域，用于大规模、连续的样品分离和纯化。

8.1.3　色谱分离关键参数

8.1.3.1　分配系数

与萃取类似，分配系数对色谱分离效果具有显著的影响。在色谱分离过程中，假设流动相中样品浓度为c_m，固定相中样品浓度为c_s，则分配系数K为：

$$K=\frac{c_s}{c_m} \tag{8-1}$$

倘若在整个色谱分离过程中，c_m与c_s之间呈线性相关，即分配系数K为一固定值，那么该色谱过程称为线性色谱；反之，如果c_m与c_s之间呈非线性关系，那么相应的色谱分离过程就称为非线性色谱。

在一定温度下，当样品浓度极低时，c_m与c_s之间往往存在显著的线性关系。例如，对于分析型色谱，由于上样量有限，溶质浓度较低，大多数情况属于线性色谱；而对于制备型色谱，为了提高产率、降低成本，通常上样量较大，溶质浓度较高，因此c_m与c_s之间往往不呈线性关系，而是呈现其他相关函数关系（如指数或对数等关系），即大多数制备型色谱都属于非线性色谱。

由于不同色谱技术分离过程各有差异，为了更好地描述分离过程中c_m与c_s之间的关系，可用不同的分离参数表示。在分配色谱中通常直接用分配系数K，吸附色谱则用分离因数α，而凝胶色谱中通常用分配常数K_d来表示。其各自的含义为：

（1）分配系数K

在分配色谱中，物质在固定相和流动相之间的分配行为类似于液液萃取，服从分配定律，因此可直接用分配系数表述分离过程，即$K=c_s/c_m$。在分配色谱过程中，分配系数大的组分与固定相作用强，迁移速率较慢；反之，分配系数小的组分与固定相作用弱，迁移速率较快。一定温度下，当溶质浓度较低时，分配系数K为常数，溶质在两相中的分配行为呈线性相关，为线性色谱。在一定温度的线性色谱过程中，溶质的分配系数与操作条件无关，只与被分离物质及固定相和流动相的种类有关。因此，可根据不同物质分配系数的差异判断其能否通过分配色谱进行分离；而当溶质浓度较高时，分配系数K与浓度有关，溶质在两相中的分配呈非线性关系，为非线性色谱。此时，溶质的分配系数与操作条件有关。因此，除了待分离物质的特性及固定相和流动相种类之外，还需对色谱操作条件进行优化。

（2）分离因数α

在吸附色谱过程中，为了更准确地表示待分离物质在固定相中的吸附行为，可运用吸附等温曲线。吸附等温曲线是指在一定温度下溶质分子在两相界面上进行的吸附过程达到平衡时其在两相中浓度的关系曲线，即$c_s=f(c_m)$。这种函数关系式有多种表达式，如Freundish、BET、Langmuir、Jovanovis等。对大多数化合物而言，Langmuir，即朗格缪尔吸附等温曲线最为常用。其函数关系可表示为：

$$c_s=\frac{ac_m}{1+bc_m} \tag{8-2}$$

式中，a，b为与温度及所用计量单位有关的吸附常数。

朗格缪尔吸附等温曲线通常表现为双曲线，包括凸形曲线、凹形曲线和S形曲线等（图8-2）。在吸附色谱中，若溶质分子在固定相表面的吸附为单层饱和吸附，则通常表现为凸形吸附等温线；如果溶质分子之间存在一定的吸附力，则低浓度时先吸附于固定相中的溶质分子会吸附流动相中剩余的溶质分子，形成多分子吸附层，此时吸附等温线的切线斜率随溶质浓度的增加而增加，变现为凹形吸附等温曲线。当同时存在两种不同的吸附行为时，即凸形和凹形两种等温曲线叠加，呈现为S形吸附等温曲线。

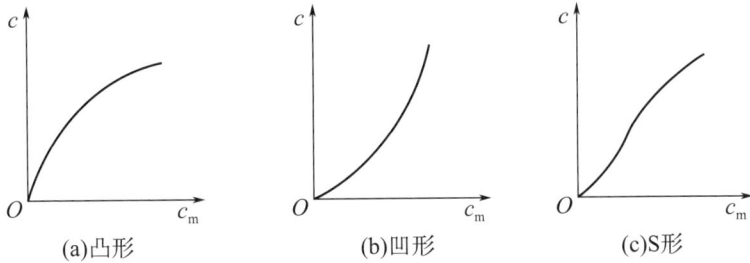

图8-2 几种典型的吸附等温线

当溶质浓度极低时，固定相浓度c_m值趋近于0，$1+bc_m \approx 1$，则式（8-2）变为：

$$c_s = ac_m \tag{8-3}$$

c_m与c_s之间呈线性关系，吸附色谱为线性色谱，常数a即为分配常数K。而当溶质浓度极高时，c_m值远大于1，$1+bc_m \approx bc_m$，则式（8-2）变为：

$$c_s = \frac{a}{b} = c_{max} \tag{8-4}$$

此时，c_{max}值表示固定相上所有的溶质吸附位点均已被占满，固定相中溶质的浓度达到最大值。因此c_{max}表示固定相中的有效结合位点总浓度。假设，固定相中空余的有效结合位点浓度为c_s'，溶质的总浓度（包括流动相和固定相）为c_t，则：

$$c_{max} = c_s' + c_s \tag{8-5}$$

$$c_t = c_m + c_s \tag{8-6}$$

根据吸附方程，溶质分子与固定相之间相互作用的解离常数为：

$$K_p = \frac{K_d}{K_a} = \frac{c_s' c_m}{c_s} \tag{8-7}$$

此外，分离因数α的定义是某一瞬间被吸附的溶质量占总量的百分比，即：

$$\alpha = \frac{c_s}{c_t} \tag{8-8}$$

将式（8-8）与式（8-5）～式（8-7）整理可得：

$$K_p = \frac{(c_{max} - c_t\alpha)(1-\alpha)}{\alpha} \tag{8-9}$$

因此，根据色谱柱的有效结合位点总浓度c_{max}、溶液中溶质的总浓度c_t及被吸附物质的解离常数K_p可算出溶质的分离因数α。该α值随c_{max}值的增大而增大，随K_p值和c_t的增大而减小。

当溶质分子浓度c_t极低，相较于色谱柱的有效结合位点总浓度可忽略不计时，即$c_{max} \gg c_t$，

$c_{max}-c_t\alpha \approx c_{max}$，则式（8-9）简化为：

$$K_p=\frac{c_{max}(1-\alpha)}{\alpha}\qquad(8-10)$$

或

$$\alpha=\frac{c_{max}}{K_p+c_{max}}\qquad(8-11)$$

通过吸附色谱进行分离时，目标物的分离因数 α 应在0和1之间。当 α 等于0时，表示该溶质不与固定相发生吸附作用，或者固定相中已无可利用的吸附结合位点，此时溶质随流动相以同样的速率流经固定相；当 α 等于1时，表示所有溶质分子均被吸附在固定相中，不随流动相移动。在吸附柱色谱分离中，通常要求 α 值大于等于0.8。对于亲和色谱，其固定相的有效结合位点总浓度 c_{max} 通常为 0.01mmol/L，而离子交换色谱固定相的 c_{max} 值通常高达 1mmol/L 以上。因此，若要使 α 值达到0.8以上，根据公式（8-11）可算出，亲和色谱的 K_p 值应小于 0.0025mmol/L，离子交换色谱的 K_p 值应小于 0.25mmol/L。此外，在柱色谱分离过程中，当流动相的体积大于柱体积的 $1/(1-\alpha)$ 倍时，溶质分子会随流动相直接流出。因此，若要求目标物的分离因数 α 为0.8，则流动相体积与柱体积之比小于5方能使目标物通过吸附作用停留在柱内。

（3）分配常数 K_d

在凝胶过滤色谱中，为了表示溶质分子进入凝胶颗粒内部的百分比，通常使用分配系数 K_d。假设凝胶过滤色谱柱的总体积为 V_t，V_t 由三部分组成，即：

$$V_t=V_o+V_i+V_m\qquad(8-12)$$

式中　　V_o——固定相中所有凝胶颗粒之间空隙的总体积（即外水体积）；

V_i——固定相中所有凝胶颗粒内部孔隙的总体积（即内水体积）；

V_m——固定相中所有凝胶颗粒自身体积的总和。

因此，当某种溶质分子通过凝胶过滤色谱进行分离时，其在色谱柱中填充的体积，即该分子的洗脱容积 V_e 可表示为：

$$V_e=V_o+K_dV_i\qquad(8-13)$$

据此，分配系数 K_d 可表示为：

$$K_d=\frac{V_e-V_o}{V_i}\qquad(8-14)$$

其中，凝胶过滤色谱柱的总体积 V_t 可通过测量色谱柱的内径 d 和填料装填高度 l 进行计算，即 $V_t=\pi d^2 l/4$；洗脱容积 V_e 为溶质从上样到从色谱柱中流出时所通过的流动相体积，可通过色谱曲线直接获得。此外，外水体积可通过一个分子量远超凝胶排阻极限的有色分子进行测定。此时，该分子的洗脱体积 V_1 即为该色谱柱的外水体积，即 $V_o=V_1$；而内水体积则可选择一个可自由扩散的小分子，如中性盐溶液进行测定。此时，该分子洗脱体积 V_2 等于内水体积 V_i 加外水体积 V_o，即 $V_i=V_2-V_o$。结合以上信息，并根据公式（8-14）即可计算特定溶质的分配常数 K_d。当分配常数 K_d 等于1时，说明溶质分子可以完全自由进入凝胶颗粒的微孔内，洗脱体积最大，流经色谱柱的时间最长，最晚从色谱中流出；反之，当分配常数 K_d 为0时，表示溶质分子完全无法进入凝胶颗粒的孔隙之中，只能在颗粒间隙移动，因此最先从色谱柱中洗脱流出。当溶质的分配常数介于0和1之间，说明其在色谱分离过程中能够部分进入凝胶颗粒微孔内，此时 K_d 即可表示溶质进入孔内的比例。分子量越大，K_d 越小，溶质进入孔内的比例越低，因此越先从色谱柱中流出；而 K_d 越大，溶质进入孔内的比例越高，也就越晚流出。因此，当具有多种溶质的样品液通过凝胶过滤色谱进行分离时，其 K_d 值的大小就反映了物质的分子量大小，也决定了物质的流出顺序。

在实际的凝胶过滤色谱分离中，如果发现 K_d 大于1，则表明除了凝胶颗粒的尺寸排阻作用之外，溶质与固定相之间还存在其他作用力，如静电作用或疏水作用。为了避免这类吸附作用对分离结果产生影响，可以适当调节提高溶液的离子强度以消除该非特异性结合。

8.1.3.2 色谱曲线

在柱色谱中，常用色谱曲线（或称色谱流出曲线、色谱图）来表示色谱分离的结果。色谱曲线通常是以洗脱时间或洗脱体积作为横坐标，以流出液的信号值（如吸光度、电导率等）为纵坐标的一条曲线，表示样品随流动相进入固定相并流出色谱柱的过程（如图8-3所示）。

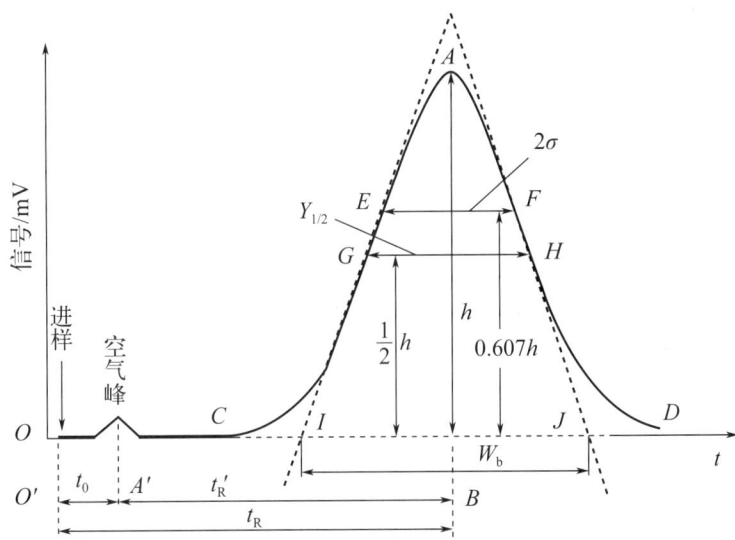

图8-3 色谱曲线示意图

通常用基线、保留值、相对保留值和峰宽等参数来表示某个色谱曲线。

（1）基线

基线表示当不含有样品的流动相通过色谱柱流出，并经过检测器检测到的信号值。当流动相无明显的背景信号，且色谱分离条件恒定时，基线通常为靠近横坐标的一条水平直线。

（2）保留值

保留值指样品中相应组分在色谱柱内的停留情况，通常用保留时间或保留体积（即流出时流动相的体积）表示色谱保留值。其中，保留时间（T_R）指样品从进样到色谱流出液中溶质浓度最大时所经过的时间（如图8-3中的 $O'B$）。当固定相不变，在确定的色谱分离条件下，溶质分子具有特定的保留时间，它也是色谱分离的基本参数。

相应地，保留体积（V_R）即指从进样到色谱流出液中溶质浓度最大时流出液的体积。因此，保留体积与保留时间具有以下关系：

$$V_R = t_R F_0 \tag{8-15}$$

式中，F_0表示色谱分离时流动相的流速，mL/min。

由于整个色谱柱中除了固定相之外，还有上样处到与固定相接触之间的空间，包括各种管路和连接头等。因此，在上样后的一段时间内，流动相尚未与固定相作用，这个时间就称为死时间（t_0）。相应地，死时间内流动相流过的体积就称为死体积（V_0，$V_0=t_0F_0$）。

为了更好地表示色谱分离过程，多数时候会用调整保留值代替保留值。其中，调整保留时间（t'_R）指扣除了死时间的保留时间（如图8-3中的$A'B$），可表示为：

$$t'_R=t_R-t_0 \tag{8-16}$$

而调整保留体积（V'_R）则表示扣除了死体积后的保留体积：

$$V'_R=V_R-V_0 \tag{8-17}$$

（3）相对保留值

相对保留值表示多种组分调整保留值的比值。例如，相对保留值r_{12}表示溶质1和溶质2调整保留时间或调整保留体积的比值：

$$r_{12}=\frac{t'_{R_1}}{t'_{R_2}}=\frac{V'_{R_1}}{V'_{R_2}} \tag{8-18}$$

相对保留值只与温度和固定相的性质相关，与其他色谱操作条件无关。相对保留值是评价色谱分离技术对多种组分分离选择性的主要依据。

（4）峰宽

峰宽即色谱峰的宽度，可以反映色谱的分离效率。峰宽通常有三种表示方法：

① 标准偏差（σ）：当色谱峰呈现高斯分布时，曲线两侧拐点之间距离的一半，即峰高0.607倍处峰宽的一半（图8-3中$0.5EF$）。

② 半峰宽（$Y_{1/2}$）：半峰宽表示峰高一半处峰宽的一半（如图8-3中的$0.5GH$）。半峰宽与标准偏差具有以下关系：

$$Y_{1/2}=2\sigma\times\sqrt{2\ln 2}=2.354\sigma \tag{8-19}$$

③ 峰基宽度（W_b）：峰基宽度表示色谱曲线拐点处切线与基线交点之间的距离（如图8-3中IJ）。峰基宽度与标准偏差具有以下关系：

$$W_b=4\sigma \tag{8-20}$$

由于半峰宽较为直观且容易测量，多数情况下用它来表示峰宽信息。

8.1.3.3　柱效

柱效是描述色谱柱分离性能最常用的参数之一，通常以理论塔板数N表示。关于塔板理论，可追溯至20世纪50年代，色谱技术正在起步阶段时，Martin等人把色谱的分离过程与分馏过程进行对比，他们将分馏中的塔板理论应用于色谱分析法上。该理念将色谱柱视为分馏塔，在假定的柱内存在N个虚拟的塔板。在每一塔板的空间内，样本中的各成分在两相之间进行分配，最终达成平衡。结果是，挥发性强和挥发性弱的成分间得以分离，挥发性强的成分最先从塔顶（即柱后）脱离。虽然这个塔板理论并不能完全准确地描述色谱柱的分离过程，毕竟色谱分离与一般的分馏塔分离在原理上有显著的不同，但此解释简洁直观，因此被广泛采用并传承至今。

基于塔板理论，色谱的分离效率可用塔板数N来表示，其计算公式为：

$$N=5.54\left(\frac{t_R}{Y_{1/2}}\right)^2=16\left(\frac{t_R}{W_b}\right)^2 \tag{8-21}$$

在死时间内溶质在两相之间尚未发生分配行为，因此在计算时应将其扣除。扣除了死时间后色谱的有效塔板数$n_{有效}$和有效塔板高度$H_{有效}$可表示为：

$$N_{有效}=5.54\times\left(\frac{t'_R}{Y_{1/2}}\right)^2=16\left(\frac{t'_R}{W_b}\right)^2 \tag{8-22}$$

$$H_{有效}=\frac{L}{N_{有效}} \tag{8-23}$$

式中，L表示色谱柱的柱长。色谱的理论塔板高度越低，在单位长度中的理论塔板数越高，则分离效率越高。影响理论塔板高度或理论塔板数的主要因素包括：固定相的类别、固定相装填的均匀程度、流动相的理化性质及流速等。由于同一色谱柱对不同分子的分离效率不同，因此当使用H、N、$H_{有效}$、$N_{有效}$等参数描述色谱分离效率时应同时说明分离的物质和条件。

8.1.3.4 分离度

色谱分离的效率用分离度，即分辨率R来表示，分离度可根据保留时间和峰宽计算：

$$R=\frac{t_{R(B)}-t_{R(A)}}{\frac{1}{2}(W_{b(A)}+W_{b(B)})} \tag{8-24}$$

或

$$R=\frac{2(t_{R(B)}-t_{R(A)})}{1.669(Y_{1/2(A)}+Y_{1/2(B)})} \tag{8-25}$$

式（8-22）和式（8-23）中，A、B两种溶质保留时间的差值反映了溶质在两相中分配行为对分离效果的影响，属于色谱分离的热力学因素；而A、B两种溶质的平均峰宽则代表了色谱分离过程中峰展宽对分离效果的影响，属于色谱分离的动力学因素。因此，两种溶质的保留时间差别越大，且色谱峰越窄，色谱分离效果越好。当两种溶质无法通过色谱进行分离时，分离度小于1，色谱峰难以分开；而当两种溶质恰好可以分离，即两色谱峰在峰底处分开时，分离度刚好等于1；而最佳的分离条件应是R大于1，且越大越好，表示两种溶质被完全分开（图8-4）。

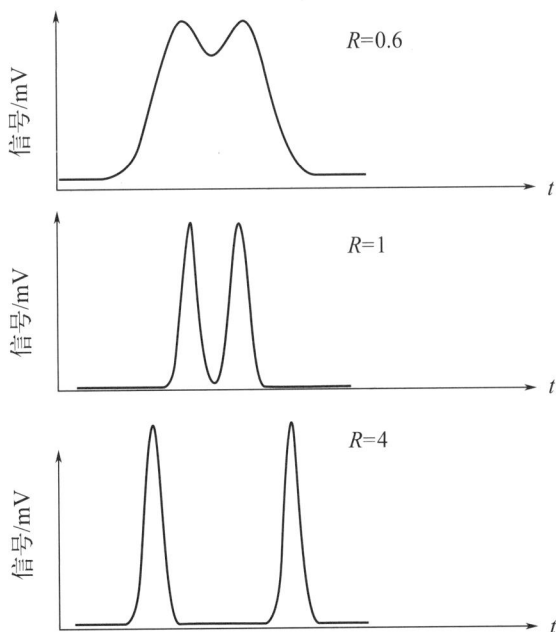

图8-4 不同分离度下的色谱曲线

8.1.4　色谱分离过程

目前在绝大多数生物制品纯化过程中均使用柱色谱分离法，不同的柱色谱分离技术其操作过程及实验装置基本类似。柱色谱分离过程一般涉及以下步骤：装柱、平衡、上样、淋洗、洗脱及再生等。在凝胶过滤色谱与分配色谱中，样品在柱内流动的同时进行分离，不存在吸附过程，因此不存在淋洗操作。

（1）装柱

色谱固定相装填质量是影响色谱分离效果的关键因素，特别是对于凝胶过滤色谱，装柱质量直接决定最终的分离情况。装柱的基本原则为：介质装填均匀、平整、无气泡。基本装柱流程为：① 空的干净色谱柱垂直固定，关闭下方出口，打开上盖；② 将凝胶介质悬浮于一定体积的纯水中，制成相应浓度的悬浮液（如50%），边振荡边沿玻璃棒快速加至色谱柱中。凝胶悬液应沿色谱柱内壁流下，避免产生气泡。残留于杯壁的介质用少量水冲洗，并加入色谱柱中；③ 静置，待介质完全沉降后打开下端出口，待介质上方液面降至距离填料表面约2～3cm时关闭下端出口；④ 将色谱柱上盖进样管连接蠕动泵，控制一定的流速将缓冲液吸入色谱柱中，并打开下端出口；⑤ 流入一定体积的缓冲液后，色谱柱内填料的致密程度不变，关闭出口。

色谱柱装填后应对光检查均匀度及是否有气泡及多重界面，有问题应重新装柱方可使用。装柱时的温度应与使用时一致，以避免气泡的产生。由于装柱过程较为烦琐费时，且装柱质量直接影响分离效果，目前也有多种不同填料和规格的商品化预装柱。

（2）平衡

测量柱体积后一般用大于5倍柱体积的缓冲液进行润洗，使柱内填料充分平衡（equilibrium）。在选择平衡缓冲液时，应考虑缓冲液中盐的种类、浓度、pH值等因素，应通过一系列实验进行优化和确定，以提高后续分离的效率。除了用凝胶过滤色谱进行蛋白质脱盐换液之外，多数情况下可选择溶解样品的缓冲液作为平衡缓冲液。

（3）上样

上样（loading）时，样品浓度不应过高，对于蛋白质而言一般应低于10mg/mL。样品液应进行预处理，上样前应通过0.45μm或0.22μm的微滤膜去除溶液中可能存在的大颗粒杂质，避免引入过多杂质污染色谱柱，影响分离效果，并降低凝胶的使用寿命。此外，上样流速应根据浓度做合理的调节，如样品浓度较高时，应降低流速，促进样品与固定相的充分接触；反之，当样品浓度较低时，可适当提高流速，提高分离效率。上样时间需根据填料的吸附容量而定，一般达到饱和吸附量的80%即可。

（4）淋洗

对于吸附色谱，上样结束后应用平衡缓冲液淋洗（washing）色谱柱，除去残留在柱内的杂质，该步骤也称为洗杂。为了削弱杂质分子与填料介质之间的弱相互作用，提高洗杂效率，提高目标物的纯度，可改变淋洗缓冲液的组成。例如，可提高或降低盐浓度、改变pH值、加入表面活性剂或添加少量能与填料竞争结合的分子。淋洗时应注意所用的淋洗缓冲液体积不宜过大，否则可能导致产物回收率下降。对于初始纯度较高的样品，一般使用几倍柱体积的淋洗缓冲液即可，而对于杂质含量较高的样品，可能需要添加10～100倍柱体积的淋洗缓冲液才能基本洗去杂质，但同时也可能导致目标产物的收率大幅下降。

（5）洗脱

将目标产物从色谱柱中分离出来的步骤称为洗脱（elution）。对于凝胶过滤色谱和分配色谱，洗脱通常直接与上样步骤相连，洗脱缓冲液也与上样缓冲液类似。而对于吸附色谱而言，洗脱缓冲液与上样或淋洗缓冲液截然不同。洗脱缓冲液应考虑缓冲液中盐的种类、浓度、pH及其他添加物等，最大程度洗脱并回收目标物，同时避免混入杂质分子，提高产品纯度。常用的洗脱方式主要有三种：

① 等度洗脱（isocratic elution）：将固定组成的洗脱缓冲液直接加入淋洗后的色谱柱中，一次性将目标物从填料中解离并洗脱下来。该方式操作较为简便，适用于纯度较高、容易洗脱的样品（图8-5）。

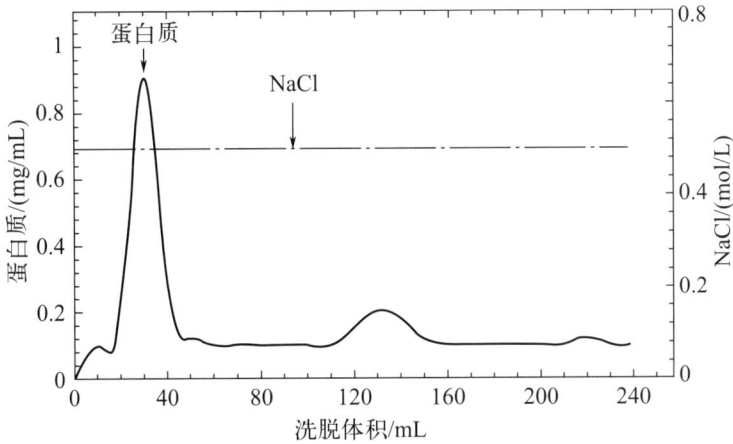

图8-5　等度洗脱曲线

② 分步洗脱（step elution）：当样品中杂质含量较多、组成复杂时，可先选择一种洗脱缓冲液洗去杂质，此时大多数目标物仍结合在柱中。然后用另一种具有不同性质（如pH、盐浓度等）的洗脱缓冲液来洗脱目标物（见图8-6）。例如，用肝素亲和色谱分离酸性成纤维细胞因子时，可先选择0.05mol/L、pH=7.5的Tris-HCl缓冲液淋洗色谱柱进行洗杂后，再用更高浓度（1mol/L）的同种缓冲液进行二次洗杂去除残留杂质。最后，用1.8mol/L的上述缓冲液进行洗脱，得到高纯度的目标物。

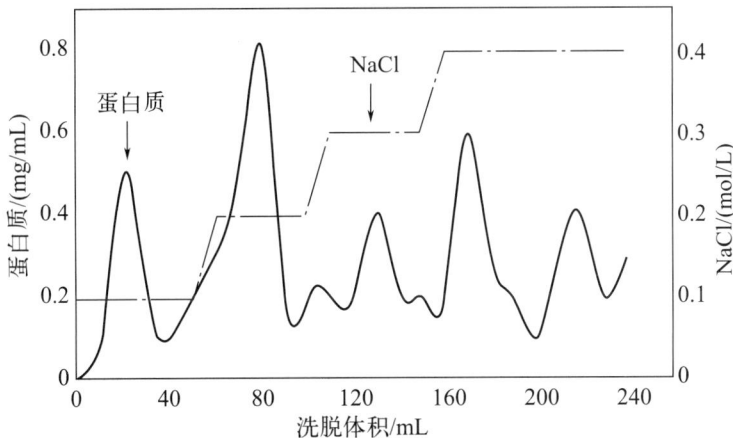

图8-6　分步洗脱曲线

③ 梯度洗脱（gradient elution）：即通过连续改变洗脱液的组成，可使杂质和目标物的洗脱更集中，避免色谱峰拖尾，提高分辨率（图8-7）。

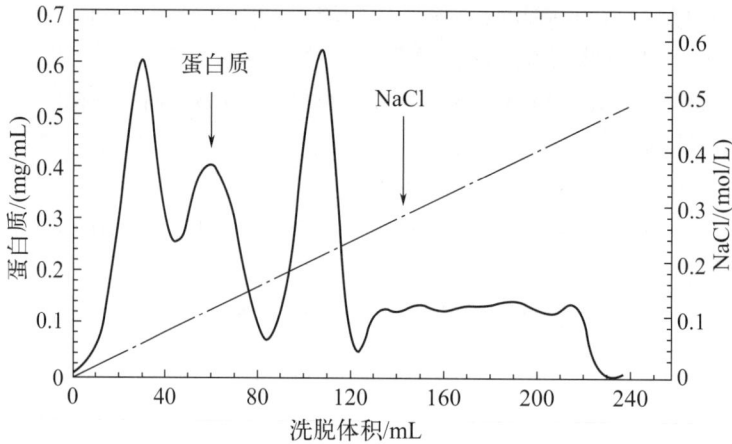

图8-7　梯度洗脱曲线

（6）再生

色谱柱经过多次使用后，可能引起大量杂质污染，吸附容量下降，甚至出现色谱柱分层现象，此时则需要进行再生。再生步骤是提高色谱柱使用寿命和维持分离效果的关键步骤。根据不同填料颗粒的稳定性差异，可采用低浓度的酸或碱、促溶剂（如3mol/L的NaCNS）、变性剂（如6mol/L的尿素或6mol/L的盐酸胍）、有机溶剂（如70%乙醇）、表面活性剂（如1%的SDS）等处理。使用这些试剂进行色谱柱清洗时应注意清洗剂与介质接触时间不宜过长，以免破坏介质。清洗剂清洗完毕后应用大于3倍柱体积的纯水或缓冲液对色谱柱进行润洗，去除所有残留的清洗剂。

8.1.5　色谱分离系统

在生物分离工程中，色谱分离技术，尤其是液相色谱法因其高效性和适用性而被广泛应用。典型的液相色谱系统集成了进样系统、液流系统、分离系统、检测系统和数据处理系统等多个部分，这些系统的精确性和效率依赖于其各个组成部分的精细调控和协同作用。特别是高效液相色谱（HPLC）技术，在生物大分子的精确分离和纯化中发挥着至关重要的作用。

8.1.5.1　色谱分离系统组成

（1）进样系统

进样系统负责将待分析的样品定量引入色谱系统中。为了确保分析的准确性，进样器必须具有高精度和良好的重复性。进样方式通常包括手动和自动两种形式，如旋转阀和注射泵。在高效液相色谱设备中，自动进样器由于其提高样品处理量和一致性的能力，成为高通量分析的关键组件。例如，高效液相色谱系统中常用的六通阀进样器，它由圆形密封垫（转子）和固定底座（定子）组成。其工作原理为：准备状态时，样品经微量进样针从进样孔注射进定量环，定量环充满后，多余样品从放空孔排出；进样状态时，将手柄转动至进样状态，阀与液相流路接通，由高压泵输送的流动相冲洗定量环，推动样品进入液相分析柱进行分析。

（2）液流系统

液流系统由泵和混合器组成。泵的作用是以恒定的流速推动流动相通过色谱柱，而混合器则确保不同的溶剂能均匀混合，形成所需的移动相组成。在色谱系统中流动相在引入色谱柱之前应先经 $0.45\mu m$ 或 $0.22\mu m$ 滤膜过滤去除大颗粒。在 HPLC 设备中，泵需要能够产生高达数千个大气压的压力，以保持流速的均匀性。混合器的作用在梯度洗脱法中尤为重要。此外，梯度洗脱装置可通过程序控制高压泵使流动相的离子强度、pH 值和极性等发生变化，从而提高分离效率。

（3）分离系统

分离系统即色谱柱，是色谱的核心。色谱柱内部填充有固定相，可以是颗粒、凝胶或其他多孔材料，这些材料的化学和物理特性直接影响分离效果。根据不同的色谱类型，固定相的选择也会有所不同，例如反相色谱常用的是疏水性材料，而离子交换色谱则使用带有电荷的固定相。高效液相色谱系统中最常搭载的是凝胶过滤色谱柱和反相色谱柱，尤其是反相色谱。

（4）检测系统

检测系统用于实时监测从色谱柱中流出的组分。检测器的灵敏度和选择性是确保能够准确识别和量化组分的关键。常见的检测器有紫外-可见光谱检测器、荧光检测器、折光率检测器和质谱检测器等。每种检测器都有其独特的检测原理，适用于不同类型的分析物。

（5）数据处理系统

数据处理系统接收检测器的信号，并将其转换为数字信号，然后由计算机软件进一步处理和分析。高级的色谱数据系统可以进行复杂的数据处理，如峰面积计算、定量分析、结果报告以及方法开发等。

8.1.5.2 色谱技术在工业上的应用和发展

色谱技术在工业领域的应用和发展显示出其在生物制品分离和纯化方面的重要性。全球范围内，多家企业致力于色谱设备和填料的研发与制造，推动着这一技术的不断进步。例如，思拓凡（Cytiva，原 GE 生命科学）是生物制品生产领域的领军企业之一，其生产的色谱填料涵盖了凝胶过滤色谱、离子交换色谱和各种亲和色谱等多种类型，广泛应用于生物技术和制药工业。这些填料因其高效性和可靠性而受到业界的高度评价。如图 8-8 所示为 Cytiva 公司的 ÄKTA^{TM} pure 色谱纯化系统。此外，伯乐（Bio-Rad）、默克（Merck）、赛诺菲（Sanofi）、东曹株式会社（Tosoh）等公司也提供了一系列高性能的色谱系统和填料产品，都得到了不同程度的应用。尽管国内企业在色谱领域起步较晚，但近年来已显著缩小了与国际企业的差距。多家国内企业通过引入先进技术和自主创新，成功研发出具有高分辨率和高稳定性的色谱产品。例如，纳微科技作为国内的代表企业之一，其生产的色谱产品在色谱市场上逐渐扩大了其影响力。

随着生物工程相关技术和应用的快速发展，对色谱技术的需求预计将持续增长，特别是在单克隆抗体、疫苗等重要生物制品的研发和生产领域。在这一过程中，也将对色谱技术的发展提出更高的要求，包括提高分离效率、降低运行成本和增强操作便利性等方面。例如，生产更小粒径、更均一粒度分布和更高稳定性的介质，更大范围地应用多模式色谱以提高分辨率等。同时，优化色谱系统的能源效率，减少所需的溶剂和试剂量，以及开发更耐用的色谱介质等均可降低色谱分离成本，并减少环境污染。此外，自动化操作和人工智能技术的引入也会是未来色谱分离技术的一大发展方向，能够使使用者更容易进行色谱分离操作及复杂数据处理。

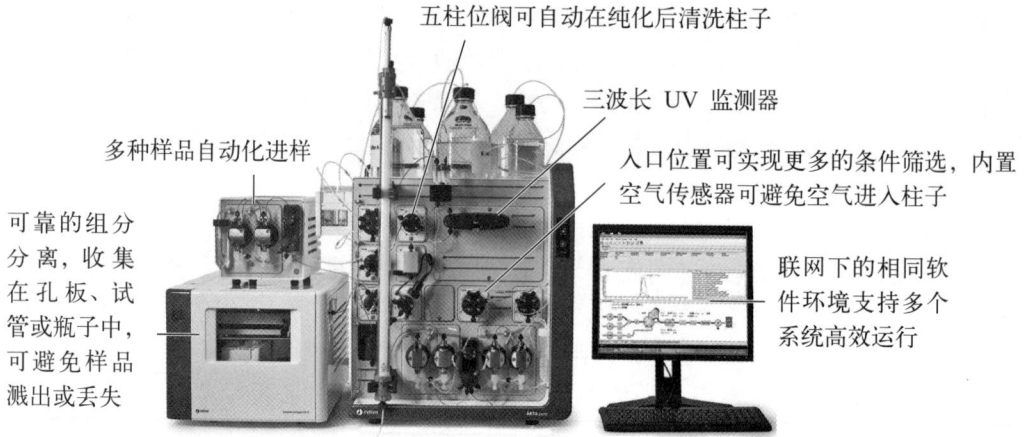

图 8-8 ÄKTA™ pure 色谱纯化系统

8.2 凝胶过滤色谱

8.2.1 凝胶过滤色谱的原理与特点

凝胶过滤色谱（gel filtration chromatograph，GFC）又称凝胶排阻色谱、分子筛色谱、凝胶色谱等，是一种根据分子大小和形状进行分离的色谱纯化手段。凝胶过滤色谱的填料介质主要是由聚合物交联形成的多孔状微米级球形颗粒，也称凝胶微球。将该微球填充至色谱柱后，微球间及微球内均存在间隙和孔洞与流动相接触。当流动相中的溶质分子粒径大于填料微球孔径时，该分子无法进入凝胶内部，只能从微球间隙中经过，流经路径较短。反之，当溶质分子粒径小于填料微球孔径时，它会随流动相进入凝胶内部，流经路径较长。因此，凝胶过滤色谱分离的基本原理即不同尺寸的分子因进入凝胶微球孔洞的比例不同，其随流动相通过色谱柱的路径不同，导致其在固定相中停留的时间具有差异，最终在不同的保留时间或保留体积范围内从色谱柱中洗脱得以分离（图 8-9）。

8-1
凝胶过滤色谱

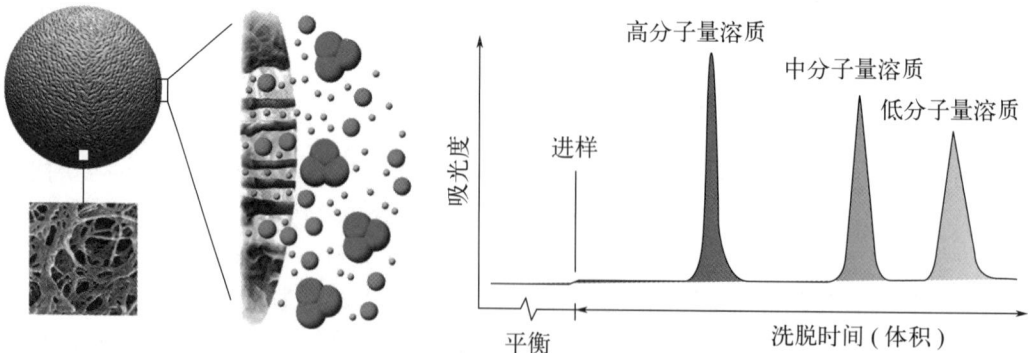

图 8-9 凝胶过滤色谱原理

凝胶过滤色谱的特点包括：① 凝胶过滤介质不带电荷，具有显著的化学惰性和稳定性，能够在中性溶液中进行分离，条件温和，不与待分离物质发生化学反应或使其变性失活，分离重现性好；② 可兼容各种无机盐、小分子、表面活性剂或变性剂等，不影响分离效率；③ 分离效率高，目标物的回收率高；④ 适用性强，可用于不同大小的物质分离，如寡糖、寡肽、寡核苷酸等分子量较低的生物小分子，或多糖、蛋白质与核酸等生物大分子；⑤ 分离设备相对简易，操作方便，纯化周期短，可反复使用。凝胶过滤色谱的缺点在于分辨率较低，分子量差别不大的蛋白质难以分离；通常需要搭建较长的色谱柱，或使用多柱串联系统，凝胶填料用量大，成本较高；此外，凝胶过滤色谱会稀释样品，导致溶质浓度下降，因此常需要浓缩后进行上样。

根据应用范围，凝胶过滤色谱可分为脱盐换液型、制备型和分析型三类。

（1）脱盐换液型

将蛋白质或其他生物大分子溶液中的盐或其他小分子去除时所用的凝胶过滤色谱。一般情况下可以使用宽而短的色谱柱，使用微球体积较大的凝胶，在高流速下注入大体积样品（可达30%柱体积）。此时，所用的填料排阻极限应大于所要去除的盐，而小于目标大分子。

（2）制备型

即通过特定孔径的凝胶过滤色谱填料对具有不同分子量的生物分子混合物进行高分辨率分离的方法。制备型凝胶过滤色谱常常在低流速下使用较长的色谱柱，或多柱串联系统对小体积样品（总柱体积的0.5%到4%）进行分离分级。凝胶微球的粒径通常大于12μm，且随颗粒粒径的减小，分辨率增加。理想情况下，制备型凝胶过滤色谱可用于纯化经其他色谱技术部分纯化的小体积样品，因此常用于纯化的最后精制阶段。

（3）分析型

即将凝胶过滤色谱与高灵敏的检测结合，实现样品的实时跟踪与检测。例如，将凝胶过滤色谱与紫外可见分光光度计、荧光分光光度计、电导仪、质谱或多角度光散射仪等串联使用。分析型凝胶过滤色谱用于检查样品质量或研究生物分子的性质，通常在低流速下使用长柱（通常为30cm），适用于小体积样本（占柱体积的0.3%到0.5%）。凝胶微球大小通常为4～12μm，从而实现高分辨率。分析型凝胶过滤色谱常用于小体积样品，因此常配备预装柱（通常为15cm的短柱）以控制成本并保证分离的分辨率和重现性。结合已知分子量的蛋白质混合物，分析型凝胶过滤色谱也可用于未知蛋白质的分子量测定。

8.2.2 凝胶过滤色谱填料

凝胶过滤色谱所用的填料介质为具有多孔结构的聚合物球形颗粒，它是凝胶过滤色谱的基础。一般而言，填料微球的孔径大小及分布范围直接影响色谱分离选择性，而填料微球大小则影响色谱柱的柱效。在具体应用中，要根据被分离物质的分子量大小及分离目的，选择适当的凝胶介质。一般需要符合以下要求：① 亲水性好，表界面惰性高，不容易发生化学反应，与溶质之间不容易发生化学或物理吸附作用；② 稳定性好，在不同离子强度和pH值的溶液中均可保持稳定，能够耐受一定浓度的表面活性剂和有机溶剂，具有一定的温度和压力耐受性，便于清洗和灭菌；③ 直径均一，具有一定的孔径分布范围；④ 机械强度高，能够在色谱操作流速和压力范围内稳定，体积和结构不发生变化。

8.2.2.1 凝胶过滤填料的主要参数

① 排阻极限（exclusion limit）：表示无法进入凝胶微球孔内的最小分子的分子量。

② 分级范围（fractionation range）：表示凝胶过滤色谱柱所能分离的溶质分子量分布范围。

③ 吸水量（water regains）：表示干重为1g的凝胶微球所能吸收的水分，也表示为溶胀率（吸水量×100%）。

④ 凝胶微球粒径（gel bead size）：凝胶微球一般为球形，通常粒径越小，分离效率越高。

⑤ 柱床体积（bed volume）：表示干重为1g的凝胶溶胀后的终体积。

⑥ 空隙体积（void volume）：表示色谱柱中凝胶微球间隙的总体积，即V_0。

8.2.2.2 凝胶微球的种类

目前用于凝胶过滤色谱的填料微球种类繁多，按形成凝胶的聚合物类型可分为葡聚糖凝胶、琼脂糖凝胶、聚丙烯酰胺凝胶、聚苯乙烯-二乙烯苯凝胶、二氧化硅凝胶，以及由两种以上聚合物混合形成的复合凝胶，如琼脂糖-葡聚糖混合凝胶、聚丙烯酰胺-葡聚糖混合凝胶等。按凝胶过滤色谱的柱效和分辨率还可分为标准凝胶和高效凝胶。大多数传统凝胶类型属于标准凝胶，其主要特点是凝胶微球尺寸较大（100～250μm），机械强度较低。而一些新型的凝胶介质，如二氧化硅、亲水性乙烯基聚合物或高交联琼脂糖，则属于高效凝胶，这类凝胶微球尺寸较小（5～50μm），机械强度较高，通常具有较高的柱效、分辨率和分离速度。下面主要介绍几种常见的凝胶类型。

（1）葡聚糖凝胶

葡聚糖（dextran）是一种天然的阴离子多糖，其形成的聚合物交联葡聚糖是凝胶过滤色谱中常用的填料介质。交联葡聚糖是由葡聚糖分子通过交联剂连接起来而形成的高分子网络结构，交联剂的引入可以增强葡聚糖的稳定性，赋予其独特的孔隙性质，并形成凝胶微球。凝胶微球的孔洞大小由葡聚糖分子的交联程度决定，也称为交联度。交联度越大，形成的凝胶微球孔径越小，其排阻极限和分级范围越小。

交联葡聚糖凝胶是最早被商品化的色谱凝胶介质，由瑞典Pharmacia公司（现Cytiva公司）开发生产，并将其商品名定为Sephadex。"Sephadex"名称中"Seph"的部分来源于Pharmacia公司开发的其他分离介质的统称，"dex"则来源于它们的制备材料葡聚糖（dextran）。Sephadex是由葡聚糖通过环氧氯丙烷交联形成的三维网状凝胶微球。其中，交联剂环氧氯丙烷的用量决定了凝胶的交联度和孔隙大小，进而决定了凝胶微球的排阻极限或分级范围。Sephadex根据交联度差异，具有一系列不同的产品型号，包括G-10、G-25、G-50、G-75、G-100、G-150、G-200等。Sephadex G后面的数字越小，说明交联度越大，则凝胶的排阻极限或分级范围越小。反之，数字越大，则排阻极限或分级范围越大。例如，Sephadex G-25的排阻极限大约是5000Da。交联度相同（即G后面的数字相同）时，可根据凝胶微球的大小分为粗、中、细、超细等不同规格。颗粒越小，色谱柱柱效越高，操作时可承受的压力越大。表8-1列举了一些Sephadex G系列凝胶的型号和特性。

Sephadex G系列凝胶常用于生物大分子的脱盐换液，具有良好的温度稳定性，可耐受110℃的高温，可在沸水中溶胀、脱气和灭菌。此外，Sephadex G系列凝胶在中性或碱性溶液中稳定性好，因此可用碱液进行清洗和再生。然而，该系列凝胶在强酸性溶液中不稳定，葡聚糖结构会被水解。此外，应避免使用氧化剂，因为葡聚糖结构中的羟基会被氧化为羧基，

表8-1 Sephadex系列凝胶微球的特征和典型应用

色谱填料微球	粒子大小/μm	溶胀率	分离范围（分子量）	典型应用
Sephadex G-10 Medium	$40 \sim 120$①	1.4	$< 7 \times 10^2$	用于小分子如肽段（分子量＞700）与更小分子（分子量＜100）的分离
Sephadex G-25 Superfine	$20 \sim 50$②	1.7	$1 \times 10^3 \sim 5 \times 10^3$	常用于分子量＞5000的蛋白质等大分子溶质，及纳米颗粒的脱盐换液及小分子杂质的去除
Sephadex G-25 Fine	$20 \sim 80$②	1.7	$1 \times 10^3 \sim 5 \times 10^3$	
Sephadex G-25 Medium	$50 \sim 150$③	1.7	$1 \times 10^3 \sim 5 \times 10^3$	
Sephadex G-25 Coarse	$100 \sim 300$③	1.7	$1 \times 10^3 \sim 5 \times 10^3$	
Sephadex G-50 Fine	$20 \sim 80$②	2.1	$1 \times 10^3 \sim 3 \times 10^4$	适用于分子量＞30000的分子与分子量＜1500的分子分离，如荧光标记蛋白或DNA与未结合染料的分离，或长链核酸中小核苷酸的去除

① 表示超过85%的粒子体积在所示范围内。

② 表示超过80%的粒子体积在所示范围内。

③ 表示超过90%的粒子体积在所示范围内。

使凝胶带上负电荷，对分离过程产生影响。另外，Sephadex G系列凝胶的机械强度较低，特别是交联度较低的Sephadex G-100、G-150和G-200，需控制较低的操作压力和流速，避免凝胶微球破碎。

（2）琼脂糖凝胶

琼脂糖是一种从海藻中提取的多糖，是由D-半乳糖和3，6-脱水-L-半乳糖两种单糖连接形成的中性链状分子。当热的琼脂糖溶液冷却后，单个链状琼脂糖分子之间会形成双螺旋并聚集成束状结构，最终形成稳定的凝胶。因此，琼脂糖无需交联剂存在也能自发形成多孔结构的凝胶微球。琼脂糖凝胶微球最早同样是由Pharmacia公司开发生产的，根据产品结构和特性不同，共有三种不同的系列，其商品名分别为Sepharose、Sepharose CL和Superose。

① Sepharose：这是一款经典的琼脂糖凝胶微球，不存在交联剂，仅通过链状琼脂糖分子之间的氢键维持结构稳定性。因此，通过改变琼脂糖的用量可以制备具有不同孔径分布范围的凝胶微球。例如，根据琼脂糖含量不同，Sepharose系列凝胶还可细分为Sepharose 2B、Sepharose 4B和Sepharose 6B，分别对应琼脂糖含量为2%、4%和6%。Sepharose凝胶的分级范围较宽，适合于多种具有不同分子量的生物大分子混合物的分离。Sepharose系列凝胶的化学稳定性较好，可稳定存在于pH=4 ~ 9的盐溶液中，并且能够耐受一定量的尿素和盐酸胍变性剂，因此适用于大多数凝胶过滤色谱过程。但Sepharose凝胶的温度稳定性较低，通常只能在0 ~ 40℃的温度范围内使用，低于0℃会破坏凝胶的结构，而高于40℃会使凝胶熔解。因此，Sepharose凝胶不能使用高温灭菌，只能用二乙基焦磷酸酯等化学灭菌方式。此外，

Sepharose凝胶的分辨率较低，只适合分子量差异大的物质分离。Sepharose凝胶的机械强度较低，且琼脂糖含量越低，机械强度越低。

② Sepharose CL：Sepharose CL系列凝胶可视为Sepharose的改良版，其中，"CL"指的是"cross-linked"，即交联。Sepharose CL系列凝胶加入2, 3-二溴丙醇作为交联剂，在强碱性条件下与琼脂糖发生反应，形成具有更高机械强度和稳定性的多孔凝胶微球。同样根据所用琼脂糖含量的区别，Sepharose CL系列凝胶可进一步分为Sepharose CL-2B、Sepharose CL-4B和Sepharose CL-6B，分别对应琼脂糖含量为2%、4%和6%。Sepharose CL的凝胶微球直径、分级范围方面与Sepharose基本相同，但pH稳定性、温度稳定性和机械强度显著提高。例如，可耐受120℃高温，可进行高温灭菌，在许多有机溶剂和强碱性溶液中结构不受破坏等。但由于是糖类聚合物，应避免接触氧化剂以防止水解。

③ Superose：Superose是一种基于Sepharose开发的新型凝胶过滤填料，由珠状琼脂糖微球经过两次交联后形成，适合于组分分子量差异较大的混合物的分离。Superose具有更高的机械强度、热稳定性及化学稳定性，能耐受0.2mol/L氢氧化钠、0.01mol/L盐酸、1mol/L乙酸、表面活性剂（如1% SDS）、变性剂（如8mol/L尿素和6mol/L盐酸胍）等。此外，Superose还具有更高的分辨率，以及更宽的分级范围。根据琼脂糖的含量，Superose主要分为Superose 6和Superose 12两类，每一类又可根据凝胶微球粒径分为普通级和制备级（prep grade）。

（3）复合结构凝胶

复合结构凝胶是由两种以上不同的化合物形成的凝胶，其具备不同凝胶的特点，并具有独特的性质。例如，Cytiva公司生产的Sephacryl和Superdex系列凝胶即为高分辨率的复合型凝胶介质。

① Sephacryl High Resolution（Sephacryl HR）系列凝胶是由烯丙基葡聚糖通过N, N'-亚甲基双丙烯酰胺交联而成，形成的凝胶微球尺寸分布均一，具有较高的柱效（高达9000个理论塔板数每米）、机械强度、化学稳定性及热稳定性。由于其机械强度高，可进行高速色谱分离；耐受强碱，可用0.5mol/L NaOH作为清洗剂；能耐受121℃、30min反复高温灭菌而不对色谱效果产生影响；分离效果不受表面活性剂、促溶盐类、变性剂等影响。另外，Sephacryl HR还能在多种有机溶剂存在下使用，但从水相过渡到有机相时凝胶床体积会发生变化。根据葡聚糖组分差异，该凝胶的孔径大小不同，分级范围也有差异。

② Superdex系列凝胶是由葡聚糖与高交联度的琼脂糖共价结合形成的凝胶微球，其中琼脂糖使复合凝胶具有较好的稳定性，而葡聚糖则保证了凝胶的色谱分离特性。由于Superdex系列凝胶综合了高交联度琼脂糖和葡聚糖各自的优势，具有极好的机械强度、化学稳定性及热稳定性等，它也是目前分辨率和选择性最高的凝胶介质之一。由于Superdex系列凝胶微球尺寸较小，且分布均匀，具有非常高的柱效（约30000个理论塔板数每米）。因此，Superdex凝胶可在高流速下保持较好的分辨率。根据分级范围不同，Superdex凝胶可分为多种型号。例如，Superdex 75和Superdex 200的分级范围分别与Sephadex G-75和Sephadex G-200相似，Superdex peptide和Superdex 30 prep grade适合分离肽、寡聚核苷酸、小分子蛋白质等分子质量小于10kDa的分子。

几种凝胶过滤色谱填料的分级范围和分辨率如图8-10所示。

8.2.2.3　凝胶微球生产的现状

以上主要介绍了最早由瑞典Pharmacia公司研发，现美国Cytiva公司开发生产的几类代表性凝胶微球，也是国内外应用最为广泛的商品化凝胶微球。此外，一些国际著名生产厂家如

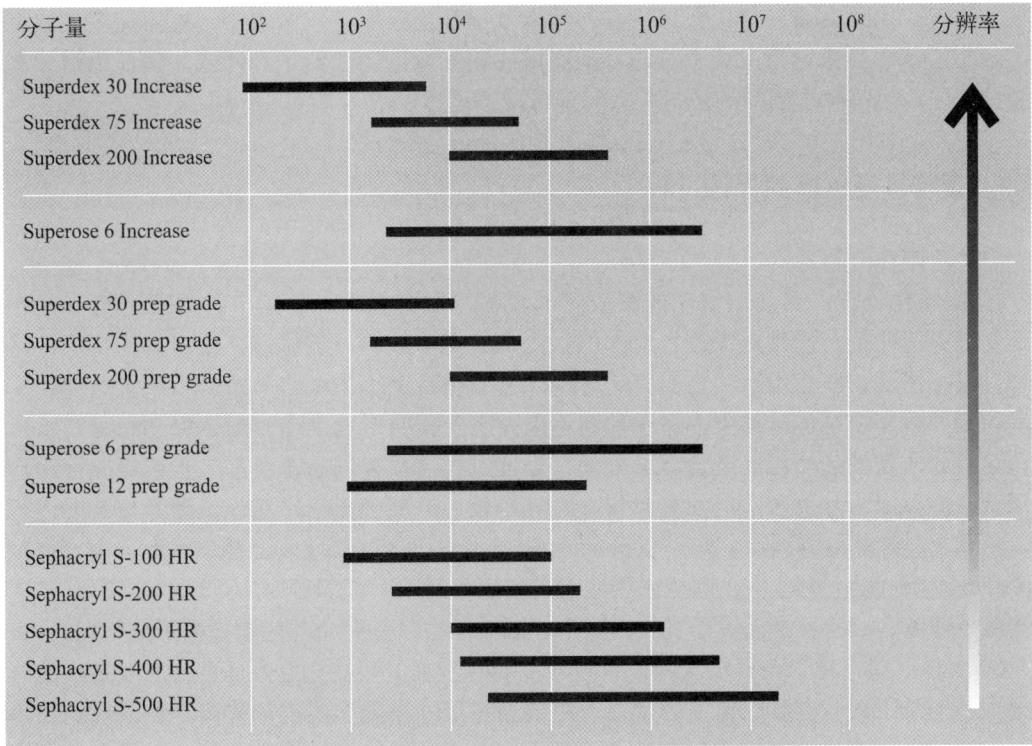

图8-10 几种凝胶过滤色谱填料的分级范围和分辨率

美国Bio-Rad公司、日本Tosoh等也能生产用于凝胶过滤色谱的微球。此外，其他类型的色谱填料大多数也是以凝胶微球为介质，通过不同的表面活化和修饰进行功能化衍生。例如，离子交换色谱所用的微球是在普通微球的表面修饰带有电荷的功能基团；疏水作用色谱是在微球表面连接了不同的疏水配基形成的；而亲和色谱填料则是在微球表面连接能与目标物特异性结合的亲和配体。因此，生产各种不同种类、组成、结构和功能的凝胶微球不仅对凝胶过滤色谱，也对其他色谱技术，甚至磁分离等其他分离技术的发展和应用具有重大的意义。

早在2018年，《科技日报》就报道了制约我国工业发展的35项"卡脖子"技术，包括芯片、操作系统、触觉传感器、真空蒸镀机、医学影像设备元器件等，其中就包括微球的生产技术。在色谱，特别是凝胶过滤色谱应用过程中，为了实现最佳的分离效果，不仅需要严格控制微球粒径大小和粒径分布，还需要精确控制它们的比表面积以及孔道大小和结构。在特定应用，例如液相色谱中，凝胶微球需要承受高柱压，对它们的强度和稳定性要求尤其高。在工业规模的生产过程中，如何对这些参数进行精确的控制，并保证可控、一致和高纯度制备是亟待解决的难题。

凝胶过滤色谱是疫苗、单克隆抗体等重要现代化生物制品研发和生产中不可或缺的分离纯化技术。新冠疫情的暴发让中国科学家们再一次意识到由于分离技术的基础原料和加工设备极度依赖进口，中国在生产高质量凝胶微球及其相关应用方面受制于人，在生物分离领域存在"卡脖子"问题，也导致许多生物制品成本居高不下。庆幸的是，在疫情暴发的刺激下，随着从科研到产业链的全局优化，以及国内相关公司的技术积累和创新转化，这种局面正在逐步被改善。例如，国内某家公司通过多项精准制造底层技术，包括微球基质技术、粒径控制技术、孔径控制技术和表面功能化控制技术等，实现了高质量凝胶微球的自主研发和规模化生产。因此，通过加强微球研发力度以及提升工业生产技术水平，相信在不久的将来我国一定能够攻克微球精准技术难题，彻底解决该领域的"卡脖子"问题，实现色谱分离的完全国产化，提高生物制品的质量并大幅降低成本。

8.2.3 凝胶过滤色谱的操作过程

（1）色谱柱的制备

① 凝胶预处理：目前，常见的凝胶过滤填料主要分为两种。第一种是已经溶胀并保存在适当储存液中的，通常无需进行额外的预处理。这些填料只需静置，使悬浊物沉降，然后可以倾去上清液。在使用时，它们只需与缓冲液按照特定的体积比（如3∶1）进行混合，搅拌均匀后即可装填至色谱柱中。另一种则是以固态干胶的形式存在，例如Sephadex G系列凝胶。这类介质需要在使用前进行溶胀处理。处理过程涉及将固态干胶加入水或缓冲液中，搅拌混合，静置以去除上层的混浊悬浮物，尤其是较小的凝胶微球。这一步骤通常需要进行多次，直至上层液体变得清澈。对于Sephadex G-75型号以下的凝胶，通常只需泡一天，但对于Sephadex G-100以上的型号，可能需要泡三天或更长时间。在需要时，可以在装填色谱柱前，将溶胀处理过的凝胶悬浮液置于真空容器中，以排除空气并防止在色谱柱内形成气泡。

② 装柱：装柱对于色谱技术而言是极为重要的步骤，装柱质量好坏直接影响后续的分离效果。特别对于凝胶过滤色谱而言，由于主要通过尺寸排阻作用进行分离，色谱柱的装填质量对分离结果影响极大。如果凝胶微球填充不均匀，会导致液体流动不稳定，导致分离区带展宽，降低分辨率。为了提高凝胶的装填致密度，避免后续平衡和加样过程对凝胶填料装填效果的扰动，并减少样品中存在的大颗粒杂质对填料的损害，可在柱床上方铺上一层垫片。

③ 装柱质量评估：由于装柱质量至关重要，装柱结束后应对装柱质量进行评估。其中最简单的方法是将柱子对着光源，对填料的透光性进行感官评价，观察柱床是否平整，有无断面或气泡存在。也可通过有色分子进行色谱分离效果的实际考察，以评估装柱质量。例如，蓝色葡聚糖2000是用于评估凝胶过滤色谱分离效率最常用的分子之一，其分子质量在2000kDa左右。将其配制成2mg/mL的溶液，并用装好的色谱柱进行上样洗脱，观察蓝色条带在凝胶柱中移动的情况以检验装柱质量，装柱质量好的凝胶柱在洗脱时条带应保持匀速、平稳地移动。也可采用一组分子量分布均匀的混合物进行色谱分离，观察分离情况来评估装柱质量。

（2）平衡

色谱柱装填好之后应进行平衡操作。与其他色谱技术不同，凝胶过滤色谱的平衡缓冲液与样品液的组成不一定相同，但应与后续使用的洗脱缓冲液相同。平衡是为了保证色谱柱内凝胶微球的孔洞和间隙中的液体与洗脱缓冲液在化学组成、pH值和离子强度等方面完全相同，保证上样和洗脱过程中待分离组分所处的溶液环境不发生变化，减少除体积排阻作用以外的其他因素对分离的影响，并有利于保持目标分子的活性及色谱分离过程的稳定性。平衡步骤通常采用至少5倍柱体积的平衡缓冲液，以确保除去色谱柱内原有的溶液，确保色谱柱完全达到平衡。为了加快这一步骤，可用较高的流速进行平衡，但不能超过色谱柱所能承受的最大流速。

（3）上样

① 样品前处理：为了避免样品中存在的菌或其他大颗粒杂质对凝胶填料的破坏，上样前应通过高速离心或微滤进行前处理；此外，凝胶过滤色谱分离会稀释样品，因此如果样品浓度较低应先进行浓缩处理，如通过超滤进行蛋白质的浓缩。但应注意上样浓度应与色谱柱匹

配，不能过高，否则会降低色谱分离的分辨率。

②加样：加样是将一定体积的样品溶液转移到色谱柱填料的上端，然后通过重力或泵提供的压力使样品流入色谱柱的过程。加样前应保证色谱柱竖直放置，凝胶填料床面水平。加样时应保证样品加样均匀，样品液应均匀分布于凝胶填料上层，保持水平，保证样品进入凝胶的均一性。另外，如果凝胶填料顶端没有预铺一层垫片，则加样应缓慢，避免液流破坏床面的平整性，进而导致色谱峰的展宽，影响分辨率。

加样的方法主要有两种：一是直接将样品加到色谱柱床表面，可采用移液器、滴管或六通阀等进样器；二是液面下加样法，首先保证凝胶柱面上有一定厚度的缓冲液，然后通过蔗糖、葡萄糖或氯化钠等分子调节样品液的密度，使其大于洗脱缓冲液的密度，最后利用具有长针尖的注射器将样品液轻轻注入缓冲液液面下方靠近凝胶填料，使其平铺于床面上。该方法可在一定程度上避免样品液在加样洗脱过程中发生的展宽。

（4）洗脱与收集

加样结束后，当样品液几乎完全进入色谱柱后，应立即加入洗脱缓冲液进行洗脱。洗脱液通常含有一定浓度的盐来提高离子强度，降低样品中溶质与凝胶微球之间的非特异性吸附作用。洗脱时应通过恒流泵或蠕动泵来控制流速恒定。洗脱开始时，在色谱流出端进行收集，制备型色谱分离时可通过自动收集器控制单位时间或单位体积收集一管，最后通过测定一系列流出液中溶质的组成和浓度即可判断样品分离情况，计算样品浓度和回收率等。分离型色谱通常采用高精度的泵控制流速，保证精确度和可重复性，并集成相应的检测装置，利用相应的软件进行色谱条件控制和结果检测。

（5）凝胶清洗与再生

色谱分离结束后常常会有某些物质（如变性的蛋白质、脂质杂质等）结合在填料微球上难以洗脱。这些残留的物质会对下一次的色谱分离产生影响，并降低色谱分离的分辨率，同时可能导致分离压力的上升，污染样品，甚至导致色谱柱堵塞。因此，每次使用色谱柱后应通过一定的方法进行清洗，并且色谱柱使用一段时间后，应用更强烈的方式进行再生，甚至是重新装柱，使其恢复原有的分离性能。

色谱柱的清洗与再生应根据填料微球的结构和稳定性选择不同的方法。清洗方式可分为原位清洗和柱外清洗。原位清洗即在装好的色谱柱内加入一定体积的清洗剂，使其通过凝胶填料，将吸附在填料表面或孔内的杂质从色谱柱中洗出，最后再更换缓冲液或清水清洗。预装柱一般使用原位清洗避免柱效的改变。柱外清洗则是将填料取出后放置于清洗剂中，清洗结束后再进行重新装柱。无论哪种方式，由于大多数凝胶微球能耐受一定浓度的强碱，因此最常规的清洗剂是氢氧化钠溶液。根据填料的pH稳定性，一般选择$0.1 \sim 0.5$mol/L的氢氧化钠溶液进行清洗以去除填料中吸附的污染物。若为原位清洗，一般可选择$1 \sim 3$个柱体积的氢氧化钠溶液，对于稳定性较差的凝胶，则可用更少的碱液进行清洗，以减少填料与碱液接触的时间。清洗结束后应当立即用$2 \sim 3$个柱体积的缓冲液或水将介质洗至中性pH。如果是柱外清洗，可以将取出的填料微球浸泡在$2 \sim 3$个柱体积的NaOH溶液中约半小时，滤除碱液后立即用缓冲液或纯水将填料微球中和到中性pH值。除了碱液清洗之外，非离子型表面活性剂及一定浓度乙醇也是常用的清洗剂。

（6）凝胶保存

凝胶的传统保存方法主要有三种：湿法、干法和半缩法。

①湿法：将清洗再生后的凝胶悬浮于纯水或缓冲液中，加入一定量的防腐剂（如0.02%叠氮化钠、0.02%三氯叔丁醇等）后再放入4℃冰箱中做短期保存（6个月以内）。如果为短时

间保存（1个月以内），可将凝胶置于20%乙醇中，放入4℃冰箱中即可。

② 干法：如果需要保存较长时间，应采用干法保存。例如，依次用浓度逐渐升高的乙醇（如20%、40%、60%、80%等）分步处理再生后的凝胶微球，使其脱水收缩，再抽滤去除乙醇，然后用60～80℃暖风吹干。该方法获得的干凝胶微球可在室温下保存。

③ 半缩法：综合以上两种方法的保存手段，即用60%～70%乙醇使凝胶部分脱水收缩，但不完全干燥，然后封口，放置于4℃冰箱中保存。

凝胶过滤色谱操作流程如图8-11所示。

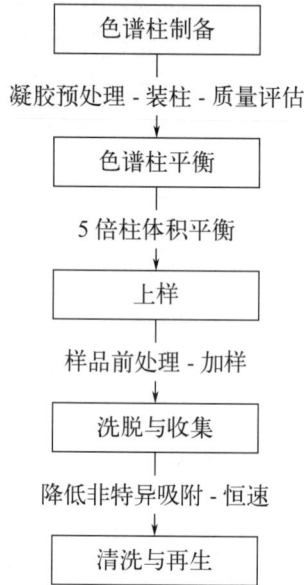

色谱柱制备

凝胶预处理 - 装柱 - 质量评估

色谱柱平衡

5倍柱体积平衡

上样

样品前处理 - 加样

洗脱与收集

降低非特异吸附 - 恒速

清洗与再生

图8-11　凝胶过滤色谱操作流程图

8.2.4　凝胶过滤色谱的影响因素

凝胶过滤色谱的影响因素主要包括凝胶微球、色谱柱、上样量、洗脱流速等。

8.2.4.1　凝胶微球

凝胶过滤色谱中，凝胶微球的选择至关重要，它直接影响凝胶过滤色谱的分离效果。凝胶微球的选择应考虑分离目的、样品性质及操作条件等。首先应考虑分离的目的。对于分析型凝胶过滤色谱，其分离目的主要包括目标物纯度鉴定、分子量大小及其分布的测定等，特点是上样量小、对分辨率和重复性的要求较高。此时应选择凝胶颗粒直径较小、机械强度高的微球，以保证较高的柱效和稳定性。制备型凝胶过滤色谱主要包括对样品进行脱盐和换液、去除小分子杂质以及分离多种溶质组分并进行目标物的制备等，其特点为工业生产中上样量较大，对生产效率、分离速度及成本控制要求高，可适当牺牲分辨率。此时，可选择粒径较大、价格较低，但机械强度大，能提供高流速，且易于清洗和再生的凝胶微球。另外，当分离对象所处溶液中存在一些变性剂（如盐酸胍或尿素）或表面活性剂（如SDS）时，应考虑凝胶微球对这些组分的耐受性。

例如，Superdex 200和Superose 6虽然都是基于琼脂糖开发的填料微球，但由于它们在分级范围和粒径上的差异，所呈现的色谱分离曲线截然不同。如图8-12所示是使用两种填料微球对免疫球蛋白（IgM）、甲状腺球蛋白（thyroglobulin）、铁蛋白（ferritin）、牛血清白蛋白（bovine serum albumin）、肌红蛋白（myoglobin）、维生素B$_{12}$（vitamin B$_{12}$）六种分子的分离情况。结果表明，Superdex 200能够为分子量小于440000的生物分子提供出色的分辨率，而更大的生物分子则与聚集体一起从填料孔隙中洗脱流出，难以分离。另一方面，Superose 6的分级范围较大，因此对大分子量溶质的分离效果更好。

色谱柱：　　Superdex 200 Increase 10/300 GL/Superose 6 Increase 10/300 GL
样品：　　　1.IgM(M_r约970 000)[1]，0.5mg/mL
　　　　　　2.甲状腺球蛋白(M_r 669 000)，1mg/mL
　　　　　　3.铁蛋白(M_r 440 000)，0.1mg/mL
　　　　　　4.牛血清白蛋白(M_r 66 000)，1mg/mL
　　　　　　5.肌红蛋白(M_r 17 000)，0.5mg/mL
　　　　　　6.维生素B$_{12}$(M_r 1355)，0.05mg/mL
样品体积：　100μL
流速：　　　0.5mL/min
缓冲液：　　PBS
色谱系统：　ÄKTAmicro

1 样品中含有IgM的聚集体形式

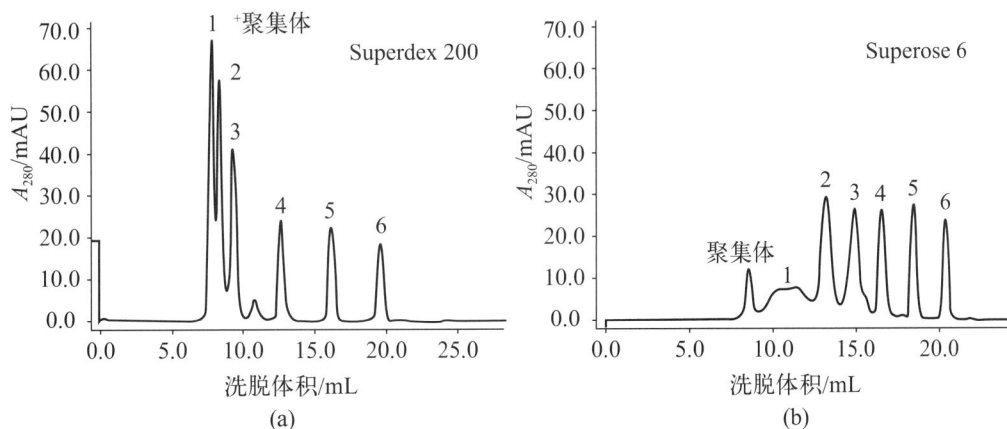

图8-12　填料微球选择对凝胶过滤色谱分离效果的影响

8.2.4.2 流速

在凝胶过滤色谱中，流速对分离效果具有显著影响。通常，较低的流速有利于分子在基质中的扩散，进而改善分辨率，尤其是对于非常小的分子。然而，过低的流速可能会对分辨率产生负面影响。因此，每次分离都需要优化以找到最佳流速。对于大多数分子，使用低流速可以获得最大的分辨率。例如，使用Superose 6分离甲状腺球蛋白、铁蛋白、醛缩酶（aldolase）、卵清蛋白（ovalbumin）、核糖核酸酶A（ribonuclease A）、抑肽酶（aprotinin）六种蛋白质混合样时，流速从1.5mL/min降至0.25mL/min可显著提高分辨率（图8-13）。尽管如此，使用高流速可以加快分离速度，这在筛选实验中的优势通常大于分辨率的损失。如果在低流速下峰值分离良好，可以通过增加流速来减少分离时间。此外，选择流速时还应考虑凝胶微球的机械强度，流速不能超出该微球所能承受的最高流速；色谱操作时柱内产生的背景压力也不能超过该填料所能承受的最大压力。

色谱柱：　Superose 6 Increase 10/300 GL
样品：　　1.甲状腺球蛋白(M_r 669 000)，3mg/mL
　　　　　2.铁蛋白(M_r 440 000)，0.3mg/mL
　　　　　3.醛缩酶(M_r 158 000)，3mg/mL
　　　　　4.卵清蛋白(M_r 44 000)，3mg/mL
　　　　　5.核糖核酸酶A(M_r 13 700)，3mg/mL
　　　　　6.抑肽酶(M_r 6500)，1mg/mL
样品体积：　100 μL
缓冲液：　　PBS (pH 7.4)
流速：　　　1.5 mL/min和0.25mL/min，室温
色谱系统：　ÄKTAmicro

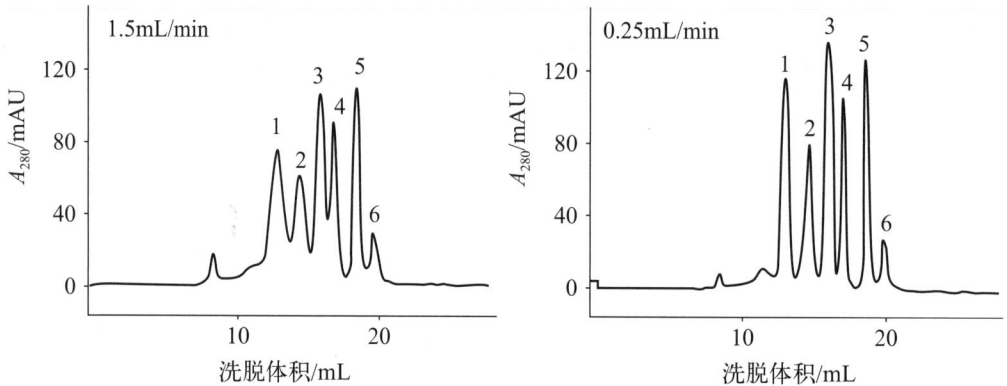

图8-13　流速对凝胶过滤色谱分离效果的影响

8.2.4.3　上样量

在凝胶过滤色谱中，上样量即样品体积对于分离效果至关重要。理想情况下，较小的上样量有助于避免紧密排列的峰值重叠，从而实现更高的分辨率。样品体积可以表示为总柱体积（填充床）的百分比，当样品体积相对于柱体积较大时，分辨率通常会降低，这是因为样品在通过色谱柱时不可避免会发生扩散。为了进行缓冲交换和脱盐，建议使用总柱体积30%以下的样品体积，而为了获得高分辨率的分离，推荐的样品体积为柱体积的0.3%到4%。大多数应用中，样品体积不应超过2%，以确保高分辨率的分离。特定样品的性质可能允许更大的上样体积，尤其是当目标峰值分离良好时。对于复杂样品的分离，从总柱体积的0.5%开始进行优化，通常样品体积进一步低至0.3%无法提高分辨率。浓缩样品可以增加SEC分离的容量，但需要避免过高的蛋白浓度，因为溶液黏度过高可能影响分离过程。

例如，如图8-14所示为用凝胶过滤色谱填料Superdex 200纯化甲状腺球蛋白、醛缩酶、伴清蛋白（conalbumin）、碳酸酐酶（carbonic anhydrase）、核糖核酸酶A、混合样的色谱曲线。结果表明，上样量为50μL或4μL均可分离出6种溶质，但上样量较低时分辨率更高。

8.2.4.4　柱体积

凝胶过滤色谱的柱体积通常应与上样量对应，更高的上样量通常需要较大柱体积的色谱系统。因此，通常会使用小体积样品进行色谱条件的优化再进一步放大到大体积的色谱柱中进行样品的纯化与制备。为了提高凝胶过滤色谱的分辨率，通常需要选用细长的色谱柱。例如，用凝胶过滤色谱法分离蛋白质混合物时，柱总长通常为柱内径的25～40倍。但随着凝

色谱柱：　　　Superdex200 Increase 5/150 GL
样品：　　　　1.甲状腺球蛋白(M_r 669 000)，3mg/mL

2.铁蛋白(M_r 158 000)，3mg/mL

3.伴清蛋白(M_r 75 000)，3mg/mL

4.碳酸酐酶(M_r 29 000)，3mg/mL

5.核糖核酸酶A(M_r 13 700)，3mg/mL

样品体积：　　50 μL和4 μL
缓冲液：　　　PBS (pH 7.4)
流速：　　　　0.45 mL/min
色谱系统：　　ÄKTAmicro

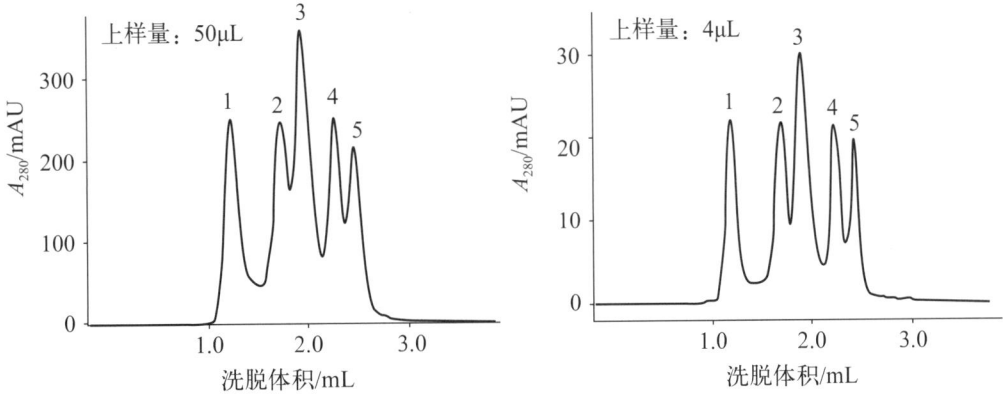

图8-14　上样量对凝胶过滤色谱分离效果的影响

胶柱长的提高，凝胶填料承受的压力增加，因此对凝胶的耐压性要求更高，通常这类耐高压型的凝胶成本昂贵，导致工业规模的凝胶过滤色谱应用受到限制。为此，通常在制备型凝胶过滤色谱运用时会采用串联色谱柱系统，即把凝胶填料分别装入几根相同尺寸较短的色谱柱中，再将这些色谱柱首尾相连，并控制色谱柱间的连接体积最小，串联形成一套完整的凝胶过滤色谱分离系统（图8-15）。串联色谱柱系统的分离效果与单独使用一根长色谱柱相当，但对凝胶填料的耐压性要求小得多，因此可选用价格低廉的凝胶，有利于工业规模的色谱分离，且色谱柱更换方便。

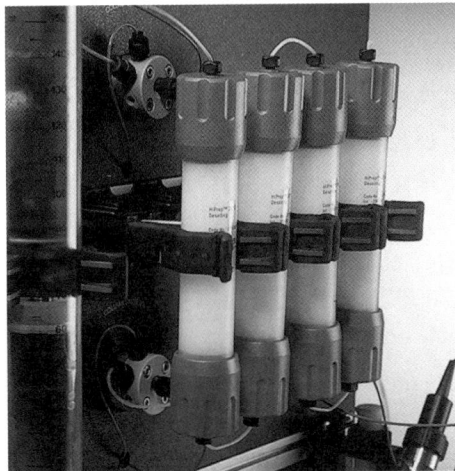

图8-15　串联色谱柱系统

8.2.5 凝胶过滤色谱的应用

凝胶过滤色谱的应用主要可分为脱盐换液、分离分级和分子量测定三类。

8.2.5.1 脱盐换液

生物大分子的分子量与溶液中的盐一般差距较大，因此根据凝胶过滤色谱的原理可以将二者完全分离开。在蛋白质脱盐时，可将平衡缓冲液和洗脱缓冲液更换为所需的样品缓冲液，这样在脱盐的同时即可实现样品缓冲液更换的目的。在凝胶过滤色谱过程中，可用紫外可见或电导率检测器进行实时检测与跟踪。此外，根据应用规模的差异，脱盐换液用的凝胶过滤色谱柱体积可从1mL到2500L不等，并且可以使用多种不同型号的凝胶填料，其中最常用的凝胶填料类型之一为Sephadex G-25。如图8-16所示为用Sephadex G-25凝胶过滤色谱进行小鼠血浆脱盐的色谱曲线，吸光度和电导率检测结果表明血浆蛋白与盐能够完全区分。

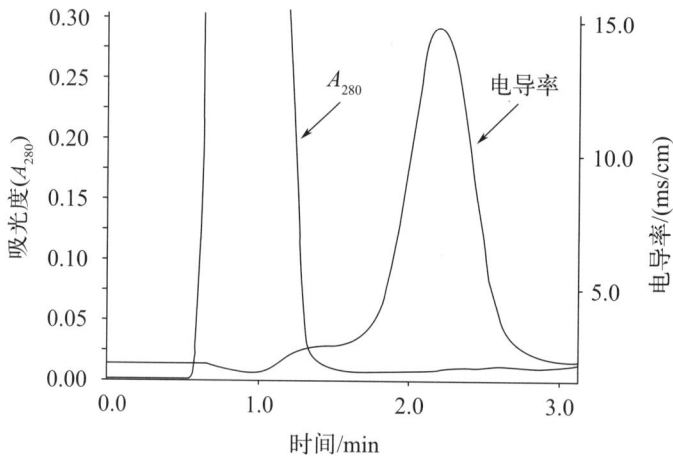

图8-16　通过凝胶过滤色谱（Sephadex G-25）进行小鼠血浆的脱盐

在生物分离过程中，许多分离方法的终止条件都是高盐的环境，例如盐析沉淀、离子交换色谱等，因此凝胶过滤色谱常衔接于这些方法之后，用于蛋白质的脱盐换液。例如，硫酸铵沉淀后的样品可用凝胶过滤色谱去除样品中的硫酸铵；离子交换色谱获得的样品常通过凝胶过滤色谱将高盐洗脱液更换为生理盐水。相较于透析技术，通过凝胶过滤色谱进行脱盐所需的时间短，且脱盐效率较高，一般均可达到98%以上。而与超滤技术相比，凝胶过滤色谱的样品回收率较高，非特异性吸附少，且样品可在不受外力作用下仅通过重力进行脱盐换液，可最大程度保持目标物的活性。但使用时应注意控制上样量与色谱柱体积相匹配，避免导致色谱峰展宽，分离度下降，降低脱盐效率。同时，凝胶过滤色谱会导致样品稀释，若对目标物浓度有一定的要求，应选用较高浓度的初始样，或分离后通过超滤等技术进行浓缩。

8.2.5.2 分离分级

当样品中仅存在两种分子量差异较大的物质时，则与脱盐换液类似，可以用凝胶过滤色谱将两种物质分开。此时，应注意选用凝胶微球的排阻极限，使目标蛋白的分子量大于排阻极限，而杂质分子的分子量应小于排阻极限，最大程度提高最终蛋白质产物的纯度。例如，对单克隆抗体进行荧光标记时，可通过凝胶过滤色谱去除多余的荧光染料，并回收标记了荧光染料的抗体。IgG型的单克隆抗体的分子量约为150000，而小分子荧光染料的分子量一般为300～2000不等，具有非常显著的分子量差异，因此若用Sephadex G-25等凝胶过滤介质对二者进行分离，单克隆抗体分子量超过排阻极限首先从凝胶柱上洗脱出来，而荧光染料可自由进入凝胶孔内，洗脱体积更大。如果上样浓度较大，还可通过观察判断单克隆抗体的荧光标记情况，判断二者的分离效率及单克隆抗体和游离染料的流出峰位置。最后，结合紫外可见分光光度计即可计算单克隆抗体的浓度和回收率，并计算抗体的荧光标记效率（每个抗体上标记的染料分子数）。此外，凝胶过滤色谱还常用于单克隆抗体制备的最后精制阶段，因为上游通过离子交换色谱或亲和色谱等技术纯化的单克隆抗体可能会产生多聚体，这些多聚体无论是电荷特性还是与配体的结合位点都没有显著差异，难以通过其他技术去除。但抗体单体与多聚体之间分子量存在倍数差异，当用凝胶过滤色谱进行精制时，分子量极大的多聚体会先从凝胶柱中洗脱出去，只需回收单体的洗脱组分即可获得高纯度的单克隆抗体。凝胶过滤色谱还能用于观察和筛选某个蛋白酶的抑制剂，因为当蛋白酶及其抑制剂相互作用时会生成分子量比其单体更大的复合物，其流出峰位置会早于二者。

　　如果样品中同时存在多种不同分子量的目标物，则所选凝胶填料的分级范围应涵盖这些不同分子量的物质，从而提高分离效果。如前述图8-12所示，使用合适的填料，在最优的色谱分离条件下可以分离免疫球蛋白、甲状腺球蛋白、铁蛋白、牛血清白蛋白、肌红蛋白和维生素B_{12}的混合物，得到每一种分子的单独洗脱组分。然而，由于凝胶过滤色谱对不同大小分子的分离分辨率有限，当样品组成未知时，凝胶过滤色谱洗脱得到的单峰不代表纯净物，其可能是多种分子量相近蛋白质的混合物。因此，通过凝胶过滤色谱分离出几组具有不同分子量分布范围的组分也称为蛋白质分级。

8.2.5.3　分子量测定

　　在凝胶过滤填料的分级范围内蛋白质的分配常数（或洗脱体积）与蛋白质的分子量的对数呈线性关系（$K_d=a-b\lg MW$）。因此，通过一系列已知分子量的标准品即可用凝胶过滤色谱测定未知物质的分子量。首先，选择一系列分子量已知且具有显著差异的蛋白质混合物作为标准品；然后通过优化好的条件对蛋白质标准品进行凝胶过滤色谱分离，得到每一种蛋白质的色谱流出峰（应能相互分离）；测定每一种蛋白质对应的洗脱体积，或进一步根据洗脱体积计算蛋白质的分配常数，从而绘制蛋白质分子量与分配常数（或洗脱体积之间的标准工作曲线）；在相同的色谱操作条件下分离未知样品，测定其洗脱体积，或进一步计算分配常数；最终，比对蛋白质标准品建立的标准工作曲线即可获得未知样的蛋白质分子量（图8-17）。该方法相较于常规的聚丙烯酰胺凝胶电泳（SDS-PAGE）可以实现未变性蛋白质的分子量测定，且可用于测定某些蛋白质多聚体的分子量。然而，通过凝胶过滤色谱测定分子量时应特别注意蛋白质形状的影响，当标准品和待测样均为球形蛋白时，测定的准确度较高。而对于棒状或线形分子，由于其在凝胶过滤色谱中的分配行为与球形颗粒不同，会导致分子量测定的误差。

　　无论是用于脱盐换液、分离分级还是分子量测定，都需要选择合适的凝胶类型，包括凝胶微球具有合适的孔径大小和较为均一的孔径分布范围等，并优化色谱操作条件，包括装柱的均匀性、样品预处理方式、上样量、洗脱流速等，以达到既定的实验或生产目的。

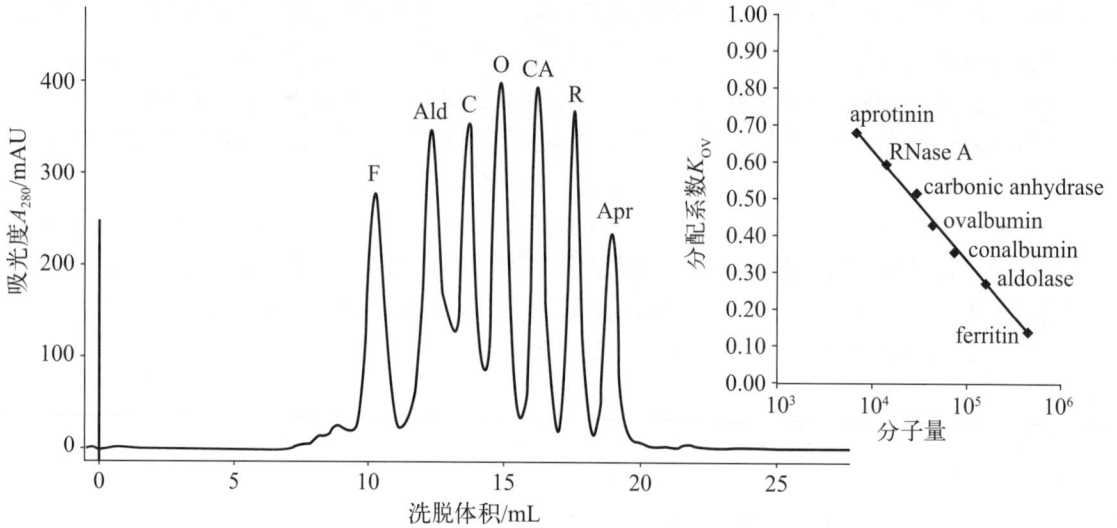

图8-17　抑肽酶（aprotinin，Apr）、核糖核酸酶A（RNase A，R）、碳酸酐酶（carbonic anhydrase，CA）、
卵清蛋白（ovalbumin，O）、结合卵白蛋（conalbumin，C）、醛缩酶（aldolase，Ald）、
铁蛋白（ferritin，F）混合样的凝胶过滤色谱曲线（Superdex G-25），
及蛋白质分子量与分配系数的相关工作曲线

8.3　离子交换色谱

8.3.1　离子交换色谱的原理与特点

离子交换色谱（ion exchange chromatography，IEC）是一种以离子交换剂作为固定相，根据流动相中的各溶质与交换剂上的可交换离子的结合力差异进行分离的一种色谱技术。离子交换色谱要求溶质与固定相的作用具有选择性和可逆性，即离子交换剂能够选择性结合溶液中的目标物或要去除的杂质，并且结合后能将其从色谱柱中洗脱。通过离子交换色谱进行分离时，要求溶液中各待分离组分在特定溶液环境中所带电荷有一定的区别，其中与离子交换剂带相反电荷的组分能与其进行可逆结合，而带相同电荷的组分无法与其结合，即不同溶质携带电荷的种类、数量及分布不同，与离子交换剂的结合能力存在差异，在洗脱过程中按结合力由弱到强的顺序依次被洗脱下来，从而得以分离（如图8-18所示）。待分离物质与离子交换剂间的结合能力取决于分子所带电荷及溶液的离子强度。溶液离子强度较低时，有利于带相反电荷的溶质与离子交换剂结合；反之，当溶液的离子强度较高时，存在大量竞争结合离子，使结合于固定相的溶质重新解离。此外，离子交换作用还与待分离物质的结构与性质、所携带的净电荷及其分布、溶液pH值、固定相的组成、溶液中存在的添加剂（如表面活性剂等）密切相关。

离子交换色谱具有以下特点：① 分辨率较高，根据分离对象的特点选择合适的离子交换剂可得到较高的选择性和分辨率。② 交换容量高，即单位质量的交换剂能够结合的分子数多，有利于工业化的规模生产及成本控制。③ 普适性高，可通过优化离子交换剂的种类、缓冲液的组分、离子强度及溶液pH值等条件实现不同物质的分离。④ 分离原理明确，即

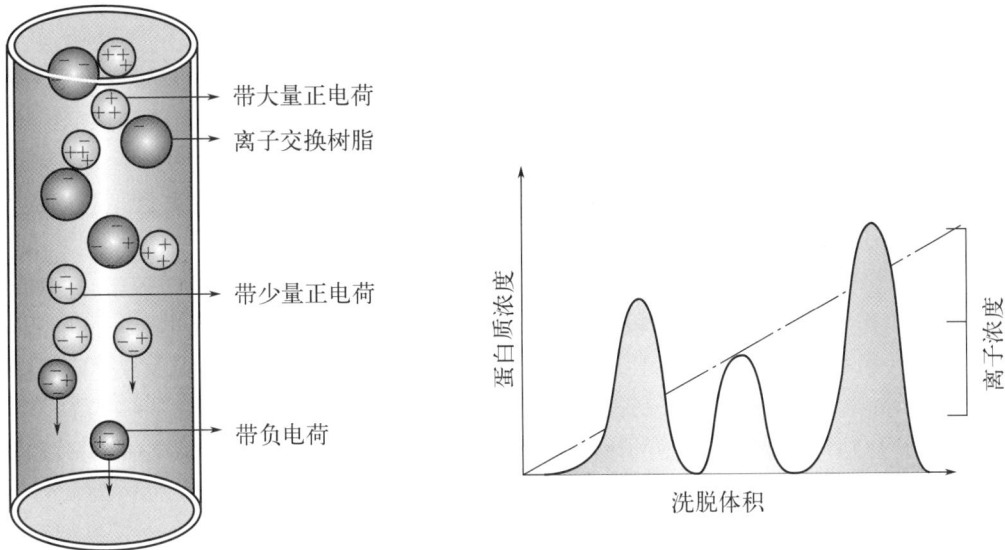

图8-18　离子交换色谱基本原理示意图

仅根据分子所带电荷的差异进行分离。但实际操作中应注意疏水作用等其他作用力对分离结果的影响，尤其是对于蛋白质、核酸等生物大分子的分离。⑤ 操作简单，所需柱长较短，可在高流速下进行分离。在分辨率要求不高的大规模样品分离中，吸附和洗脱过程甚至可以脱离色谱柱进行操作。⑥ 成本较低，相对于凝胶过滤色谱或亲和色谱，离子交换色谱的成本较低，因此在许多工业化应用中会以离子交换色谱作为核心分离技术，或在其他色谱技术应用前以离子交换色谱作为初级分离手段。

8-2
离子交换色谱

8.3.2　离子交换色谱填料

离子交换色谱的固定相是离子交换剂（离子交换树脂），它是由对高分子聚合物基质进行化学衍生，使其与特定的带电官能团共价结合形成的。离子交换剂由填料介质（载体）、电荷基团（功能基团）和平衡离子（交换离子、反离子）三部分组成。其中电荷基团与填料介质共价结合，使其表面具有可电离的功能基团；平衡离子是结合于该电荷基团上带相反电荷的离子，它能直接与溶液中其他带相同电荷的离子发生可逆的离子交换反应。

8.3.2.1　填料介质

离子交换剂的填料介质可由多种材料制备而成，包括疏水性填料（如聚苯乙烯树脂）和亲水大孔型填料（如纤维素）。例如，聚苯乙烯离子交换剂是以苯乙烯和二乙烯苯合成的具有多孔网状结构的一种疏水性填料。它以聚苯乙烯作为骨架结构，具有机械强度大、可操作流速高等优点，但其疏水性较强，易引起蛋白质变性，因此多用于小分子物质（如无机盐、氨基酸、核苷酸等）的分离纯化。而亲水性聚合物如纤维素（cellulose）、球状纤维素（sephacel）、葡聚糖（Sephadex）、琼脂糖（Sepharose）等形成的大孔型填料与水的亲和力较高，因此更适用于蛋白质等生物大分子的分离纯化。在离子交换色谱中常用的葡聚糖离子交换剂一般以Sephadex G-25和Sephadex G-50为载体，琼脂糖离子交换剂则使用Sepharose CL-6B。

8.3.2.2　电荷基团

离子交换剂的电荷基团分为酸性基团和碱性基团两类。带酸性基团的离子交换剂可解离释放质子从而带负电荷，与之结合的平衡离子为阳离子，因此也称为阳离子交换剂；反之，带碱性基团的离子交换剂在溶液中带正电荷，其平衡离子为阴离子，称为阴离子交换剂。

阳离子交换剂根据电荷基团的解离能力不同，又可以分为强酸型、中等酸型和弱酸型三类。三者的区别在于电荷基团完全解离的pH值范围不同，其中强酸型离子交换剂其电荷基团可在较大的pH范围内完全解离，而弱酸型离子交换剂完全解离的pH范围较小。例如，羧甲基仅在中性和碱性环境下完全解离，在pH<6时就无法进行离子交换作用。常见的强酸型阳离子交换剂携带的电荷基团主要为磺酸基团（—SO_3H），如磺酸甲基（S型）、磺酸丙基（SP型）等；中等酸型阳离子交换剂携带的电荷基团一般为磷酸基团（—PO_3H_2）和亚磷酸基团（—PO_2H）；弱酸型阳离子交换剂携带的电荷基团主要是酚羟基（—OH）和羧基（—COOH）。

同样，阴离子交换剂根据电荷基团的解离能力不同，可分为强碱型、中等碱型和弱碱型三类。强碱型阴离子交换剂主要结合季铵基团，如季铵乙基（QAE）；中等碱型离子交换剂结合叔胺基团；而弱碱型离子交换剂则携带仲胺或伯胺等基团，如常见的二乙基氨基乙基（DEAE）。

8.3.2.3　交换容量

交换容量指离子交换剂能提供平衡离子的量，它反映离子交换剂与溶液中离子进行交换的能力。一般所指的离子交换剂交换容量是指离子交换剂所能提供交换离子的总量，又称为总交换容量，它只与离子交换剂的性质相关。而在实际色谱分离过程中，固定相与样品中各溶质组分发生离子交换作用时的交换容量不仅与所用的离子交换剂有关，还受操作条件影响，一般会小于总交换容量，一般将该实际交换容量称为有效交换容量。

离子交换剂的总交换容量常用单位质量或体积交换剂含有的可解离基团的物质的量来表示。交换容量可通过滴定法测定。一般情况下，阳离子交换剂用盐酸进行预处理，以氢离子作为平衡离子，并用水平衡至中性条件。对于强酸型阳离子交换剂，可用氯化钠置换H^+，再用已知浓度的氢氧化钠滴定，从而计算离子交换剂的交换容量；而对于弱酸型阳离子交换剂，先用一定量的碱将氢离子置换出来，再用酸滴定，根据消耗的酸用量计算离子交换剂消耗的碱量，从而推算交换容量。阴离子交换剂的交换容量也可用类似的方法进行测定。

色谱分离过程中，影响交换容量的因素主要分为以下两方面。

（1）离子交换剂

微球尺寸和微球孔隙大小会影响离子交换剂与溶质分子发生离子交换作用的表面积。溶质分子与离子交换剂作用的表面积越大，代表其交换容量越高。一般分离小分子溶质时，可选微球孔隙较小的交换剂，促使小分子更充分地进入凝胶内部，提高接触表面积；反之，分离大分子时，应使用粒径较小的微球，因为此时大分子通常难以进入微球孔内，主要从微球间隙中流出，离子交换发生于微球表面，因此使用小粒径微球的离子交换剂其接触表面积更大。

（2）缓冲液

离子交换实验中溶液的pH值和离子强度等因素会影响各溶质组分和离子交换剂的电荷特性。溶液pH值对弱酸和弱碱型离子交换剂影响较大，弱酸型离子交换剂在较高的pH值下电荷基团解离更充分，交换容量大；反之，当溶液pH值较低时，电荷基团不易解离，交换容量较小。此外，特别是对于蛋白质等两亲性物质的分离，溶液pH值会影响目标物的电荷特性，因此应优化并控制合适的溶液pH值，在不影响目标物活性的前提下提高相应溶质与离子交换剂的结合能力。在离子交换色谱中，离子强度越大，目标物越难与离子交换剂结合，则交换容量下降。基于这一原理，离子交换色谱中常通过提高离子强度的方式降低交换容量，从而将结合在固定相中的溶质洗脱下来。

8.3.3 离子交换色谱的影响因素

离子交换色谱的影响因素主要包括：离子交换剂种类、缓冲液类型、溶液pH值、离子强度、色谱柱尺寸及色谱流速等。

8.3.3.1 离子交换剂种类

离子交换剂是决定色谱分离效果的关键因素之一。离子交换剂的选择考虑以下三方面。① 填料微球：这主要影响离子交换色谱的分辨率、分离速度、交换容量与样品回收率，分离小分子样品常选择较小孔隙的交换剂，而大分子样品可选择小颗粒交换剂。② 电荷基团：它的选择取决于待分离对象的电荷特性和pH稳定性。③ 离子交换剂的强弱：根据分离溶液的pH条件进行选择。强离子交换剂可在较宽的pH范围内保持电荷特性，因此在强酸或强碱的溶液中进行分离时应选择此类离子交换剂。而弱离子交换剂的pH适用范围较窄，因此通常用于中性或弱酸弱碱的分离条件（pH=6～8），当然此时也可使用强离子交换剂。

8.3.3.2 缓冲液类型

离子交换色谱分离时，应选择不与离子交换剂发生相互作用的缓冲液。一般原则是：进行阳离子交换色谱时，选用缓冲离子为阴离子的缓冲物质，而进行阴离子交换色谱时，则用缓冲离子为阳离子的缓冲物质。例如，进行阴离子交换色谱时可用Tris缓冲液，进行阳离子交换色谱时可用磷酸盐缓冲液或柠檬酸盐缓冲液等。

此外，缓冲液类型还应综合考虑溶液的pH值，选择pK值与溶液pH值接近的物质作为缓冲组分。例如，通过阴离子交换色谱对等电点为6.5的蛋白质进行分离时，可将结合缓冲液的pH值设为8.0，使蛋白质带负电荷以结合于固定相，此时可选择pK=8.06的Tris缓冲液。

此外，在结合或洗脱缓冲液中还可添加某些能够增加疏水蛋白溶解度的物质，如氯仿、甲醇、表面活性剂等；或增加包涵体蛋白质溶解度的试剂，如尿素和盐酸胍等；对于不稳定的蛋白质，可加入PMSF（苯甲基磺酰氟）、EDTA等蛋白酶抑制剂防止蛋白质降解。

8.3.3.3 溶液pH值

通过离子交换色谱进行蛋白质纯化时，溶液pH值应根据目标蛋白的等电点确定。当溶液pH值与等电点相同时，蛋白质表面电荷量为零；溶液pH值小于等电点时，蛋白质带正电荷，反之蛋白质带负电荷。因此，应根据目标蛋白的等电点和所选用的离子交换剂种类确定缓冲液的pH值。缓冲液的pH值与蛋白质的等电点相差越大，其表面所带电荷越多，与对应离子交换剂的结合能力越强。在离子交换色谱中，蛋白质与离子交换剂的结合并非越强越好，若结合力太强，可能难以洗脱，导致回收率下降。因此，缓冲液的pH值与目标蛋白的等电点相差不应过大，一般控制在两个单位左右即可。根据这一原理，也可通过改变洗脱液的pH值对目标蛋白进行洗脱。阴离子交换时，可在高于目标蛋白等电点的pH值条件下上样，然后逐渐降低pH进行洗脱；阳离子交换时，则可在低于等电点的pH值条件下进行上样，逐渐提高pH进行洗脱。但注意整个分离过程中，溶液pH值变化幅度不宜过大，防止蛋白质变性失活。

当目标蛋白的等电点未知时，可用以下方法确定适合的上样pH值：① 配制Good's缓冲液使pH间隔为0.5（如pH 5.0～9.0）；② 将离子交换填料与待测样混合，并在4℃中孵育30～60min，离心取上清液；③ 测定上清液中目标蛋白的含量或活性，确定蛋白质含量刚好降低到接近0时的pH值，最佳上样pH值应比该值高0.5个单位。

8.3.3.4　离子强度

在离子交换色谱中，一般离子强度越高，蛋白质与固定相结合能力越弱，反之亦然。因此，可用较低盐浓度的溶液进行上样，逐渐增加盐浓度进行洗脱。确定最适上样离子浓度可参考上述确定溶液pH值的方法，即：① 取数根试管配制pH值相同，盐浓度不同（如0.05～0.5mol/L，间隔0.05mol/L）的缓冲液；② 将这一系列溶液与离子交换填料混合，并在4℃中孵育30～60min，离心取上清液；③ 测定上清液中目标蛋白的含量或活性，确定刚好能测到蛋白质信号时的盐浓度，最佳上样盐浓度值应比该值低0.05mol/L。在这个实验中也可同时确定洗脱的盐浓度，即上清液中蛋白质的信号达到最大时的盐浓度。

8.3.3.5　色谱柱尺寸

离子交换色谱应根据待分离样品的上样量选择合适的色谱柱。离子交换色谱通常使用粗而短的色谱柱，例如，实验室常用的典型离子交换色谱柱高度约为5～20cm，高度和直径的比值一般小于5；而在大规模离子交换应用中，可通过增加色谱柱的直径来提高生产规模。

8.3.3.6　色谱流速

离子交换色谱分离时流速大小应根据待分离物质的大小确定。对于小分子物质，其扩散速率较高，应适当提高流速；反之，对于大分子物质，可降低流速进行分离。色谱流速越大，柱压越大，对分离设备的要求越高。特别是对于高黏度的料液，应尽可能用较低流速进行分离，避免产生过高的柱压。

8.3.4　离子交换色谱的操作过程

离子交换色谱的操作过程与前面提到的常规色谱分离过程类似，其主要操作步骤不再重复赘述，但应注意以下几方面。

（1）平衡缓冲液

离子交换色谱的基本反应过程就是离子交换剂的平衡离子与待分离物质以及缓冲液中离子发生交换作用的过程，因此平衡缓冲液和洗脱缓冲液的组分、离子强度和pH值的选择对分离效果有重大的影响。平衡缓冲液的离子强度和pH选择首先应保证目标物的稳定。其次确保各个待分离组分与离子交换剂的结合能力有一定差异。可以通过改变缓冲液分别进行目标物的结合或杂质的结合，达到分离的目的。此外，应避免平衡缓冲液中存在会与离子交换剂发生强相互作用的组分，否则会降低交换容量，甚至损坏填料。

（2）上样量

离子交换色谱上样量应与所用离子交换剂的吸附容量相匹配，过高的上样量会降低色谱分离效率和回收率。

（3）洗脱缓冲液

离子交换色谱中常用梯度洗脱法，包括改变离子强度和改变溶液pH值两种方式。改变离子强度通常是在洗脱过程中增大离子强度，使与离子交换剂结合的各个组分被洗脱下来；而pH洗脱法则是通过提高溶液pH值（阳离子交换色谱）或降低pH值（阴离子交换色谱）来洗脱结合到离子交换剂上的溶质。洗脱过程中应确保溶液环境的变化不会导致各分离对象的稳定性变差。同时，应在尽可能窄的梯度范围内将所有结合到离子交换剂上的待分离组分洗脱下来。具体改变盐离子浓度或pH值的方式包括前面介绍过的分步洗脱和梯度洗脱。通常线性梯度洗脱操作简便，分离效果较好，运用较为广泛。

（4）洗脱速度

洗脱流速会影响离子交换色谱的分离效果。一般情况下，应选择恒速洗脱，且慢速洗脱通常比快速洗脱的分辨率高。例如，当发现多个组分的洗脱峰无法完全分离，则可适当降低洗脱速度提高分辨率。但洗脱速度过慢会产生分离时间过长、样品扩散、谱峰变宽等问题，如发现样品之间分辨率较好，但洗脱峰展宽明显，则应适当提高洗脱速度。

（5）样品收集

收集具有样品信号的相应洗脱液即可获得纯化后的目标物。此时，经离子交换色谱纯化的样品中盐浓度较高，目标物浓度较低，因此后续可利用超滤等技术进行脱盐换液和浓缩处理。

典型的离子交换色谱曲线如图8-19所示。

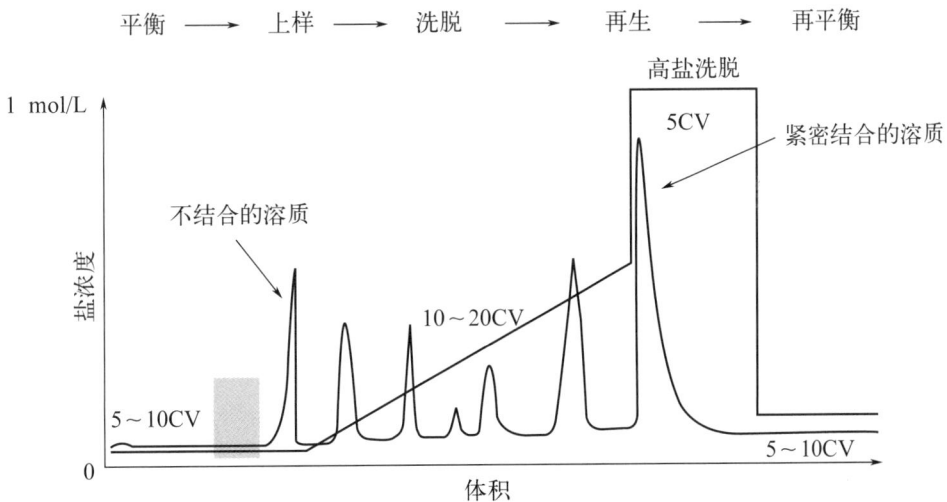

图8-19　典型的离子交换色谱曲线

8.3.5　离子交换色谱的应用

8.3.5.1　两步离子交换色谱纯化纤维素酶

纤维素酶是重要的工业酶，广泛应用于生物质的转化过程中，特别是在生产生物燃料和其他生物制品的领域。图8-20所示为利用结合阴离子交换色谱和阳离子交换色谱的两步离子交换色谱策略纯化里氏木霉真菌（*Trichoderma reesei*）表达的纤维素酶的分离结果。首先，预处理后的样品先通过阴离子交换色谱（Mono Q HR 5/5）进行纯化。先将2.5mg里氏木霉菌粗制纤维素酶溶于500mL起始缓冲液中（20mmol/L Tris-HCl，pH 7.6），流速设定为1.0mL/min。由于纤维素酶的等电点为4.5～7.2，在该溶液条件下纤维素酶带少量负电荷，因此在低盐浓度下能与阴离子交换柱结合，从而去除溶液中带正电荷的杂质蛋白（图8-20左，峰1）。用4个柱体积的初始缓冲液洗涤后进入洗脱阶段，此时不改变溶液pH值，直接通过提高盐浓度，用21个柱体积的500mmol/L NaCl、20mmol/L Tris-HCl、pH 7.6的缓冲液进行线性洗脱（0%～40%）。此时，携带少量负电荷的纤维素酶首先从色谱柱中流出，收集后得到初级纯化的目标物（图8-20左，峰2）。然后继续用15个柱体积的洗脱液进行洗脱（40%～100%），进一步洗去其他结合力更强的杂质分子，并对色谱柱进行再生。

由于溶液中可能存在与目标物电荷特性相近的杂质，因此进一步通过阳离子交换色谱（Mono S HR 5/5）进行精制。通过透析将前一步的纤维素酶溶液替换为20mmol/L、pH=3.6的乙酸缓冲液作为阳离子交换色谱的上样条件。此时，纤维素酶带正电，能够与色谱柱结合，而溶液中带负电荷的杂质则被去除。洗脱阶段用26个柱体积的高盐缓冲液（200mmol/L NaCl，pH=3.6）进行线性洗脱（0%～100%）。结果表明，纤维素酶在洗脱阶段得到回收，同时样品中存在的多个低含量组分也可通过该阳离子交换色谱去除。

色谱柱：　Mono QHR 5/5 阴离子交换色谱
样品：　　500mL里氏木霉菌纤维素酶粗提物，2.5mg
上样溶液：20mmol/L Tris-HCl，pH=7.6
洗脱溶液：20mmol/L Tris-HCl，500mmol/L NaCl，pH=7.6
流速：　　1mL/min
洗脱梯度：0%洗脱液（4CV），0%～40%洗脱缓冲液（21CV），40%～100%洗脱缓冲液（15CV）

色谱柱：　Mono SHR 5/5 阳离子交换色谱
样品：　　Mono Q纯化的纤维素酶
上样溶液：20mmol/L乙酸，pH=3.6
洗脱溶液：20mmol/L乙酸，200mmol/L NaCl，pH=3.6
流速：　　1mL/min
洗脱梯度：0%～100%洗脱缓冲液（26CV）

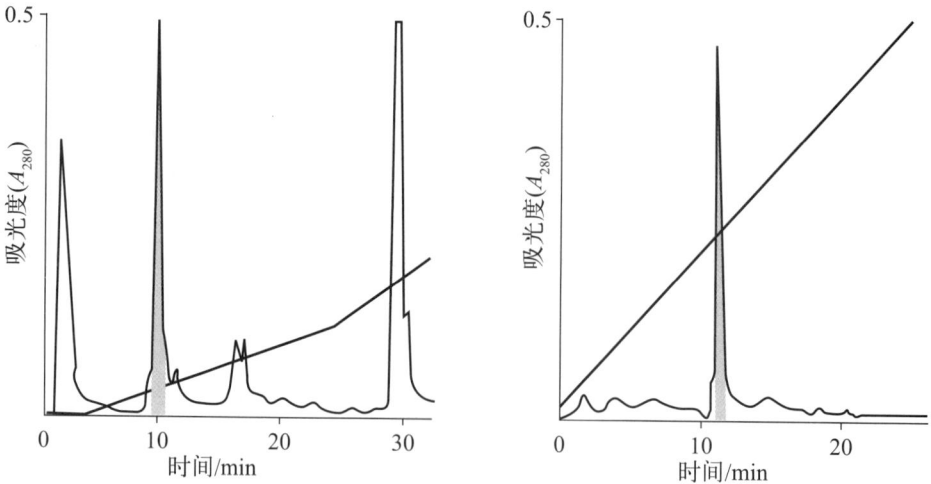

图8-20　两步离子交换色谱分离纤维素酶

8.3.5.2　鱼肌肉小清蛋白的纯化

采用硫酸铵盐析、DEAE-Sepharose和Sephacryl S-200连续柱色谱从灰星鲨（*Mustelus griseus*）的肌肉中纯化小清蛋白（SPV）。取一定量的鲨鱼肉，剁碎，放入3倍体积的20mmol/L Tris-HCl（pH 7.5）缓冲液中，用组织搅拌机捣碎至匀浆状态，离心后取上清液，加入60%～100%硫酸铵盐析，离心取沉淀。沉淀用缓冲液溶解，透析24h后上样于DEAE-

Sepharose 离子交换柱，以 0～0.3mol/L NaCl 洗脱，收集洗脱蛋白，通过 A_{280}、A_{220} 和 SDS-PAGE 监测，分别收集目的蛋白样品，浓缩并上样于 Sephacryl S-200 凝胶柱，得到纯化的小清蛋白 I（SPV-I）和小清蛋白 II（SPV-II）（图8-21）。纯化结果表明，SPV-I 和 SPV-II 在 DEAE-Sepharose 离子交换柱中显示出良好的分离效果，这在 A_{280} 和 A_{220} 的监测曲线上得到了清晰的证实。后续通过 Sephacryl S-200 凝胶过滤色谱进一步提高了两种蛋白的纯度，SDS-PAGE 分析确认了它们的分子完整性及纯化效果，显示出该纯化工艺能够有效地提取目的蛋白，为进一步的功能性分析奠定了基础。

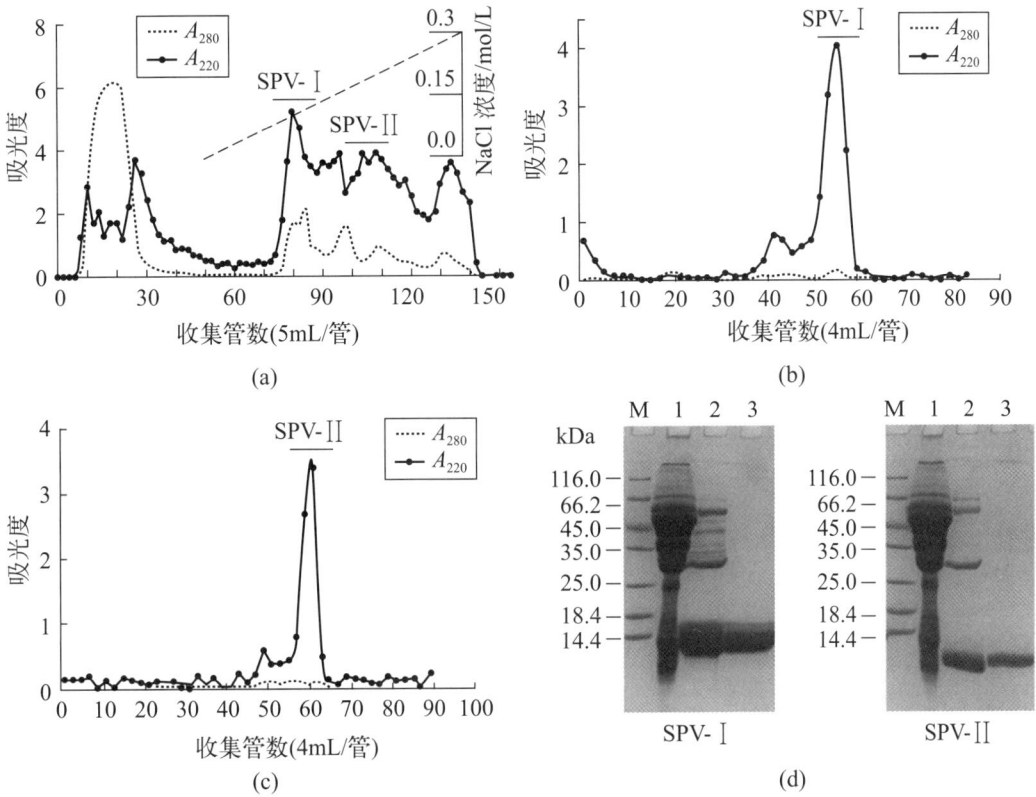

图 8-21 灰星鲨小清蛋白的纯化

（a）灰星鲨 SPV 的 DEAE-Sepharose 离子交换色谱图；（b）灰星鲨 SPV-I 的 Sephacryl S-200 凝胶柱色谱图；（c）灰星鲨 SPV-II 的 Sephacryl S-200 凝胶柱色谱图；（d）灰星鲨 SPV-I 和 SPV-II 的 SDS-PAGE 电泳图，其中泳道 1 为硫酸铵盐析后的粗蛋白样品，泳道 2 为 DEAE-Sepharose 离子交换柱纯化得到的样品，泳道 3 为 Sephacryl S-200 凝胶柱纯化得到的样品

8.4 疏水作用色谱

8.4.1 疏水作用色谱的原理与特点

疏水作用色谱（hydrophobic interaction chromatography，HIC）是利用待分离分子表面亲疏水性差异进行分离的一种方法，广泛用于蛋白质等生物分子的纯化（图8-22）。在色谱填料微球表面修饰的特定的疏水配基（疏水基团）称为疏水性吸附剂，以之作为固定相，并用含有

较高盐浓度的水相溶液作为流动相。疏水作用色谱分离过程中，待分离分子由于疏水性强弱不同与固定相之间发生不同程度的疏水相互作用，疏水性较强的蛋白质与固定相的相互作用更牢固，因此保留时间较长，而疏水性较弱的蛋白质则通过得更快，从而实现分离。

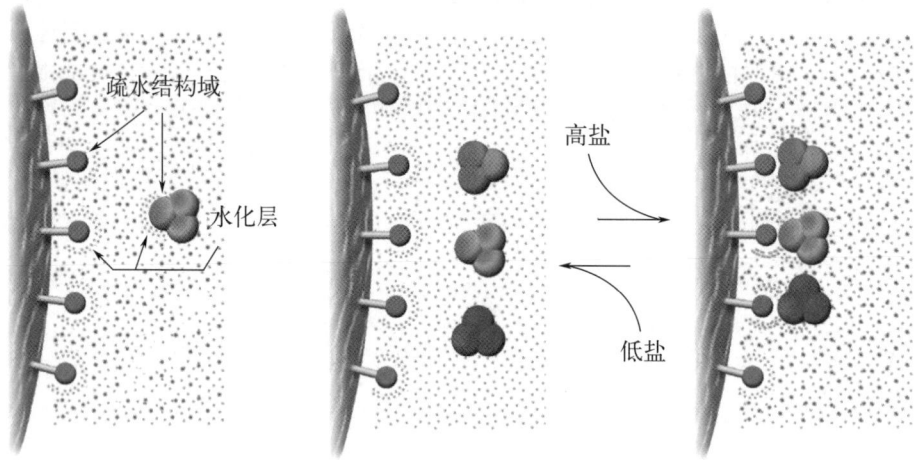

图 8-22　疏水作用色谱原理图

使用疏水作用色谱分离小分子物质时，亲水性分子难以与疏水性吸附剂结合，因此可以对不同极性的小分子进行快速分离。当涉及生物大分子，尤其是蛋白质，其亲疏水性是相对的。即使是亲水性分子，也可能在分子内存在一些局部疏水区域，因此它们能够与疏水作用色谱介质发生疏水作用，从而根据它们的疏水性差异进行分离。在球状蛋白质分子中，它们在形成高级结构时通常会将疏水性氨基酸残基包裹在分子内部，而亲水性氨基酸残基主要分布在分子表面。然而，并非所有的疏水基团都被完全包裹在分子内，因为蛋白质表面总会有一些疏水性基团或极性基团的疏水部位暴露在外。这些疏水区域是由暴露在分子表面的疏水性氨基酸残基的种类和数量，以及部分肽链骨架的疏水性所决定的，它们在亲疏水作用色谱中扮演着重要的角色。

疏水作用色谱主要用于蛋白质类生物制品的分离纯化。疏水作用色谱常用于对用硫酸铵沉淀后的蛋白质进行分离纯化，或者衔接在离子交换色谱之后进行进一步纯化。虽然疏水作用色谱不如离子交换色谱应用广泛，但可作为除基于静电作用或尺寸效应的纯化方法之外的另一种纯化手段。在某些应用中，疏水作用色谱甚至比离子交换色谱的分辨率高。疏水作用色谱的主要特点包括：① 疏水作用色谱的结合缓冲液中通常需要较高的盐浓度以提高疏水作用，因此可直接用于利用盐析或离子交换色谱等方法分离后得到的蛋白质溶液，无需进行脱盐处理；② 可选择表面修饰不同种类、链长和密度疏水基团的填料微球来改变介质的疏水性，进而实现不同蛋白质的选择性分离；③ 疏水作用色谱填料种类多，价格相对低廉，与离子交换色谱相当，有利于规模化应用；④ 在合适的分离条件下，洗脱条件较温和，有利于蛋白质活性的保存。

8.4.2　疏水作用色谱填料

疏水作用色谱填料由常规的微球和疏水配基组成。常见的疏水作用填料微球主要由琼脂糖、纤维素和人工合成聚合物类如聚苯乙烯、聚丙烯酸甲酯等组成，其中琼脂糖类凝胶微球仍是应用最广泛的种类之一。疏水配基主要为烷基和芳香基，其中烷基碳链数通常在8以下，如丁基、辛基等，而芳香基多为苯基。对某些疏水性较强的蛋白质而言，上述配基与其结合力太强，洗脱有时需用有机溶剂，可能导致蛋白质变性失活，因此也可用中等疏水的高分子配基，如聚乙二醇和聚丙三醇等，它们不仅可提供足够的结合力，且避免了上述缺点。常用的疏水配基及其结构式见图8-23。

疏水配基名称	结构式
phenyl，苯基	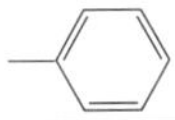
butyl-S，巯基丁基	$—S—(CH_2)_3—CH_3$
butyl，丁基	$—(CH_2)_3—CH_3$
octyl，辛基	$—(CH_2)_7—CH_3$
ether，醚	$R—O—R'$
lsopropyl，异丙基	$—CH(CH_3)_2$

图8-23 常用的疏水配基及其结构式

将疏水配基修饰于填料微球表面的方法取决于微球的化学组成，如对于糖类微球，其表面具有大量的羟基，因此对羟基进行化学衍生实现疏水配基的共价偶联是最常用的方法。例如，通过环氧化物衍生的疏水配基与微球的羟基发生成醚反应，形成稳定的共价键，其中环氧化基团反应后开环形成配基与微球之间的间隔臂结构。

目前常见的疏水作用色谱填料微球主要由琼脂糖和聚乙烯类化合物制备而成。例如，Cytiva公司基于传统Sepharose微球生产的Sepharose Fast Flow 和 Sepharose High Performance系列填料，具有快速结合和解离的特点，化学和物理稳定性好；Capto同样是基于琼脂糖制备的微球，具有良好的耐压性，适合高流速的分离过程，适合实验室研究及工业化大规模生产；SOURCE™填料则是基于单分散、高硬度的聚苯乙烯微球研制的，颗粒大小十分均一，可实现高分辨率的物质分离。

8.4.3 疏水作用色谱的影响因素

疏水作用色谱的影响因素包括固定相类型、流动相组成和色谱操作条件。

8.4.3.1 固定相

疏水作用色谱所用的固定相是在填料微球（如琼脂糖或聚苯乙烯微球）上修饰特定的疏水配基（如烷基或者芳香基团）组成的。其中微球组成材料、配基的种类和取代程度均可能对分离结果产生影响。对于特定的填料微球，烷基配基通常只通过疏水作用与溶质结合，而芳香族配基往往与溶质之间存在多种疏水作用之外的非共价结合。对于烷基配基，碳链结构的长度决定填料的疏水性强弱，一般来说，疏水性随烷基的链长增加而增加。而芳香族配基（如苯基）通常具有比烷基配基更强的疏水性。

此外，配基的修饰程度也影响疏水作用色谱的疏水性和结合容量。当疏水配基修饰程度较低时，随着配基的增加，蛋白质在色谱填料中的结合位置增多，结合容量增加。而当配基修饰程度到达一定值时，由于蛋白质与微球之间的空间位阻效应，结合量趋于饱和，无法进一步提高；甚至当配基修饰程度特别高时，蛋白质与配基之间存在显著的多价结合效应，结合力过高，最终难以对蛋白质进行洗脱回收。

例如，图8-24展示了在不同的疏水配基（例如苯基、丁基和辛基）和不同的配基取代率（高取代和低取代）条件下细胞色素c（cytochrome c）、核糖核酸酶A（ribonuclease A）、溶菌酶（lysozyme）和α-胰凝乳蛋白酶原（α-chymotrypsinogen）混合物分离的结果。其中，高取代的苯基配基的疏水性最强，导致蛋白质与柱子结合最强，也最难从柱子中洗脱；而丁基疏水性最弱，导致疏水性弱的蛋白质难与色谱柱结合而直接流穿。如果目标物为疏水性较弱的细胞色素c（1号蛋白）或核糖核酸酶A（2号蛋白），则应选择疏水性强、取代率高的配基（如苯基-高取代）进行分离纯化以充分分离两种蛋白；如果目标物为疏水性较强的溶菌酶（3号蛋白）和α-胰凝乳蛋白酶原（4号蛋白），则应优化配基的种类和取代率以得到最优的分辨率，同时避免疏水性太强难以洗脱。

疏水配基： (A)苯基-高取代(Phenyl-high sub)
(B)苯基-低取代(Phenyl-low sub)
(C)辛基
(D)丁基

样品： 细胞色素c(1, cytochrome c)10mg/mL、核糖核酸酶A(2, ribonuclease A)30 mg/mL、溶菌酶(3, lysozyme)10mg/mL、α-胰凝乳蛋白酶原(4, α-chymotrypsinogen)10mg/mL

样品体积： 2mL

上样缓冲液： 100mmol/L 磷酸钠，1.5mol/L 硫酸铵，pH=7.0

洗脱缓冲液： 100mmol/L磷酸钠

流速： 2mL/min

洗脱梯度： 0%~100%洗脱缓冲液(10 CV)

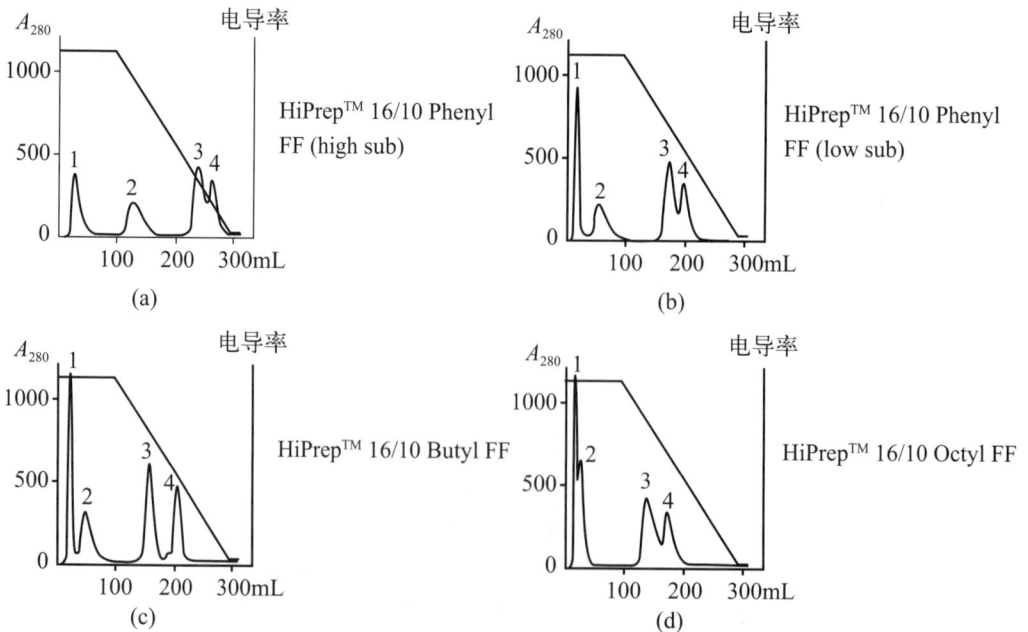

图8-24　不同配基种类及取代率对蛋白质分离纯化的影响

8.4.3.2 流动相

流动相条件对疏水作用色谱的影响主要表现在流动相离子种类及浓度、溶液pH值和添加剂等。

（1）离子种类及浓度

疏水作用是蛋白质纯化过程中的一个关键因素，而离子的存在能显著影响蛋白质的疏水性。根据"盐析沉淀原理"，蛋白质在水溶液中的溶解度主要由两个因素决定：一是蛋白质周围亲水基团与水分子形成水化膜的程度，二是蛋白质分子所带的电荷情况。向蛋白质溶液中加入中性盐时，由于中性盐对水分子的亲和力大于蛋白质，蛋白质分子周围的水化膜层会减弱甚至消失，从而暴露出蛋白质的疏水部位，增强了疏水相互作用。在疏水相互作用色谱分离过程中，常用的盐类包括硫酸铵、硫酸钠和氯化钠等。然而，并非所有的离子都会增强蛋白质的疏水性。例如，ClO_4^-和I^-这类离子半径小、电荷密度低的阴离子，则会减弱蛋白质的疏水作用。在洗脱过程中，通常会加入这类被称为促溶盐类（chaotropic salt）的离子。在选定了盐的种类后，盐浓度的高低也会影响溶质分子与介质的结合强度及介质的结合容量。蛋白质的疏水性会随着缓冲液离子强度的升高而增加。因此，在HIC过程中，通常会在略低于盐析点的盐浓度上进行样品加载，而在洗脱时，则采用逐渐降低流动相离子强度的方法。通过这种方式，能有效地控制蛋白质的疏水性，从而实现蛋白质的有效分离和纯化。如果洗脱时发现目标蛋白与色谱柱结合太牢，除了更换填料外，可尝试降低盐浓度上样。

例如，图8-25展示了利用疏水作用色谱分离蛋白质时不同盐浓度的影响。可以发现，在高初始盐浓度（a）下，目标蛋白在梯度的后期会出现尖锐的区域洗脱，虽获得了清晰的洗脱峰，但可能会影响分离效率。当降低到中等盐浓度（b）时，可以获得类似的分辨率，同时确保了高盐浓度下与色谱柱结合的杂质在初始洗涤步骤中即可洗脱，只有目标蛋白与填料结合，从而降低了杂质与目标蛋白共洗脱的风险，并增加了色谱柱对目标蛋白的结合容量。然而，在更低的初始盐浓度（c）下，虽然显示出良好的选择性，但目标蛋白与填料结合效率较低，导致洗脱期间出现明显的峰宽度增加。因此，合适的盐浓度对色谱分离的效果至关重要。

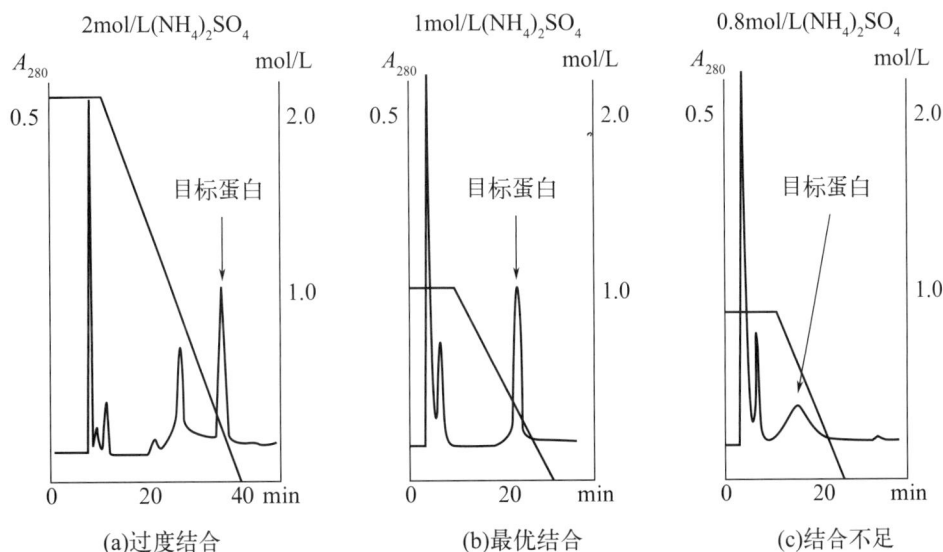

图8-25　上样缓冲液盐浓度对蛋白质分离效果的影响

（2）溶液pH值

在选择pH值时，需确保其与蛋白质的稳定性和活性相兼容，最好为每个特定的应用优化最佳的pH条件。一般情况下，在疏水相互作用色谱过程中，溶液pH值范围在5～8.5之间时，对选择性和分辨率的影响相对较小。随着pH值的增加，疏水相互作用会减弱。当pH值高于8.5或低于5时，蛋白质的结合作用会发生显著变化。一般情况下，可以先使用20～50mmol/L的缓冲液浓度。

（3）添加剂

在疏水相互作用色谱过程中，添加剂的引入旨在改善选择性和分辨率，尤其是当样品与HIC填料结合过紧时。添加剂能够通过增大蛋白质溶解性、改变蛋白质构象及促进结合蛋白的洗脱来优化分离效果。不过，需注意添加剂的浓度不宜过高，以避免目标蛋白的失活或变性。以下是在HIC中常见的几类添加剂及其作用。

① 水溶性醇：如乙二醇和丙三醇等含羟基的物质，它们能够影响蛋白质水化，从而降低蛋白质的疏水作用，常被用作洗脱促进剂。特别是对于疏水性较强、仅依赖降低盐浓度的难以洗脱的高疏水性蛋白质，这类物质的应用显得尤为重要。然而，它们可能会破坏蛋白质的空间结构，因此在HIC过程中应尽量避免或慎重使用此类试剂。

② 表面活性剂：表面活性剂能与填料微球及蛋白质的疏水部位结合，降低蛋白质的疏水作用。通过添加适量的表面活性剂，难溶于水的膜蛋白可以被溶解，从而可以利用HIC法进行洗脱分离。在选择表面活性剂的种类和浓度时，应适当控制以避免膜蛋白不能充分溶解或抑制蛋白质的吸附。常用的温和表面活性剂包括Tween-20、Tween-40、Tween-60、Tween-80和Span-20、Span-40、Span-60、Span-80等。

8.4.3.3　色谱条件

除了固定相和流动相以外，色谱过程中的流速、温度等条件也可能对结果产生影响。绝大多数吸附过程伴随着放热，因此温度越低，吸附程度越高。然而，疏水作用吸附相反，温度越高，蛋白质表面水化层越容易被破坏，疏水结构域暴露越多，吸附平衡常数越高，即蛋白质与填料微球的疏水结合能力越强。当确定最佳温度后，在色谱分离过程中，温度应保持恒定。流速对疏水作用色谱的影响与其他色谱过程相似，但当用于蛋白质等大分子分离时，流速影响较小，主要对分离时间和填料类型进行优化。

8.4.4　疏水作用色谱的操作过程

疏水作用色谱的操作过程与其他色谱过程相似，这里不再赘述，主要介绍与其他色谱操作的不同点及注意事项。

（1）色谱填料

首先，应根据色谱的目标、采用的流速和所需承受的压力选择合适的色谱填料。若操作过程在高效液相色谱（high performance liquid chromatography，HPLC）中进行，应选择机械强度较高的刚性填料微球。对于分子量较大且样品量较大的蛋白质，应选择孔径较大的微球以提高处理量。而对于分子较小或样品量较小的情况，可选用孔径较小的基质或非孔型基质以提高柱效。配基的类型和链长会直接影响到基质的取代程度，从而决定了介质的疏水性和结合容量。通常在分离疏水性较弱的分子时，应选择配基链较长、疏水性较强的介质；而在处理疏水性较强的分子时，应选用配基链较短、疏水性较弱的介质。

（2）上样

上样前应确保样品液中的pH值和盐浓度满足疏水作用吸附的要求，如果盐浓度降低，则应调节后上样，并且应保持与流动相一致。此外，样品应进行预处理后上样，保证合适的黏度，并去除可能存在的大颗粒杂质。上样时控制合适的上样量和流速，以达到最佳的分离效果和分辨率。

（3）洗脱

疏水作用色谱通常有三种洗脱方式：① 降低流动相中盐浓度进行洗脱。随着流动相中盐浓度的降低，各组分与介质之间的疏水作用力逐渐减弱，从而使得各组分按照疏水性从弱到强的顺序被洗脱出来。这种方法可细分为梯度洗脱和分步洗脱两种。梯度洗脱通常用于探索性实验，而分步洗脱则因其操作简便和重复性好，常用于大规模分离纯化过程。② 向流动相中加入有机溶剂进行洗脱。通过向流动相中加入有机溶剂来降低流动相的极性，从而减弱疏水作用力，尤其对一些较难洗脱的组分效果显著。这种方法常与第一种方法结合使用。然而，由于有机溶剂的存在可能会对生物大分子的稳定性产生不利影响，此种洗脱方式通常仅适用于稳定性良好的物质的分离。③ 向流动相中加入表面活性剂进行洗脱。表面活性剂能与色谱填料产生强烈的吸附作用，但可能会破坏蛋白质的空间结构，并且有可能与填料结合过于牢固，导致难以清洗，不利于介质的再生。因此，这种洗脱方式的应用具有一定的局限性，通常仅在分离膜蛋白时使用。

（4）清洗与再生

色谱操作完成后，必须对色谱柱进行彻底清洗以去除吸附在介质上的组分，以恢复介质的原有性能。不同的介质可能需要采取不同的清洗与再生方法。常规的清洗方法是，在洗脱步骤完成后使用蒸馏水进行清洗。若有疏水性较强的物质附着在介质上，则需要使用一定强度的清洗剂进行清洗。常见的清洗剂包括氢氧化钠溶液和某些促溶盐类的水溶液。储存方面，可以将色谱填料悬浮在20%的乙醇中，并在4℃的条件下保存，以保持其性能和延长使用寿命。

8.4.5 疏水作用色谱的应用

8.4.5.1 单克隆抗体的纯化

通过杂交瘤细胞生产的单克隆抗体是一种重要的现代生物制品，在临床诊断和治疗中具有广泛的应用。杂交瘤细胞是通过将具有抗原特异性的B淋巴细胞与能够无限生长的癌细胞（如骨髓瘤细胞）融合得到的。这些杂交瘤细胞会在培养过程中持续产生目标单克隆抗体。抗体通常存在于杂交瘤细胞培养的上清液中，除了目标抗体外，培养液中还会含有许多杂质，如氨基酸、细胞碎片、培养基成分，尤其是大量的胎牛血清蛋白。单克隆抗体通常具有一定的疏水结构域，而胎牛血清蛋白水溶性高，疏水性极弱，因此可以通过疏水作用色谱进行分离。

图 8-26 展示了利用苯基修饰的琼脂糖凝胶微球作为固定相进行IgG$_1$型anti-IgE单克隆抗体纯化的结果。分离过程中anti-IgE抗体与Phenyl Sepharose™ High Performance填料具有较强的疏水相互作用而结合于色谱柱中，而绝大多数胎牛血清蛋白等疏水性弱的杂质，直接流穿。因此，通过一步疏水作用色谱即可使单克隆抗体的纯度达到95%以上，简化了分离步骤。同时，纯化后的样品获得浓缩，有利于下游通过凝胶过滤色谱或其他分离手段进行精制。

具体实验色谱操作条件如下：

① 色谱柱：Phenyl Sepharose™ HP填料装填在XK16/10柱体中；

② 色谱系统：ÄKTA™色谱系统；

③ 样品：杂交瘤细胞培养上清液（含小鼠IgG₁型抗-IgE单克隆抗体），微滤前处理（0.22μm滤膜）；

④ 上样：添加硫酸铵至0.5mol/L，加入终浓度20mmol/L的磷酸钾，pH调至7.0；

⑤ 洗脱：以pH=7.0的20mmol/L磷酸钾溶液作为洗脱液，以100cm/h流速洗脱，设置10个柱体积，0%～100%洗脱缓冲液进行梯度洗脱。

色谱柱： 疏水作用色谱-苯基取代(Phenyl Sepharose HP)
样品： 小鼠抗Ig-E抗体（杂交瘤细胞培养液），硫酸铵浓度0.5mol/L
上样缓冲液： 20mmol/L磷酸钠，0.5mol/L 硫酸铵，pH=7.0
洗脱缓冲液： 20mmol/L磷酸钠
流速： 100cm/h
洗脱梯度： 0%～100%洗脱缓冲液(10CV)
　　　　　ÄKTA色谱分离系统

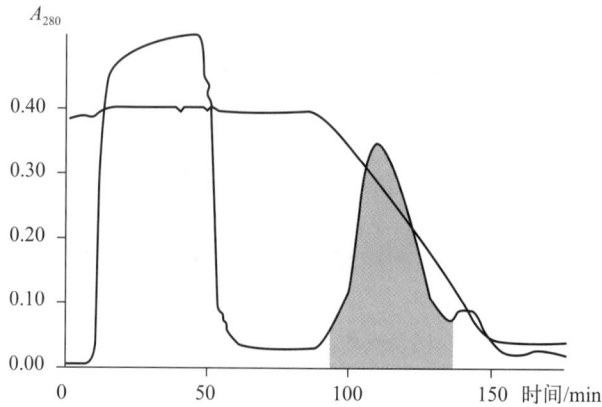

图8-26　疏水作用色谱分离浓缩杂交瘤细胞生产单克隆抗体

8.4.5.2　重组乙型肝炎病毒表面抗原的纯化

乙型肝炎病毒（HBV）是一种会导致急慢性肝炎、肝硬化和原发性肝细胞癌的传染性病原体。据统计，2022年全球估计有2.575亿人感染乙肝病毒，相当于全球HBV的流行率为3.2%，其中中国的HBV流行率为5.6%，感染人数约达到7975万人。为了保护未感染人群，可以通过重组技术大规模生产乙型肝炎病毒表面抗原（r-HBsAg）作为疫苗。这些抗原通常通过使用哺乳动物细胞（如CHO细胞）的典型疫苗生产工艺制备。

在乙肝疫苗纯化中，目标抗原存在于细胞培养上清液，而主要杂质可能包括细胞碎片、培养基成分以及其他杂质蛋白质。图8-27展示了从CHO细胞培养上清液中大规模纯化r-HBsAg的过程。由于该蛋白质极为疏水，它能强烈地与大多数HIC填料结合。为了避免过度结合，便于使用较温和的洗脱缓冲液进行样品回收，可以使用疏水性较弱的配基，如丁基修饰的填料进行纯化。在本案例中，Butyl-S Sepharose™ Fast Flow一步纯化即可去除超过90%的杂质。

具体实验色谱操作条件如下：

① 色谱柱：Butyl-S Sepharose™ 6 Fast Flow装填在XK 50/20柱体中，130mL；

② 色谱系统：ÄKTA™色谱系统；

③ 样品：超滤浓缩的细胞培养上清液（含有约0.6mg的rHBsAg），300mL；

④ 上样：添加硫酸铵至0.6mol/L，加入终浓度20mmol/L的磷酸钠，pH调至7.0；

⑤ 洗脱：以pH=7.0的20mmol/L磷酸钠溶液作为洗脱液，并添加30%异丙醇，以100cm/h恒定流速洗脱。

通过对初始细胞培养液和不同流出组分进行聚丙烯酰胺凝胶电泳（SDS-PAGE）分析可以发现，经过疏水作用色谱后，样品纯度显著提高，观察不到非目标蛋白的条带。通过疏水作用色谱，实现了高效的r-HBsAg纯化，为后续的纯化和疫苗制备奠定了重要基础。此实例展示了疏水相互作用色谱在生物制药和疫苗生产中的重要应用，尤其是在处理疏水性强的重组蛋白时。

色谱柱：	疏水作用色谱-丁基取代(Butyl-S Sepharose 6 Fast Flow)
样品：	浓缩的CHO细胞培养液(约0.6mg rHBsAg)，0.6mol/L硫酸铵，pH=7.0
上样体积：	300mL
上样缓冲液：	20mmol/L磷酸钠，0.6mol/L硫酸铵，pH=7.0
洗脱缓冲液：	20mmol/L磷酸钠
色谱柱清洗液：	20mmol/L磷酸钠，30%异丙醇
流速：	100cm/h
色谱系统：	ÄKTA™色谱分离系统

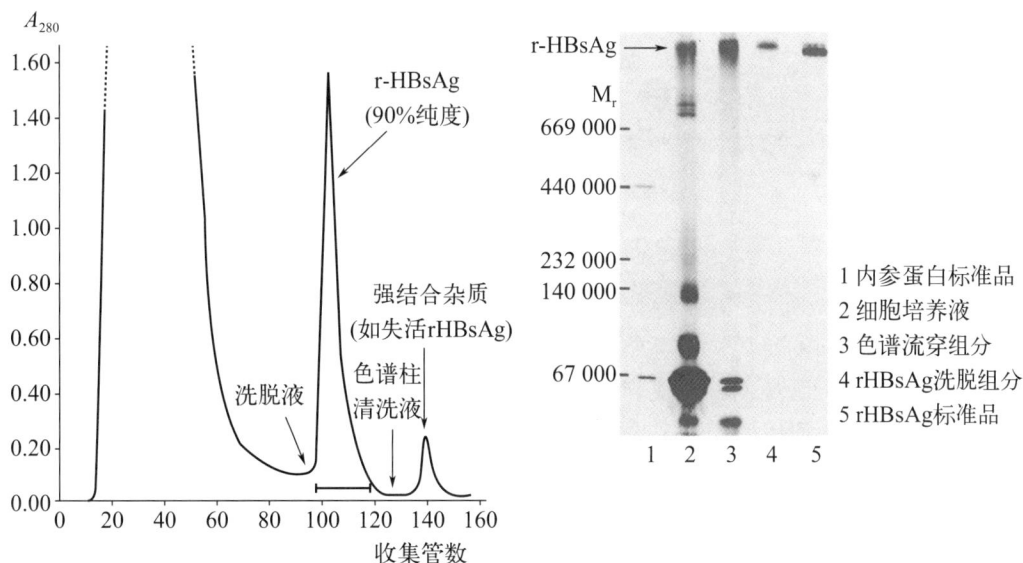

图8-27　疏水作用色谱纯化重组乙型肝炎病毒表面抗原

8.5 亲和色谱

8.5.1 亲和色谱的原理与特点

许多生物大分子，如酶与抗体等蛋白质，具备识别特定物质并与之结合的能力。这种识别与结合能力具有高度的特异性，即生物物质能够通过组成和空间结构特性与相应的分子结合。这种生物分子间的特异性交互作用被称为生物亲和作用（bioaffinity）或简称亲和作用（affinity），而基于亲和作用产生的结合则被称为亲和结合（affinity binding）。利用这种生物分子间特异性结合作用的原理进行的生物物质分离纯化的技术被称为亲和分离（affinity separation）或亲和纯化（affinity purification）。其中，最典型的应用是以色谱技术为基础的亲和色谱（affinity chromatography）技术。目前亲和色谱已广泛应用于酶、抗体、核酸以及重组蛋白等生物大分子的纯化过程中，特别是在分离含量极低且不稳定的活性物质时具有较高的分离效率。

亲和色谱是一种依赖于生物分子对其互补结合体（配基）的生物识别能力来实现选择性分离的吸附色谱技术，其基本原理为：首先，将具有特异性识别能力的配基（如抗体或其他特定配体）固定化到色谱柱填料上（固定化的方法多样，如物理吸附或共价结合）；然后将包含目标生物分子的样品溶液加载到色谱柱上，由于配基与目标生物分子之间的特异性相互作用，目标生物分子会被特异性地吸附在色谱柱上，而非目标分子则会直接流过色谱柱；接着通过某种适宜的洗涤液洗涤色谱柱，以去除非特异性吸附的杂质分子；随后，通过改变色谱柱环境条件（如改变pH、离子强度或添加具有高亲和力的竞争性配体），使得固定在色谱柱上的目标分子从配基上解离，进而洗脱出目标分子，常见的洗脱方法包括使用高盐溶液、竞争性配体或改变pH值等；最后，通过适当的处理方法恢复色谱柱的初始状态，以便进行下一轮的分离过程，再生过程可能包括清洗、pH调整和配基的再活化等（图8-28）。通过这一系列流程，实现了目标生物分子的高效、高纯度和高回收率的分离和纯化。

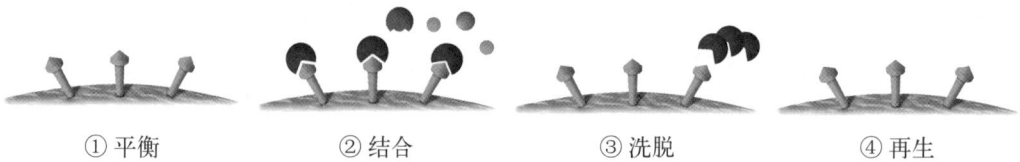

① 平衡　　　② 结合　　　③ 洗脱　　　④ 再生

图 8-28　亲和色谱过程原理示意图

亲和色谱具有以下几个主要特点。① 高选择性与高特异性：亲和色谱通过利用生物分子间的特异性相互作用，实现了对目标分子的高选择性分离。通常一步亲和色谱操作就能使样品纯度达到90%以上，从而显著减少了纯化步骤，简化了纯化过程；② 应用范围广：适用于多种生物大分子如酶、抗体、核酸及重组蛋白等的纯化，特别在生物药物的生产和生物技术研究中具有广泛应用；③ 扩展性强：可根据目标分子的特性，设计和选用不同的配基和色谱条件；④ 兼容性高：由于其高度的选择性，能兼容各种杂质的存在，直接从复杂样品（如细胞裂解液、生物发酵液等）中分离纯化目标分子，无需预处理。但若初始样品中易去除的杂质较多，仍应进行前处理以降低亲和色谱分离的难度和成本。然而，亲和色谱仍存在以下缺点。例如，亲和色谱的配基和色谱填料较为昂贵，一步亲和纯化单位量蛋白质的成本比两步离子交换法纯化高9倍，且亲和色谱填料使用寿命更短，因此限制其工业化应用；对于某些结合力较强的亲和作用对，需运用极端的洗脱条件，如强酸溶液，可能导致产物变性失活；渗漏现象是另一隐蔽而严重的问题，特定的洗脱条件可能导致配体与载体之间的化学键断开，从而使配体渗漏到产品中，降低产品纯度甚至可能带来生物安全风险；此外，某些物质分离时需进行纯化标签的表达，纯化后需通过特定的方法进行标签的去除，避免其对目标分子功能和活性的影响。

8-4
亲和色谱

8.5.2　亲和色谱填料

亲和色谱填料主要由载体（填料微球）、亲和配体和连接臂三部分组成（如图8-29所示），其中根据亲和配体的不同又可将亲和色谱分为免疫亲和色谱、固定金属离子亲和色谱等不同的类别，根据分离对象的不同，需选择不同的亲和色谱。由于亲和色谱的特殊性和复杂性，选择填料时应根据其组成要素进行综合考虑。

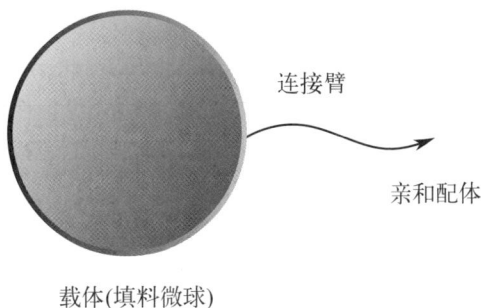

图 8-29　亲和色谱填料组成示意图

8.5.2.1　载体

（1）载体选择

在亲和色谱应用过程中，选择合适的色谱填料载体是至关重要的一步，它直接影响着分离纯化过程的效率和结果。色谱填料载体须具备以下几个基本特性：① 具备良好的亲水性和粒径均一性，以确保大分子量的蛋白质与其配体能够自由结合；② 包含可以进行广泛化学反应的功能基团，如—OH、—NH$_2$、—COOH、—CHO等，便于连接不同的配体；③ 非特异吸附少，以保证较高的选择性；④ 具备一定的机械强度和稳定性，以能够承受操作过程中的压力及高压灭菌；⑤ 价格适中，易于购买，有利于工业化应用。选择具体填料载体时，还应根据待分离物质的性质（如分子大小、电荷、极性等）、分离目标（如纯度、回收率等）、操作条件（如pH值、温度、溶剂等）以及经济效益等综合考虑。

目前，常见的亲和色谱载体材料有纤维素、琼脂糖凝胶、葡聚糖凝胶、聚丙烯酰胺凝胶、多孔玻璃珠等。每种载体材料都有其独特的性质和应用范围。例如，纤维素由于其结构紧密、均一性较差，主要用于分离与核酸有关的物质；而琼脂糖凝胶具有高亲水性和大孔结构，被广泛应用于水溶液中的蛋白质分离。聚丙烯酰胺凝胶因其良好的亲水性和较弱的非特异性吸附，适合亲和力较弱的体系；硅胶因其独特的多孔结构和优异的吸附性能，常用于天然产物等分子的分离。

（2）载体活化

在亲和色谱中，确定具体的载体种类后应进行活化，便于后续与亲和配体的偶联，形成稳定的亲和吸附剂。载体活化主要通过载体表面含有的化学基团。一般情况下，载体表面基团在初始状态下是不活泼的，不能与配体直接发生反应。通过特定的化学反应，可将这些基团转变为活泼状态，即所谓的载体活化。这一过程是为了使载体表面的化学基团具备能与配体上特定基团共价键合的能力。例如，在糖类载体的活化过程中，可能会涉及特定的化学处理，以产生能与配体结合的活性基团。同样，聚丙烯酰胺凝胶及其他凝胶衍生物的活化也可通过特定的化学反应来实现。

① 琼脂糖、葡聚糖等糖类载体活化可通过羟基衍生，具体方法包括：

a.溴化氰活化法（cyanogen bromide activation method）：在碱性条件下，使用溴化氰对载体进行处理，生成活泼的"亚氨基碳酸"中间体。溴化氰对多糖类载体的活化通常在碱性（pH＞10）条件下进行，如碳酸盐缓冲液，仅需几分钟就能实现载体表面功能化。此法适用于固定含有游离脂肪族氨基或芳香族氨基的配体。当用于固定小分子配基时，通常需先引入"接枝手臂"，再通过相应的方法固定配基。此法的优点包括适用性广、操作简单、重现性好和偶联条件温和，特别适合偶联敏感性生物大分子。然而，其缺点包括生成的异脲键容易产生非特异性吸附、共价键不稳定以及操作危险性大（CNBr为剧毒物质）。此外，活化后的废液应经过统一处理方可排放。

b.高碘酸氧化法（periodate oxidation method）：在此法中，多糖载体与高碘酸钠进行氧化反应，生成醛。在温和条件下，醛可与伯胺反应生成席夫碱，随后通过硼氢化钠还原，生成稳定的烷基胺。因此，该方法可用于连接多种带有伯胺的生物大分子，如抗体、酶等蛋白类生物制品。

c.环氧化法（epoxidation method）：在碱性条件下，多糖载体与1,4-丁二醇-二缩水甘油醚或环氧氯丙烷等活化试剂反应，生成环氧化合物，该化合物可进一步与氨基酸或蛋白质上的氨基进行偶联。该方法的优点是生成的共价键稳定、非特异性吸附较小、操作简单且危险性相对较小。但该反应通常需要在强碱条件进行，不适用于碱敏感物质。

d.其他方法：对于糖类载体的活化方式还有许多种，例如甲苯磺酰氯法（tosyl chloride method）、双功能试剂法（即利用二乙烯砜、戊二醛、琥珀酸酐等同一分子中具有两个反应活性基团的化学试剂进行衍生）等方法，每种活化方法都有其适用的场景和限制，选择哪种方法需根据实际需求和载体、配体的化学性质来决定。

② 聚丙烯酰胺凝胶及其他载体类型应根据微球表面化学基团的不同进行选择，具体活化方法包括：

a.叠氮化法（diazo coupling method）：此法主要应用于含有酰氨基的载体，如聚丙烯酰胺凝胶，酰氨基能被含氮化合物置换制备多种衍生物。例如，在聚丙烯酰胺载体中加入1 mol/L的亚硝酸氧化，反应90s，生成酰肼衍生物，从而可以与含伯胺的化合物（如脂肪胺类配基）偶联制得亲和吸附剂。

b.重氮化法（azocoupling method）：重氮化法主要适用于含氨基的载体，如 ω-氨基烷基琼脂糖衍生物等。首先，使用对硝基苯甲酰氯对载体进行反应，制得对硝基苯甲酰胺烷基琼脂糖衍生物。随后，通过连二亚硫酸钠进行还原，再用亚硝酸钠处理，得到重氮盐衍生物。最后，重氮盐衍生物可与酚类或吡啶类物质反应进行偶联，制得亲和载体。

c.碳二亚胺缩合法（carbodiimide condensation method）：此法主要适用于含羧基的载体。碳二亚胺作为羧基活化剂，在反应过程中，与载体上的羧基反应生成脲衍生物。这些脲衍生物可以通过有机溶剂洗涤除去。然后，通过缩合反应使得目标配体与载体结合，获得亲和载体。

8.5.2.2　亲和配体

（1）配体选择

亲和配体的选择是亲和色谱分离过程中的关键环节，它直接影响到分离纯化的效果和效率。亲和色谱中常见的目标物与配体组合包括抗原与抗体、激素与受体、糖蛋白与凝集素以及酶与底物等。以下是关于亲和配体选择方面的几个主要考虑因素。

① 特异性：理想的亲和配体应能准确识别并结合目标分子，且避免与其他杂质发生交叉反应。因此，应根据目标分子的生物学特性，寻找具有高专一性的配体，其与目标分子的解离常数 K_d 值应小于 10^{-4} mol/L。若无法选择分子特异性高的理想配体，可以选择具有组专一性的配体，即可结合包括目标分子在内的一组同类物质。组专一性配体适用于纯化相关家族蛋白质或用于预分离。

② 可逆性：配体与目标分子间的结合应具备可逆性。在色谱的初步阶段，结合应足够牢固以保证尽可能多的目标物结合于色谱柱上不流穿，并且要保证该结合力不至于过高，导致

结合力太强难以洗脱，或需要极端的洗脱条件而引起目标物变性失活。配体与目标物结合的理想解离常数范围是$10^{-8} \sim 10^{-4}$mol/L。超出此范围，结合可能过弱或过强，影响吸附或洗脱效果。若无解离常数数据，应通过预实验进行条件优化。

③ 稳定性：配体应具备良好的稳定性，能够耐受可能的强反应条件，如有机试剂的使用，以及清洗和再生的过程。

（2）配体偶联

选择合适的配体后，需要将其稳定地连接至活化的载体表面。某些配体上固有的特定功能基团（如氨基、羧基、羟基、巯基或醛基等）会与载体上的活性基团发生共价结合反应，形成稳定的结构。在某些情况下，若配体分子表面不具有可与载体偶联的基团，需对其进行化学衍生，引入反应官能团。在进行配体连接时，应充分了解配体分子上的化学基团分布，以选择合适的化学偶联部位，避免影响配体与目标分子的结合。通常，选择配体分子上与目标分子结合无关且远离结合点的化学基团作为修饰部位。例如，将抗体修饰于载体表面进行免疫亲和色谱时，最好将Fc片段与载体偶联，保证Fab结构域能充分地与目标物结合。通过以上过程，将配体稳定地连接到载体上，形成具有特异性亲和作用的亲和吸附剂，为后续的亲和色谱分离提供基础。

8.5.2.3 接枝手臂

在亲和色谱分离过程中，配体与目标分子的结合可能受到空间位阻效应的影响。如果配体分子规模较小，当它结合到载体骨架上后，可能由于空间位阻的限制，使目标分子的结合位点无法与配体完全接触，从而影响色谱的吸附效率。为解决该问题，可在配体分子与介质骨架之间引入一个连接臂（也称为接枝手臂或间隔臂），以消除空间位阻效应，为目标分子与配体间的充分结合提供更充足的空间。一般情况下，分子质量小于1kDa的配体通常都需要连接间隔臂，而5kDa以上的大分子配体往往无需使用间隔臂，$1 \sim 5$kDa的配体则要视具体情况而定。

间隔臂的长度对于其间隔效果至关重要，如果间隔臂太短，间隔效果弱，配基不能有效结合样品中的目标物；若间隔臂过长，则各种溶质可能非特异性结合到间隔臂，降低色谱分离选择性。通常，间隔臂碳链的长度在$C_6 \sim C_8$之间较为合适，常见的间隔臂是$6 \sim 8$个碳原子的碳氢链，载体到配体的长度为$0.5 \sim 1$nm。某些特殊应用场景中也可能连接长达17个碳原子的间隔壁。间隔臂应具有良好的亲水性，以避免因电荷或疏水性而与蛋白质发生非特异性作用。目前，商品化的填料微球通常修饰有各种间隔臂，可以直接与亲和配体偶联。

8.5.3 亲和色谱的类型

根据不同的亲和配体和分离对象，亲和色谱可以分为多种类别，包括酶-底物亲和色谱、免疫亲和色谱（抗体-抗原亲和色谱）、固定金属亲和色谱、凝集素-多糖亲和色谱、核酸亲和色谱、色素亲和色谱等不同类别。

8.5.3.1 酶-底物亲和色谱（enzyme-substrate affinity chromatography）

酶-底物亲和色谱是基于酶与其底物、底物类似物、抑制剂等之间的特异性相互作用的一类亲和色谱技术。通过将某种底物或底物类似物等偶联至色谱填料中，可以有效地从复杂样品中分离和纯化具有特定底物结合能力的酶。该方法的选择性和特异性主要取决于所选用的底物或底物类似物以及目标酶的结构和活性。

其中一个经典的酶-底物亲和体系是利用谷胱甘肽转移酶（GST）与谷胱甘肽（GSH）的相互作用，即将GSH固定化于亲和载体上，而对欲分离的目标蛋白质进行GST的重组融合表达，在色谱分离过程中，料液里的目标蛋白即可通过其GST标签与GSH修饰的固定相结合，从而去除溶液中的大量杂质。该体系常用于纯化工程菌中表达的重组蛋白，其原理如图8-30所示。

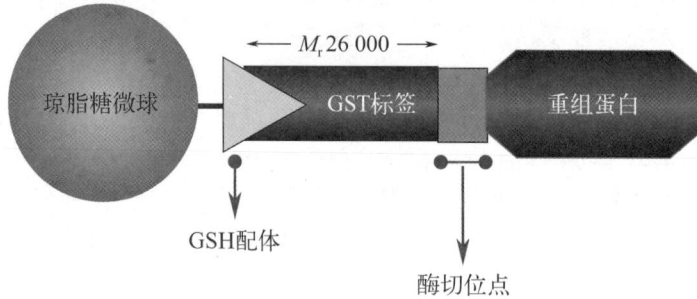

图8-30　酶-底物（GSH-GST）亲和色谱原理示意图

GST是体内生物转化中一种重要的代谢酶，是抵抗细胞损伤和癌变的主要解毒系统。GST由211个氨基酸组成，分子质量约为26kDa。将GST应用于重组蛋白纯化主要有以下优点：① GST标签的水溶性极高，其融合表达可提高外源蛋白的可溶性；② GST可在大肠杆菌中大量表达，从而提高目标蛋白的表达量；③ GST与GSH的结合解离常数约为10^{-4}mol/L，在保证目标物与色谱柱结合的同时能够保证可逆性，即可通过添加还原型谷胱甘肽的方式实现温和、非变性条件下的目标蛋白质洗脱。

然而，GST标签分子量较大，可能对目标蛋白的活性和下游应用产生较大的影响，因此往往需要将其去除。GST标签的去除通常是通过酶切的方式完成，常用的切割酶包括PreScission蛋白酶、凝血酶或凝血因子Xa等。在GST和目标蛋白融合表达的同时，通常会在它们之间插入一个可被特定蛋白酶识别切割的肽段，这个肽段的序列通常是根据所选用的蛋白酶的切割特异性设计的。例如，如果使用PreScission蛋白酶，则会在GST和目标蛋白之间插入一个含有Leu-Glu-Val-Leu-Phe-Gln-Gly-Pro序列的肽段，因为PreScission蛋白酶能特异性地识别并切割这个序列中的Gln和Gly之间的肽键。需注意若样品中加入了蛋白酶抑制剂，则必须在使用PreScission蛋白酶、凝血酶或凝血因子Xa进行切割之前将其去除。

酶切过程可以在洗脱后的蛋白质溶液中进行，或直接在固定相中完成。若洗脱后切割，则GST标签仍存在于目标蛋白溶液中，需要再过一次GSH亲和色谱柱，将GST标签结合于柱上，而脱去标签的重组蛋白流穿。而如果在GST标签蛋白结合于亲和色谱柱后，直接在洗脱步骤中加入蛋白酶进行柱上酶切，则GST标签仍留在柱上，无标签的目标蛋白则可直接进行洗脱回收。最后，通过高浓度GSH溶液进行色谱填料的清洗与再生即可。

然而，无论何种方式，目标蛋白还会混有用于标签切割的蛋白酶，影响目标蛋白的纯度或对其下游应用产生影响，因此需要将它们从体系中去除。如果选择使用凝血酶或凝血因子Xa进行切割，去除这些酶的方法是在目标蛋白洗脱及酶切后再次通过修饰有苯甲脒（benzamidine）配体的亲和色谱柱，苯甲脒是凝血酶的抑制剂，因此可与其结合，而目标蛋白则直接通过。如果使用的是PreScission蛋白酶，那么通常会在该蛋白酶上修饰GST标签，如果对于洗脱回收后进行酶切的体系，则进行二次过柱后可将切割的GST标签及GST标签化的 PreScission 蛋白酶一起结合于 GSH 亲和色谱柱中去除。而如果用柱上切割，则酶切的同时 PreScission 蛋白酶会通过 GST 标签直接与色谱填料上的 GSH 配体结合而不与目标蛋白共同洗脱，此时获得的洗脱液中仅有目标蛋白。

8.5.3.2 固定金属亲和色谱（immobilized metal ion affinity chromatography，IMAC）

固定金属亲和色谱是一种依赖于金属离子和某些氨基酸残基之间相互作用的蛋白质纯化技术。在 IMAC 中，通常利用螯合配体将金属离子（如镍或钴）固定到色谱介质上，然后通过这些金属离子来捕获带有多组氨基酸（通常是组氨酸）标签的蛋白质。为了利用 IMAC 技术进行分离纯化，首先应通过基因工程技术在目标蛋白 C 末端或 N 末端修饰能与金属离子结合的氨基酸序列，如 6～10 个组氨酸（His），其中又以 6 组氨酸标签（6 His-Tag）应用最为广泛。这些氨基酸序列能够与色谱填料上固定的金属离子发生特异且可逆的结合作用从而实现目标蛋白的纯化。

固定金属亲和色谱的固定相主要由填料微球、螯合配体和金属离子组成。① 填料微球与其他色谱技术中使用的类似，通常是由高度交联的琼脂糖、葡聚糖或其他聚合物组成的颗粒。② 螯合配体是用于捕获并固定金属离子的特殊分子，它们通过化学反应共价偶联到填料微球表面，并通过特定的配位位点与金属离子形成稳定的化学键。在 IMAC 中，常见的螯合配体包括亚氨基二乙酸（iminodiacetic acid，IDA）、亚硝基三乙酸（nitrilotriacetic acid，NTA）和三羧甲基乙二胺（carboxymethyl ethylenediamine，TED）（图 8-31）。例如，IDA 可与环氧活化的琼脂糖载体偶合，形成一种带有双羧甲基氨基的琼脂糖，进而与过渡金属离子螯合，形成吸附活性中心。其中，IDA、NTA 和 TED 分子与金属离子之间分别有 3 个、4 个和 5 个结合位点，因此其与金属离子的结合能力依次递增，在色谱分离过程中金属离子在柱子上的结合越牢，脱落和对样品的污染现象越少。但与 IDA、NTA 和 TED 结合后的金属离子中空余的位点也依次减少，分别为 3 个、2 个和 1 个，即能与组氨酸结合的位点减少，蛋白质纯化的载量依次降低。③ 金属离子是 IMAC 的核心，它们通过螯合配体固定在色谱介质上，并能与组氨酸中的咪唑基团作用，从而识别并结合带有组氨酸标签的重组蛋白质。常用的金属离子包括镍（Ni^{2+}）、钴（Co^{2+}）和锌（Zn^{2+}），其中最常用的是镍离子，因为它能够与组氨酸残基形成很强的配位键。

以组氨酸标签蛋白的纯化为例，在固定金属亲和色谱纯化过程中，首先将样品加入与金属离子（通常是 Ni^{2+} 或 Co^{2+}）吸附饱和的色谱介质上，以便通过 His-tag 与金属离子相互作用捕获目标蛋白。洗涤阶段可在缓冲液中加入低浓度的咪唑以减少非特异性的蛋白质吸附，并去除杂质，同时保留目标蛋白的结合。洗脱通常利用高浓度的咪唑溶液与目标蛋白竞争金属离子的结合位点，导致目标蛋白从介质上洗脱。有时也会结合其他适当的洗脱剂（如引起 pH 变化的洗脱剂或能与金属离子结合的强螯合剂 EGTA 和 EDTA 等）来干扰金属与 His-tag 之间的交互作用，从而释放目标蛋白。在洗脱后，可能需要进一步的缓冲液交换或脱盐步骤来去除残留的咪唑或调整缓冲条件，为后续应用做好准备。在整个过程中，需要注意的是选择适当的 IMAC 介质、优化洗涤和洗脱条件以及确保目标蛋白的稳定性。特别是在洗脱步骤中，选择适当的洗脱策略并避免过于极端的条件，以保持目标蛋白的完整性和活性。

固定金属亲和色谱进行蛋白质分离纯化具有以下优点：① His-tag 的分子质量较小，约为 0.84kDa，而 GST 的分子质量约为 26kDa，因此，His-tag 通常不会影响目标蛋白的功能和结构，无须切除，但如果 His-tag 的存在会影响下游应用，则可参考 GST-tag 的方法构建一个酶切位点，纯化后利用相应的蛋白酶将其切割去除；② His-tag 融合蛋白能在非离子型表面活性剂存

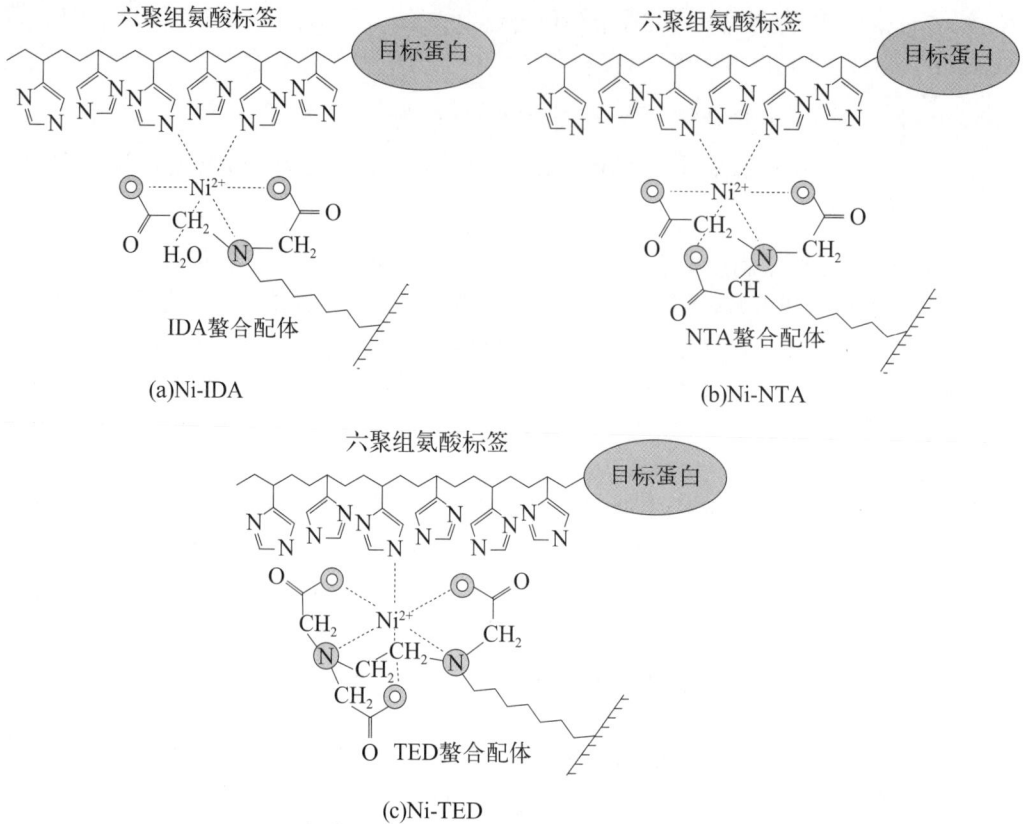

图8-31　不同螯合配体的固定金属亲和色谱示意图

在或变性条件下被纯化，这在分离疏水性强的蛋白质及纯化包涵体蛋白时尤为有用；③ His-tag的免疫原性较低，因此可以将纯化后的蛋白质直接注射到动物体内进行抗体制备等多种应用；④ His-tag适用于多种表达系统，并且其纯化条件相对温和，有助于保持蛋白质的稳定性和活性；⑤ His-tag可以与其他亲和标签结合，构建双亲和标签系统，以实现更高效和特异性的蛋白质纯化和检测。

8.5.3.3　免疫亲和色谱（immuno affinity chromatography，IAC）

免疫亲和色谱是一种基于抗体-抗原特异性相互作用的色谱技术。其核心原理是利用抗体与抗原之间的高度特异性和亲和力来实现目标分子的选择性分离和纯化。在免疫亲和色谱中，抗体、抗原或者与其相关的分子作为亲和配体被固定化在色谱介质上，样品通过色谱柱时，目标分子（一般为抗原或抗体）会与固定化的抗体或抗原相关分子发生特异性的可逆结合作用，而非目标分子则会直接洗脱出柱。随后，通过改变洗脱条件（例如，改变pH、离子强度或使用竞争性结合的分子），可以将固定化的配体与目标分子分离，从而实现抗原抗体的纯化。

免疫亲和色谱的常见配体主要包括蛋白A（Protein A）、蛋白G（Proteing）和蛋白L（Protein L）。这些配体主要来源于细菌，并且能够与免疫球蛋白（IgG）结合，从而实现抗体的纯化。其中，蛋白A和蛋白G分别是来自金黄色葡萄球菌（*Staphylococcus aureus*）和G群链球菌（Group G *Streptococci*）的蛋白质。它们能够通过与免疫球蛋白G（IgG）的Fc区域结合，实现对IgG、含有Fc区域的IgG片段以及IgG亚类的纯化。因此，蛋白A和蛋白G常作为免疫亲和色谱的配体进行单克隆IgG型抗体、多克隆IgG及其亚类、IgG相关免疫复合物等的纯化。

蛋白A和蛋白G与抗体的结合能力不同，多数情况下蛋白G可以结合更多物种的IgG，且它对IgG的亲和力比蛋白A更强，同时，它对白蛋白的结合力较小。此外，蛋白G对IgG的特异性更高，几乎不与其他抗体类型（如IgM、IgA或IgE）结合。蛋白G色谱介质与IgG的结合受pH值和离子强度影响较小，在更宽的pH和离子强度范围内都具有较强的结合力。利用蛋白G纯化抗体时，洗脱阶段通常需要将pH降低到2.5～3.0之间，但如果该pH值会对抗体活性产生影响，可尝试使用蛋白A色谱介质，因其洗脱条件通常较为温和。相较于蛋白G，蛋白A含有五个与IgG的Fc区域结合的结构域，一般情况下一个蛋白A至少可以结合两分子的IgG。因此，对于工业规模的单克隆抗体纯化，通常更倾向于选择蛋白A色谱介质，因为它具有比蛋白G更高的结合容量。虽然蛋白A最主要结合的抗体类型为IgG型，但它对于IgA和IgM也有一定的结合能力。基于蛋白A和蛋白G对Fc结构域的特异性，一般单步纯化可以实现从细胞培养上清液、血清和腹水等原料液中提取抗体，但应注意纯化后的样品可能会混有宿主IgG，甚至可能结合微量的血清蛋白。此时应再结合其他技术进行进一步纯化。

蛋白L是从细菌 *Peptostreptococcus magnus* 的表面分离出来的一种与蛋白A和蛋白G不同的抗体结合蛋白，它也能作为免疫亲和色谱的配体，特别是对于纯化除IgG以外的抗体类型时。与蛋白A和蛋白G主要通过与免疫球蛋白G（IgG）的Fc区域结合不同，蛋白L能够通过与免疫球蛋白的轻链（light chain）的可变区域（variable region）结合来实现对多种抗体类别的纯化，包括IgG、IgM、IgA、IgE和IgD。不同免疫亲和配体与抗体的结合如图8-32所示。

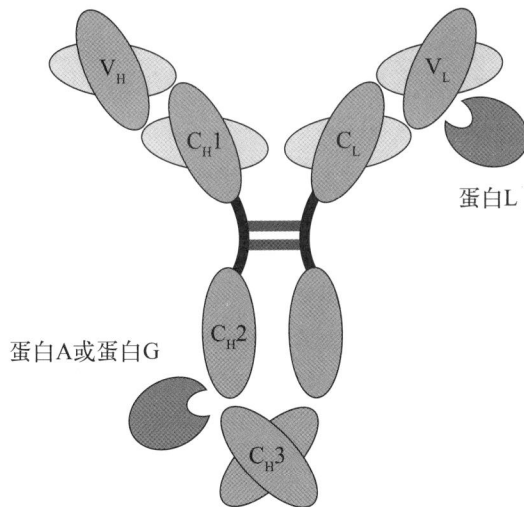

图8-32 不同免疫亲和配体与抗体的结合示意图

此外，通过免疫亲和色谱进行抗体纯化后，可能会存在抗体的多聚体结构，如IgG二聚体、三聚体等，此时应通过凝胶过滤色谱进行进一步精制，去除多聚体。并且，在凝胶过滤色谱过程中也能去除可能残留于样品中的其他蛋白杂质，以获得高纯度的IgG抗体产品。

8.5.3.4 其他亲和色谱类型

（1）凝集素-多糖亲和色谱

凝集素-多糖亲和色谱是一种利用凝集素（lectin）与糖类分子间特异性相互作用来分离

含糖生物分子的技术。在此技术中，关键是将特定的凝集素以共价形式连接到色谱填料载体上，构成亲和吸附剂。凝集素-多糖亲和色谱适用于多种糖相关的生物分子和结构的分离，包括多糖、糖蛋白、细胞膜碎片、酶和抗体复合物等。

凝集素-多糖亲和色谱分离过程中可选择不同的凝集素作为配体，以实现不同目标分子的分离。例如，伴刀豆凝集素A（concanavalin A，Con A）和扁豆凝集素（lentil lectin）是两种常用的凝集素。Con A是从刀豆中提取的四聚体金属蛋白，它能够结合含有α-d-甘露糖吡喃醇、α-d-葡萄糖吡喃醇及其相关残基的分子。通常能与Con A结合的糖分子结构中需要存在C-3、C-4和C-5位的羟基。以Con A为配体的亲和色谱常用于糖蛋白、多糖和糖脂的分离纯化；扁豆凝集素能结合α-d-葡萄糖和α-d-甘露糖残基，常用于纯化糖蛋白，包括经表面活性剂溶解的跨膜糖蛋白、细胞表面抗原和病毒糖蛋白等。与Con A相比，扁豆凝集素对葡萄糖和甘露糖残基的选择性较弱，对单糖的结合力也较弱，但它在1%的去氧胆酸钠存在下仍保留其结合能力，因此非常适用于纯化经表面活性剂溶解的膜蛋白。

（2）肝素亲和色谱

肝素亲和色谱是一种利用肝素（heparin）与生物分子之间的相互作用来进行分离和纯化的技术。肝素是一种多糖，可与很多活性调节小分子结合并抑制其活性。作为一种天然的抗凝剂，肝素能与多种蛋白质，包括血浆蛋白、生长因子等结合。因此，可将肝素作为亲和配体，并通过共价键结合到琼脂糖微球或其他色谱介质上形成亲和色谱填料。例如，肝素亲和色谱常用于凝血因子的纯化或去除。血浆或利用重组蛋白技术表达的凝血因子可结合于Heparin Sepharose和Capto Heparin等肝素亲和色谱填料上，通过增加盐浓度即可实现目标蛋白的洗脱。

此外，肝素是一种高度硫酸化的多糖胺聚糖，具有强阴性的特性。其多阴离子性能够模拟DNA的电荷分布，使得肝素能够与DNA结合蛋白产生相互作用。因此，使用肝素作为配体可以通过亲和色谱进行DNA结合蛋白的特异性吸附，并通过提高盐浓度改变肝素与蛋白质的结合行为进行洗脱。

（3）三嗪染料亲和色谱

三嗪类染料在亲和色谱中作为亲和配体，通过与蛋白质中的特定氨基酸残基（例如赖氨酸、组氨酸和精氨酸）形成亲和相互作用，帮助纯化特定的蛋白质。这些染料包括Cibacron blue F3G-A、Reactive Red 120和Reactive Green 19等。三嗪类染料能够与一些特定的蛋白质（如某些脱氢酶）产生亲和作用。三嗪染料的结构包括一个三嗪核，该核可以与蛋白质的活性位点中的氨基酸残基形成亲和相互作用。此外，染料分子中的其他官能团也可以与蛋白质的其他区域形成相互作用，提高亲和作用的特异性和选择性。

通过选择不同的三嗪染料，可以针对不同的蛋白质实现定向纯化。在三嗪染料亲和色谱的纯化过程中，首先将带有三嗪染料的色谱介质平衡至适当的条件，然后将含有目标蛋白的样品加载到色谱柱上。通过洗涤去除非特异性结合的蛋白质和杂质，然后通过改变缓冲液条件（例如，改变pH或离子强度，或使用竞争性洗脱剂）实现目标蛋白的洗脱。三嗪染料亲和色谱提供了一种相对简单且经济的方法，用于纯化许多重要的药用蛋白质，如药物靶点蛋白质。通过合理选择三嗪染料和优化纯化条件，可以实现高效的蛋白质纯化，满足研究和工业应用的需求。

（4）其他重组标签蛋白的亲和色谱

除了GST-tag和His-tag之外，还有许多标签常用于重组蛋白的分离纯化，例如FLAG-tag、HA-tag、MBP-tag和Strep-tag等。其中，FLAG-tag和HA-tag亲和色谱都是利用重组标签与特定抗体间相互作用进行蛋白质纯化的技术。FLAG-tag是一个由8个氨基酸组成，序列为DYKDDDDK的多肽。HA-tag是一个由9个氨基酸组成的小型亲和标签，它是从人流感病毒血凝素（hemagglutinin）中衍生而来的，因此得名HA-tag。由于二者均具有较小的尺寸和良好的生物相容性，通常不会干扰目标蛋白的结构和功能，使其成为许多蛋白质纯化的工具。

糖苷酶亲和色谱是一种用于纯化带有麦芽糖结合蛋白（MBP）标签的重组蛋白亲和色谱技术。在纯化时，以麦芽糊精作为亲和配体，通过其与MBP的特异性作用实现重组蛋白的结合，然后通过高浓度的麦芽糖与麦芽糊精配体结合，竞争MBP的结合位点即可实现目标蛋白的洗脱与回收。MBP-tag除了可以作为亲和标签用于纯化之外，还能提高蛋白质的表达水平和溶解性，并促进蛋白质的正确折叠。但是MBP-tag的尺寸较大，分子质量约为40kDa，常需要通过设计酶切位点将其切除。

Strep-Tag系统是一种源于链霉亲和素（streptavidin）与生物素（biotin）之间特异性结合作用的重组标签蛋白纯化系统。其中，Strep-tag II是一种由8个氨基酸残基（Trp-Ser-His-Pro-Gln-Phe-Glu-Lys）组成的小型蛋白质标签，分子量仅为1000，可将其添加至重组蛋白的N端或C端用于蛋白质的纯化。纯化时Strep标签蛋白质与亲和色谱填料中的Strep-Tactin配体发生特异性结合而吸附于柱子上，通过脱硫生物素（desthiobiotin）与Strep-Tactin配体结合，进行温和洗脱，从而释放目标蛋白。Strep-tag尺寸较小，对目标蛋白的结构和功能干扰小，且洗脱条件温和，因此目前也是一种常用的重组标签蛋白纯化方法。

8.5.4 亲和色谱的影响因素

在亲和色谱的过程中，存在多个影响因素，这些因素能够显著影响色谱的效果和结果。以下几个方面是影响亲和色谱性能的主要因素。

8.5.4.1 固定相

亲和色谱固定相组成对分离效果的影响主要体现在填料载体和配体两方面。其中，载体的化学组成需要具有良好的物理和化学稳定性，以便在不同的化学条件下保持其结构和功能性，并适应不同压力和温度的色谱分离条件。此外，载体的孔径和孔隙结构能够影响目标分子和配体的接触效率，以及亲和吸附剂的加载量。较大的孔径结构通常有助于提高分离效率和亲和吸附剂的结合量。

另一方面，配体的种类和浓度在亲和色谱中起着至关重要的作用。首先，配体种类的选择应根据其与目标分子和主要杂质的结合力进行确定，应保证配体与目标分子和杂质之间的结合常数有显著的差异，且与目标分子的结合力在合适的范围内。对于配体浓度，在低亲和力系统中通常需要较高的配体浓度以保证有效的分离，而亲和力较高时，则应优化最佳配体浓度，保证在色谱的初始阶段目标分子能够被有效地吸附，同时在洗脱阶段也能够被有效地洗脱。此外，过高的配体浓度可能会增加非特异性结合的可能性，从而降低亲和色谱的选择性和纯化效果。另外，配体浓度的选择也与经济效益有关，过高的配体浓度可能会增加成本。

8.5.4.2 流动相

流动相在亲和色谱中起着重要的作用，它可以影响分子的运动、分离效率和最终的色谱结果。流动相对亲和色谱的影响主要包括以下几方面。

（1）离子强度和pH值

流动相中的离子强度和pH值可能会影响目标物与亲和配体的分子形式，进而影响其亲和力大小，因此在亲和色谱分离过程中应优化流动相的离子强度和pH值以保证最优的结合和洗脱效率。例如，以蛋白G作为亲和配体对IgG型单克隆抗体进行纯化时，应选择较低浓度的中性缓冲液（如0.02mol/L磷酸钠，pH=7.0）以提高蛋白G与抗体的结合力；而洗脱时，则应提高盐浓度，并降低pH值（如0.1mol/L甘氨酸-盐酸缓冲液，pH=2.7），降低二者的结合力进行抗体回收。此外，调节离子强度和pH值时还应考虑目标物在溶液中的稳定性，避免发生变性失活。

（2）添加剂

在亲和色谱中，常常在上样缓冲液、洗涤液和洗脱液中添加特殊的化学试剂以优化分离全过程、提高纯化效率和保护生物活性成分。与其他吸附色谱不同的是亲和色谱常通过高浓度的竞争结合添加剂进行洗脱，该添加剂与目标分子都能与载体上的配体结合，可能由于较高的结合常数或较高的浓度能够将结合于载体上的目标物竞争洗脱下来；在结合阶段有时也会在缓冲液中加入低浓度添加剂竞争结合以减少非特异性吸附。此外，在缓冲液中加入某些表面活性剂能够改变流动相和固定相的界面性质，有助于减少非特异性吸附和提高洗脱效率。对于某些重组标签蛋白的分离纯化，会在洗脱液中加入特定的添加剂（如酶或还原剂等）实现目标物洗脱的同时进行标签的去除。

8.5.4.3　色谱操作条件

亲和色谱的流速、温度等操作条件会影响目标分子与配体之间的相互作用，进而影响分离效果。流速会影响目标分子与配体之间的接触时间。较慢的流速允许更长时间的相互作用，可能产生更好的分离效率。例如，影响GST标签蛋白与谷胱甘肽琼脂糖结合的最重要参数之一就是流速。由于GST和谷胱甘肽之间的结合动力学相对较慢，因此在样品结合阶段应保持低流速以实现最大的结合容量。通常可以使用较低的流速来优化性能。例如，对于1mL和5mL的色谱柱可分别用0.5mL/min或2.5mL/min的流速。

温度会影响分子间的相互作用力，以及配体和目标分子的稳定性。例如，在蛋白A亲和色谱中，温度可以显著影响抗体与配体的结合。温度对于样品的黏度也有影响，如果在4℃进行纯化柱压过大，可转移到室温以降低样品黏度和压力。另外，当需要使用某些酶进行洗脱或标签去除时，应控制温度以保证酶活和较高的切除效率。此外，也可通过温度的控制来实现目标物与配体之间的相互作用，在特定温度下，无需其他洗脱剂即可实现目标分子的洗脱，这种方法也称为温度响应性亲和色谱法。

8.5.5　亲和色谱的操作过程

亲和色谱的操作过程与前述几种吸附色谱类似，这里不再赘述。此外，不同类型的亲和色谱其操作过程略有区别，这里主要对亲和色谱操作的一些注意事项进行阐述。

8.5.5.1　上样结合

在亲和色谱上样过程中，溶液中的溶质分子与填料之间存在两种作用方式。一是载体表面亲和配体与目标分子间的特异性结合，即亲和吸附过程；二是溶液中各类溶质（包括目标产物和杂质）与载体之间的非特异性吸附，其可能源于溶质与载体微球、配体分子或间隔臂之间的静电作用或疏水相互作用等非共价结合。特异性吸附具有较高的选择性，而非特异性吸附的选择性较低。因此，在上样过程中，应确保载体对目标产物具备较高的特异性亲和作用和吸附容量，同时，需将杂质的非特异性吸附维持在最低程度。

一般情况下，料液中目标产物的浓度相对较低，而杂质的存在量则较大。在亲和结合过程中，即便只有少量杂质发生非特异性吸附，也可能大幅削减纯化的效果。杂质的非特异性吸附量受其浓度、性质、载体材料、配体固定化方法，以及流动相的离子强度、pH值和操作温度等多方面因素影响。例如，在配体或目标产物带有电荷，或通过溴化氰活化法修饰配体时引入带电基团的情况下，若离子强度较低，则载体（包括已被吸附的目标产物）对杂质的静电作用较强，导致非特异性吸附量增加。另外，在离子强度较高的情况下，由于间隔臂上碳氢链的疏水性相互作用增强，非特异性吸附量亦可能增大。因此，为减少吸附过程中的非特异性吸附量，所选用的缓冲液的离子强度应适宜，一般范围为 $0.1 \sim 0.5 \text{mol/L}$，同时，缓冲液的pH值应能减小配体和目标产物与杂质的静电作用，常用pH值范围为 $6 \sim 8$。此外，应采用高纯度的配体制备亲和吸附介质，以提升亲和吸附介质的质量。有时，为减少杂质及目标产物的疏水性吸附，可在料液（以及后续的清洗液）中加入 0.15g/L 的表面活性剂（如吐温80、Triton X-100等）。对于疏水性较大的蛋白质［如组织型纤溶酶原激活物（t-PA）］，添加表面活性剂是提高目标产物纯度和回收率的有效方法。

8.5.5.2 洗涤

洗涤操作的目标是清除色谱柱空隙和填料内部的杂质，通常采用与上样操作具有相同pH值和离子强度的缓冲液。为了尽可能减少非特异性吸附，可加入表面活性剂或少量竞争性结合分子，以确保目标产物的结合和杂质的去除。由于目标物与配体之间的亲和结合过程具有可逆性，过度洗涤可能增加目标物的损失，尤其是对于结合常数较小的亲和体系。然而，若洗涤不够充分，可能会使部分杂质在洗脱过程中混入目标物中，降低产物的浓度。因此，在洗涤操作中，应监测色谱流出液的组成变化，以优化最佳的洗涤条件。

8.5.5.3 洗脱

目标产物的洗脱主要有两种方式：特异性洗脱（specific elution）和非特异性洗脱（nonspecific elution）。特异性洗脱的核心原理是利用某些能与亲和配体发生亲和作用的小分子化合物溶液作为洗脱剂，在高浓度下通过竞争性结合的方式实现目标产物的洗脱和回收。例如，当使用赖氨酸作为亲和配体对组织型纤溶酶原激活物（t-PA）进行色谱分离时，可以高浓度的精氨酸溶液作为洗脱剂，因为赖氨酸和精氨酸均为t-PA的抑制剂；又如，当使用凝集素、伴刀豆凝集素A（ConA）作为亲和配体进行多糖或糖蛋白的色谱纯化时，可利用葡萄糖与Con A的亲和结合作用，以高浓度的葡萄糖溶液作为洗脱剂进行目标物的洗脱与回收。特异性洗脱具有条件温和的特点，有利于稳定目标产物的生物活性。此外，在低亲和力或非特异性吸附显著的亲和色谱中，该洗脱方式保证了目标产物的纯度。

特异性洗脱常需要加入高浓度的竞争结合分子作为洗脱剂，这可能显著提高色谱分离的成本。因此，工业生产中常常也使用非特异性洗脱，即通过调整洗脱液的pH值、离子种类和强度、色谱操作温度等手段以削弱目标物与亲和配体之间的结合力，实现目标产物的洗脱和收集。例如，以蛋白G作为亲和配体进行单克隆抗体纯化时常通过降低pH值和提高盐离子浓度的方式进行抗体的非特异性洗脱。

8.5.6 亲和色谱的应用实例

8.5.6.1 小鼠单克隆 IgG_1 的纯化

亲和色谱是分离小鼠单克隆 IgG_1 的常用方法，此例中主要以重组蛋白A（rProtein A）作为亲和配体与 IgG_1 的Fc片段结合进行捕获。rProtein A相较于原始的蛋白A具有更强的结合能力，并保留了通过降低pH值进行洗脱的能力。此外，与大多数抗体制备相同，亲和色谱纯化的 IgG_1 中可能存在多聚体，因此需要进行第二步尺寸排阻色谱的精制以提高纯度。其具体流程如下：

目标分子：鼠源单克隆 IgG_1；

原始溶液：细胞培养上清液；

前处理：通过 $0.45\mu m$ 滤器过滤细胞培养上清液以去除大颗粒杂质。

① 捕获：对细胞培养液中 IgG_1 的捕获可利用以重组蛋白A作为配体的亲和色谱（HiTrap rProtein A FF）。此步骤可去除污染蛋白、低分子量物质，并显著减少样品体积。与其他IgG亚类不同，大多数鼠源单克隆 IgG_1 需要高盐浓度才能与rProtein A结合。在纯化过程中，通常使用0.1mol/L的磷酸钠缓冲液和2.5mol/L的氯化钠（pH=7.4）作为结合缓冲液。洗脱阶段降低盐浓度和pH值，以0.1mol/L的柠檬酸钠（pH=4.5）作为洗脱缓冲液，并以1mL/min的流速将结合在亲和色谱柱上的样品洗脱下来，获得 IgG_1 组分（图8-33）。

色谱柱：　　　　重组蛋白A亲和色谱柱(HiTrap rProtein A FF 1mL)

样品：　　　　　含有 IgG_1 的细胞培养基

上样体积：　　　100mL

上样缓冲液：　　100mmol/L磷酸钠，2.5mol/L 氯化钠，pH=7.4

洗脱缓冲液：　　100mmol/L醋酸钠，pH=4.5

色谱柱清洗液：　20mmol/L 磷酸钠，30%异丙醇

流速：　　　　　1mL/min

色谱系统：　　　ÄKTA色谱分离系统

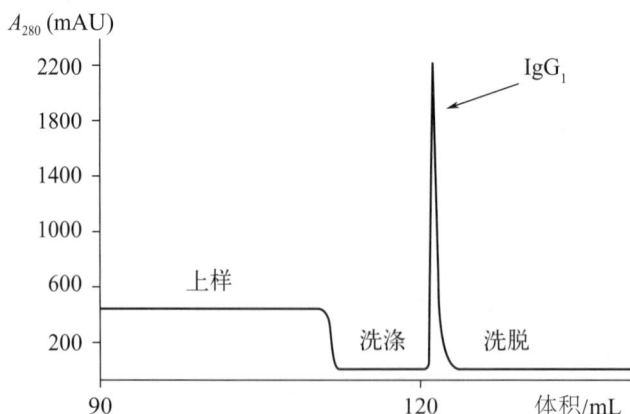

图8-33　重组蛋白A亲和色谱纯化 IgG_1

② 精制：使用凝胶过滤色谱（HiLoad 16/600 Superdex 200 pg）进行精制，以去除痕量的 IgG_1 聚集体。使用50mmol/L的磷酸钠、150mmol/L的氯化钠（pH=7.4）作为缓冲液，流速为1mL/min进行洗脱。如果 IgG_1 样品中存在多聚体，由于其分子量与单体呈倍数差异，因此在单体洗脱峰之前会存在聚集体的洗脱组分。此外，凝胶过滤色谱还能同时去除溶液中的盐并

进行缓冲液更换。由于凝胶过滤色谱耗时较长，且上样体积小，纯化后样品被稀释，而亲和纯化则可以减少样品体积，并使样品浓缩。因此，在亲和色谱纯化后衔接凝胶过滤色谱是一种常用的组合色谱技术（图8-34）。

色谱柱：　　　凝胶过滤色谱柱(HiLoad 16/600 Superdex 200 pg)
样品：　　　　重组蛋白A亲和色谱洗脱组分(含有IgG_1)
缓冲液：　　　50mmol/L 磷酸钠，150mmol/L 氯化钠，pH =7.4
流速：　　　　1mL/min
色谱系统：　　ÄKTA色谱分离系统

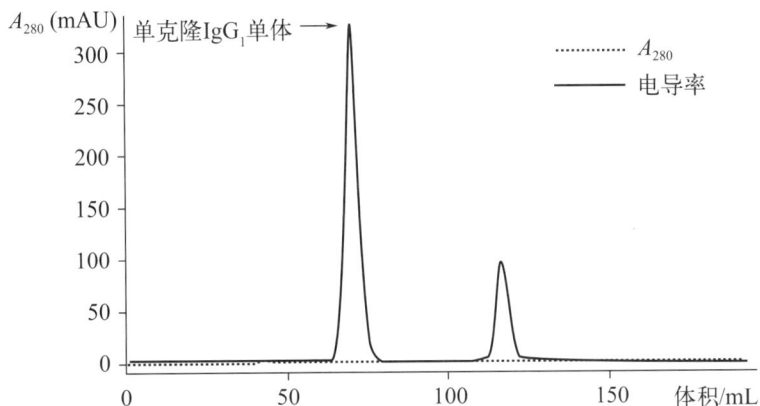

图8-34　凝胶过滤色谱精制亲和色谱纯化后的IgG_1

③ 产量和分析：从大约50mL的细胞培养上清液中回收了大约1.2mg的IgG_1单体，回收率超过95%。并且通过SDS-PAGE能证明纯化后样品的纯度。通过这两步纯化过程，能够有效地从细胞培养上清液中纯化出高纯度的鼠源单克隆IgG_1。

8.5.6.2　人血浆中糖蛋白的纯化

在此应用实例中，目标是从人血浆中富集糖蛋白，因此可以使用凝集素-多糖亲和色谱进行分离。例如，用修饰了伴刀豆凝集素（Con A）的亲和色谱介质（HiTrap Con A 4B，1mL）进行纯化。首先，使用结合缓冲液（20mmol/L Tris、500mmol/L NaCl、1mmol/L $MnCl_2$ 和1mmol/L $CaCl_2$，pH=7.4）将0.5mL的人血浆稀释至5mL。之后将其载入色谱柱中，使用结合缓冲液进行淋洗，设置流速为0.2mL/min。可以发现，此时大量无法与Con A结合的杂蛋白直接流穿。然后，使用结合缓冲液洗涤后降低流速至0.1mL/min，并用洗脱缓冲液（20mmol/L Tris、500mmol/L NaCl、300mmol/L 甲基-D-葡糖苷，pH=7.4）进行竞争洗脱。结果表明洗脱后能在约14～18mL体积处收集到血浆糖蛋白（图8-35）。

需注意的是若样品中存在对凝集素具有不同亲和力的糖蛋白，可通过连续梯度或分步洗脱改善分辨率。此外，在洗脱期间暂停流动几分钟也能提高分辨率。对于紧密结合难以洗脱的物质，可尝试降低pH至5进行洗脱，但如果pH值更低，锰离子（Mn^{2+}）将开始从Con A中解离，导致色谱柱重复使用之前需要再次重新装载Mn^{2+}。纯化结束后，可使用10倍柱体积含有500mmol/L NaCl、20mmol/L Tris-HCl，且pH=8.5的碱性缓冲液进行清洗，然后再使用含有500mmol/L NaCl、20mmol/L 醋酸，且pH =4.5的酸性缓冲液冲洗，重复三次酸碱交替冲洗后用结合缓冲液重新平衡。如果存在强结合物质，可用pH=6.5的100mmol/L 硼酸溶液进行低流速冲洗或通过20%～50%的乙醇或乙二醇冲洗。

色谱柱：　　　凝集素亲和色谱(HiTrap Con A 4B，1 mL)
样品：　　　　0.5mL人血浆稀释于5mL结合缓冲液
上样缓冲液：　20mmol/L Tris，500mmol/L NaCl，1 mmol/L $MnCl_2$，1 mmol/L $CaCl_2$，pH 7.4
洗脱缓冲液：　20mmol/L Tris，500mmol/L NaCl，300mmol/L甲基-D-葡糖苷，pH7.4
流速：　　　　0.2mL/min(上样)；0.1mL/min(洗脱1min，暂停4min)
色谱系统：　　ÄKTA色谱分离系统

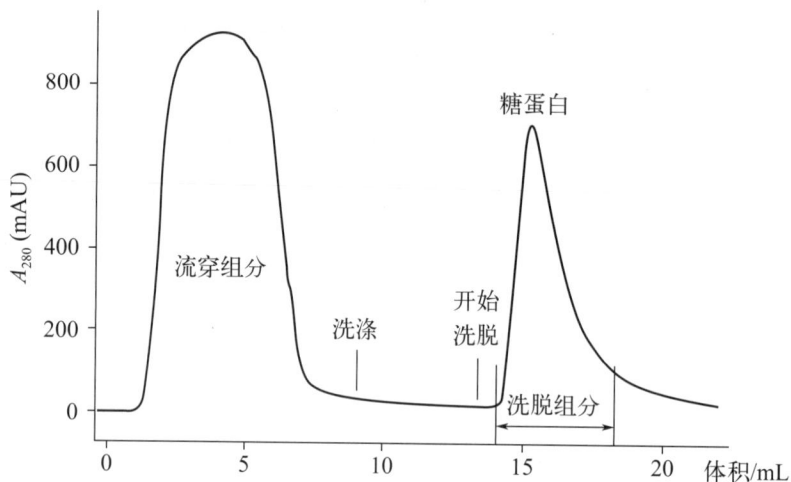

图8-35　Con A亲和色谱纯化人血浆糖蛋白

最终，通过一步亲和色谱，即可成功地从人血浆中富集糖蛋白，后续可通过SDS-PAGE分析样品纯度和蛋白质的分子量信息。

8.6　其他色谱技术

随着色谱技术的不断发展和创新，除了前面章节介绍过的凝胶过滤色谱、离子交换色谱、疏水作用色谱和亲和色谱，已经涌现出更多的色谱技术，在现代生物制品分离纯化中发挥着至关重要的作用，为复杂生物样品的处理提供了更多可能性。其中，复合模式色谱结合了多种色谱技术的分离原理，能够在单一色谱柱上实现多种相互作用，极大地提高了分离效率和选择性。例如，在抗体药物的生产过程中，复合模式色谱可以快速去除抗体多聚体和其他杂质；反相色谱作为一种传统的色谱技术，因其强大的分离能力和适用性，已广泛用于多肽、寡核苷酸等类型的生物制品分离纯化；此外，随着药物手性对治疗效果的重要性日益凸显，手性色谱也越来越多地被用于药物纯化，保证了活性对映体的有效分离，确保药品安全性和疗效。

8.6.1　复合模式色谱

8.6.1.1　复合模式色谱原理

在复合模式色谱中，配基与靶分子通过两种或更多种作用机制相互作用，包括凝胶过滤作用、静电作用、氢键作用和疏水作用等，这些作用模式可以单独或协同运行，其作用强度取决于靶分子本身的特点及整体工艺条件。复合模式色谱为解决复杂的纯化问题提供了新的分离策略。

多模式色谱填料微球的制备方式多样，主要包括三种模式。① 随机修饰：通过在基质上独立引入两种或更多种不同的作用基团，可以有效研究两种作用方式的影响。在该方法中，微球的均匀性往往难以保证。② 多模式配体：通过化学框架将具有不同相互作用原理的基团通过特定的分子骨架组合连接，并控制其化学计量关系（如1:1），组成结构明确的分子。③ 响应性材料：根据条件的变化，展现不同的作用方式。例如，在温度变化下，介质从疏水性变为亲水性，其中疏水基团的暴露程度会减少（图8-36）。

8-5
多模式色谱

随机修饰　　　　　　　多模式配体　　　　　　　响应性材料

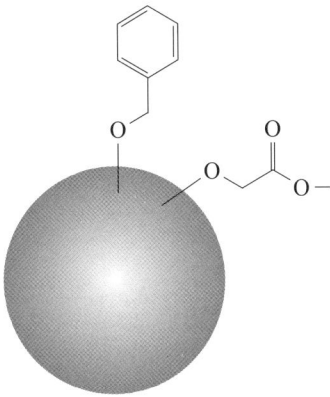 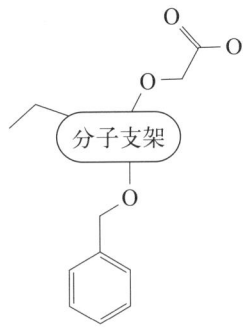 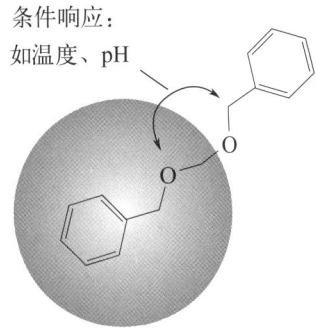

图8-36　多模式色谱的不同制备方式

8.6.1.2　复合模式色谱介质

复合模式色谱介质一般为高度交联的琼脂糖微球，以实现多种不同的化学修饰，并提供高稳定性，能够在高流速、高压力下进行大体积生物样品的规模纯化。目前，常使用多模式配体建立复合模式色谱介质，即将具有静电作用、疏水作用、π-π作用、氢键作用和嗜硫相互作用等多种作用机制的配基通过分子骨架连接于微球上，以产生具有多种分离机制的新型色谱介质。如图8-37所示，常见的复合模式色谱配基包括在传统阳离子或阴离子交换配体上进行衍生，连接具有苯环结构的疏水作用配基以实现多模式分离；或者制备具有固定孔径的凝胶过滤色谱介质，并在孔内固定化疏水作用配基或离子交换基团以实现更高分辨率的纯化过程。

例如，Capto adhere（Cytiva）是一种基于N-苄基甲基乙醇胺的复合模式强阴离子交换色谱介质，它能够同时通过静电相互作用、氢键、疏水相互作用进行物质的分离纯化。该色谱填料常用于单克隆抗体的精制，常通过单步复合模式色谱同时吸附并去除经蛋白A亲和色谱纯化后单克隆抗体中的抗体多聚体结构、宿主细胞蛋白、核酸、病毒、内毒素和柱中脱落的蛋白A等多种杂质，在流穿组分中获得纯化的单克隆抗体。Capto MMC（Cytiva）则是一种具有弱阳离子交换介质属性的复合模式阳离子交换色谱。除了静电作用外，该配基结构提供额外的相互作用模式，包括疏水作用、氢键和嗜硫作用。多重相互作用模式能够实现不同的

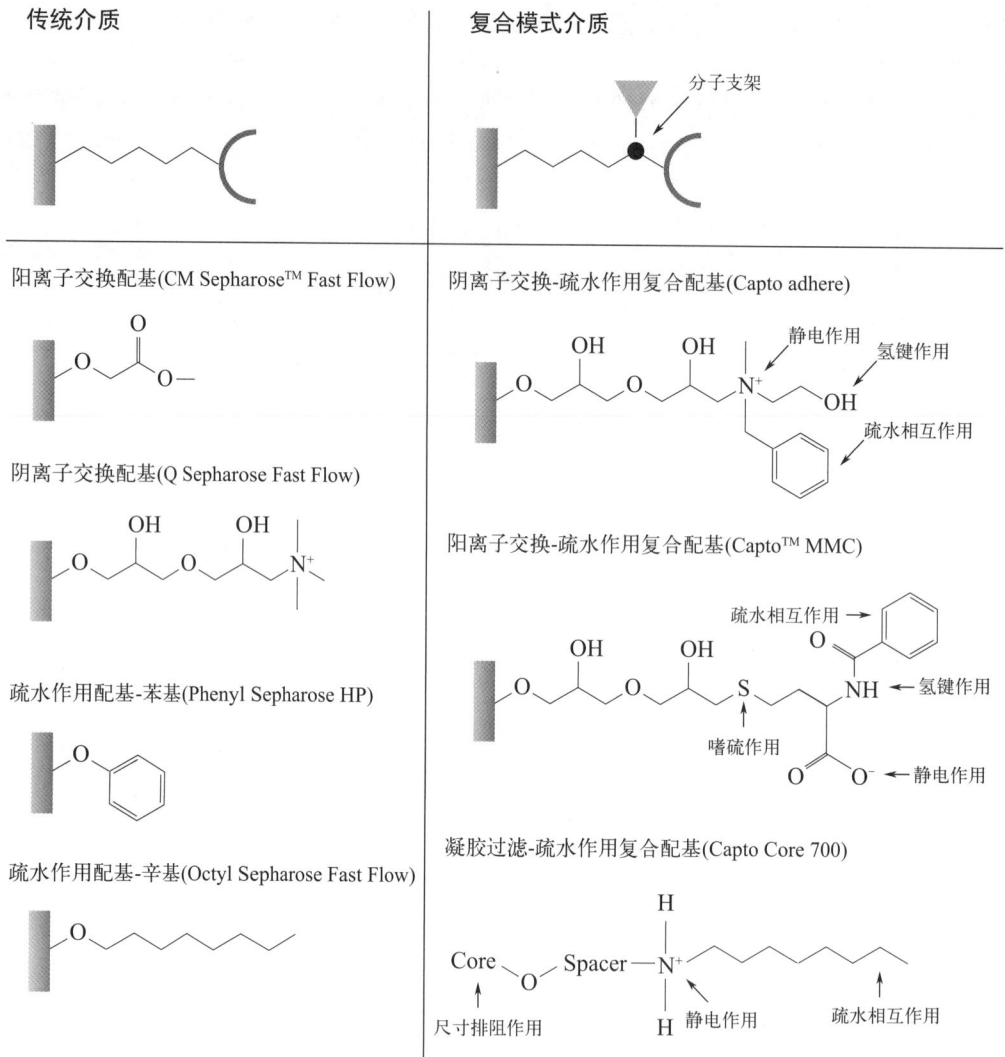

图 8-37　复合模式色谱的不同策略

物质选择性，并能够克服传统离子交换色谱需要低盐浓度上样的问题，能够耐受一定的盐浓度，样品无需稀释或缓冲液置换就可以上样。此外，与传统的阳离子交换介质不同，由于具有多重作用模式，该填料可在pH值略高于目标蛋白等电点的溶液中进行吸附，也需要更高的洗脱pH值。

除了多种吸附作用模式，还可将凝胶过滤色谱与吸附色谱相结合。如Cytiva公司研发的Capto Core 700填料是一种由无功能外层（无配基）以及修饰配基的功能内核组成的多孔微球（图8-38）。这种设计结合了凝胶过滤和吸附色谱的特点。微球外层的孔径具有大约700kDa的排阻极限，因此可以排阻纳米尺寸的颗粒，包括病毒、DNA、大蛋白或蛋白复合物，从而进行有效的流穿纯化。而微球内核修饰具有疏水性和正电荷的辛胺配基，能够在较广的pH值和盐浓度范围内与样品中的各种杂质高效结合。进入内部空间并与配基相互作用，从而能够进行有效的流穿纯化步骤。结合大粒径、高流速的琼脂糖微球，Capto Core 700填料可以实现更高的载量和处理速度，因此常用于大规模的病毒类疫苗精制纯化。

常见的复合模式色谱填料微球的种类、特点和应用总结于表8-2。

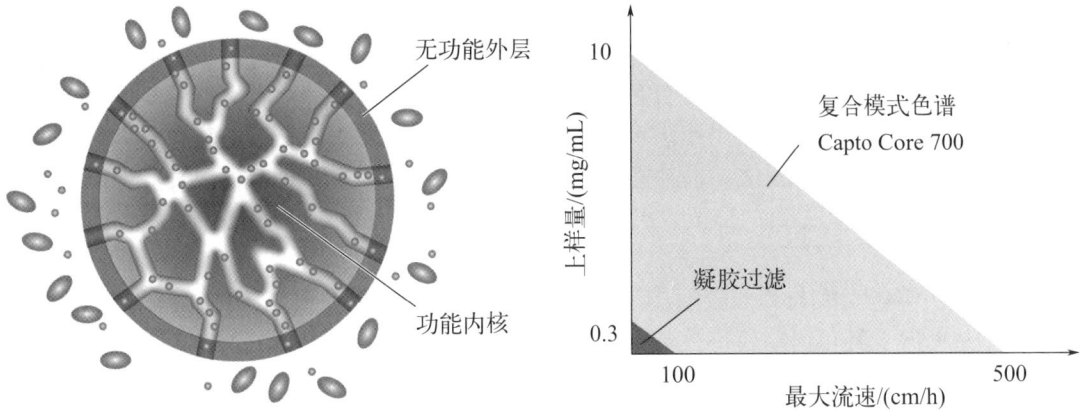

图8-38 结合凝胶过滤与吸附作用的复合模式色谱填料微球示意图
及其流速与上样量范围

表8-2 常见的复合模式色谱填料微球的种类、特点和应用

商品名	结构组成	作用模式	特点	应用
Capto adhere	配基：N-苄基甲基乙醇胺； 微球：琼脂糖颗粒	静电相互作用、氢键作用、疏水相互作用	高载量和生产力；亲和色谱纯化后杂质去除达到制药水平；宽 pH 和电导率操作范围	单克隆抗体在蛋白A亲和色谱分离后的精制；以流穿模式收集抗体；用于其他蛋白质的纯化
Capto adhere ImpRes	配基：N-苄基甲基乙醇胺； 微球：小尺寸、高分辨率琼脂糖颗粒	静电相互作用、氢键作用、疏水相互作用	与 Capto adhere 相同，但分辨率更高，洗脱体积更小	与 Capto adhere 相似，如高效抗体精制，去除多聚体、宿主蛋白等杂质
Capto MMC	配基：N-苯甲酰同型半胱氨酸； 微球：琼脂糖颗粒	嗜硫相互作用、疏水相互作用、氢键作用和静电相互作用	高生产力和低成本；在高盐时具有高动态结合载量；高体积通量；具有与传统离子交换色谱不同的选择性	大体积样品中蛋白质纯化；可在高盐中进行纯化
Capto MMC ImpRes	配基：N-苯甲酰同型半胱氨酸； 微球：小尺寸、高分辨率琼脂糖颗粒	嗜硫相互作用、疏水相互作用、氢键作用和静电相互作用	与 Capto MMC 相同，但具有更高分辨率、更低洗脱体积、只用盐洗脱的特点	高效的抗体精制，包括多聚体和宿主蛋白的去除，带电异构体的分离
Capto Core 700	配基：辛胺； 微球：大尺寸、高流速琼脂糖颗粒	尺寸排阻作用、疏水相互作用	与凝胶过滤色谱相比具有更高的处理量和流速	病毒和其他大目标分子的纯化

8.6.1.3 复合模式色谱影响因素

复合模式色谱的影响因素包括溶液pH值、盐种类、盐浓度和添加剂等。由于复合模式色谱中填料微球与目标物或杂质具有多重作用方式，色谱操作条件对其分离效果的影响较为复杂。例如，结合离子交换作用和疏水相互作用的复合模式色谱中低盐浓度有利于离子交换作用，不利于疏水结合；反之，高盐能暴露疏水结构域，提高疏水相互作用强度，但会抑制离子交换作用。因此，最终的分离效果通常取决于整体工艺条件，需进行严格的优化。

（1）pH值

在整合了离子交换与其他吸附作用类型的复合模式色谱中，溶液pH值会影响溶质的电荷特性，从而改变其色谱结合特性。然而与传统离子交换色谱不同，由于引入了如疏水相互作用基团等其他吸附类型，其结合pH范围通常会扩大，可在略低于等电点（阴离子交换配基）或略高于等电点（阳离子交换配基）的pH条件下进行结合（图8-39）。因此，蛋白质等电点通常不是判断复合模式色谱结合和洗脱条件的唯一指标，最好运用高通量条件筛选，例如96孔板或微型色谱柱确定最佳的pH和盐浓度范围。

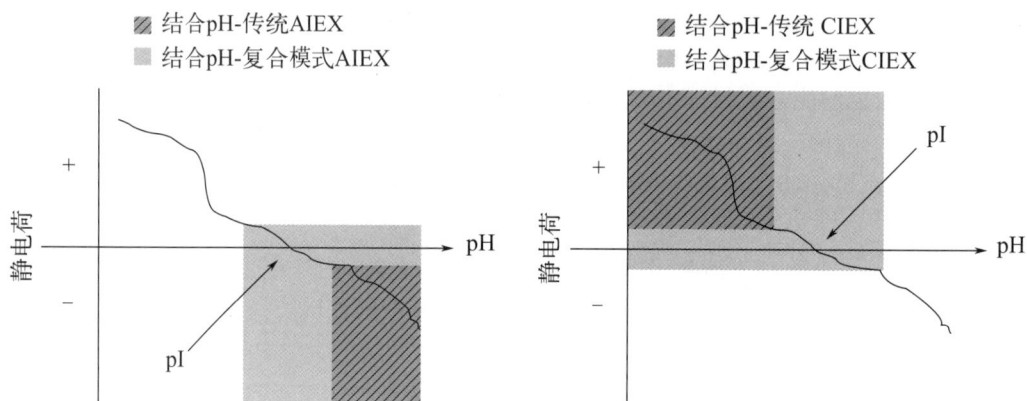

图8-39 蛋白质电荷与溶液pH值的关系及复合模式色谱结合范围

（2）盐离子种类与浓度

因为疏水作用是复合模式色谱中常用的相互作用方式之一，不同类型和浓度的盐离子通常能够调节靶分子与色谱填料之间的结合强度。例如，用Capto adhere复合模式色谱纯化单克隆抗体，去除抗体聚合物时，不同盐种类对目标物和杂质的结合情况具有显著影响（图8-40）。利用NaI作为主要盐类时，抗体聚合物载量随着离子强度的增加而显著降低，而单体载量基本保持不变，其他盐种类则没有该现象。因此可通过NaI的高单体载量和低聚合物载量进行抗体纯化。与传统离子交换色谱不同，复合模式色谱通常可在一定浓度的盐溶液中进行吸附结合，因此可用于原料的直接上样，无需预先稀释或缓冲液置换以降低盐浓度，但在洗脱时通常需要同时改变pH和盐浓度获得最佳的洗脱回收率。

（3）添加剂

在复合模式色谱中，常通过有机溶剂如乙醇和异丙醇，或者表面活性剂如Tween 80和Triton X-100来降低疏水相互作用的强度，从而影响生物分子与填料的结合。此外，尿素和盐酸胍等也能通过破坏溶质与复合模式色谱填料的氢键作用影响结合能力。例如，对单克隆抗体进行纯化时，添加20%的异丙醇，抗体单体的载量随离子强度的增加而显著降低，而多聚体载量基本保持不变。

单体容量

聚合物容量

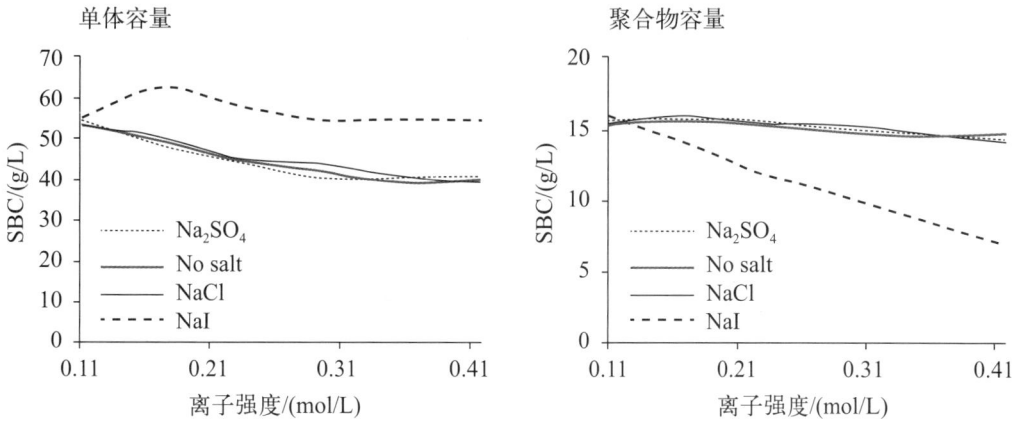

图8-40 不同盐类型对 Capto adhere 上的抗体单体和
聚合物静态结合能力（SBC）的影响

8.6.1.4 复合模式色谱的应用

复合模式色谱常用于单克隆抗体、抗体片段、胰岛素、白蛋白、疫苗等生物制品的纯化。

（1）甲型H1N1流感病毒纯化

在传统制药工业中，流感疫苗的生产主要采用鸡胚培养法。然而，为了满足大流行防备的需求和疫苗生产的可扩展性，基于细胞生产和色谱分离的工艺得到越来越广泛的应用。在许多病毒类疫苗纯化的最后阶段常常用凝胶过滤色谱进行精制以去除残留的宿主蛋白（HCP）等其他杂质。近年来，许多病毒纯化工艺中通过复合模式色谱代替常规的凝胶过滤色谱以提高分离效率和处理量。以下为使用Capto Core 700对甲型H1N1流感病毒（A/H1N1）进行纯化的案例。

首先，犬肾细胞（MDCK）以5×10^5个/mL的接种浓度在微载体生物反应器中生长48h。当细胞密度约为2.5×10^6个/mL时感染流感病毒A/H1N1，并在感染后72h收获；在样品通过微滤澄清后，利用Capto DeVirS亲和色谱柱对病毒进行捕获。Capto DeVirS是一种以硫酸葡聚糖为配基，能够对各种病毒（包括不同的流感病毒、黄热病病毒、脑炎病毒、登革热病毒等）表现出类肝素亲和行为。将亲和色谱洗脱收集组分上样到装有Capto Core 700的色谱柱上进行精制。因为Capto Core 700具有较强的杂质结合能力、缓冲液兼容性和介质稳定性，洗脱组分无需进行溶液置换可直接上样，上样量可达8倍柱体积，并可通过250cm/h的流速进行色谱分离和溶液更换。如图所示，病毒组分在初始流穿模式被收集，而其他宿主蛋白杂质则在后期伴随着缓冲液（20mmol/L磷酸钠，500mmol/L NaCl，pH 7.2）pH值和电导率的变化被洗脱下来。最后，通过1mol/L NaOH，27% 1-丙醇对色谱柱进行清洗再生（图8-41）。

最后，对每步工艺中血凝素（HA，A/H1N1表面抗原）回收率、感染性病毒滴度［半数组织培养感染剂量（$TCID_{50}$）］、DNA和蛋白质去除情况进行跟踪，结果表明，通过Capto DeVirS亲和色谱可以达到较好的病毒捕获效果，HA收率高达94%，并且能够显著去除HCP和DNA。而最后的复合模式色谱能够在不影响病毒收率和滴度的情况下进一步使杂蛋白含量减少至1/5 ～ 1/3（表8-3）。

色谱柱：　　　　　　装有25mL Capto Core 700的XK 16/20
样品：　　　　　　　捕获步骤收集的组分
上样量：　　　　　　8CV的洗脱物，250cm/h（3min保留时间）
平衡/中间清洗：　　　20mmol/L磷酸钠，500mmol/L NaCl，pH7.2
上样期间的流速：　　 250cm/h
CIP：　　　　　　　 1mol/L NaOH，27%1-丙醇（总接触时间60min）
系统：　　　　　　　ÄKTA

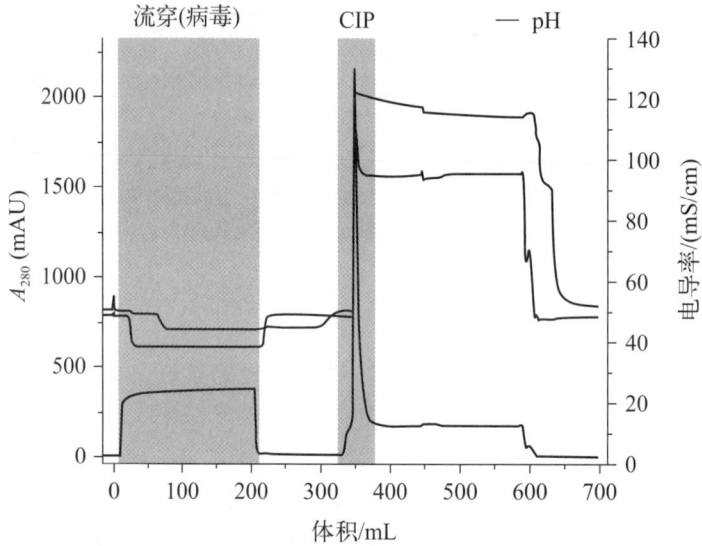

图8-41　利用复合模式色谱（Capto Core 700）对流感病毒（A/H1N1）进行精制

表8-3　纯化方案中各步骤的病毒HA收率、滴度、DNA、总蛋白和HCP/HA比值

步骤	HA 收率/%	滴度（TCID$_{50}$/mL）	DNA/HA/（ng/μg）	总蛋白/HA/（μg/μg）	HCP/HA/（μg/μg）
微滤	64	9.7	2672	22.0	32.3
Capto DeVirS 亲和色谱	94		4.0	3.1	6.1
Capto Core 700 复合模式色谱	94	9.3	5.0	1.1	1.1

（2）人乳头瘤病毒样颗粒（HPV-VLP）的纯化

目前，接种人乳头瘤病毒（HPV）疫苗是预防多种HPV病毒感染的有效手段。由于乳头瘤病毒在培养细胞中不易生长，因此构建由重组L1蛋白自组装形成的病毒样颗粒是生产HPV疫苗的一种有效途径。L1蛋白是一种结构性分子，能自组装成空心的VLP，这些VLP在形态上类似于HPV病毒，但缺乏病毒核酸，因此不会引起感染，但能够触发免疫反应，保护人体免受HPV感染。以下是一个HPV-VLP的纯化工艺（图8-42）。

首先，通过杆状病毒载体在昆虫Sf9细胞中表达结构性L1蛋白，五个L1蛋白单元形成五聚体，然后进一步自组装成直径约为55nm的VLP。蛋白质在细胞内表达后通过低渗裂解释放VLP，然后通过高速离心（10000g，30min，两次），以及10μm/0.6μm的逐级膜分离去除细胞碎片等大颗粒杂质。接着通过Capto Core 700复合模式色谱进行疫苗纯化，此时VLP被填料排阻，在流穿组分中收集，而大量宿主蛋白和核酸杂质则与填料发生吸附结合并去除。

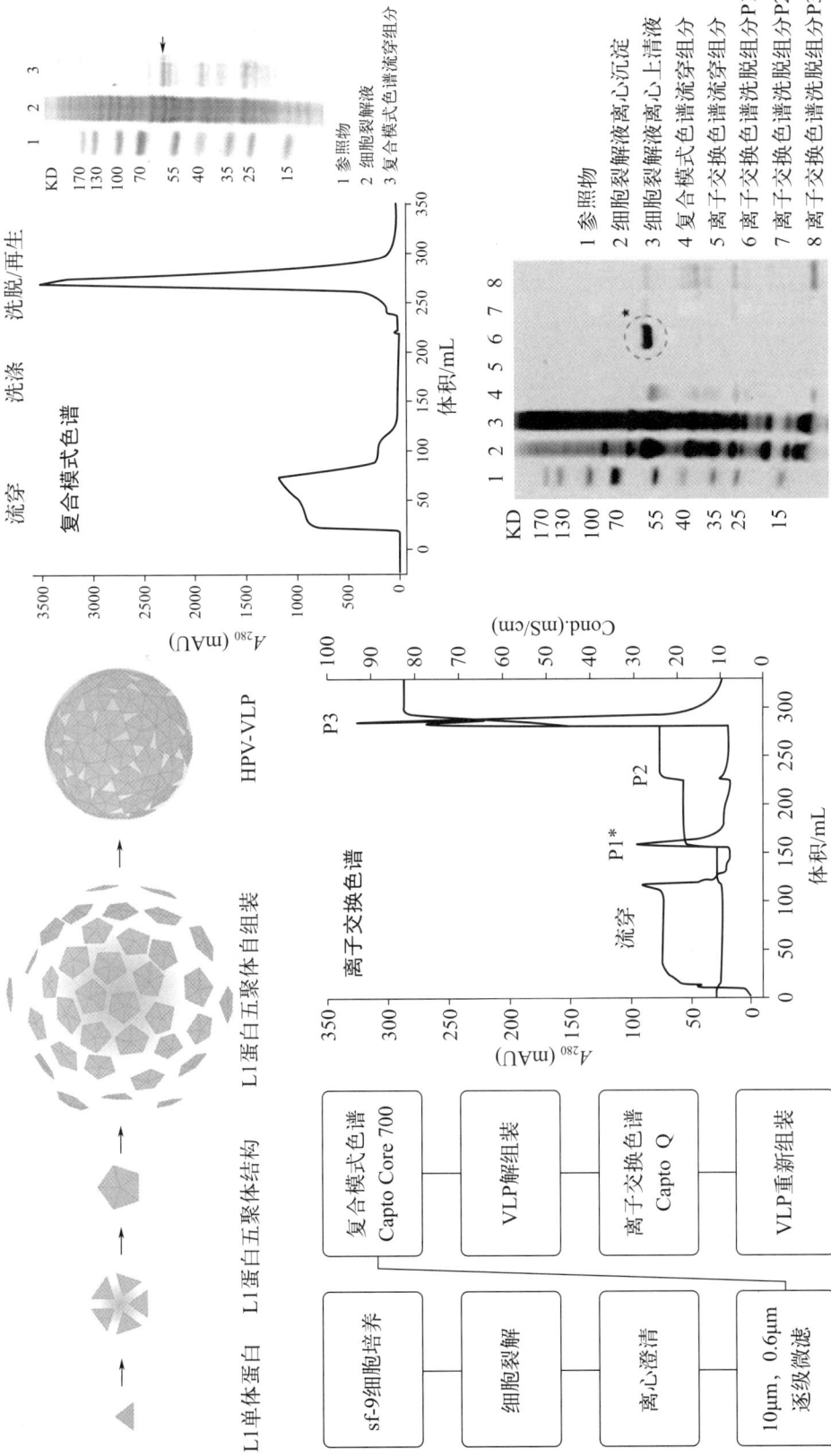

图 8-42　HPV-VLP 的纯化工艺与结果

在复合模式色谱收集组分中加入二硫苏糖醇（DTT）切断L1蛋白之间的二硫键，将VLP分解为单体蛋白。接着，使用Capto Q ImpRes强阴离子交换色谱进行L1蛋白纯化，去除VLP自组装过程中可能包埋或吸附的宿主蛋白及DNA。通过高盐洗脱结合SDS-PAGE分析发现L1蛋白主要在离子交换色谱的第一个洗脱峰中，而杆状病毒结构蛋白等杂质则出现在后续的洗脱步骤中。此外，在离子交换色谱中可以同时进行DTT的去除，并使纯化后的L1蛋白能够重新进行自主组装，形成高纯度的HPV-VLP。因此，复合模式色谱和离子交换色谱的结合为HPV-VLP的纯化提供了一种简单高效的方法，实现了高于95%的目标纯度。

8.6.2 反相色谱

8.6.2.1 反相色谱原理与特点

反相色谱（reversed-phase chromatography，RPC）是以非极性的反相介质作为固定相，以具有一定极性的有机溶剂作为流动相的一种色谱分离技术。与疏水作用色谱类似，反相色谱根据溶质在固定相和流动相之间分配系数的差异进行纯化，即不同溶质按其与固定相的疏水作用力由弱到强的顺序得以分离。其中溶质的疏水性越大，其在固定相的分配系数越高，导致其保留时间越长。反相色谱的固定相表面通常修饰有高密度的非极性基团，疏水性极强。因此，反相色谱分离中常需通过极性有机溶剂（如甲醇、乙腈等）或水溶液进行洗脱。在RPC的操作中，烃类化合物的分配系数与其分子中含碳原子数成正比关系，这一点在选择分离条件时尤为重要。通过调节流动相的极性，可以精确控制溶质的保留和洗脱，实现高效分离。

在反相色谱中，溶质的保留行为通常是根据疏溶剂理论进行解释，这一理论最早由Horvath在1976年提出。该理论解释了疏水性溶质分子在与极性流动相相互作用时的行为：这些分子进入流动相，由于它们的疏水特性，会排斥周围的溶剂分子，形成一个特定的空间，即空腔。随着流动相的运动，溶质分子接触到固定相，并与固定相上的疏水基团形成一个稳定的吸附层。这一过程并非由溶质与固定相之间较弱的非极性作用力主导，而是由溶质分子的疏水部分与周围极性溶剂的相互排斥力驱动。该相互作用是可逆的，因此，当流动相的极性减少，使得溶质分子与固定相之间的疏溶剂排斥力减弱时，溶质分子会从固定相解离，并随流动相洗脱。

8.6.2.2 反相色谱填料

在反相色谱填料的选择上，硅胶载体因其亲和非极性分子层的硅烷化反应而广泛被使用（图8-43）。硅烷化试剂中一般R^1和R^2多为甲基，而R为长碳链烷基如C_4、C_8、C_{18}烷基或是苯基。以C_{18}硅烷化试剂制备的填料（ODS）尤为常见，其因良好的转化率和稳定性而被广泛应用。硅胶表面经硅烷化后，通常会残留一定比例的硅羟基；这些羟基可以使用三甲基氯硅烷等反应性更高的试剂来覆盖，从而达到表面的完全非极性化。此外，为了增强ODS填料的性能，在使用C_{18}硅烷化试剂之前，常采用1,3-二氯四甲基二硅烷进行预覆盖处理，这一步骤通过控制反应条件以确保获得性能稳定的填料介质。反相色谱介质的制备过程如图8-43所示。

而合成有机高分子，如珠状聚苯乙烯，提供了另一种选择。这些材料在强酸或强碱的条件下显示出卓越的化学稳定性（pH 1.0 ～ 12.0），对于蛋白质或肽类复杂混合物的分离尤其有

$$\text{>Si—OH} \quad + \quad \text{Cl—Si—R} \quad \longrightarrow \quad \text{>Si—O—Si—R}$$

（硅胶）　　　+　　　（硅烷化试剂）　　　⟶　　　（反相介质）

图8-43　反相色谱介质的制备过程

利。它们不仅提供了宽广的工作pH范围以优化选择性，而且其高物理稳定性和均匀的颗粒也有助于实现高流速，这对于清洗和重新平衡步骤而言至关重要，从而增强了整体的通量和生产力。

8.6.2.3　反相色谱的影响因素

反相色谱分离过程的影响因素主要包括：色谱填料、流动相组成、洗脱模式、色谱柱尺寸、流速以及温度等。

（1）色谱填料

色谱填料的选择对RPC过程至关重要。填料表面所键合的非极性配基对溶质分子的疏水作用力有显著影响，疏水性弱的样品需要使用疏水性较强的配基来提供足够的结合力，而疏水性强的样品需要疏水性弱的配基来进行成功洗脱。此外，优质的色谱填料应能够提供更均匀的非极性表面，减少不必要的静电吸附现象，从而提升分离质量，避免拖尾现象。

（2）流动相组成

流动相中的有机溶剂比例对洗脱能力起着决定性作用。通常，降低流动相的极性，即逐渐增加有机溶剂的比例，可以按照溶质的疏水性由弱到强的顺序进行洗脱。为了维持固定相介质的稳定性，并影响溶质的保留行为，流动相的pH值和离子强度也需要仔细控制。其中，所用的有机溶剂须能与水互溶，并具有较低的紫外吸收以避免影响色谱检测，且具有较低的黏度，例如：乙腈、甲醇、乙醇等。

（3）洗脱模式

溶质组分因具有疏水性差异，与固定相结合能力不同。RPC中的洗脱可以采用阶段洗脱或梯度洗脱模式。初始条件下，高极性组分无法在固定相上稳定结合，会被率先洗脱，剩余组分结合在固定相表面。然后，通过降低流动相的极性，即增加流动相中有机溶剂的比例进行洗脱，不同组分按照疏水性由弱到强洗脱下来。因此，反相色谱分离过程中流动相的组成随着洗脱过程而变化，一般可采用阶段洗脱和梯度洗脱，最佳的洗脱方式应通过实验进行确定。

（4）色谱柱的尺寸

色谱柱的内径影响样品的加载量，而柱长则直接与分辨率相关。柱长对分辨率的影响与溶质种类有关，对于小分子化合物，增加柱长可提高分辨率，但对于生物大分子如多肽和核酸，柱长的影响较小。

（5）流速

流速对反相色谱的分离效果具有显著的影响，特别是对于小分子溶质。流速太快容易引起严重的涡流扩散现象，破坏样品在固定相和流动相之间的平衡，导致色谱洗脱峰展宽，分辨率降低；反之，流速太慢则可能导致溶质纵向扩散加剧，并延长分离时间，进一步导致分辨率下降，不利于样品的稳定和大规模分离。

（6）温度

与其他色谱分离技术相似，提高分离温度能够降低流动相黏度，提高传质速度，避免色谱峰展宽，提高分辨率。但分离过程中不能使用过高的温度，避免高温对分离对象稳定性和活性产生影响。

8.6.2.4 反相色谱的应用

反相色谱常用于蛋白质、多肽和核酸的高分辨率分析，也常用于寡核苷酸和多肽的精制。

（1）寡核苷酸纯化

寡核苷酸作为聚合酶链反应检测所需的探针的主要组成部分，广泛应用于生物学、农牧业、医学等领域。目前，可使用DNA合成仪快速合成各种序列的寡核苷酸。但生成的寡核苷酸含有一定量的杂质，可能影响到下一步的生物学试验，因此，合成后需要进一步纯化。以下是用反相色谱法对寡核苷酸进行纯化的方法。

对于"Trityl off"形式的合成（即合成的寡核苷酸不带DMT保护基团），用浓氨水释放寡核苷酸后离心、干燥，然后采用反相离子对色谱法进行纯化。用三乙胺乙酸（TEAAc）溶液溶解样品，上样，检测波长为254nm、290nm，当检测到目标产物峰时，人工收集目标产物。色谱条件见表8-4。收集后减压浓缩；再用C18固相萃取（SPE）小柱脱盐，定量，分装后冻干。

表8-4 "Trityl off"形式色谱纯化与分析条件

时间/min	流速/（mL/min）	流动相组成		
		A/%（体积分数）	B/%（体积分数）	C/%（体积分数）
0	1	80.00	20.0	0
20.00	1	30.7	69.3	0
20.01	1	0	0	100.0
21.00	1	0	0	100.0
21.01	1	80.0	20	0
25.50	1	80.0	20	0

注：流动相A为含体积分数为5%的乙腈、pH=7的0.1mol/L TEAAc溶液；流动相B为含体积分数为15%的乙腈、pH=7的0.1mol/L TEAAc溶液；流动相C为100%乙腈。

图8-44表明，使用表8-4的色谱条件可以将"Trityl off"寡核苷酸与杂质分离。在相同的色谱条件下进行收集后，在图8-45中仅在10～12min出现了唯一的色谱峰，这表明在该色谱条件下可以很好地纯化"Trityl off"寡核苷酸。

对于"Trityl on"形式的合成（即全长寡核苷酸的最后一个核苷酸保留DMT保护基团），用浓氨水释放寡核苷酸后，离心、干燥；然后采用反相离子对色谱法进行纯化，色谱条件见表8-5；收集后减压浓缩；用体积分数为80%的冰醋酸去除DMT保护基团，静置20～30min，干燥；用C18固相萃取（SPE）小柱脱盐，定量，分装，干燥。由于DMT基团具有强疏水性，在反相离子对色谱柱中具有强保留性，因此将流动相B中的乙腈体积分数由15%增加至40%。根据图8-46目标产物在14～20min分离出来。在同样的色谱条件下进行收集后，在图8-47中出现了唯一的色谱峰，无杂质峰，这表明在表8-5的色谱条件下，能够很好地分离"Trityl on"寡核苷酸。

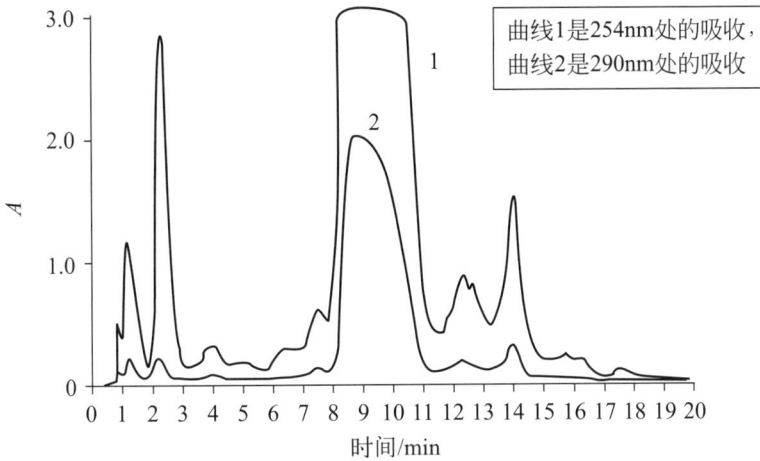

曲线1是254nm处的吸收，
曲线2是290nm处的吸收

图8-44 "Trityl off"形式的色谱纯化结果

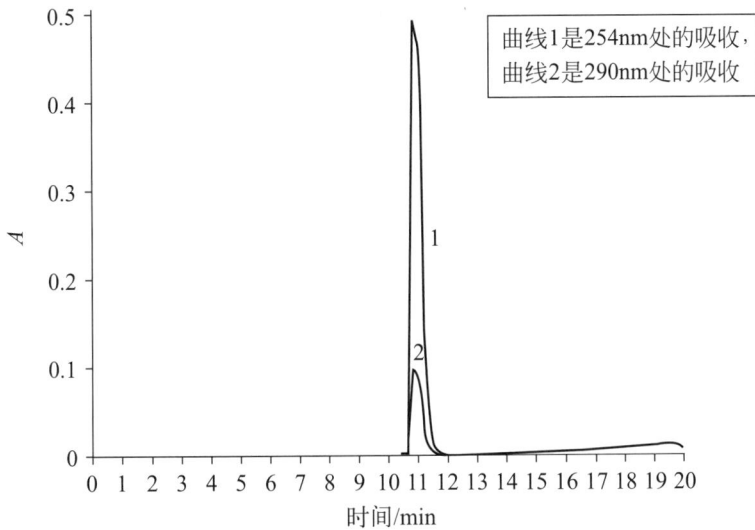

曲线1是254nm处的吸收，
曲线2是290nm处的吸收

图8-45 纯化后的"Trityl off"形式的色谱分析

表8-5 "Trityl on"形式色谱纯化与分析条件

时间/min	流速/（mL/min）	流动相组成		
		A/%（体积分数）	B/%（体积分数）	C/%（体积分数）
0	1	80.00	20.0	0
20.00	1	30.7	69.3	0
20.01	1	0	0	100.0
21.00	1	0	0	100.0
21.01	1	80.0	20	0
25.50	1	80.0	20	0

注：流动相A为含体积分数为5%的乙腈、pH=7的0.1mol/L TEAAc溶液；流动相B为含体积分数为40%的乙腈、pH=7的0.1mol/L TEAAc溶液；流动相C为100%乙腈。

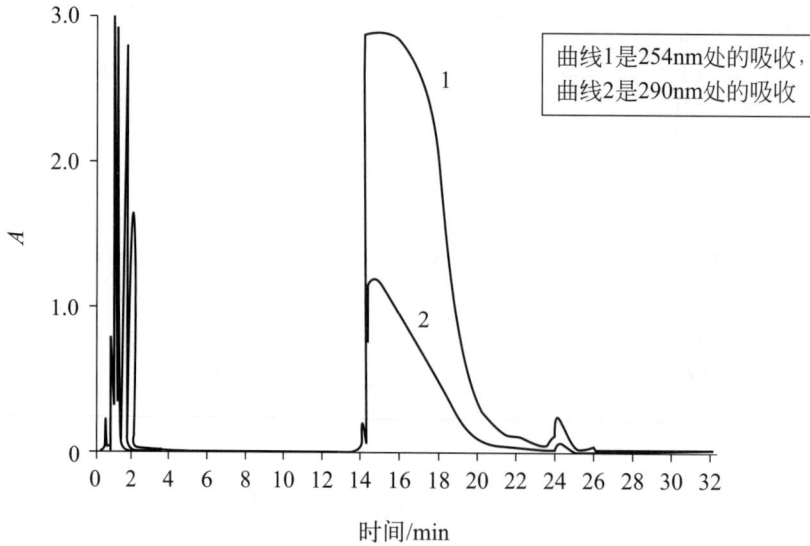

图8-46 "Trityl on"形式的色谱纯化结果

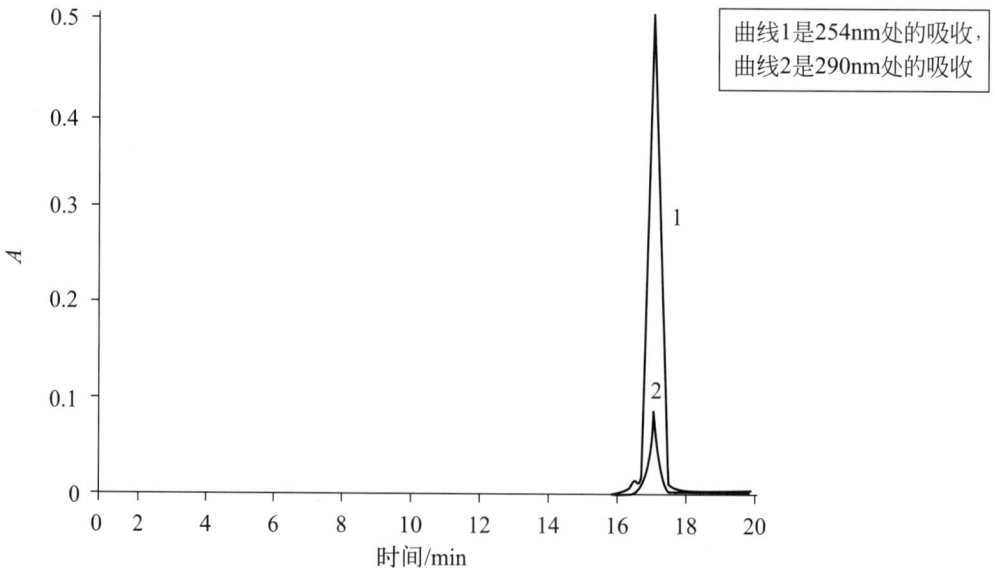

图8-47 纯化后的"Trityl on"形式的色谱分析

（2）蛋白质和多肽的分离

磷酸化能调节蛋白质的功能，从而调节许多生物过程。然而，因为许多磷酸化蛋白浓度较低，使用shotgun蛋白质组学策略研究蛋白质磷酸化是一项挑战。以下为使用反相色谱对磷酸化蛋白进行纯化的案例。

基于SCX-RPLC MS/MS以及mRP-RPLC MS/MS两种方法，对MDA-MB231细胞系（该细胞系被广泛用作乳腺癌研究的模型系统）的磷酸蛋白组进行了分析。从两种方法的组合结果中共鉴定出1947个独特的磷酸蛋白，其中包括6278个磷酸肽（图8-48）。

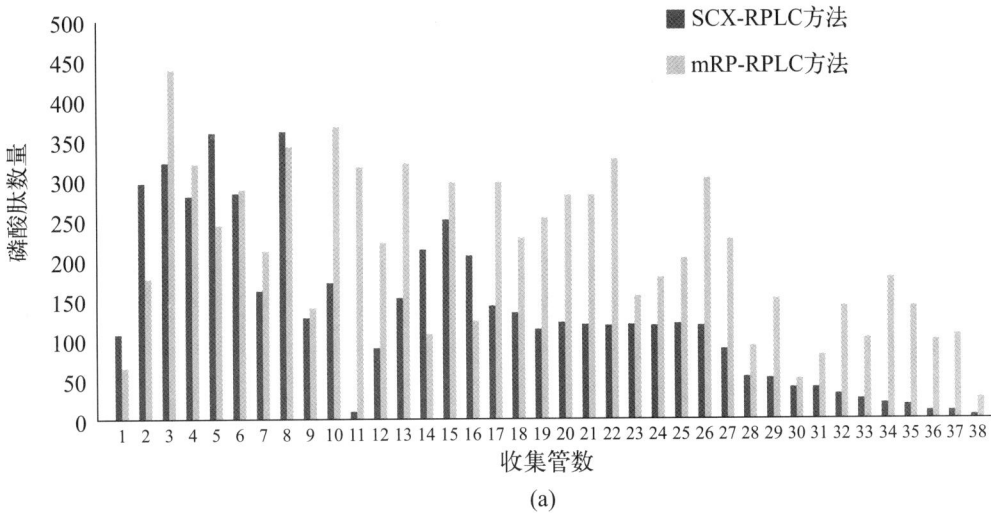

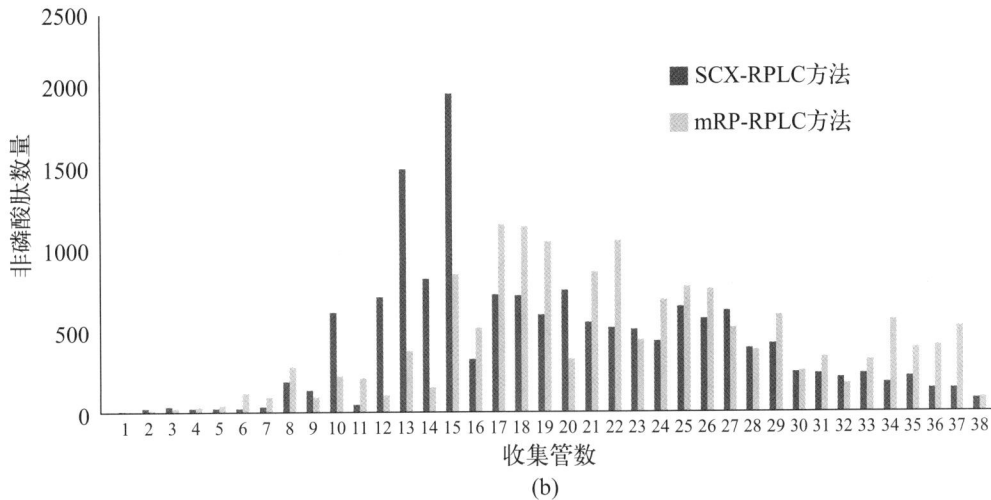

图8-48 SCX-RPLC和mRP-RPLC法检测到的（a）磷酸肽和（b）非磷酸肽的数量分布

8.6.3 手性色谱

8.6.3.1 手性色谱的原理与特点

手性色谱是一种强大的分析技术，它利用手性环境将光学异构体进行分离。这种手性环境可以来源于固定相、流动相中的手性添加剂，或者手性衍生化试剂。以下是基于这三种手性环境的分离原理。

（1）手性固定相法

这种方法利用手性固定相与手性分析物分子不同对映体之间的相互作用差异性进行分离。这种相互作用差异性使得手性化合物的不同光学异构体在色谱柱中具有不同的滞留时间，从而实现其分离。

（2）手性添加剂法

在流动相中添加手性试剂，手性添加剂与手性分析物分子对映体发生空间和特异性相互作用，形成一对非对映异构体络合物。这使得它们在非手性色谱柱上的保留时间和顺序不同，从而达到分离目的。

（3）手性衍生化法

将手性分析物分子对映体与手性试剂反应，从而形成一对非对映异构体衍生物。然后，利用它们理化性质的差异，在普通非手性色谱柱上进行分离。

手性色谱在分离和鉴定手性化合物方面具有显著的效果，可以有效地区分和纯化手性分子的不同光学异构体。在生物医药、食品添加剂等领域的手性化合物分离纯化和分析中，手性色谱发挥着重要作用。手性色谱技术操作灵活，允许通过改变流动相的组成、温度、流速等条件来优化分离效果，并且能与多种检测方法兼容，如紫外、荧光、质谱等，这增强了其在分离分析中的灵敏度和准确度。

作为一种高效的立体选择性分析技术，手性色谱对于制药工业中活性成分的立体化学纯度、食品安全分析以及环境监测等领域具有重要意义。通过精确分离和鉴定手性化合物，该技术不仅提升了化学分析的能力，而且为相关领域的研究和开发提供了强大的工具。这是一种具有广泛应用前景的技术，值得进一步研究和开发。

8.6.3.2 手性色谱固定相

手性色谱固定相是一种特殊的色谱填料，通常是由单一构型手性功能分子或手性高分子材料制备而成。在手性色谱固定相中，不同类型的手性识别位点被固定在分子骨架上，这些识别位点可以与手性分析物的手性中心相互作用，从而实现手性分析物对映体的分离。手性色谱固定相在制备过程中需要严格控制各种条件，包括手性功能分子的类型、手性识别位点的选择和固定方式、色谱柱的制备条件等，这些因素都会影响手性色谱固定相的识别能力和分离效果。目前，常见的手性色谱固定相主要包括以下几种类型。① 多糖类手性色谱固定相：主要包括纤维素和淀粉两大类手性固定相；② 大环手性色谱固定相：主要由大环分子、环糊精或手性冠醚形成的固定相；③ 多肽或蛋白质手性固定相：主要由糖肽或人血清白蛋白、$\alpha 1$-酸性糖蛋白形成的固定相；④ 配体交换手性固定相：建立在金属配合物的配体交换的基础之上形成的固定相。

手性色谱固定相的应用非常广泛，不仅在手性药物的分离和纯化、手性化合物的合成和拆分、手性催化剂的研究等领域都有应用，还可以应用于天然产物的分离和纯化等领域。此外，手性色谱固定相的使用也需要一定的技巧和经验，需要选择合适的流动相等色谱条件，以最大程度地发挥固定相的分离效果。同时，还需要对手性分析物的性质和立体构型进行充分了解，以便更好地利用手性色谱固定相进行分离和纯化。

未来，随着手性分析物需求的不断增加，如何提高手性色谱固定相的分离效率和纯化效果将成为研究的重点。同时，随着新材料和新技术的发展，新型的手性色谱柱固定相也将不断涌现，为手性化合物分离和纯化提供更多选择。

8.6.3.3 手性色谱的影响因素

手性色谱的影响因素有很多，主要包括固定相、流动相、温度和样品浓度等。

（1）固定相

手性色谱的固定相是实现手性分离的核心。对于手性固定相来说，它通常由手性功能分子或手性高分子材料等组成；对于非手性固定相来说，固定相一般是由非手性功能分子所构成的。这些手性功能分子通过与手性分析物对映体之间形成差异性相互作用，或者普通非手性固定相与流动相中非对映异构配合物或衍生物之间产生差异性的吸附和作用，从而达到分离目的。因此，在选择手性色谱的固定相时，需要充分考虑手性分析物的结构、性质以及分离要求，以确保最佳的分离效果。

（2）流动相

流动相也是影响手性色谱分离的重要因素之一。流动相的组成、pH值、离子强度等都会对手性化合物的保留和分离产生影响。有时候，为了优化分离效果，还需要对手性色谱的流动相进行精细的调整和控制。例如，通过调节流动相的pH值，可以改变手性化合物的解离状态和极性，从而影响其与固定相之间的相互作用和分离效果。

（3）温度

温度对手性色谱分离的影响也不容忽视。随着温度的升高，手性选择剂的溶胀度会增加，导致手性化合物的保留时间缩短。因此，在选择手性色谱分离条件时，需要根据实际情况选择合适的温度范围。同时，还需要考虑温度对流动相性质的影响，以实现最佳的分离效果。

（4）样品浓度

样品浓度也是影响手性色谱分离效果的因素之一。样品浓度过高可能导致分离效果不好，而样品浓度过低则可能导致灵敏度不足。因此，需要根据实际情况选择合适的样品浓度，以达到最佳的分离效果。同时，还需要考虑样品浓度对色谱柱寿命的影响，以保持稳定的分离效果。

除上述影响因素以外，在调整手性色谱分离条件时，还需要考虑流速和进样量等因素的影响，需要根据实际情况进行调整和优化，以达到最佳的分离效果。

8.6.3.4 手性色谱分析方法

手性色谱分析方法是一种专门针对手性化合物对映异构体的分离分析方法。此方法主要依赖于手性固定相、手性流动相或手性衍生化试剂，通过与分析物对映异构体之间的相互作用，形成短暂的或稳定的一对非对映立体异构"配合物"。这一对非对映异构体与固定相之间的差异性相互作用使得手性分析物对映体得以实现分离。

（1）手性固定相分析法

手性固定相分析法在液相色谱中具有显著优势。它基于手性固定相和手性分析物对映体之间的差异性分子作用力，从而达到分离的目的。这种方法的优点在其经济性、高效性和大规模分离的可能性。在手性色谱分析过程中，通过选择配体交换手性固定相、高分子型手性固定相、大环分子型手性固定相等不同类型固定相，可以满足不同领域的研究需求。

（2）手性流动相添加剂法

主要利用手性流动相添加剂与分析物对映体形成包合物的稳定常数或包合物的容量因子的差异，从而实现对映体的分离。其中，常用的手性流动相添加剂有α-CD、β-CD和2,6-二甲基-β-CD等，这种方法的关键在于选择适合的手性流动相添加剂，以达到最佳的分离效果。

（3）手性色谱衍生化试剂法

主要利用手性衍生化试剂将手性分子对映体转化为对应的非手性分子对映体，然后利用非手性普通色谱技术进行分离和检测。其步骤主要包括样品处理、手性衍生化、柱色谱分离、检测和结果解析。这种方法虽然具有较高的灵敏度和选择性，但实验过程较为复杂，且结果受到多种因素影响，如样品处理、衍生化试剂的选择、分离条件等。因此，实验过程中需要严格控制实验条件，对手性衍生化试剂的合成和纯化进行严格的质量控制。

8.6.3.5 手性色谱的应用

手性色谱常用于手性药物（药物包括抗生素、氨基酸、蛋白质等）的分离和提纯，以提高药物疗效，降低毒副作用。

（1）H_1受体拮抗药的对映体纯化

目前，H_1受体拮抗药在临床上主要用于治疗胃溃疡和过敏性疾病，常见的H_1受体拮抗药类药物有盐酸西替利嗪、盐酸异丙嗪、马来酸非尼拉敏和特非那定等。有关研究表明，盐酸西替利嗪对映异构体的药效存在显著差异，（+）-异构体主要用于治疗风疹，（−）-异构体主要用于抗过敏治疗。为了减少对映体药物的毒副作用，应对手性药物进行分离纯化。以下是使用Chiralcel OJ-H色谱柱［其固定相是由表面涂敷有纤维素-3（4-甲基苯甲酸酯）的硅胶组成］分离盐酸西替利嗪、盐酸异丙嗪、特非那定和马来酸非尼拉敏4种H_1受体拮抗药类药物对映体的过程。

分别称取盐酸西替利嗪、盐酸异丙嗪、特非那定和马来酸非尼拉敏原料药适量，用乙醇稀释成质量浓度为0.1mg/mL的供试品溶液，经0.45μm微孔滤膜过滤，即得4种药物的供试品溶液，并于4℃下保存，备用。色谱条件：色谱柱为Chiralcel OJ-H手性色谱柱（150mm×4.6mm，5μm），检测波长为230nm，柱温为室温，流速为1.0mL/min，进样量为20μL，流动相根据优化条件确定。图8-49为4种药物供试品溶液的高效液相色谱图，由图可知盐酸西替利嗪、盐酸异丙嗪、特非那定和马来酸非尼拉敏供试品溶液的分离度分别为4.36、3.76、1.55和1.71。

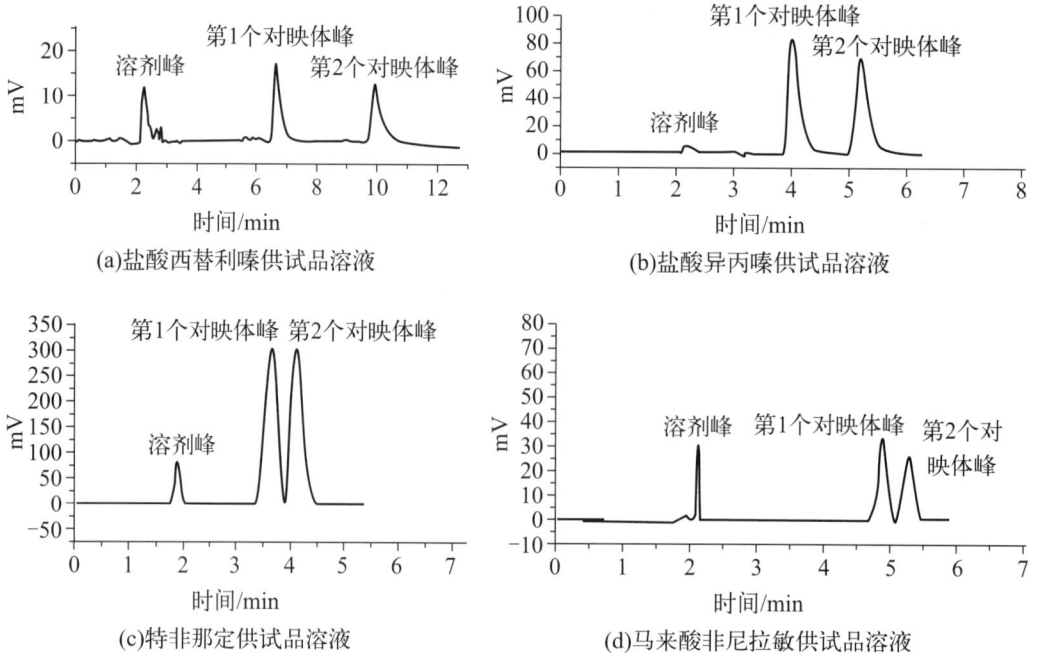

图8-49 4种药物供试品溶液的高效液相色谱图

（2）氧氟沙星及其手性异构体的纯化

抗生素是一类用于治疗细菌感染的药物。氧氟沙星（OFL）是一种第二代氟喹诺酮类抗生素，具有广谱抗菌性、低毒等优势。氧氟沙星的手性异构体左氧氟沙星（LEV）是一种第三代氟喹诺酮类抗生素，抗菌性是OFL的8～128倍，且消除半衰期更短。工业上难以将两者分离，因此在临床应用的LEV中常含有大量的OFL。以下是手性流动相添加剂+高效液相色谱分离测定氧氟沙星及其手性异构体的方法。

选用4种氨基酸（异亮氨酸、亮氨酸、缬氨酸和赖氨酸）作为手性流动相添加剂，研究不同种类的氨基酸对氧氟沙星及其手性异构体分离效果的影响。其中，4种氨基酸和$CuSO_4$的浓度分别为5mmol/L和4mmol/L，流动相中甲醇的体积分数为12%，色谱柱为C_{18}，柱温为40℃，流速为1.0ml/min。根据表8-6的结果可以看出，当异亮氨酸为添加剂时分离度最高，可以达到1.58，可以满足氧氟沙星及其手性异构体的分离需求。

表8-6　用不同氨基酸作为配体时氧氟沙星和左氧氟沙星的保留时间（t_S、t_R）、
分离度（R）和拆分因子（α）

氨基酸	t_S/min	t_R/min	R	α
异亮氨酸	32.137	35.588	1.58	1.13
亮氨酸	34.911	37.525	1.46	1.09
缬氨酸	32.618	34.168	1.03	1.06
赖氨酸	—	—	—	—

第9章

磁分离技术

9.1 磁分离技术概述

9.1.1 磁分离技术的原理和定义

　　磁分离技术与前面所述的依靠重力、离心力或电场等外力作用下的生物分离方法不同，它是利用磁性材料对磁场响应的差异来实现物质分离的方法。在生物磁分离领域中，关键在于功能化的磁性微粒或纳米粒子，这些粒子被设计用于特异性地结合目标生物分子或细胞、亚细胞结构、细菌或病毒等。通过在这些磁性载体上固定适当的生物识别配体，如抗体或核酸探针，可以使它们与特定的蛋白质、抗原或细胞特异性结合。一旦形成了磁性载体与目标生物实体的复合物，便可以通过施加外部磁场来实现其在混合物中的分离。

9-1
磁分离原理

　　在生物磁分离过程中，分离原理并非单纯基于磁化率，而是依赖磁性载体与生物分子之间的特异性非共价结合。这一机制不仅大幅提升了分离的选择性和效率，而且因其操作条件温和，对生物样品的生物活性损害极小。例如，在粗制样品中含固体悬浮物的情况下，磁分离技术能实现迅速且简便的目标物质分离，尤其是当合并细胞裂解与蛋白分离步骤时，更是大大缩短了整体处理时间。此外，这种技术还能有效浓缩样品，为后续的柱色谱或电泳分析提供了高浓度的起始材料。与离心或过滤等传统分离方法相比，磁分离过程中产生的剪切力最小，且外加的静止磁场在低流速时不会影响溶液中的离子和溶质，从而最大限度地保持了目标蛋白或多肽的结构完整性和功能活性。

9.1.2 磁分离的历史和发展

　　磁分离技术的历史可以追溯到19世纪，当时磁性材料首次被用于矿石的分选。这一过程最初是利用自然磁铁石的吸引力来分离铁矿石中的铁粒。随着物理学和材料科学的发展，人

们开始理解磁性现象，并利用这一原理在工业上分离含有磁性金属的矿石。进入20世纪，随着粒子技术和磁材料的进步，磁分离技术开始在化学和生物领域中得到应用。20世纪50年代，磁分离技术在食品加工和化工产业中开始得到广泛的应用，用于去除产品中的金属污染物。到了20世纪末，磁分离技术已经演化为一种复杂的分离工具，特别是在生物医学研究领域。生物磁分离技术在20世纪80年代得到了快速的发展，当时研究人员开始利用磁性纳米粒子来标记和分离细胞及其组分。这一创新为单个细胞的分离、病原体的检测和治疗以及复杂生物样本的纯化带来了革命性的进步。21世纪的进一步科技创新，包括纳米技术和生物工程学的突破，为磁分离技术的应用提供了更广阔的舞台。功能化磁性纳米粒子的开发，允许更加精确地定位目标和分离特定的生物分子和细胞类型。此外，磁分离技术与其他分离和检测技术的结合，如流式细胞术和质谱分析，大大提升了其在生物分离领域的应用范围和效率。

如今，磁分离技术在临床诊断、分子生物学、环境科学和制药工业等领域得到了广泛的应用。例如，基于磁性微粒的免疫分离技术现在被广泛应用于癌症标志物的检测，其中磁激活细胞分选技术（magnetic activated cell sorting，MACS）是细胞分选领域的一个标志性进步。它允许研究人员通过特定抗原表达来快速和精确地分离特定细胞群，从而在干细胞研究、免疫学和癌症治疗等领域发挥着关键作用。在分子生物学中，磁性纳米粒子被用于纯化DNA和RNA，简化了分子克隆、基因组学研究和转录组学分析的过程。市场上的一些磁分离系统，通过自动化的磁分离流程实现了高质量的核酸提取，支持高通量的样品处理。总之，磁分离技术不断迭代和更新，正在朝着更高的自动化、更大的通量和更好的分离效率发展，以满足现代科学研究和产业应用的日益增长的需求。

9.2 磁分离系统的组成

在生物分离领域，磁分离系统主要分为两部分。一是由表面修饰具有亲和作用或疏水相互作用的配体形成的磁性载体，也称为磁性微球或磁珠；二是提供外加磁场的磁分离器。

9.2.1 磁性微球

磁性微球一般由具有超顺磁性的无机纳米磁性材料（Fe、Co、Ni及其氧化物等）和高分子两部分组成，粒径通常在几纳米到几微米之间。超顺磁性是指当磁性粒子的粒径小于某一临界尺寸后，在有外加磁场存在时，表现出较强的磁性；但当外磁场移去时，无剩磁，不再表现出磁性。根据无机磁性纳米粒子与提供活性功能基团的材料形成的方式不同，可分为四种不同的结构类型，分别为核壳型［包括磁性核型和磁性壳型，图9-1（a）、（b）］、混合型［图9-1（c）］和多层型［图9-1（d）］。

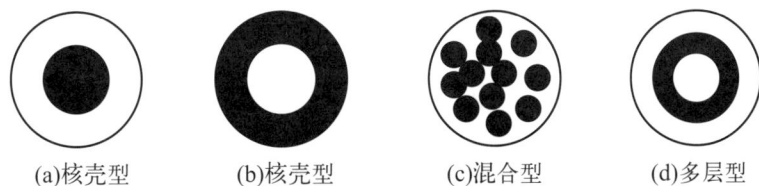

(a)核壳型　　(b)核壳型　　(c)混合型　　(d)多层型

图9-1　磁珠的分类

█磁性材料；▢聚合物或其他物质

磁性微球主要有以下特性：① 优异的表面效应和体积效应，包括比表面积大、磁珠表面所能修饰的配体密度高、与目标物的选择性结合能力强、位点多、磁分离结合平衡时间短；② 优异的磁响应性，当磁性四氧化三铁颗粒的粒径小于30nm时，具有超顺磁性，可避免磁珠之间相互吸引而团聚；③ 理化性质稳定，具有较好的机械强度和化学稳定性，能耐受一定浓度的酸碱溶液和微生物的降解，磁性材料不易被氧化、能维持较长时间的磁性能，且具有一定的生物兼容性，不会破坏细胞等分离对象的结构与功能；④ 磁珠在合成过程中，其表面自带多种活性官能团，如羟基、羧基、氨基等，便于连接各类生物分离配体，如抗体、抗原、核酸、酶等。

9.2.2 磁分离器

磁分离器是实现磁性标记生物分子或细胞分离的设备，它通过产生一个精确控制的磁场来从体系外吸引体系内已偶联了目标产物的磁珠，从而达到分离目标产物的目的。这些设备根据需要处理的样品量和目的的不同，设计有多种形式——从手持型到自动化的高通量系统。磁分离器的核心作用是在分离过程中提供足够的磁吸引力来吸引和固定带有磁性标记的复合物，然后在合适的时候通过去除磁场或改变溶液条件来释放这些物质。它们能够进行连续或批量处理，使得磁分离技术在从实验室研究到工业生产的各个层面上都得以应用。一般的磁铁即可以用于普通实验的分离；要求高的实验可以使用各种商品化的稀土强磁分离器。实验室规模的磁分离器一般是将稀土等强磁材料包埋于分离架的防腐材料中，分离架被设计成可以放置离心管的分离装置或磁力柱。

9.3 磁珠的制备与功能化

在生物磁分离过程中最关键的是如何获得能够与特定目标物结合的磁珠。

9.3.1 磁珠的制备

磁珠的制备是实现生物磁分离的关键步骤，其过程融合了精细的化学合成与物理加工技术。生产磁珠首先需选择合适的磁性材料，氧化铁类化合物（如Fe_3O_4和γ-Fe_2O_3）因其出色的磁响应性和良好的生物相容性而被广泛采用。这些化合物可以通过化学共沉淀、热分解等纳米技术方法制成磁性核心。

9.3.1.1 化学沉淀法

在化学沉淀法中，一种或多种金属离子的水溶性盐类与沉淀剂如氢氧化物、草酸根或碳酸根反应，或通过盐类水解，在特定温度下促使金属阳离子形成沉淀物，随后通过过滤、清洗及干燥等步骤获得所需的氧化物。这种方法因其能制备出纳米级、成分均匀、高纯度的磁性粒子，以及原料适应性强和具备良好的烧结性而被广泛应用。此外，基于直接沉淀法还发展了部分氧化沉淀法、部分还原沉淀法和超声沉淀法等方法。

（1）直接沉淀法

直接沉淀法是向混合金属盐溶液中加入沉淀剂，如氨水或氢氧化钠，直接从溶液中析出沉淀，并移除沉淀中的阴离子，最后通过干燥或煅烧得到纳米级粒子粉末。虽然该法操作简便、成本低廉，且可获得高纯度产品，但所得纳米粒子粒度偏大，分布范围广。

（2）部分氧化沉淀法

部分氧化沉淀法通过在碱性环境中向二价铁的悬浮液中通入氧气或其他氧化剂如过氧化氢，将部分二价铁氧化为三价铁，形成四氧化三铁的纳米粒子。该方法所制备的纳米粒子大小均一，具有良好的室温亚铁磁性以及较高的磁化强度。

（3）部分还原沉淀法

部分还原沉淀法以高价铁盐作为原料，通过还原剂（如亚硫酸钠）将其还原为二价亚铁离子，随后滴加碱性溶液沉淀出四氧化三铁纳米粒子。这种方法通常在惰性气体条件下进行，能有效形成尺寸一致的磁性纳米粒子。

（4）超声沉淀法

超声沉淀法利用超声波产生的"超声汽化泡"在局部区域形成高温高压环境以及强烈的微射流，这为沉淀晶核的形成提供了能量，使得沉淀晶核的生成速率提高几个数量级，从而减小了沉淀颗粒的尺寸。同时，高温和气泡的作用降低了晶核的比表面自由能，防止了晶核的聚合与生长，确保了沉淀颗粒的均匀分散。此外，超声空化作用产生的冲击波和微射流的粉碎作用同样避免了磁珠的聚集。

9.3.1.2 水热法

水热法是一种在封闭容器中应用水作溶剂，在加热产生的高温和压力条件下，促进难溶或不溶物质的溶解和重结晶，以此来制备晶体产品的方法。这种方法的基本原理在于高温高压环境下某些氢氧化物相对于它们的氧化物具有更高的水溶性，这促使氢氧化物在溶解的同时沉淀出相应的氧化物纳米粒子。氢氧化物可以是事先准备的，或者在高温高压条件下通过化学反应形成。水热法能直接生成结晶度高的粉体，省去了高温焙烧和球磨的步骤，避免了团聚和结构缺陷的问题。此外，该方法还具有成本低、工艺简单、能耗及污染少的优点，能够获得理想的化学计量比和粒子形态。

9.3.1.3 球磨法

球磨法通过长时间的机械球磨将磁性大块材料粉碎成粉末，随后将其分散于表面活性剂溶液中，并经过高速离心以去除直径超过25nm的粒子，以此获得较小尺寸的磁性纳米粒子。尽管这一技术操作简便，但存在一些不足，如耗时长、生产周期延长、效率低下，且最终产品的颗粒形状不规则，不适宜大规模生产，因此在现代工业生产中的应用已相对较少。

9.3.1.4 微乳液法

微乳液法是一种制备纳米材料的现代技术，通过在微乳液中形成的纳米大小的液滴内进行化学反应，有效控制材料尺寸和表面属性。这些液滴作为纳米级的反应空间，限制了化学反应的范围，并控制了粒子的生长和大小，有助于避免粒子间的聚集。微乳液分为油包水型和水包油型两种，其稳定性要求有关结构参数和相行为的深入研究，且界面强度较大。其优势在于能精准控制粒径大小及分布，并可在粒子表面包裹表面活性剂，提高稳定性。但也存在缺点，如需大量乳化剂、制品纯度相对较低，以及对某些聚合物的形态控制困难。

9.3.1.5 前驱体热裂解法

前驱体热裂解法通过对铁前驱体如乙酰丙酮铁进行高温热解，分解得到铁原子，进而形成铁纳米粒子，并通过控制氧化过程获得四氧化三铁纳米颗粒。在此基础上加入适量基液和表面活性剂，可一步合成磁流体。制备出的磁流体性能受到表面活性剂和金属粒子比例的影响。该法制备的磁性颗粒团聚程度较小，稳定性强，但会包含较多未分解前驱体和杂质，同时产生污染环境的一氧化碳气体，限制了其大规模生产的可能性。

9.3.1.6 溶胶-凝胶法

溶胶-凝胶法涉及金属醇盐或无机化合物前驱体在水解反应后形成溶胶，并进一步缩聚成凝胶，最终通过干燥或加热转变为固态材料。该法可在室温下进行，生成的粒子具有高度的均匀性和纯度，并允许精确的化学计量，易于进行改性和掺杂，因此广泛应用于多个领域，尽管如此，也存在原料成本高、产品容易开裂以及烧成后可能残留有害物质等问题。

9.3.2 磁珠的表面修饰与功能化

无论通过何种方法，制备出的核心颗粒都具备必要的磁性特性，但其表面可能不适合直接与生物体系相互作用，因此需要对其进行改性。磁珠的改性一般可以通过涂覆硅烷、聚苯乙烯、聚乙二醇（PEG）、多糖或其他生物相容性高的材料形成核壳结构的磁性颗粒，不仅增强了磁珠在复杂生物环境中的稳定性，还为其提供了可用于后续生物分子修饰的化学官能团。表9-1统计了目前常用的几种磁珠表面修饰形式及其优缺点。

表9-1　常见不同表面修饰磁珠的对比

材质	优点	缺点
磁性琼脂糖微球	亲水特性好，适宜于温和环境下的洗脱操作，有助于保持生物活性物质的活性；表面化学惰性好，导致较少的非特异性吸附，以及较小的pH敏感性；具备较大的有效载荷能力，得益于其开放的结构支架；具有优良的生物相容性	结构力学强度不足，容易因溶剂的性质而发生变形或溶胀
磁性二氧化硅微球	具备较高的机械稳定性、化学性质稳定，适用于多种反应环境	孔隙结构可能导致表面水分子的积聚，增加化学反应过程的复杂性；在碱性环境中稳定性较差，可能会导致非特异性吸附
磁性聚丙烯酰胺/聚丙烯酸类高分子微球	水亲和性优良，与血液有良好的相容性，可以通过与其他高分子共聚来提升其机械强度和稳定性	可能会出现较大的收缩现象，容易在微球内部形成孔隙
磁性聚苯乙烯微球	结构坚固，表面易于功能化，非离子交互作用较弱，能够在盐酸或强碱环境中保持稳定性；微球尺寸可进行调控	微球的疏水表面可能导致某些蛋白质的非特异性吸附，需要通过表面修饰来优化其功能性

9.3.3 磁珠的活化与配体偶联

磁珠的表面活化是实现其与配体稳定连接的关键步骤，有助于减少非特异性背景并增加目标分子的特异性结合。为了达到这个目的，可以向磁珠表面引入羧基、氨基或羟基等官能团。这些基团的引入依赖于磁珠的原始组成及后续的表面修饰处理。例如，琼脂糖微球由于其多糖结构，本身含有丰富的羟基，通过羧甲基化可以进一步引入羧基。

9.3.3.1 羧基磁珠的活化

羧基磁珠常见于磁性聚丙烯酰胺/聚丙烯酸高分子微球，其表面的羧基常通过EDC/NHS法活化（图9-2）。首先，利用1-乙基-3-（3-二甲氨基丙基）碳二亚胺（EDC）与磁珠表面的羧基反应，转化为活性酯中间体；利用亚硝基琥珀酰亚胺（NHS）或硫代NHS（sulfo-NHS）与EDC活化的羧基反应，进一步增强活性酯中间体的稳定性；加入含氨基的配体分子（如蛋白质或肽段），与NHS活化的磁珠反应，形成稳定的酰胺键；未反应的EDC、NHS及任何副产品可通过磁分离快速去除，留下活化的磁珠。

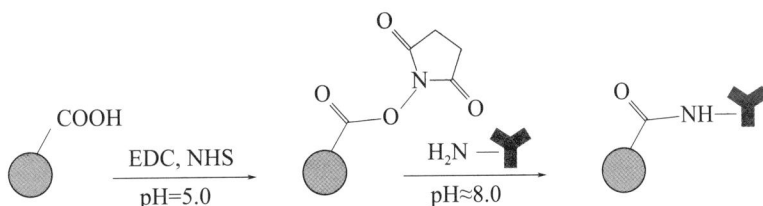

图9-2 通过EDC/NHS活化法实现磁珠表面抗体偶联的流程示意图

9.3.3.2 羟基磁珠的活化

一些利用多糖分子进行表面修饰（如琼脂糖）或利用聚乙二醇修饰的磁珠表面携带大量的羟基，可对其进行活化以连接特定的亲和配体。例如，使用含有官能团的硅烷化试剂与羟基发生反应，引入新的官能团如氨基或其他活性基团；也可通过与醛基或异氰酸酯类化合物反应，将羟基转化为其他更具反应性的官能团；或者使用格鲁塔尔醛（戊二醛）或其他多官能团化合物作为桥接剂，与羟基形成共价键，然后可以进一步与其他生物分子反应。

9.3.3.3 氨基磁珠的活化

表面修饰有氨基的磁珠可通过多种方法快速进行活化及配体偶联。如氨基磁珠可以直接与含有活性羧基的生物分子通过偶联剂如EDC进行反应，形成稳定的酰胺键；可通过交联剂，如戊二醛或双功能性NHS酯，与氨基发生反应，形成稳定的共价键，同时在分子间形成桥接，增加分子间距，提高分子的可利用率和活性。通常需要在适当的pH和温度条件下进行反应，以确保氨基与交联剂或偶联剂有效反应。

9.3.3.4 硅基磁珠的活化

二氧化硅修饰是一种常用的磁珠表面修饰方式，其表面由硅醇基（—SiOH）组成。硅醇基团的活化通常涉及以下步骤：通过与含有官能团的硅烷试剂反应，如3-氨基丙基三乙氧基硅烷（APTES）或二乙氧基硅烷（DEMS），将硅醇基转化为具有活性官能团，如氨基、巯基或其他反应性基团的表面，从而进一步与不同的生物分子或化学试剂反应，实现功能化。硅烷化反应通常在干燥、无水的条件下进行，以防止硅醇基团与水反应重新形成二氧化硅表面。

9.3.3.5 预激活/修饰磁珠

预激活/修饰磁珠是指表面修饰可与配体结合的活性官能团，或直接与目标分子结合的亲和配体的磁珠。常见的预激活基团有甲苯磺酰基（tosyl）、环氧基（epoxy）或氯甲基（chloromethyl）等化学活性基团。这些基团能够直接与目标配体发生共价结合，省去了额外活化步骤。甲苯磺酰基团在中性pH环境下可与蛋白质的硫醇基团结合，在碱性环境下则与氨基结合；环氧基团在轻微碱性环境下与硫醇基团结合，在更高的pH值下与氨基结合，在极高碱性环境下则可与含羟基的配体结合。此外，还可根据具体的使用场景接着偶联与目标物结合的亲和配体，如蛋白A、蛋白G、链霉亲和素、生物素等，形成生物激活表面，这些生物连接物具有高亲和力，可非共价地结合特定分子。生物激活表面的磁珠可直接使用，但应注意长期保存中生物分子活性和稳定性的变化及其对分离的影响。

9.4 磁分离过程

磁分离的过程大致可分为以下几个步骤（图9-3）：

① 制备表面偶联特定配体的磁珠，或直接购买预激活/修饰磁珠，用缓冲液洗涤去除防腐剂并进行预平衡；

② 加入含有目标物的样品溶液，孵育一段时间促进目标物与磁珠的充分结合；

③ 通过外加磁场吸附磁珠，去除上清液；

④ 加入缓冲液洗涤磁珠，去除磁珠表面非特异性吸附的杂质；

⑤ 加入特定的洗脱液，将目标物从磁珠上解离下来，并通过磁场吸附去除磁珠，收集上清液即获得纯化后的样品。

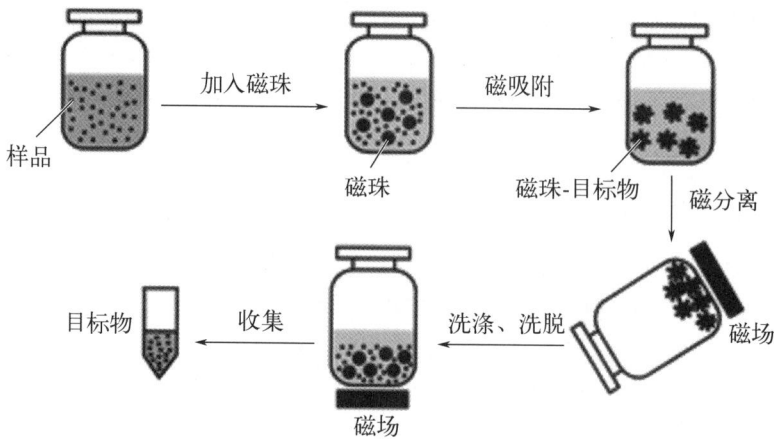

图9-3　磁分离流程示意图

磁分离的过程较为简单，但分离过程中应注意以下几个方面：① 样品溶液中可能存在能与磁珠发生严重非特异性吸附的杂质分子，影响产品纯度，使用前应通过一些初级分离手段尽可能去除这些杂质，或选择特定表面修饰的磁珠，以及通过白蛋白等分子进行表面封闭，以减少非特异性吸附的影响；② 磁分离过程中应注意磁珠与离心管等容器或移液器吸头的吸附对产品收率的影响；③ 可通过将修饰有不同表面配体的磁珠串联成多级磁分离系统，提高溶液中特定目标物的分离纯度；④ 磁珠除了用于吸附目标物，也可用于结合并去除溶液中的主要杂质分子，称为"反向磁分离"；⑤ 磁分离配体的选择应注意与目标分子的结合力不应过高，避免难以洗脱或剧烈洗脱条件对目标物活性的影响。

9.5 磁分离的应用

9.5.1 细胞磁分选

特定细胞亚群的分离纯化是磁分离的一个典型应用，称为磁激活细胞分选，简称细胞磁分选。细胞磁分选是基于免疫学中抗原抗体之间特异性结合的原理进行的（图9-4）。以磁性微球作为载体，在其表面修饰抗体或其他亲和配体，形成免疫磁珠。当磁珠与细胞样品孵育后，其表面的抗体会与特定细胞的表面抗原发生免疫亲和反应，则高表达该抗原的细胞可以结合于磁珠表面。因此，在外加磁场作用下，与磁珠结合的细胞会被吸附至磁场一侧，该抗原阴性的细胞类群则不与磁珠结合，留在主体溶液中，从而使目的细胞与非目的细胞分开。

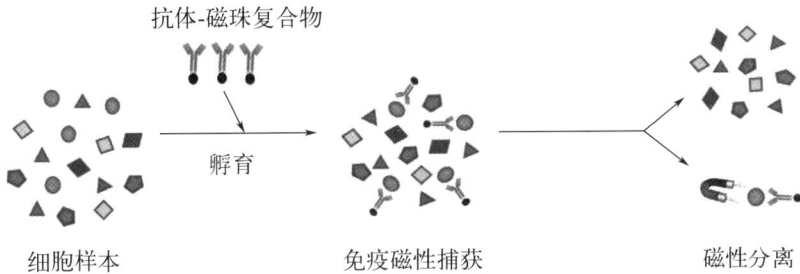

图9-4 细胞磁分选原理示意图

（1）细胞磁分选策略

根据磁分选过程中结合细胞种类的区别可将细胞磁分选应用分为阳性分选、阴性分选和复合分选三类。其中，阳性分选是将偶联了特异性抗体的磁珠与细胞混合样中的目标细胞类型结合，通过磁分离直接从溶液中分离出来的一种方式；阴性分选则是通过磁珠结合细胞混合样中的主要干扰细胞类型，而目标细胞仍留在主体溶液中。该方法的优势是磁分选过程中目标细胞不与磁珠表面的抗体结合，也不涉及洗脱的过程，因此细胞活力和结构可以得到最大程度的保留。但当目标细胞在所有细胞类型中占比较低时，多次阴性磁分选过程可能会由于靶细胞的非特异性吸附降低收率，且干扰细胞难以被完全去除，直接影响产物的纯度。复合磁分选则是在分离过程中同时运用阳性和阴性分选，提高目标细胞的收率和纯度，常用于特定免疫细胞亚群的分离纯化。

（2）细胞磁分选方式

① 无柱式分选：常规的磁分离过程，将装有细胞混合样本的容器置于外加磁场中，被磁珠结合的细胞则可富集于磁场一侧，不与磁珠结合的杂细胞则留在溶液中，可直接倾倒或利用移液器移去。撤去磁场后，加入特定液体则可重悬和洗脱结合于磁珠表面的细胞。

② 柱式分选：在细胞磁分选过程中，常运用柱式分选技术代替常规的磁分离过程，即通过将磁性标记的细胞置于磁场中的分离柱进行分选。分离柱能够显著增强磁场的作用力，即使是极少量的磁性标记也足以实现细胞的有效分离。如图9-5所示为利用磁力柱进行复合磁分选（一次阴性磁分选连接一次阳性磁分选）以纯化特定细胞亚群的流程。这种技术不仅能够节省细胞抗原表位，还能提高细胞的回收率，尤其在需要分离低丰度或弱表达标记物的细胞时表现出其独特的优势。

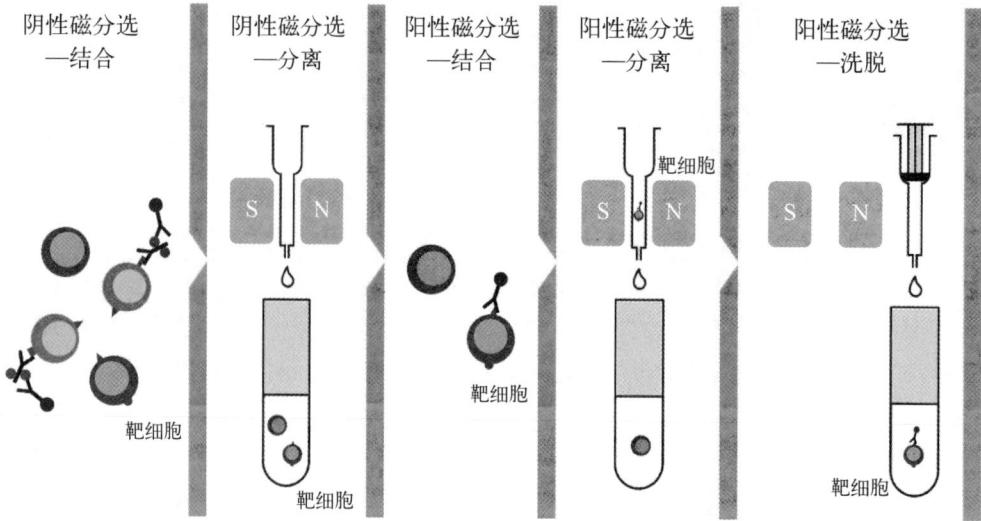

图9-5　利用磁力柱进行复合磁分选分离特定细胞亚群示意图

（3）人外周血中的CD4⁺ T细胞的分离

利用细胞磁分选进行CD4⁺ T细胞的分离对于免疫学研究和临床应用，如疾病监测、细胞治疗和疫苗开发等领域至关重要。以下是使用修饰了CD4抗体的磁珠纯化人外周血中CD4⁺ T细胞阳性磁分离的具体方案（图9-6）。

① 样本准备：通过离心法从人的全血样本中分离出单个核细胞（PBMCs）；

② 单细胞悬液制备：将PBMCs悬液调整至1×10^8个/mL的浓度；

③ 磁珠表面CD4抗体的修饰：利用EDC/NHS活化磁珠表面的羧基，并将其与CD4单克隆抗体结合，获得CD4抗体磁珠；

④ 免疫结合：直接向细胞悬液中加入CD4抗体磁珠，控制磁珠与细胞的比例，使每个T细胞表面均可结合足够的磁珠，室温孵育10min；

⑤ 磁分离：将混合液放入磁架中，通过磁场吸附结合磁珠的CD4⁺ T细胞，倒掉未结合的细胞悬液；

⑥ 清洗：重复磁分离步骤以清除未结合的细胞或杂质，通常进行三次清洗；

⑦ 洗脱目标细胞：利用适宜的洗脱缓冲液洗脱磁珠，收集纯化的CD4⁺ T细胞。

离心分离 → 单细胞悬液制备 → 磁珠CD4抗体修饰 → 免疫结合 → 磁分离 → 清洗 → 洗脱收集

图9-6　人外周血中的CD4⁺ T细胞的磁分离流程示意图

9.5.2　细胞外囊泡的磁分离

在现代生物学和医学研究中，细胞外囊泡（extracellular vesicles，EV）因其在介导细胞间通信、传递蛋白质和核酸等功能方面发挥着重要作用而受到广泛关注。特别是在肿瘤免疫反应调节、前转移位点形成、器官特异性转移及化疗耐药性形成等病理过程中，EV扮演着关键角色，因此成为治疗干预的潜在靶点。此外，EV也被视为非侵入性的肿瘤诊断和预后标志物。然而，传统的EV分离方法如超速离心、免疫分离、聚合物沉淀和过滤等不仅步骤烦琐，而且可能导致样品污染和EV损伤。因此，发展快速、高效的EV磁分离技术具有重要意义。例如，有研究者开发了一种基于生物素-亲和素相互作用的细胞外囊泡磁分离方法（图9-7）。

（1）磁珠的制备与修饰

在制备磁珠时，采用了改良的溶胶-凝胶过程。首先，30mg的Fe_3O_4粉末在含有乙醇、水和浓氨水的混合溶液中超声分散，随后加入正硅酸乙酯，混合物在室温下搅拌3h。产生使磁性微粒（MMPs）表面带有氨基功能团，将250mg的MMPs和250μL的3-氨基丙基三乙氧基硅烷在甲苯中超声分散。这个混合物在氮气氛围下回流12h，然后收集产物，用甲苯和乙醇清洗并在80℃下过夜干燥。随后，氨基功能化的MMPs与含有酚基二异硫氰酸盐的二甲基甲酰胺溶液反应2h，以进一步修饰。磁珠经清洗后通过动态光散射技术测量其zeta电位以确认表面修饰的情况；最后，将亲和素蛋白NeutrAvidin（NA）与修饰后的磁珠在37℃下结合1h，之后用1%的牛血清白蛋白（BSA）在PBS中封闭，并用PBS清洗三次。这些新鲜制备的亲和素修饰的MMPs可用于细胞外囊泡的分离。

（2）细胞外囊泡的修饰与磁分离

以脱硫生物素修饰的聚乙二醇化磷脂酸乙醇胺（DSPE-PEG-desthiobiotin）作为捕获探针，利用离心和微滤预处理的血浆或细胞培养液与该探针孵育，探针分子可以利用疏水相互作用嵌入EVs膜内，使其表面带上脱硫生物素标签；将NA修饰的磁珠与脱硫生物素修饰的EVs孵育结合，通过外加磁场吸附，并用缓冲液洗去未结合的其他杂质；最后，由于生物素比脱硫生物素与亲和素的结合能力更高，可加入高浓度的游离生物素分子进行竞争洗脱，将EVs从磁珠上解离下来，获得纯化后的样品以进行下游应用。

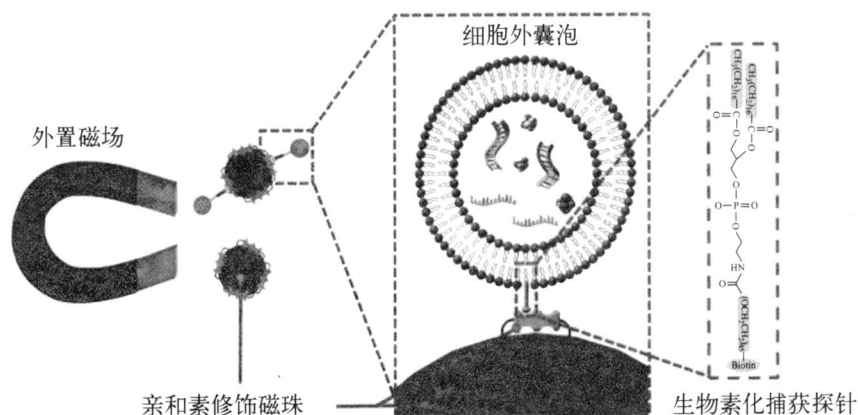

图9-7 基于亲和素-生物素相互作用的细胞外囊泡磁分离示意图

9.5.3 核酸的磁分离

磁分离技术可用于DNA、RNA等核酸的纯化。分离DNA时，磁性微球表面可以连接亲和素，通过亲和素-生物素反应与靶核酸相连。亲和素-生物素之间的结合力很强，且解链、提取、杂交等过程均不会干扰DNA和磁珠之间的连接。为将生物素插入DNA链中，可以用生物素化的引物或用聚合酶和生物素化的核苷酸进行末端标记。该方法还可用于分离DNA结合蛋白，用以研究蛋白质与DNA的互作，即DNA pull-down技术。

分离mRNA时，可对mRNA进行末端poly A的修饰，磁珠表面则连接能与poly A尾部碱基互补配对结合的oligo（dT）序列。当含有目标核酸的混合物引入这些微球中时，mRNA就会与oligo（dT）序列结合。然后通过外加磁场将结合了mRNA的磁珠吸引到容器的一侧，将其与其他混合物分离。洗涤后，加入洗脱液即可从微球中回收纯化的mRNA。该方法可在约

15min内分离出高度纯化的完整mRNA，且结合的mRNA可以直接用于各种分子生物学应用，包括PCR、cDNA文库构建和基因表达分析等。

利用oligo（dT）修饰的磁珠进行mRNA的分离纯化包括以下步骤：

① 预备工作：准备所有所需的不含RNA酶（RNase-free）的溶液和材料，确保所有试剂和设备都是无核糖核酸酶污染的。

② 细胞裂解：如果是从细胞或组织中提取mRNA，首先进行裂解步骤以释放RNA。

③ 添加磁性微球：向裂解物中加入预处理的磁性微球。微球表面修饰有能与含有poly A尾部的mRNA特异性结合的oligo（dT）序列。

④ 孵育：轻轻混合并孵育一段时间，使mRNA与磁性微球上的oligo（dT）序列充分结合。

⑤ 磁性分离：将混合物置于磁性分离器中，以将磁性微球（及其结合的mRNA）吸附至管壁。

⑥ 洗涤：去除含有未结合杂质的上清液，然后用洗涤缓冲液清洗磁性微球几次，以去除非特异性结合的物质。

⑦ mRNA的洗脱：加入10～20μL 10mmol/L Tris-HCl，并在75～80℃下孵育2min进行洗脱。

⑧ 收集和存储：用外加磁场分离洗脱的mRNA和微球，收集含有mRNA的上清液。如果不立即使用，应将mRNA存放在低温下。

此外，mRNA磁分离技术还可用于cDNA文库的构建。

9.5.4 蛋白质的磁分离

在蛋白质的生物分离方面传统的方法是使用各种柱色谱、电泳和超滤方法，但这些方法不可避免地要使用多种多样的昂贵的仪器，且分离步骤烦琐。相较而言，磁分离可以提供一种能将生物活性物质从一个不利于其存在的液体环境中温和而又快速地分离出来的方法。磁分离技术分离蛋白质通常是基于亲和作用进行的，其原理与亲和色谱类似，包括所选择的亲和配体和蛋白质的亲和标签等，此处不再赘述。但与常规方法相比，蛋白质的磁分离具有以下优势：

① 可使目标蛋白在含有固体悬浮物的粗提物中得以简便而快速地分离。对于胞内蛋白质，可将细胞破碎和蛋白质纯化步骤合并，大大缩短了纯化流程。

② 磁分离的同时还能实现样品浓缩，便于衔接色谱或电泳分离。

③ 洗脱过程中目标物受到的剪切力远小于离心或过滤等常规方法，外加磁场也不会对样品溶液产生影响。

④ 磁分离可最大限度保持目标蛋白结构和功能的完整，增大活性目标物产量。

◆思考题◆

① 简述磁分离技术的基本原理、特点以及组成要素。

② 简述磁分离技术及亲和色谱技术在单克隆抗体分离纯化中的优缺点。

③ 目前市场上有哪些磁分离相关产品，请查阅资料列举1～2个案例，并说明其分离原理和应用对象。

④ 请你谈谈目前磁分离用于特定细胞类型（如T细胞）纯化的挑战和局限，以及潜在的解决方法有哪些。

⑤ 请你设计一种重组蛋白的磁分离方案，并画出其纯化工艺流程。

第10章

电泳技术

10.1　电泳技术简介

　　1809年俄国物理学家Рейce首次发现电泳现象。1909年Michaelis首次将胶体离子在电场中的移动称为电泳。1937年由Tiselius制成界面电泳仪，并开始用于蛋白质的研究。1948年Wieland和Fischer发展了以滤纸作为支持介质的电泳方法，对氨基酸的分离进行了研究。从20世纪50年代起，特别是1950年Durrum用纸电泳进行了各种蛋白质的分离以后，开创了利用各种固体物质（如各种滤纸、醋酸纤维素薄膜、琼脂凝胶、淀粉凝胶等）作为支持介质的区带电泳方法。1959年Raymond和Weintraub利用人工合成的凝胶作为支持介质，创建了聚丙烯酰胺凝胶电泳，极大地提高了电泳技术的分辨率，开创了近代电泳的新时代。20世纪80年代发展起来的新的毛细管电泳技术，是化学和生化分析鉴定技术的重要新发展，已受到人们的充分重视。

　　电泳是指带电粒子在电场中向与自身带相反电荷的电极移动的现象。电泳技术就是在电场的作用下，由于待分离样品中各种分子带电性质以及分子本身大小、形状等性质的差异，带电分子产生不同的迁移速度，从而对样品进行分离、鉴定或提纯的技术。目前，电泳技术主要应用于物质性质的研究（等电点、分子量等）、分离纯化及纯度的分析等方面。

10.2　影响蛋白质电泳迁移率的因素

　　在一定条件下，蛋白质分子会解离而带电，带电的性质和电荷密度取决于蛋白质分子的性质（可解离侧链基团）和溶液的pH值。而不同的带电颗粒在同一电场的运动速度不同，可用迁移率来表示。

　　电泳迁移率是指带电颗粒在单位时间和单位电场强度下，在电泳介质中的移动速度：

$$u = \frac{v}{E} = \frac{q}{6\pi r\eta} \tag{10-1}$$

式中　v——质点移动速度，m/s；

　　　E——电场强度，V/m；

　　　r——质点半径，m；

　　　η——介质黏滞系数，Pa·s；

　　　q——粒子的净电荷数，C。

影响蛋白质电泳迁移率的因素主要有两方面：

（1）内在因素

影响蛋白质电泳迁移速率和分辨率的内在因素是蛋白质分子本身的性质，包括电荷大小、颗粒大小和形状等。一般来说，所带净电荷越多，颗粒越小，越接近球形，则在电场中迁移速度越快；反之越慢。

（2）外在因素

影响电泳速度的外在因素主要有缓冲液的pH和离子强度、电场强度、支持介质的性能及电泳时的温度等。

① 缓冲液的pH值决定了带电颗粒的电性和电量，并进而影响其迁移速度。因此需选择合适的pH值，使欲分离的各种蛋白质所带电荷的电性相同且电量有较大的差异，以利于彼此分离。溶液的离子强度要适当，既不可太高而干扰欲分离组分的迁移，又不可太低而起不到缓冲效果，合适的范围在0.02 ~ 0.2mol/L之间。

② 电场强度是指每厘米的电位降，也称电位梯度。电场强度越大则带电颗粒迁移越快，电泳时间越短。一般电泳是在常压下进行，电压在500V以下，其电位梯度为10 ~ 20V/cm。对于一些小分子的物质（如核苷酸、氨基酸、多肽等），在常压电泳中，往往达不到分离的目的。高压电泳则能使分子量相近的物质充分地进行分离。高压电泳是指电压在500V以上的电泳，梯度为20 ~ 200V/cm。高电压可以提高电泳的分辨率，但是高电压会导致凝胶过热，影响被分离物质的生物学活性，因此凝胶的良好散热性非常重要，为此可使用薄的平板胶及采用冷却装置。

③ 由于样品的扩散和对流会干扰样品的分离，为此使用支持介质防止电泳过程中的对流和扩散。支持介质必须是化学惰性的，均匀且对样品吸附力小，拥有适当的电渗流。电渗现象指在电场中液体对固体支持物的相对移动，即带电的支持物（如毛细管壁带负电荷）吸引溶液中的反电荷（正电荷），使其在电场作用下向电极的某一方向运动，从而带动整个溶液向该极移动。因此电泳时，带电颗粒的迁移速率是颗粒本身的电泳速率与电渗流携带颗粒移动的矢量和。

电泳中使用的支持介质主要分为两类：无阻滞支持物和高密度凝胶。前者包括滤纸、醋酸纤维素膜、纤维素、硅胶等，能将对流减至最小，其对蛋白质的分离主要取决于蛋白质的电荷密度，多用于临床检验和医学分析。后者包括聚丙烯酰胺凝胶和琼脂糖凝胶等，它们不仅能防止对流，减少样品扩散，还可以起到分子筛的作用，其对蛋白质的分离不仅取决于大分子的电荷密度，还取决于分子尺寸和形状。

10.3　几种典型的电泳技术

图10-1所示为区带电泳的分类，根据电泳时是否有支持介质，可分为载体电泳和无载体电泳。下面将介绍几种典型的电泳技术。

区带电泳

```
区带电泳
├── 载体电泳
│   ├── 粉末电泳
│   │   └── 淀粉电泳
│   ├── 纸电泳
│   │   └── 琼脂糖凝胶电泳
│   ├── 凝胶电泳
│   │   └── 聚丙烯酰胺凝胶电泳
│   ├── 电泳色谱
│   └── 聚焦电泳
│       └── 等电聚焦电泳
└── 无载体电泳
    ├── 自由电泳
    │   ├── 密度梯度电泳
    │   └── 亲和电泳
    └── 毛细管电泳
```

双向电泳

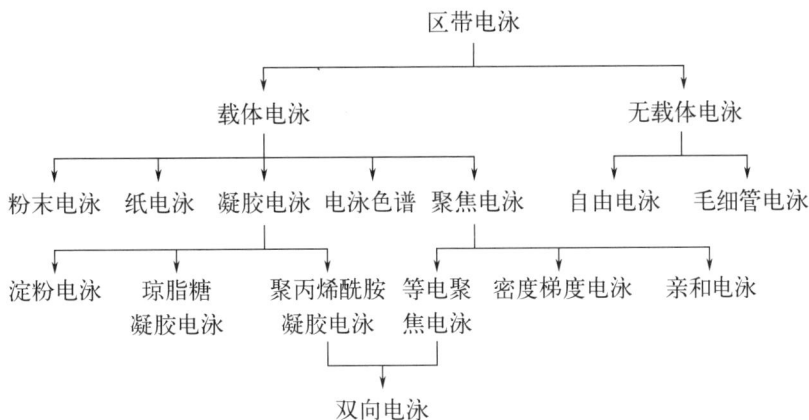

图 10-1　电泳的分类

10.3.1　聚丙烯酰胺凝胶电泳

（1）基本概念

聚丙烯酰胺凝胶电泳（polyacrylamide gel electrophoresis，PAGE）是以聚丙烯酰胺凝胶作为支持介质的电泳方法，根据被分离物质分子大小、形状和电荷多少来进行分离。

聚丙烯酰胺凝胶是由单体丙烯酰胺（acrylamide，Acr）和交联剂 N, N-亚甲基双丙烯酰胺（bisacrylamide，Bis），在加速剂 N, N, N', N'-四甲基乙二胺（tetramethylethylenediamine，TEMED）和催化剂过硫酸铵（ammonium persulfate，AP）的作用下聚合交联成的三维网状结构的凝胶。其中，AP 在水溶液中形成一个过硫酸自由基，此自由基再激活 TEMED。随后，TEMED 作为电子载体提供一个未配对电子，将丙烯酰胺单体转化成一个自由基，从而使其自身被激活。被激活的单体和未被激活的单体反应，开始了多聚链的延伸。正在延伸的多聚链也可以随机地通过 Bis 的作用进行交叉互联，成为网状结构，最终集合成凝胶状。

（2）聚丙烯酰胺凝胶结构上的特点

① 聚丙烯酰胺的基本结构为丙烯酰胺单体构成的长链，链与链之间通过亚甲基桥连接在一起；

② 链的纵横交错形成三维网状结构，使凝胶具有分子筛的性质；

③ 网状结构还能限制蛋白质等样品的扩散运动，使凝胶具有抗对流的作用；

④ 长链富含酰胺基团，使其成为稳定的亲水凝胶；

⑤ 该结构不带电荷，在电场中电渗现象极为微小。

（3）决定凝胶质量的因素

聚丙烯酰胺凝胶的强度、弹性、透明度、黏度和孔径大小均取决于两个重要参数 T（凝胶总浓度）和 C（交联度）。

$$T = \frac{a+b}{V} \times 100\% \tag{10-2}$$

$$C = \frac{b}{a-b} \times 100\% \tag{10-3}$$

式中　a——丙烯酰胺的质量，g；

b——亚甲基双丙烯酰胺的质量，g；

V——缓冲液体积，mL。

当 C 保持恒定时，凝胶的有效孔径随 T 的增加而减小；当 T 保持恒定，C 为 5% 时，有效孔径最小，C 大于或小于 5% 时，有效孔径均变大。当 $a/b < 10$ 时，凝胶呈乳白色易碎；当 $a/b > 100$ 时，凝胶呈糊状；当 $a/b=30$ 左右时，凝胶透明且又有弹性。具体应用时，应根据蛋白质分子量选择合适的凝胶浓度。

（4）分类

按蛋白质存在的状态可将聚丙烯酰胺凝胶电泳分为非变性电泳（Native-PAGE）和变性电泳（SDS-PAGE），后者又可分为变性还原电泳（上样缓冲液中含有巯基乙醇等还原剂）及变性非还原电泳（上样缓冲液中不含还原剂）。

在 Native-PAGE 过程中蛋白质保持其天然构象及生物活性，从而依据蛋白质的电荷密度和分子形状、大小进行分离。按被分离蛋白质的电性，Native-PAGE 可分为阳极电泳和阴极电泳。阳极电泳是常使用的电泳方式，pH 8.0 ～ 9.5，多数蛋白质带负电荷，向阳极迁移。阴极电泳仅用于分离碱性蛋白质，pH 4.0 左右，蛋白质带正电荷，向阴极迁移。Native-PAGE 不仅能分离含各种蛋白质的混合物，还可以研究其特性，如电荷、分子量、等电点乃至构象，并可用于蛋白质纯度的鉴定。

按缓冲液 pH 值和凝胶孔径差异可将 PAGE（包括 Native-PAGE 和 SDS-PAGE）分为连续电泳和不连续电泳。连续电泳指电泳体系中缓冲液 pH 值及凝胶浓度相同，带电颗粒在电场作用下，主要靠电荷和分子筛效应进行分离。不连续电泳指缓冲液离子成分和 pH、凝胶浓度及电位梯度均呈不连续性，带电颗粒在电场中泳动不仅有电荷效应、分子筛效应，还具有浓缩效应，因而其分离条带清晰度及分辨率均较前者更佳。

① 连续电泳中只有分离胶，pH 值恒定，样品缓冲体系、凝胶缓冲体系、电极缓冲体系相同，只是离子强度不同。

② 不连续电泳时，蛋白质样品先经浓缩胶浓缩，再经分离胶分离，其中分离胶可以是均一胶，也可以是梯度胶。均一胶中整块分离胶为同一浓度，而梯度胶是由连续改变的浓度梯度组成的，沿蛋白质迁移的方向，浓度梯度逐渐增大，凝胶孔径变小。

（5）SDS-聚丙烯酰胺凝胶电泳（SDS-PAGE）

① 基本原理。在聚丙烯酰胺凝胶系统中引进 SDS（十二烷基硫酸钠）。SDS 是一种阴离子表面活性剂，可与蛋白质结合，使蛋白质发生变性，尤其在还原剂存在下，使其二级结构及高级结构破坏，多亚基蛋白解离成单亚基。因此，SDS-PAGE 得到的蛋白质分子量为单亚基的分子量。蛋白质亚基与 SDS 结合形成胶束，在水溶液中呈椭圆形长棒状，不同蛋白质亚基-SDS 胶束棒的短径基本相同，而长径与蛋白质分子量成正比，从而消除了不同蛋白质形状的差异。由于 SDS 带有大量负电荷，好比蛋白质穿上带

10-1
SDS-PAGE

负电的"外衣"，蛋白质本身带有的电荷则被掩盖，即消除了蛋白质分子之间的电荷差异。因此，在 SDS-PAGE 时，蛋白质分子的迁移速度则主要取决于蛋白质亚基分子量大小。图 10-2 为三种蛋白质在 Native-PAGE 和 SDS-PAGE 中的不同电泳分离效果。表 10-1 显示了这三种蛋白质的四级结构、分子量及 pI。

② 实验仪器。垂直板电泳装置（电泳槽、玻璃板、胶条、电泳梳子、制胶架等）、稳流稳压电泳仪、水浴锅、离心机、微量进样器等。

Native-PAGE   SDS-PAGE

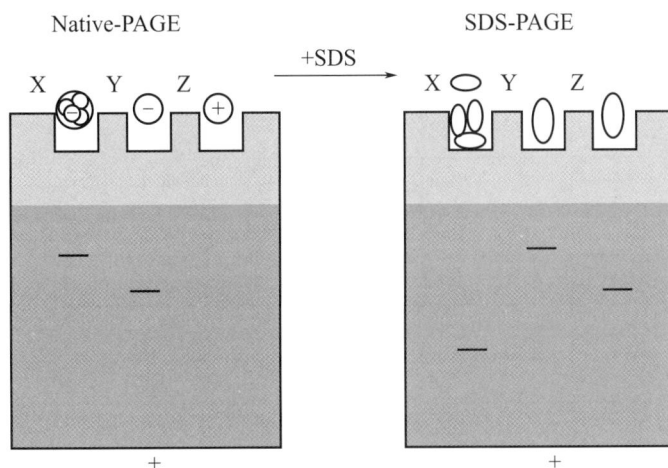

图10-2 三种蛋白质的Native-PAGE和SDS-PAGE电泳结果

表10-1 三种蛋白质的四级结构、分子量及pl

蛋白质	四级结构	分子量	pI
X	四聚体	40000×4	5.8
Y	单体	88000	5.2
Z	单体	60000	9.3

③ 实验试剂。30%丙烯酰胺凝胶贮液（29% Acr-1% Bis贮液），分离胶缓冲液（1.5mol/L Tris-HCl，pH 8.8），浓缩胶缓冲液（1.0mol/L Tris-HCl，pH 6.8），10% SDS溶液，10%过硫酸铵溶液，TEMED，样品及样品处理液（含SDS、甘油、溴酚蓝、巯基乙醇），标准分子量蛋白，电极缓冲液（Tris-甘氨酸缓冲液，pH 8.3），染色液和脱色液。

④ 实验操作步骤（以不连续SDS-PAGE垂直平板电泳为例）

a.配制以上实验试剂。

b.制备凝胶。根据需分离的蛋白质分子量大小选择合适的分离胶浓度，按表10-2分别配制分离胶溶液和浓缩胶溶液。首先将配制好的分离胶溶液混匀后立即灌入玻璃板间，以水封顶，注意使液面平整。待分离胶完全聚合后，倒去分离胶上层的水层，加入现配制好的浓缩胶液，立即将梳子插入玻璃板间。待浓缩胶完全聚合后，取出梳子即可形成点样孔。

c.蛋白质样品的制备。将样品加入等量的2×SDS上样缓冲液，100 ℃加热5min，离心取上清液做SDS-PAGE分析，同时将蛋白质标准品做平行处理。上样缓冲液的组成：Tris-HCl（pH 6.8）、溴酚蓝、甘油、SDS、巯基乙醇。制备样品时的注意事项如下：选择适当的pH和离子强度（使样品保持稳定性和溶解性）；样品盐浓度过高，需脱盐处理；样品不溶时可加入尿素或表面活性剂；为防止蛋白质水解，可加入蛋白酶抑制剂（如PMSF等）。

d.上样。分别取适量处理后的样品加入点样孔中，并加入蛋白质标准品作对照。

e.电泳。在电泳槽中加入1×电泳缓冲液，连接电源，注意正负极接向。恒流电泳，电流控制为每块胶12 ～ 15mA，电泳至溴酚蓝行至电泳槽下端停止。

f.染色。将凝胶从玻璃板上小心取出，用考马斯亮蓝R-250染色液染色或银染法染色（当目的蛋白浓度很低时）。

表10-2　SDS-聚丙烯酰胺不连续电泳系统各浓度凝胶溶液的配制

溶液成分	5mL 5%浓缩胶溶液中各成分所需体积/mL	10mL 各浓度分离胶溶液中各成分所需体积/mL				
		6%	8%	10%	12%	15%
蒸馏水	3.4	5.3	4.6	4.0	3.3	2.3
30%丙烯酰胺溶液	0.83	2.0	2.7	3.3	4.0	5.0
1.0mol/L Tris-HCl（pH6.8）	0.63					
1.5mol/L Tris-HCl（pH8.8）		2.5	2.5	2.5	2.5	2.5
10% SDS	0.05	0.1	0.1	0.1	0.1	0.1
10%过硫酸铵	0.05	0.1	0.1	0.1	0.1	0.1
TEMED	0.005	0.008	0.006	0.004	0.004	0.004

g.脱色。将凝胶从染色液中取出，置于脱色液中，脱色至蛋白条带清晰。

h.凝胶成像和保存。在图像处理系统中对凝胶成像，并利用系统软件分析实验结果，凝胶可保存于双蒸水中或7%乙酸溶液中。

⑤ 实验注意事项

a.根据样品中蛋白质分子量的大小，配制适当浓度的分离胶，防止分离效果不好。当分离的蛋白质成分复杂、分子量范围较大时，可使用梯度胶电泳，从而提高分辨率。

b.电泳样品加入样品处理液后，要在沸水浴中煮3～5min，使SDS与蛋白质充分结合，以使蛋白质完全变性和解聚，并形成棒状结构。离心后，取上清。

c.凝胶要待其充分凝固后再进行电泳，否则由于凝胶的中间部分凝固不均匀，会出现"微笑"形带。

d.为达到较好的凝胶聚合效果，缓冲液的pH值要准确。10% AP在1周内使用。室温较低时，TEMED的量可加倍。

e.未聚合的丙烯酰胺和亚甲基双丙烯酰胺具有神经毒性，可通过皮肤和呼吸道吸收，应注意防护。

10.3.2　等电聚焦电泳

根据蛋白质的等电点不同而进行电泳分离的技术，称为等电聚焦电泳（isoelectric focusing，IEF）。IEF是20世纪60年代由瑞典科学家Svensson和Vesterberg建立起来的一种蛋白质分离分析手段。其基本原理为在IEF时，蛋白质分子是在载体两性电解质形成的一个连续而稳定的线性pH梯度（正极为酸性，负极为碱性）中进行电泳。当蛋白质样品置于负极端时，因pH＞pI，蛋白质分子带负电，电泳时向正极移动；在移动过程中，体系的pH逐渐变小，蛋白质表面电荷量逐渐减小，速度随之变慢；当pH=pI时，蛋白质停止移动。当蛋白质样品放置在阳极时，原理相同（见图10-3）。等电点不同的蛋白质混合物，经过IEF后，会分别聚集于相应的等电点位置，达到分离的目的。在IEF中，蛋白质区带的位置是由电泳pH梯度的分布和蛋白质的pI所决定的，而与蛋白质分子的大小和形状无关。一般蛋白质等电点分辨率可达0.01 pH单位。IEF一般应用于蛋白质的分离和测定蛋白质的等电点。

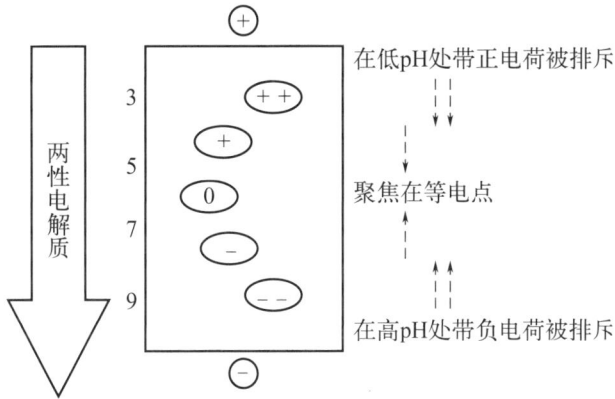

图 10-3 等电聚焦电泳原理示意图

10.3.3 双向电泳

双向电泳（two-dimensional electrophoresis，简称 2D 电泳）分离系统是一种由两个单向电泳组合而成的分离方法，其应用蛋白质的两个不同特征，在第一向电泳后再在其垂直方向上进行第二次电泳，因此分辨率大大提高，常用于复杂样品的分离和分析。

1975 年，O'Farrell 根据按蛋白质不同组分间等电点差异和分子量差异分离的原理，建立了 IEF/SDS-PAGE 双向电泳的分离技术。其基本原理为：第一向根据蛋白质的两性电离特性（具有等电点的特性）进行分离，在一定条件下，不同蛋白质带有不同的电荷种类和数量，利用 IEF 技术分离蛋白质；第二向根据蛋白质分子量大小的差异性进行分离，蛋白质与 SDS 形成复合物后，电泳时依分子量大小实现蛋白质的分离。双向电泳常用于蛋白质组学的研究中，图 10-4 显示了蛋白质组学研究中双向电泳分析的基本过程。其中样品 1 和样品 2 是不同生理状态（如正常组织和病变组织）下的总蛋白。

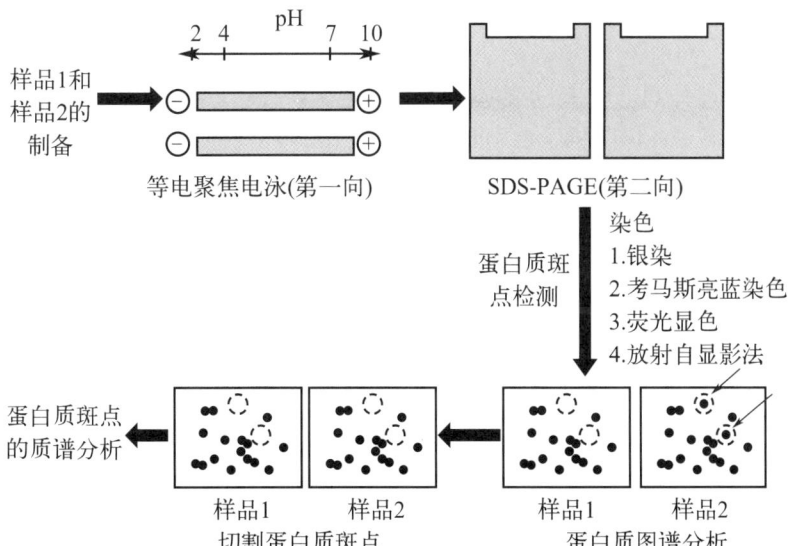

图 10-4 蛋白质组学研究中双向电泳分析的基本过程

（1）样品制备

样品制备是双向电泳的基本环节，对于最终蛋白质的分析和鉴定起着重要作用。蛋白质组样品制备基本原则如下：

① 样品预处理方法必须根据不同样品、不同状态以及实验目的来合理组合，包括细胞裂解方法、蛋白质浓缩或稀释、去污剂选择及裂解液配方等。

② 样品制备时为减少蛋白质的降解，可以采用加蛋白酶抑制剂和低温保护的办法。

③ 通常应去除影响蛋白质电泳的杂质，包括盐离子、离子去污剂（如SDS）、核酸、多糖、脂类、酚类和不溶性物质等。

④ 样品裂解液应新鲜配制，并分装冻存，勿反复冻融。

⑤ 样品要低温保存，以免其中的尿素分解，最终导致蛋白质带电性质的改变。

⑥ 为提高疏水蛋白的溶解性，可采用分步提取方法，以获取更丰富的蛋白质信息。

⑦ 组织样品存在异质性，应该先对样品进行处理，可以采用激光捕获显微切割技术（laser capture microdissection，LCM）。LCM是将一张转移膜置于选取部位表面，倒置在显微镜下，用直径30μm或60μm的激光束聚焦其上，膜活化并与选取部分结合将其从周围其他组织中提取出来。LCM可避免组织选取面过大、组织异质性样品（组织样品或病理样品往往包含不同类型细胞）带来的干扰，使研究样本定位更准确。

（2）第一向等电聚焦电泳

双向电泳的第一向等电聚焦电泳常用柱状电泳，其原理与IEF单向电泳基本相同，但在具体操作上却有较大差别。其电泳系统中的样品处理液中需加入高浓度的尿素、适量的非离子型表面活性剂NP-40及还原剂二硫苏糖醇（DTT）。这些试剂可破坏蛋白质分子内的二硫键，使蛋白质变性，有利于第二向中蛋白质与SDS充分结合；同时这些试剂本身并不带电荷，不会影响蛋白质原有的电荷量和等电点。

IEF过程包括：IPG胶条的水化、上样和等电聚焦。

① IPG胶条的水化。IPG干胶条在用于IEF前必须水化。水化液的成分包括尿素（8mol/L）、非离子型表面活性剂（如Triton X-100）、还原剂、两性电解质（pH 3～10）、溴酚蓝等。

② 上样。根据不同情况可选择水化上样（即样品在IPG胶条水化时加入）和加样杯上样（即IPG胶条的水化完成后再加入样品）。

③ 等电聚焦。在IEF过程中，由于蛋白质和其他带电物质向平衡点移动，电流会越来越弱，而电压会逐渐升高。一般设置电压上升分三个阶段：a.较低电压阶段（250V），以去除胶条中过多的盐离子；b.电压缓慢上升阶段（如1000Vh→4000Vh）；c.持续高压阶段（如10000～80000Vh），为电压快速上升模式。具体操作时要根据胶条的pH范围和上样量的多少来调整电压时间积（Vh），典型的分离电压时间积为11000～420000 Vh。

（3）第二向SDS-聚丙烯酰胺凝胶电泳

双向电泳的第二向SDS-聚丙烯酰胺凝胶电泳常用板状垂直电泳，其原理与SDS-聚丙烯酰胺凝胶电泳基本相同，但加样操作却完全不同：

① 第一向电泳结束后，将凝胶柱用去离子水洗3次，再放入与第二向SDS-PAGE样品处理液一致的平衡液（含SDS和β-巯基乙醇）中振荡平衡，使凝胶柱内原有的第一向电泳分离系统完全被第二向的电泳分离系统所取代；

② β-巯基乙醇使蛋白质分子中的二硫键保持还原状态，以便蛋白质与SDS充分结合，从而完成第二向的样品处理；

③ 经平衡处理后的凝胶柱包埋在第二向的凝胶板上端，完成第二向电泳的加样，电泳

过程与单向SDS-PAGE基本相同，有时为了提高样品的分辨率，分离胶可采用梯度胶（如9%～16%线性梯度胶）。

（4）蛋白质斑点检测

通常蛋白质可以通过紫外（UV）吸收来检测，但是因为聚丙烯酰胺在同一紫外范围也有吸收，所以需要对蛋白质进行染色。常规的染色方法包括考马斯亮蓝染色法和银染法。考马斯亮蓝染色法灵敏度低，能染微克级及以上的蛋白质，难以显示低丰度蛋白质；银染灵敏度较高，但却与醛类有特异性反应，不利于后续的质谱分析。新的方法主要有荧光显色法和放射自显影法，它们不仅灵敏度高，对蛋白质无固定作用，而且可以很好地兼容下游的鉴定技术。

（5）图谱分析及特异蛋白质的回收

根据不同样品双向电泳结果，进行图谱分析，找出特异蛋白质的斑点，对图像进行数字化，得到以像素（pixel）为基础的空间和网格。然后利用专业软件（如PDQuest-2D软件）在图像灰度水平上过滤和变形，进行图像加工，以进行斑点检测。

特异蛋白质的回收方法常采用扩散洗脱和电泳洗脱。扩散洗脱是将特异蛋白斑点从凝胶上切下，然后浸泡在适当的缓冲液中，最后离心除去凝胶碎片；电泳洗脱是将特异蛋白斑点从凝胶上切下，用一定的装置将凝胶中的蛋白质通过电泳洗脱出来，并进行收集。

（6）双向电泳的注意事项

① 对蛋白质样品处理要求较严格：除去凝聚颗粒，尽可能除去核酸，不含SDS；低温保存，以免其中的尿素分解。

② 样品加样量的大小与所用的检测方法有关。

③ 第一向电泳的环境温度保持在20～35℃：尿素在低温时容易析出，在高温时容易分解。

④ 第一向电泳后凝胶柱的平衡时间应控制在30min左右：时间过长，蛋白质会因扩散而丢失；时间过短，凝胶柱内分离系统交换不完全，将影响蛋白质与SDS的结合，进而影响第二向的分离效果。

⑤ 两向制胶所用的玻璃管和玻璃板要清洁，否则可能造成凝胶与玻璃管或玻璃板剥离，从而产生气泡、脱胶或胶板断裂。

10.3.4 毛细管电泳

（1）基本原理

毛细管电泳是在内径为25～100μm的石英毛细管中进行的电泳，分离原理是被分离物质的差速运动。在毛细管电泳中物质主要有两种运动：电泳和电渗。电泳是带电粒子在电场作用下的定向移动；电渗是毛细管壁表面的负电荷对溶液中正电荷的吸引（见图10-5），导致溶液中正电荷加速，负电荷减速。其中，电渗速度远远大于电泳速度（5～7倍），在以上电泳和电渗现象的共同作用下，不同物质在毛细管中的移动速度不同，最先流出的是阳离

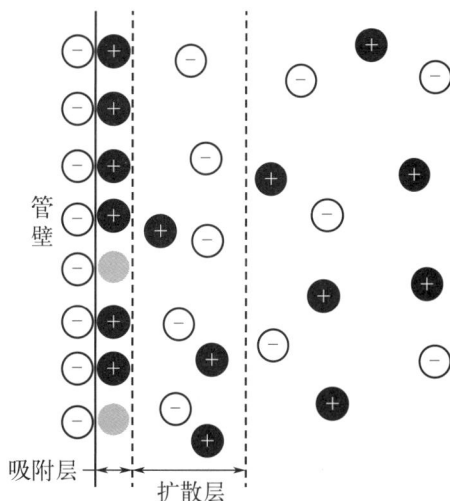

图10-5 毛细管电泳中的电渗流

225

子（电渗与电泳方向相同），其次是中性粒子（电渗作用），最后是阴离子（电渗与电泳方向相反）。

（2）主要类型

① 毛细管区带电泳。毛细管区带电泳是毛细管电泳最基本的模式，基于样品组分间质荷比的不同而实现分离。毛细管和电泳槽内含有相同的缓冲溶液；在外加电场的作用下，离子在毛细管中进行迁移，迁移速度与其所带电荷类型、荷电量及离子半径有关。该法在氨基酸、多肽、蛋白质的纯度鉴定及构象分析等方面应用较广。

② 胶束电动毛细管色谱。将表面活性剂加入缓冲液中，形成具有疏水内核的胶束，待测粒子依据疏水性的不同在水相（类似于色谱中的流动相）和胶束（类似于色谱中的固定相）之间多次分配，由于分配行为的差异产生差速运动而得以分离。其中，中性粒子因疏水性的不同而得到分离；疏水性强的中性粒子与胶束结合比较牢固，最后被洗脱出来，从而与水溶性较好的中性粒子分开。而带电离子同时受到电泳迁移、电渗及两相分配等多种作用的影响。

③ 毛细管凝胶电泳。毛细管凝胶电泳是毛细管电泳与凝胶电泳的结合。将凝胶介质注入毛细管中，在毛细管电泳仪中进行电泳（高压电泳），同时在电场力的作用和凝胶分子筛的作用下，根据被测组分的质荷比和分子大小不同而进行分离。毛细管凝胶电泳的特点是：可防止样品扩散，更好地进行定量分析；但分离柱制备较困难，寿命短，灵敏度较低。该法主要应用于分子生物学和蛋白质化学研究等方面。

④ 无胶筛分毛细管电泳。介于毛细管区带电泳和毛细管凝胶电泳之间的一种分离模式，分离机制仍是通过分子筛效应按分子大小进行分离。该法中低黏度的线性聚合物代替了高黏度交联的聚丙烯酰胺，常用于蛋白质分离的无胶筛分剂有聚乙二醇和葡聚糖。其特点是柱子制备简单、寿命长、灵敏度较高，但分辨率较凝胶柱低。

⑤ 等电聚焦毛细管电泳。该法是等电聚焦电泳与毛细管电泳相结合的电泳方法。毛细管内装有pH梯度介质，等电聚焦电泳在毛细管电泳装置中实现。其特点是分辨率更高，速度更快。

⑥ 毛细管电色谱。毛细管电泳与色谱技术相结合的方法，在毛细管中填充色谱介质，按照色谱分离的机制进行分离，其驱动力为电泳和电渗力（普通色谱分离以压力差为驱动力）。其特点是同时具有毛细管电泳的高效性和色谱技术的高选择性。

10.4　SDS-PAGE电泳技术应用实例

利用SDS-PAGE分析了大黄鱼肌原纤维结合型丝氨酸蛋白酶（myofibril-bound serine proteinase，MBSP）对肌原纤维蛋白的降解作用。将肌原纤维蛋白与MBSP混合，于不同温度下孵育1h，而后与2×SDS上样缓冲液混合，100℃加热5min，取10μL混合样品上样至分离胶浓度为10%的聚丙烯酰胺凝胶中，进行SDS-PAGE电泳分析，以标准分子量蛋白（Marker）作为蛋白分子量指示剂。电泳结束后，利用考马斯亮蓝染色法染凝胶中的蛋白质，并进行凝胶成像。由电泳图谱可得，MBSP在50℃下具有最强的降解活性，且在50～60℃范围内水解活性较高，肌球蛋白重链（MHC）和原肌球蛋白（TM）几乎全部被降解，而在其他温度下的水解活性则相对较低（图10-6）。

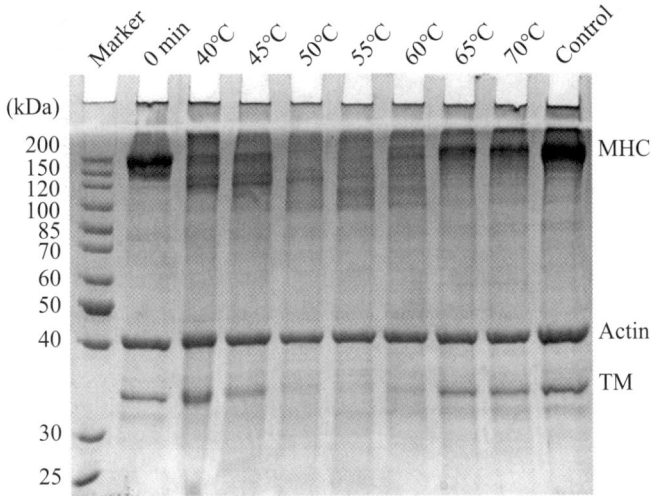

图10-6 SDS-PAGE 分析大黄鱼 MBSP 对肌原纤维蛋白的降解作用

10.5 Native-PAGE 电泳技术应用实例

Blue Native-PAGE（BN-PAGE）是一种从生物样品（质膜、胞质等）中分离分子质量在 10kDa ～ 10^7 kDa 范围的蛋白质复合物的 Native-PAGE 电泳技术，最初被用来分离牛心脏组织中线粒体上的蛋白质复合体。其原理是用温和去污剂（如洋地黄皂苷）将蛋白复合体从细胞膜中以近似天然的状态分离出来，再用考马斯亮蓝 G-250 代替 SDS 跟蛋白质结合而使其带负电荷，染料-蛋白复合体呈蓝色条带，并因分子量不同而在 PAGE 胶中分离。

利用大肠杆菌原核表达系统表达了带有 6×His 标签的 Pex5p 蛋白（His-Pex5pL）。将 3μg His-Pex5pL 蛋白分别上样至分离胶浓度为 4% ～ 16% 梯度的 Native-PAGE 凝胶和 9% 浓度的 SDS-PAGE 凝胶中。电泳结束后，利用考马斯亮蓝 R-250 染色凝胶。结果如图10-7所示，His-Pex5pL 在 BN-PAGE 中显示为约 170kDa 的蛋白条带，在 SDS-PAGE 中显示为约 80kDa 的蛋白条带，表明重组 His-Pex5pL 为同型二聚体。

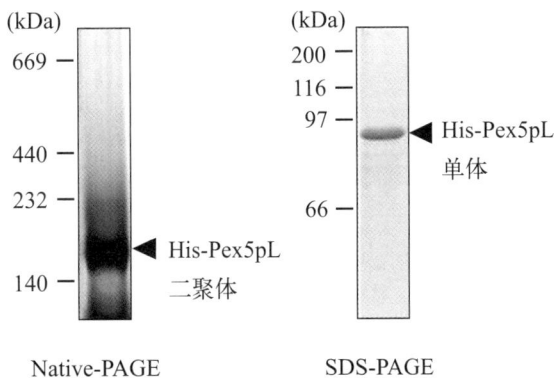

图10-7 Native-PAGE 和 SDS-PAGE 分析重组 Pex5p 蛋白

图左侧数字指示标准蛋白分子量大小

10.6 双向电泳技术应用实例

ATP合成酶广泛分布于线粒体内膜、叶绿体类囊体、异养菌和光合菌的质膜上，参与氧化磷酸化和光合磷酸化，在跨膜质子动力势的推动下合成ATP。在原核生物中，该酶有8种不同的亚基，真核生物中有16～18种。首先利用BN-PAGE电泳分离1mg拟南芥线粒体蛋白复合物［图10-8（a）］，将ATP合成酶条带从凝胶中剥离并洗脱得到ATP合成酶。进而利用IEF电泳分离10μg洗脱得到的ATP合成酶复合体，最后利用SDS-PAGE电泳进行第二向分离，利用银染法对凝胶染色。结果如图10-8（b）所示，双向电泳分离得到多个蛋白质斑点，表明ATP合成酶亚基被有效分离。

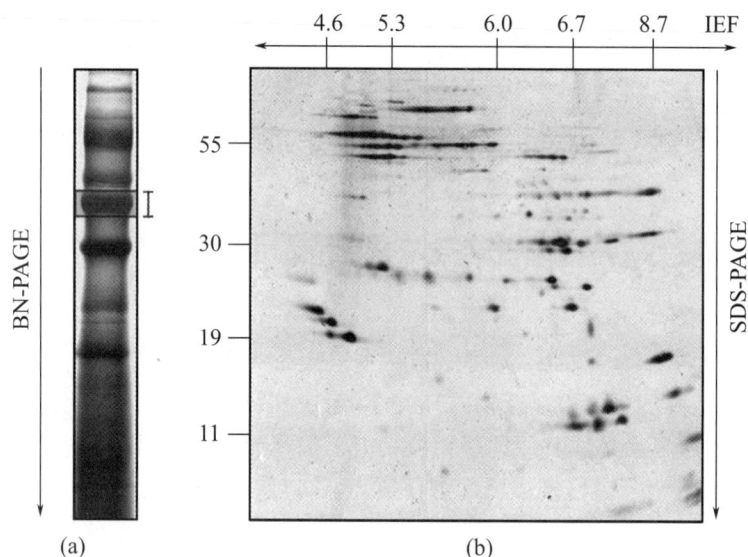

图10-8　BN-PAGE和双向电泳分析拟南芥线粒体ATP合成酶复合物亚基组成

（a）BN-PAGE电泳分离拟南芥线粒体蛋白复合物；（b）双向电泳分离ATP合成酶复合体，等电点大小和标准蛋白分子量分别展示于图上方和左侧

◆思考题◆

① 简述电泳技术的基本原理。

② 影响电泳迁移率的因素有哪些？什么叫电渗现象？

③ 简述几种典型的电泳技术［SDS-PAGE、IEF、双向电泳（2D-PAGE）、毛细管电泳］的基本原理。

④ 在SDS-PAGE中，SDS的主要作用是什么？

第11章

结　晶

结晶（crystallization）是化工、生化、轻工等工业生产中常用的精制纯物质的技术。溶液中的溶质在一定条件下，因内部结构中的原子、离子或分子发生互作从而有规则地排列而结合成固态的晶体。晶体的化学成分均一，具有各种对称的晶状，其特征为离子和分子在空间晶格的结点上呈有规则的排列。

结晶与沉淀本质上都是从溶液中析出固体，形成新相。但两者又有区别：结晶是利用物理的方法将溶质（如蔗糖、食盐、味精等）从溶液中以规则的形状析出的分离方法，该法析出溶质速度慢，溶质分子有足够时间进行排列，分子排列有规则；而沉淀是从溶液中得到无定形溶质的分离方法（如淀粉、酶制剂、洗衣粉等），该法析出溶质速度快，分子排列无规则，更容易夹杂其他类型的分子从而降低纯度和理化均一性。

结晶操作具有以下特点：① 只有同类分子或离子才能排列成晶体，因此结晶过程有良好的选择性；② 通过结晶，溶液中大部分的杂质会留在母液中，再通过过滤、洗涤，可以得到纯度较高的晶体；③ 结晶过程具有成本低、设备简单、操作方便的特点，广泛应用于氨基酸、有机酸、抗生素、维生素、核酸等产品的精制。

在生化制备中，许多小分子物质如各种有机酸、单糖、核苷酸、氨基酸、维生素、辅酶等，由于其结构比较简单，分离至一定纯度后，绝大部分都可以定向聚合形成分子型或离子型的晶体。结晶也是分离纯化蛋白质、酶等生化产品的一种有效手段，变性蛋白质不能结晶，结晶状态的蛋白质都能保持天然状态和酶学活性。但有的生化产品，如核酸由于分子高度不对称，呈麻花形螺旋结构，虽已达到很高的纯度，也只能得到絮状或雪花状的固体。

11.1　结晶过程

11.1.1　结晶原理

当溶液浓度等于溶质溶解度时，该溶液称为饱和溶液。溶质在饱和溶液中不能析出。当溶质浓度超过溶解度时，该溶液称为过饱和溶液。溶质只有在过饱和溶液中才有可能析出。

物质的溶解度不是固定的，而是受到很多因素的影响，比如温度、溶剂类型、离子强度、离子类型等。生产上可以通过利用和调节这些因素，比如盐浓度，降低物质的溶解度，从而使溶液处于过饱和状态，实现结晶。一般物质的溶解度随温度升高而增加，也有少数例外，红霉素的溶解度随温度升高而降低。溶解度还与溶质的分散度有关，即微小晶体的溶解度要比普通晶体的溶解度大。

结晶是指溶质自动从过饱和溶液中析出，形成新相的过程。这一过程不仅包括溶质分子凝聚成固体，还包括这些分子有规律地排列在一定的晶格中。这种有规律的排列与表面分子化学键力的变化有关，因此结晶过程又是一个表面化学反应过程。

形成新相（固相）需要一定的表面自由能，因为要形成新的表面就需要对表面张力做功。溶液浓度达到饱和浓度时，尚不能析出晶体，当浓度超过饱和浓度时，才可能有晶体析出。因此，溶液达到过饱和状态是结晶的前提，过饱和度是结晶的推动力。最先析出的微小颗粒是以后结晶的中心，称为晶核。微小的晶核具有较大溶解度，在饱和溶液中晶核易发生溶解，只有达到一定过饱和度时晶核才能存在。晶核形成后靠扩散而继续成长为更大尺寸的晶体。

物质在一般溶解时吸收热量，在结晶时放出热量，称为结晶热，因此结晶又是一个同时有质量和热量传递的过程。

溶质的溶解度与温度的关系还可以用饱和曲线和过饱和曲线来表示，见图11-1。图中，曲线SS为饱和溶解度曲线，在此线以下的区域为不饱和区，称为稳定区。曲线TT为过饱和溶解度曲线，在此曲线以上的区域称为不稳区。介于曲线SS和TT之间的区域为亚稳区。

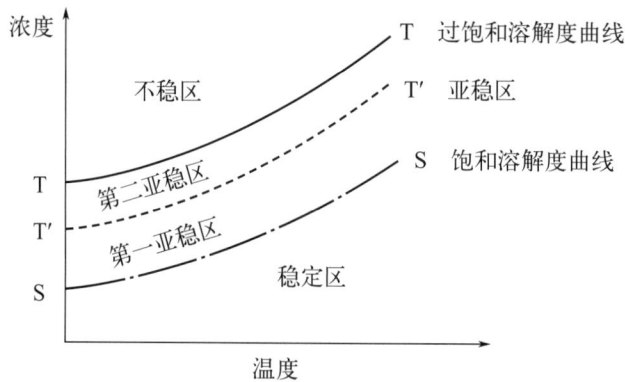

图11-1　饱和曲线和过饱和曲线

在稳定区的任一点溶液都是稳定的，不管采用什么措施都不会有结晶析出。在亚稳区的任一点，如不采取措施，溶液也可以长时间保持稳定，如加入晶种，溶质会在晶种上长大，溶液的浓度随之下降到SS线。亚稳区中各部分的稳定性并不一样，接近SS线的区域较稳定。而接近TT线的区域极易受到刺激而结晶。亚稳区可以分为两个区：SS线到T′T′线间的区域为第一亚稳区，即第一过饱和区，也称为养晶区，在此区域内不会自发成核，当加入晶种时，晶体会生长，但不会产生新的晶核；T′T′线到TT线间的区域为第二亚稳区，即第二过饱和区，也称为刺激结晶区，在此区域内也不会自发成核，但加入晶种后，在晶体生长的同时会有新晶核产生。

在不稳区的任一点，在无晶种、无搅拌时能立即自发结晶，在温度不变时，溶液浓度自动降至SS线。因此，溶液需要在亚稳区或不稳区才能结晶，在不稳区，晶体生成很快，来不及长大浓度即降至溶解度，所以形成大量细小晶体，这在工业结晶中是不利的。为得到颗粒较大而又整齐的晶体，通常需加入晶种并把溶液浓度控制在亚稳区的养晶区，让晶体缓慢长大，因为养晶区自发产生晶核的可能性很小。

过饱和溶解度曲线与溶解度曲线不同，溶解度曲线是恒定的，而过饱和溶解度曲线的位置受到很多因素的影响而变动，例如有无搅拌、搅拌强度的大小、有无晶种、晶种的大小与多少、冷却速度的快慢等。所以过饱和溶解度曲线视为一簇曲线。要使过饱和溶解度曲线有较确定的位置，必须确定影响其位置的因素。

结晶过程取决于固体与其溶液之间的平衡关系：固体物质与其溶液相接触时，如果溶液未达到饱和，则固体溶解；如果溶液饱和，则固体与饱和溶液处于平衡状态，溶解速度等于溶质析出速度。只有当溶液浓度超过饱和浓度达到一定的过饱和程度时，才可能析出晶体。所以，要使溶质从溶液中结晶出来，必须首先使溶液成为过饱和状态，即必须设法产生一定的过饱和度作为推动力。

11.1.2 结晶操作过程

结晶过程主要包括过饱和溶液的形成、晶核的形成及晶体的生长三个过程。

（1）过饱和溶液的形成

结晶的关键是溶液的过饱和度。要获得理想的晶体，就必须研究过饱和溶液形成的方法。通常工业生产上制备过饱和溶液的方法有五种，下面将分别加以介绍。工业上常将几种方法合并使用。

① 热饱和溶液冷却法（等溶剂结晶）。该法适用于溶解度随温度降低而显著减小的体系；而溶解度随温度升高而显著减小的体系适宜采用加温结晶。由于该法基本不除去溶剂，而是使溶液冷却降温，也称之为等溶剂结晶。

冷却法可分为自然冷却法、间壁冷却法和直接接触冷却。自然冷却是使溶液在大气中冷却而结晶，此法冷却缓慢，生产能力低，产品质量难以控制，在较大规模的生产中已不采用。间壁冷却是被冷却溶液与冷却剂之间用壁面隔开的冷却方式，此法广泛应用于生产。间壁冷却法缺点在于器壁表面上常有晶体析出，称为晶疤或晶垢，使冷却效果下降，要从冷却面上清除晶疤往往需消耗较多工时。直接接触冷却法包括：以空气为冷却剂与溶液直接接触冷却的方法；以与溶液不互溶的碳氢化合物为冷却剂，使溶液与之直接接触而冷却的方法；液态冷冻剂与溶液直接接触，靠冷冻剂气化而冷却的方法等。

② 部分溶剂蒸发法（等温结晶法）。蒸发法是借蒸发除去部分溶剂的结晶方法，也称为等温结晶法，它使溶液在加压、常压或减压下加热蒸发达到过饱和。此法主要适用于溶解度随温度降低变化不大的体系，或随温度升高溶解度降低的体系。蒸发法结晶消耗热量最多，且容易产生加热面结垢问题，一般不常采用。

③ 真空蒸发冷却法。真空蒸发冷却法是使溶剂在真空下迅速蒸发，并结合绝热冷却，实质上是通过冷却及除去部分溶剂的两种效应达到过饱和度。此法是自20世纪50年代以来应用较多的结晶方法。这种方法设备简单，操作稳定。最突出的特点是器内无换热面，所以不存在晶垢的问题。例如，制霉菌素的乙醇提取液真空浓缩10倍，冷却至5℃放置2h，即可得制霉菌素晶体。

④ 化学反应结晶法。化学反应结晶法是加入反应剂或调节pH值使新物质产生的方法，

当其浓度超过溶质的溶解度时，就有晶体析出。例如在头孢菌素C的浓缩液中加入醋酸钾，即析出头孢菌素C钾盐；当土霉素经弱酸性树脂脱色后的酸性滤液的pH调至4.5时，即有土霉素游离碱结晶析出。

⑤ 盐析法。加一种物质于溶液中，以使溶质的溶解度降低，形成过饱和溶液而结晶的方法称为盐析法。这些物质被称为稀释剂或沉淀剂，它们既可以是固体，也可以是液体或气体。稀释剂或沉淀剂最大的特点是极易溶解于原溶液的溶剂中。这种结晶的方法之所以叫盐析法，就是因为常用固体氯化钠作为沉淀剂使溶液中的溶质尽可能地结晶出来，例如，普鲁卡因青霉素结晶时，加入一定量的食盐，可以使晶体容易析出，即氯化钠浓度增大，会使其溶解度降低。甲醇、乙醇、丙酮等是常用的液体稀释剂。例如氨基酸水溶液中加入适量乙醇后氨基酸析出；利用卡那霉素易溶于水，不溶于乙醇的性质，在卡那霉素脱色液中加入95%乙醇，加量为脱色液的60% ～ 80%，搅拌6h，卡那霉素硫酸盐即结晶析出，因加入的是溶剂，这种方法也称为"溶析法"（solvent-out）。一些易溶于有机溶剂的物质，向其溶液中加入适量水，即析出沉淀，所以此法也叫"水析"结晶法。另外，还可以将氨气直接通入无机盐水溶液中降低其溶解度使无机盐结晶析出。盐析法是这类方法的统称。在工业上，常将几种方法合并使用。

（2）晶核的形成

晶核的形成根据机理不同，可以分为两种，即初级成核（primary nucleation）和二次成核（secondary nucleation）。两者的区别在于有没有晶种的存在。前者为无晶种存在时产生，而后者则为有晶种存在时产生。

初级成核又可分为：① 初级均相成核，指溶液在不含外来物体时自发产生晶核；② 初级非均相成核，指在外来物体（如大气微尘）诱导下产生晶核。

二次成核又可分为：① 二次剪切力成核，指过饱和溶液以较大流速扫过晶体表面，产生剪切应力，将附着于晶体表面的粒子扫落，大的作为晶核生长，小的溶解，只有粒度大于临界粒度的晶粒才能生长；② 二次接触成核，指晶体在与外部物体（如器壁、搅拌桨、晶体）接触碰撞时会产生的大量碎粒，其中较大的就是新的晶核。

在工业规模的结晶过程中，一般不应以初级成核作为晶核的来源，因为实际操作时难以控制溶液的过饱和度，使晶核的生成速率恰好适应结晶过程的需要。接触成核被认为是工业结晶过程中获得晶核最简单、最好的方法。其优点是：① 过饱和对接触成核影响较小，易实现稳定操作的控制；② 这种成核是在低饱和度下进行，在这种操作条件下结晶能得到优质产品；③ 产生晶核所需的能量非常低，被碰撞的晶体不会产生宏观上的磨损。

工业结晶中有以下三种不同的起晶方法：

① 自然起晶法。在一定温度下使溶液蒸发进入不稳区形成晶核，当生成的晶核数量符合要求时，加入稀溶液使溶液浓度降低至亚稳区，使之不生成新的晶核，溶质即在晶核的表面长大。这是一种古老的起晶方法，因为它的过饱和浓度较高，蒸发时间长，且蒸汽消耗多，不易控制，同时可能造成溶液色泽加深等现象，现已很少用。

② 刺激起晶法。将溶液蒸发至亚稳区后，将其加以冷却，进入不稳区，从此时即有一定量的晶核形成，由于晶核析出使溶液浓度降低，随即将其控制在亚稳区的养晶区使晶体生长。

③ 晶种起晶法。将溶液蒸发或冷却到亚稳区的较低浓度，投入一定量和一定大小的晶种，使溶液中的过饱和溶质在所加的晶种表面上长大。晶种起晶法是普遍采用的方法，如果

条件控制适当，可获得均匀整齐的晶体。一般添加的晶种直径常小于0.1mm。加入的晶种不一定是同一物质，溶质的同系物、衍生物、同分异构体均可作为晶种加入，例如，乙基苯胺可用于甲基苯胺的起晶。对纯度要求较高的产品必须使用同物质起晶。

为了控制晶体的生长，除了晶种以外的晶核不允许生长，进入结晶器的料液中不允许存在晶核，应该避免激烈的搅拌、机械冲击和热冲击，同时应使在不稳区的工作时间最小，对于连续结晶应采取措施除去多余的晶核，如设置细晶捕集器等。

（3）晶体的生长

在过饱和溶液中已有晶核形成或加入晶种后，以过饱和度为推动力，晶核或晶种将长大，这种现象称为晶体生长。

晶体的生长包括三个过程：

① 溶液主体的溶质传递主要靠对流，但在靠近晶体表面有一静止液层，称为境界膜，待结晶的溶质只能借扩散穿过境界膜时（溶液主体和境界膜间存在一个溶质浓度差），才能达到晶体表面，这是一个扩散传质过程。

② 到达晶体表面的溶质在适当的晶格位置长入晶面，使晶体增大，同时放出结晶热，这是一个表面反应过程。溶液过饱和度过大时，成核和长大速率过快，结晶热必须以很快的方式放出，以适应快速成核和迅速长大的需要。因为比表面积越大，放热越快，这样就容易形成比表面积大的片状、针状结晶或树枝状晶簇，这种结晶或晶簇容易包裹母液，因而结晶质量大幅度下降。

③ 放出来的结晶热借助热传导方式传到溶液中（传热过程）。

晶体的质量好坏取决于扩散速率和表面反应速率的相对大小：当表面反应速率高于扩散速率时，晶体质量较好；当表面反应速率低于扩散速率时，晶体质量下降。

11.2　提高晶体质量的方法

晶体的质量主要是指晶体的大小、形状和纯度三个方面。工业上常希望得到粗大而均匀的晶体。粗大而均匀的晶体较细小不规则的晶体更便于过滤与洗涤，在储存过程中不易结块。但对一些抗生素，药用时有些特殊要求。例如非水溶性抗生素，药用时需制成悬浮液，为使人体容易吸收，粒度要求较细；普鲁卡因青霉素G是一种混悬剂，直接注射到人体中去，如果颗粒过大，不仅不利于吸收，而且注射时易阻塞针头，或注射后产生局部红肿疼痛，甚至有发热症状。但晶体过分细小，有时粒子会带静电，由于其相互排斥，四处跳散，并且会使比容（单位质量的物质所占有的容积）过大，给成品的分装带来不便。

11.2.1　晶体大小

得到的晶体大小决定于晶核形成速度和晶体生长速度之间的对比关系。如晶核形成速度大大超过其生长速度，则过饱和度主要用来生成新的晶核，因而得到细小的晶体；反之，如果晶体生长速度超过晶核形成速度，则得到较粗大的晶体。

决定晶体大小的因素主要有：过饱和度、温度、搅拌速度和晶种等。增加过饱和度能使成核速度和晶体生长速度加快，但对前者影响较大，因此，过饱和度增加，得到的晶体较细小。当溶液快速冷却时，一般能达到较高的过饱和度，得到的晶体较细小。因此，要想得到较大的晶体，需要缓慢冷却。搅拌可促进成核和提升扩散速度，提高晶核长大的速度，但搅拌速度过大，会将已长大的晶体打碎，发生二次成核现象，使晶体变细。例如普鲁卡因青霉素微粒结晶搅拌转速为1000 r/min，制备晶种时，则采用3000 r/min的转速。加入晶种能诱导结晶，而且还能控制晶体的形状、大小和均匀度，因此要求加入的晶种有一定的形状、大小，且比较均匀。例如普鲁卡因青霉素结晶时所用晶种的粒度要求在2μm左右，制备晶种时温度要保持在−10℃左右。

在实际生产中，往往希望得到颗粒大而均匀的晶体，因此在结晶时，应控制合适的饱和度（最好处在亚稳区），缓慢冷却，适当搅拌，主要控制晶核形成速度远远小于晶体生长速度，最好是在亚稳区加入晶种，延长结晶时间。

11.2.2　晶体形状

同种物质的晶体，用不同的结晶方法产生，虽然仍属于同一晶系，但其外形可以完全不同。外形的变化是由在一个方向生长受阻，或在另一方向生长加速所致。通过一些途径可以改变晶体外形，例如控制晶体的生长速度、过饱和度、结晶温度、溶剂，调节溶液的pH值及加入能改变晶形的杂质等方法。

从不同溶剂中结晶常得到不同的外形，例如普鲁卡因青霉素在水溶液中结晶得到方形晶体，而在乙酸丁酯中得到长棒形晶体。杂质存在也会影响晶形，例如在普鲁卡因青霉素结晶中，作为消泡剂的丁醇的存在会影响晶形，乙酸丁酯的存在会使晶体变得细长。温度的改变也会改变晶体外形。例如，红霉素乳酸盐在丙酮中加碱、加水结晶的工艺中，在20℃结晶得到的是针状晶体，易夹带母液和杂质；而在55℃下结晶则得到片状结晶。

11.2.3　晶体纯度

从溶液中结晶得到的晶体通常会包含母液、尘埃和气泡等。所以结晶器需非常清洁，结晶液也应仔细过滤，以防止夹带灰尘、铁锈等。要防止夹带气泡可不用强烈搅拌和避免激烈翻腾。晶体表面有一定的物理吸附能力，因此表面上有很多母液和杂质。晶体越细小，比表面积越大，吸附的杂质也就越多。表面吸附的杂质可通过晶体的洗涤除去。对于非水溶性晶体，常可用水洗涤，如红霉素、制霉菌素等。有时用溶剂洗涤能除去表面吸附的色素，对提高成品质量起很大作用。例如灰黄霉素晶体，若用丁醇洗涤，则晶体由黄色变成白色，这是丁醇将吸附在表面的色素溶解所致。用一种或多种溶剂洗涤后，为便于干燥，最后常用易挥发的溶剂（如乙醇、乙醚、乙酸乙酯等）清洗。为加强洗涤效果，最好将溶剂加到晶体中，搅拌后再过滤。边洗涤边过滤的效果较差，因为沟流的关系有些晶体未能洗到。

当结晶速度过大时（如过饱和度较高，冷却速度很快时），常发生若干个晶体聚结成为"晶簇"的现象，此时易将母液等杂质包藏在内，或因晶体对溶剂亲和力大，晶格中常包含溶剂。为防止晶簇的产生，在结晶过程中可以进行适度的搅拌。为除去晶格中的有机溶剂，只能采用重结晶的方法。例如红霉素从丙酮中结晶时，每个红霉素碱分子可含有1～3个丙酮分子，只有在水中重结晶才能除去。

晶体粒度及粒度分布对质量有很大影响。一般来说，粒度大、均匀一致的晶体比粒度小、参差不齐的晶体含母液少，而且容易洗涤。杂质与晶体具有相同的晶型时，被称为同晶现象，对于这种杂质需要用特殊的物理化学方法分离除去。

11.2.4 晶体结块

晶体结块给使用带来不便。结块的主要原因是母液没有洗净，温度的变化会使其中溶质析出，而使颗粒胶接在一起；另外，吸湿性强的晶体容易结块。当空气中湿度较大时，表面晶体吸湿溶解成饱和溶液，充满于颗粒缝隙中，以后如空气中湿度降低时，饱和溶液蒸发又析出晶体，而使颗粒胶接成块。

粒度不均匀的晶体缝隙较少，晶粒相互接触点较多，因而易结块。因此，在结晶过程中应控制晶体粒度，保持较窄的粒度分布及良好的晶体外形，还应储存在干燥、密闭的容器中。

11.2.5 重结晶

重结晶是利用杂质和结晶物质在不同溶剂和不同温度下的溶解度不同，将晶体用合适的溶剂溶解再次结晶，从而使其纯度提高。重结晶的关键是选择合适的溶剂。如果溶质在某种溶剂中的溶解度随温度升高而迅速增大，冷却时能析出较多晶体，则这种溶剂可用于重结晶。如果溶质溶于某一溶剂而难溶于另一溶剂，且这两种溶剂能互溶，则可以用两者的混合溶剂进行结晶。其方法为将溶质溶于溶解度较大的一种溶剂中，然后将第二种溶剂加热后小心加入，直至稍显混浊、结晶刚开始为止，接着冷却，放置一段时间使结晶完全。

11.3 结晶操作与结晶设备

结晶操作既要满足产品生产规模的要求，又要符合产品质量、粒度大小和粒度分布的要求。结晶操作可分为分批结晶与连续结晶。

11.3.1 分批结晶

分批结晶的优点在于：结晶设备简单，结晶条件容易控制，获得的结晶体纯度高，而且粒度分布均匀。尤其适合产品浓度较低、黏度大、杂质多的系统，如发酵产品的结晶。

分批结晶操作中要注意的操作要点：为了控制晶体的生长，获得粒度较均匀的产品，必须尽一切可能防止不需要的晶核生长；缓慢冷却，将溶液状态控制在亚稳区内；在适当时机加入适量晶种；温和搅拌，尽量避免二次成核现象。

不同的操作方式对分批冷却结晶过程的影响可由图11-2来说明。

图11-2（a）不加晶种而迅速冷却。溶液状态很快穿过亚稳区达到过饱和曲线上的某一点，出现初级成核现象，大量微小的晶核骤然产生，溶液的浓度很快降到饱和曲线。由于没有充分的养晶时间，所以小结晶无法长大，所得晶体尺寸细小。过量的晶粒数和细小的晶粒使产品质量和结晶收率都差，属于无控制结晶。

图11-2（b）不加晶种，缓慢冷却。溶液状态也会穿过亚稳区而到达过饱和曲线，产生较多晶核。过饱和度因成核而有所消耗后，溶液状态即回到亚稳区。由于晶体生长，过饱和度迅速下降，此法对结晶过程的控制作用也有限。

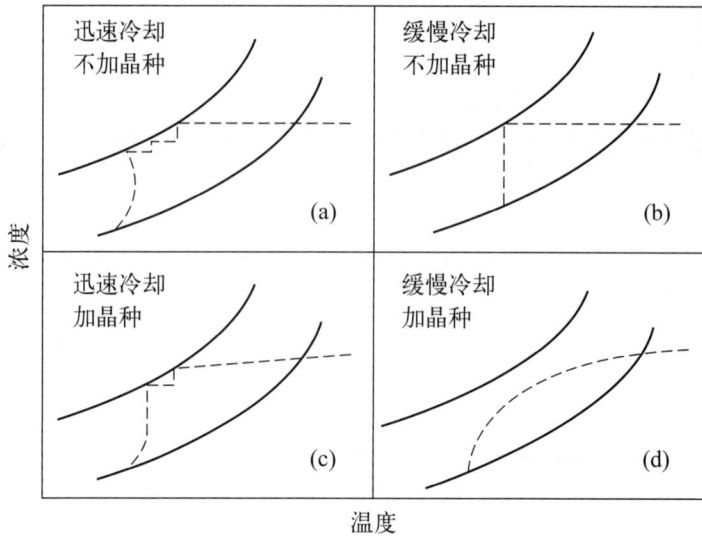

图11-2 冷却结晶的操作方式

图11-2（c）加晶种，迅速冷却。溶液状态一旦越过溶解度曲线，晶种开始长大。由于有溶质结晶出来，在亚稳区内的溶液浓度有所下降，但因冷却速度过快，溶液状态仍可很快到达过饱和曲线，在晶种上生长的同时，又生成大量细晶核，因此所得到的产品大小不整齐。

图11-2（d）加晶种，缓慢冷却。溶液中有晶种存在，且降温速度得到控制，在操作过程中，溶液始终保持在亚稳状态，而晶体的生长速率完全由冷却速度加以控制，可使溶液不致进入不稳区，所以不会发生初级成核现象。这种控制晶体的操作方法能够产生预定粒度、合乎质量要求的匀整晶体。

上述讨论分析也适用于蒸发或真空冷却分批结晶。

下面三种分批式结晶器在发酵工业上使用比较成熟（图11-3、图11-4、图11-5）。

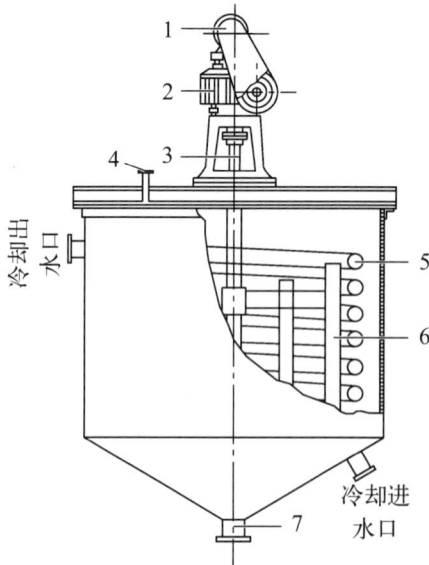

图11-3 立式搅拌结晶罐

1—电动机；2—减速器；3—搅拌轴；4—进料口；5—冷却蛇管；6—框式搅拌器；7—出料口

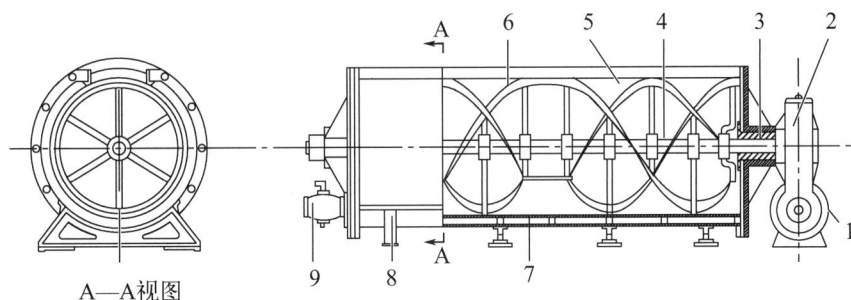

图11-4 卧式结晶槽

1—电动机；2—蜗杆蜗轮减速器；3—轴封；4—轴；5—左旋搅拌桨叶；

6—右旋搅拌桨叶；7—夹套；8—支脚；9—排料阀

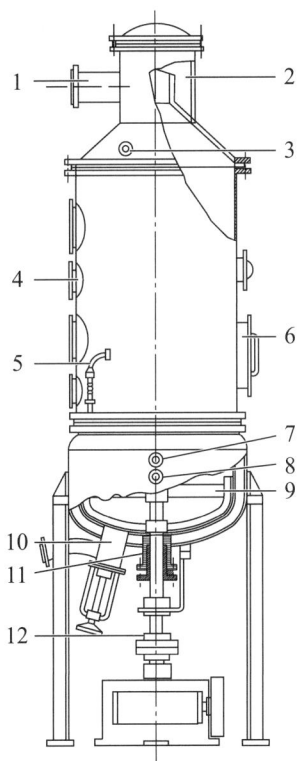

图11-5 真空结晶器

1—二次蒸汽排出管；2—气液分离器；3—清洗孔；4—视镜；5—吸液孔；6—人孔；7—压力表孔；

8—蒸汽进口管；9—锚式搅拌器；10—排料阀；11—轴封填料箱；12—搅拌轴

　　立式搅拌结晶罐如图11-3所示，这是最简单的一种分批式结晶器，它的操作比较容易，在谷氨酸和柠檬酸结晶中都采用。搅拌速度一般比较慢，如容积为100m³的谷氨酸等电点结晶罐的搅拌速度约为30r/min。

　　卧式结晶槽如图11-4所示，它是半圆底的卧式长槽或敞口的卧式圆筒长槽，如用作味精结晶时的助晶槽。因为它的容积较大，搅拌速度很慢（通常在10r/min以下），所以晶体在其中不易破碎。卧式结晶槽中还设有一定的冷却面积，因而既可作结晶用，也可作蒸发结晶操作的辅助冷却结晶器（晶体在其中继续长大），还可作为结晶分离前的晶浆贮罐。

真空结晶器如图11-5所示，结晶速度快，容易自然起晶，适合产品要求颗粒粗大时使用。我国味精厂的味精（如带一个结晶水的谷氨酸钠盐）结晶设备多采用这种形式的真空结晶器。

11.3.2 连续结晶

连续结晶操作的优点：① 冷却法及蒸发法（真空冷却法除外）采用连续结晶操作费用低，经济性好；② 结晶工艺简化，相对容易保证质量；③ 生产周期短，节约劳动力费用；④ 结晶设备的生产能力可比分批操作提高数倍甚至数十倍；⑤ 易于实现自动化控制。

连续结晶操作的缺点：① 换热面和器壁上容易产生晶垢，并不断累积，使运行后期的操作条件和产品质量逐渐恶化，需进行清洗才能重新运转；② 操作控制上比分批结晶困难，要求严格；③ 由于成核速率难以控制，有时晶核生长速率过高，使晶体平均粒度过小，粒度分布过宽，同时又使结晶率下降。

为了克服以上缺陷，可采取如下技术：

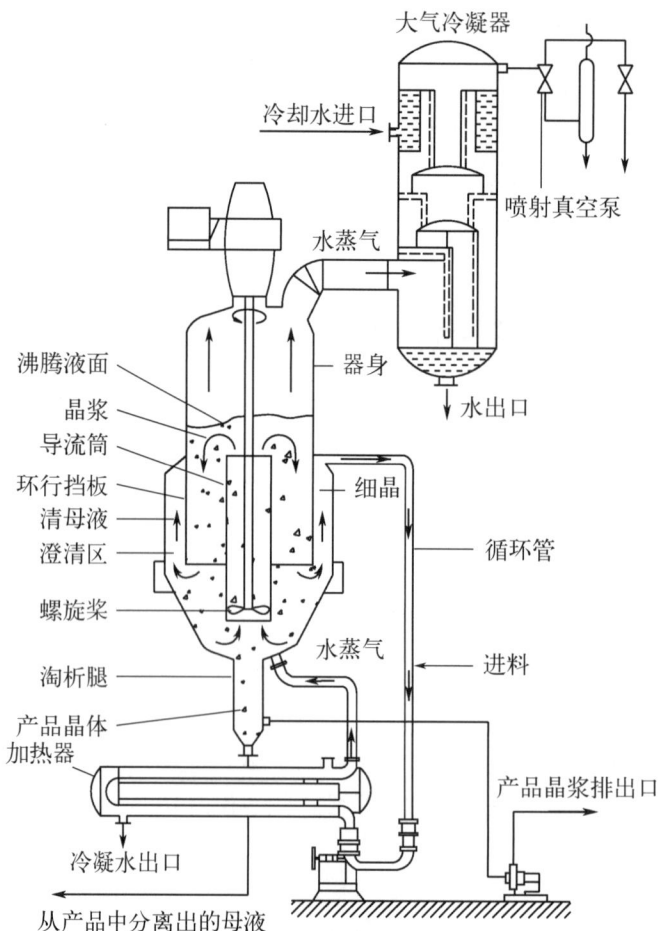

图11-6 具有淘析腿的DTB型结晶器

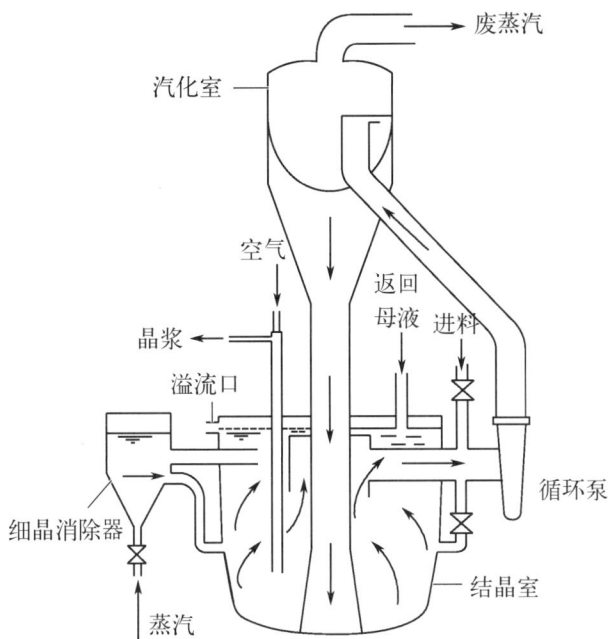

图 11-7 Oslo 型晶液循环型真空冷却结晶器

11-3
外循环冷却
结晶器

① 细晶消除：根据"淘析"原理，在结晶器中设立一个"澄清区"。将大小晶粒分开，大颗粒回到结晶器的主体部分，继续长大；小颗粒进入细晶消除系统，加热或稀释使之溶解后，重新回到结晶器中。

② 产品粒度分布排料：产品经过一个"分级排料器"，不符合要求的晶体被截流后返回结晶器继续长大。

③ 清母液溢流：根据密度不同将含有细晶的母液通过溢流而排出，从而提高结晶器内晶浆的密度。

DTB 型结晶器和 Oslo 型结晶器是常见的连续操作的结晶器。DTB 型结晶器（见图 11-6）：有澄清区，可进行细晶消除；有淘析腿，可进行产品粒度分布排料；结晶器内设有导流筒，可进行清母液溢流操作；设有内、外循环通道，有利于晶体的均匀生长，且底部不易结疤。Oslo 型结晶器（见图 11-7）：过饱和产生区和晶体生长区是分开的，晶体在循环母液流中流化悬浮，为晶体生长提供了有利条件，产生的晶体大而均匀。

11.4 蛋白质的结晶

除了需要对小分子进行结晶提纯外，结晶技术也被应用于生物大分子比如蛋白质的生产和研究中。对蛋白质样品而言，结晶的主要用途不是提纯，而是解析其三维结构。而获得蛋白质晶体的过程，比上述介绍的工业上制备其他生物分子的条件更加温和。获得蛋白质晶体的基本原理和上述制备小分子物质晶体是类似的，获得过饱和状态是获得晶体的先决条件。一般实验室采用悬滴扩散法和坐滴法，用于筛选蛋白质晶体，其基本原理是利用溶剂扩散法逐渐提高蛋白质的浓度从而实现过饱和，不会采用改变温度和加有机溶剂等可能引起蛋白质变性的手段。获得蛋白质单晶后，对晶体进行X射线衍射，收集衍射数据进行结构解析。获得的蛋白质等生物大分子的结构信息对了解这些分子的结构与功能关系、了解其酶学机制具有重要意义。

11.5 蛋白质结晶应用实例

脯氨酸内肽酶（prolyl endopeptidase，PEP）也称脯氨酰寡肽酶（prolyl oligopeptidase，POP），是丝氨酸蛋白酶家族的重要成员之一，广泛存在于动物、植物和微生物中。该酶可特异性水解小肽（＜33个氨基酸）脯氨酸残基羧基端。在人体中，PEP通过切割含有脯氨酸残基的神经小肽及激素等物质参与多种神经退行性疾病和癌症的发生，因此常被用作疾病诊断和治疗的靶点。不仅如此，PEP在食品加工领域也具有不可替代的应用价值，如用作啤酒澄清剂、乳制品苦味改良剂和无麸质食品的生产。

采用悬滴扩散法（图11-8）培养皱纹盘鲍PEP晶体。对MBP Screen™、Crystal Screen™、Anion Suites™、WizardⅠ™、WizardⅢ™晶体培养试剂盒的480个条件进行筛选。在晶体培养板中依次加入结晶缓冲液（300μL/孔），取0.2μL浓缩后的PEP（40mg/mL）与0.2μL孔板中的结晶缓冲液点在硅化玻片上混合成液滴，将玻片倒扣于对应的孔上方，使液滴位于中间位置，并用凡士林密封孔口，静置于4℃冷库中。待晶体生长良好时（图11-9），用CryoLoop针将个体较大的单个晶体挑出，将晶体冻存于液氮罐中，并进行X射线衍射。收集衍射数据后，解析获得PEP的蛋白质结构（图11-10）。

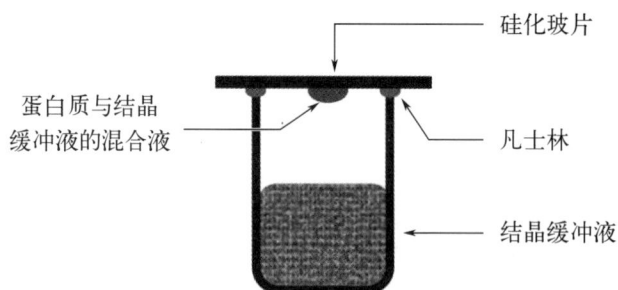

图11-8　悬滴扩散法示意图

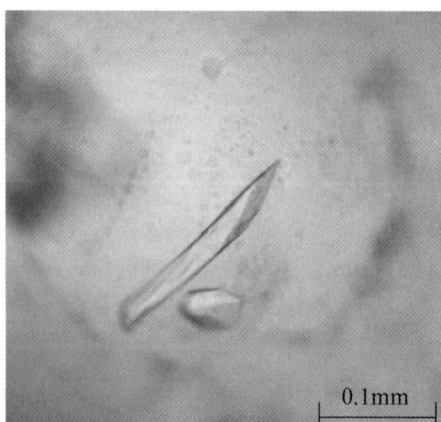

图11-9　PEP晶体

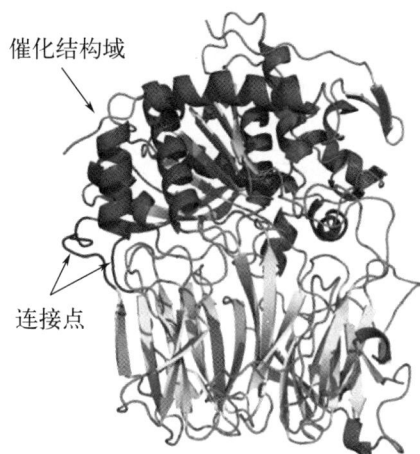

图 11-10　解析得到的 PEP 晶体结构

◆思考题◆

① 比较沉淀与结晶的异同点。

② 制备过饱和溶液的方法有哪些？溶液的过饱和度过大对结晶过程有哪些不利影响？

③ 如何提高晶体的质量？

第12章

蒸发与干燥

生物制品原料的湿分含量高，目标产物质量占比往往不到10%，为了得到高纯度目标产物，一般采用蒸发、结晶、干燥等工艺流程去除体系中的湿分。蒸发过程通过加热或减压使一部分溶剂汽化（多为水），从而不断浓缩溶质。干燥通常是生物产物分离过程的最后一步，常借热能去除物料中残留的湿分，使固体目标产物达到最终所需的纯度水平。

本章将具体介绍生物分离工程中蒸发与干燥单元的基本原理和系统组成，详述多种蒸发和干燥方法的区别及特点，最后展示生物工业常用的干燥工艺及其适用范围。

12.1 蒸发

12.1.1 蒸发的基本概念

蒸发是溶液表面分子脱离液态体系进入气态空间的过程，可发生在任何温度下。一般来说，加热溶液、增大溶液表面积、降低溶液表面压强都能够加快蒸发速度。在生物分离工艺中，蒸发浓缩常采用加热方法使含有不挥发溶质的溶液沸腾汽化，并通过不断移出蒸汽去除溶液中的溶剂，提高溶质浓度。蒸发浓缩后的溶液浓度高、体积小，便于后续分离提纯，同时，蒸发得到的溶剂较为纯净，可以直接排放或者循环利用。

12.1.2 蒸发系统的组成

蒸发系统中的两个关键组成部分是蒸发器和冷凝器，分别负责加热使溶液沸腾汽化和不断排除蒸汽。蒸发器由加热室和气液分离器组成，加热室以水蒸气为热源使物料沸腾，溶剂在此蒸发形成蒸汽，由于溶剂多为水，形成的也是水蒸气，为了便于区分，将加热蒸汽称为一次蒸汽或生蒸汽，物料溶剂生成的蒸汽称为二次蒸汽。二次蒸汽在具有较大空间的气液分离器中进行气相与液相的分离，冷凝器有直接接触式和间歇式两种类型，二次蒸汽在冷凝器内冷凝后排出系统。蒸发器的蒸发速度与冷凝器的冷凝速度共同控制着蒸发系统总的蒸发速度，其中任何一方速度发生改变，整体系统的蒸发速度也会发生相应变化。因此，操作蒸发系统时必须确保蒸发器和冷凝器均可正常运行。

12.1.3 蒸发的操作方法

物料在蒸发的过程中性质可能会随着溶液浓缩发生改变，例如出现结垢、热敏分解、黏度上升等情况。此外，蒸发过程中使用蒸汽需要消耗大量的能量，是产物分离过程中的高能耗单元。因此，在蒸发时，需要兼顾各种物料的特性和制备工艺要求，选择不同的操作条件和方法。

（1）常压蒸发和减压蒸发

根据操作压力的大小，蒸发过程可分为常压蒸发和减压蒸发（真空蒸发）。常压蒸发是指冷凝器和蒸发器溶液侧的操作压力为大气压或略高于大气压，此时系统中不凝性气体依靠本身的压力从冷凝器中排出（操作温度为溶剂的正常沸点）。减压蒸发是冷凝器和蒸发器溶液侧的操作压力低于大气压，此时系统中的不凝性气体必须用真空泵抽出（操作温度低于溶剂的正常沸点）。

常压蒸发操作简单、负载量大，是最为传统的蒸发浓缩方法，但它加热时间长、温度高、能耗大，且随着溶液溶度增加，溶液沸点相应上升，许多非挥发成分在浓缩后期易出现焦化、分解、氧化等现象，不利于保证产品质量。一般用于具有热稳定性质液体的浓缩，如液体食品、蔬果汁、部分中药液等。

在生化工程中，大多数生物制品在高温下易分解变性，因此常采用减压蒸发的方式。减压蒸发通过在溶液上空形成一定真空度来降低溶液沸点，实现在较低操作温度下浓缩产物的目的。与常压蒸发相比，它具有以下优点：① 可用温度较低的低压蒸汽或废蒸汽作加热蒸汽，减少蒸汽加热能耗；② 同等加热蒸汽量下，蒸发器传热的平均温度差大，增加了蒸发器的蒸发推动力；③ 有利于处理热敏性物料；④ 操作温度低，相应的系统热损失小；⑤ 环境密闭，减少了环境及微生物污染。减压蒸发的缺点是：① 浓缩后期，溶液水分大量减少，黏度增大，蒸发的传热系数减小；② 蒸发器和冷凝器的内压力低于大气压，需用泵排出浓缩液和冷凝水，从而增加了设备投资；③ 需用真空泵抽出不凝性气体，以保证真空度，因而需要多耗能。

（2）单效蒸发和多效蒸发

根据二次蒸汽是否用来作为另一蒸发器的加热蒸汽，蒸发过程可分为单效蒸发和多效蒸发。若二次蒸汽直接在冷凝器中冷凝成水排出，则为单效蒸发，在这个过程中二次蒸汽所含的热能未能被利用（图12-1）。若二次蒸汽被引至下一个蒸发器中作为加热介质，即后效的加热室作为前效的冷凝器，仅第一效需要消耗生蒸汽，则称为多效蒸发，其中效数是指串联的蒸发器数目。多效蒸发按料液与二次蒸汽的走向可分为并流流程、逆流流程、错流流程

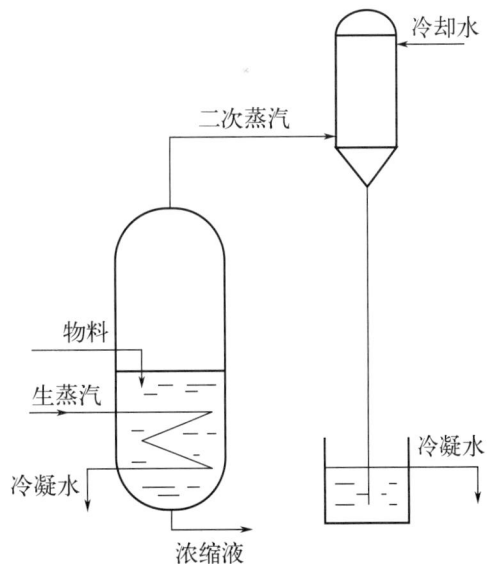

图 12-1 单效蒸发流程

和平流流程。并流流程中，蒸汽与料液的走向一致，均为从第一效到末效，料液无须用泵输送，可自动流入下一效；逆流流程中，蒸汽从第一效入，料液从末效入，两者走向相反，料液需要用泵输送至前一效；错流流程兼并了并流与逆流流程，即有些效间成并流，有些效间成逆流；平流流程中，蒸汽依旧从第一效入，料液则从各效独立加入。

单效和多效蒸发过程中均存在温度差损失。在加热蒸汽压力相同的情况下，效数越多，温度差损失越大。随着效数的增加，单位蒸汽的消耗量减少，即操作费用降低，但是有效温度差也会减少（即温度差损失增大），设备投资费用增大。因此必须合理选取蒸发效数，使操作费用和设备费用总和降到最低。

（3）间歇蒸发与连续蒸发

按照蒸发过程的连续性，可将蒸发分为间歇蒸发和连续蒸发。间歇蒸发指分批进料或出料的蒸发操作，在整个过程中，蒸发器内溶液的浓度和沸点随时间而变，传热的温度差和传热系数也随时间变化，是一种非稳态操作，适合小批量、多品种生产。连续蒸发指料液连续加入、完成液连续放出，蒸发器内各处浓度和温度不随时间改变，是稳态操作过程，适合大规模生产。

（4）薄膜蒸发浓缩法

薄膜蒸发浓缩法系指物料进入蒸发器后沿管壁快速流动、以薄膜状进行蒸发浓缩的方法。这种方法具有传热效率高、传热均匀、蒸发速度快以及物料停留时间短等优势，适合处理热敏性物料。薄膜蒸发器按液膜在蒸发器内的运动方向可分为升膜式蒸发器、降膜式蒸发器和升-降膜式蒸发器；按物料成膜方式可分为自然循环式蒸发器和强制循环式蒸发器。升膜、降膜以及升-降膜都是依靠物料快速流动自动成膜，强制循环式蒸发器有刮板式和离心式两种。

在升膜蒸发器中，物料受热蒸发自下而上流动成膜，适合稀溶液、热敏性及易起泡溶液；在降膜蒸发器中，物料受重力作用沿管内壁呈膜状自上而下流动，适合浓度较高、黏度较大的物料；升-降膜蒸发法兼具升膜和降膜蒸发过程，料液经预热后先由升膜加热室上升，然后由降膜加热器下降，适合黏度变化很大而水分蒸发量不大的物料。

刮板式薄膜蒸发器借助转动的刮板将物料液均匀地拓展在蒸发壁面形成薄膜，由于液膜厚度小，且在搅拌作用下产生强烈的湍流可使液膜中物质不断更新变化，蒸发过程中传热系数高、热通量大、待蒸发组分逸出液膜的阻力较小，因而分离效率高，适合高浓度、高黏度、易结晶结垢的物料，如酱油、果汁、果浆等。离心式薄膜蒸发器的转鼓中有数组碟片，碟片中空可供蒸汽进入传热。自顶部进料管进入的料液被喷至碟片底部的加热面，在离心力的作用下，由中心向外呈薄膜状运动。料液在加热面上停留时间短，离开碟片时就已达到目标浓度，适合低浓度、低黏度、易于结晶、热敏性极高的物料，如乳清、酶解液等。

12-1 平流三效蒸发流程

12-2 错流三效蒸发流程

12-3 逆流三效蒸发流程

12-4 并流三效蒸发流程

12-5 升膜式蒸发器

12-6 降膜式蒸发器

12.2 干燥

干燥通常是生物产物分离过程的最后一道工序，是去除挥发性物质（通常是水）产生固体的过程。干燥可以避免生物制品在液态储存过程中受到化学因素（如脱酰胺化或氧化）和物理因素（如聚集和沉淀）的影响导致降解，提高产品保质期。此外，虽然许多生物制品在冷冻时是稳定的，但以干燥的形式储存比冷冻储存便于包装贮存运输。

干燥的应用范围广，所处理的物料种类多、性质差异大，因此，相应的干燥方法、干燥器的种类和类型也比较多。生物产物中的湿分多为水分，也有少数为有机溶剂的情况，例如，青霉素 G 钾盐的结晶经丁醇洗涤、乙酯顶洗后的干燥即为除去结晶中的乙酸乙酯。为方便起见，本章仅以除去水分的干燥操作为对象。以有机溶剂为湿分的物料干燥与水分干燥原理相同，但应注意控制操作温度在有机溶剂的燃点以下。

12.2.1 干燥的基本概念

干燥是指利用热能将湿物料中湿分汽化并排除蒸汽，从而得到较干物料的过程（蒸发脱水），或者用冷冻法使湿分结冰后升华而除去的单元操作（升华脱水）。在一定温度下，任何含水的湿物料都有一定的蒸气压，当此蒸气压大于周围气体的水汽分压时，水分将被汽化。汽化所需热量，或来自周围热气体，或由其他热源通过辐射、热传导提供。含水物料的蒸气压与物料中水分存在形式有关。物料所含的水分，根据能否在干燥过程中被去除分为平衡水和自由水，而根据结合形式可分为非结合水和结合水。

平衡水指当物料与一定温度及湿度的空气接触时，物料放出或吸收一定量水分后最终达到恒定的含水量，代表物料在一定空气状态下的干燥极限，即用热空气干燥法不能去除的水分。自由水指在干燥过程中能够被直接去除的水分，是超出平衡水的部分。

非结合水是指机械地附着于固体外表或颗粒堆积层中大量空隙中的水分，它与物料之间结合力较弱，蒸气压与同一温度下纯水饱和蒸气压相同，干燥过程中较易去除。结合水通过某种物理或化学的作用力与固体结合，汽化时要克服水分子之间以及水分子与固体之间结合的作用力，其蒸气压低于纯水，且与水分含量有关。水分与物料的化学结合包括离子型结合和结晶型分子结合（结晶水），其中结晶水的脱除会引起晶体崩溃，不属于干燥的范围，但有的物料，结晶水结合力不强，容易在干燥过程中失去，要注意选择合适的干燥条件，防止结晶水脱落。

12.2.2 干燥的基本过程

（1）干燥的基本过程

干燥包括两个基本过程：① 对湿物料的加热使水分汽化（传热过程）；② 物料内部或表面的水分汽化后在蒸气压作用下进入气相而排出（传质过程）。

因此，干燥过程的特点是传热和传质过程同时并存，传热推动力是温度差，而传质推动力是物料表面的饱和蒸气压与气流（通常为空气）中水汽分压之差。两者相互影响又相互制约。

（2）干燥曲线和干燥速率曲线

干燥曲线是表示物料的表面温度随干燥时间变化的曲线，干燥速率曲线是表示干燥速率随物料湿含量变化的曲线。其中，干燥速率指干燥时单位干燥面积、单位时间内汽化的水量，其主要受以下几方面的影响：① 物料的性质、结构和形式；② 干燥介质的温度和湿度；③ 干燥操作的条件；④ 干燥器的结构类型。

干燥曲线和干燥速率曲线都是通过干燥实验得到的。为了简化影响因素，干燥实验通常在恒定干燥条件下，即空气的温度、湿度、流速及空气与物料的流动方式都恒定不变的条件下进行，这一条件可通过使用大量空气干燥少量湿物料实现，此时空气进、出干燥器时的状态不变。实验时记录不同时间湿物料的质量，以干燥时间为横坐标，物料温度为纵坐标可绘制干燥曲线；以物料含水量为横坐标，单位面积、单位时间内汽化水量为纵坐标可绘制干燥速率曲线。实验测定以物料的质量恒定不变、物料与空气达到动态平衡为实验终点，此时物料所含水分为所用干燥介质条件下的平衡水分 w^*。图 12-2（a）所示的 $\theta\text{-}t$ 曲线是实验求得的干燥曲线，图 12-2（b）所示的 $u\text{-}\omega$ 曲线是干燥速率曲线。

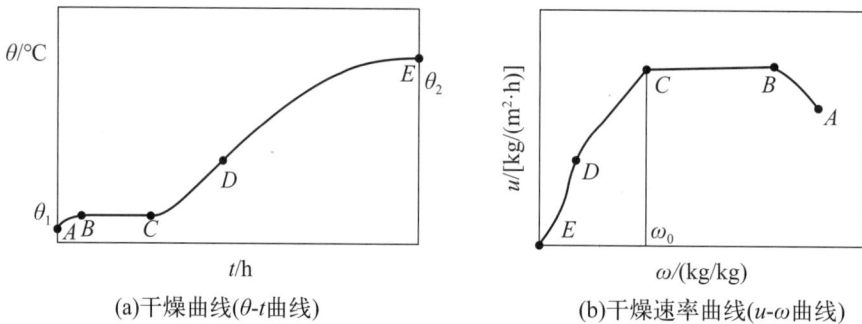

(a)干燥曲线($\theta\text{-}t$曲线)   (b)干燥速率曲线($u\text{-}\omega$曲线)

图 12-2   干燥实验曲线测定

图（b）中 ω 为水的质量（kg）与干物料的质量（kg）之比

在一般情况下，干燥速率曲线随湿物料与水分结合情况的不同而不同，图 12-2 所示为恒定干燥条件下的一种典型干燥速率曲线。但是对于任何一种干燥速率曲线，都可将干燥过程划分为两个阶段。以图 12-2 为例：ABC 段为第一阶段，其中 AB 段为预热阶段，BC 段为干燥速率恒定的恒速干燥阶段，由于 AB 段时间较短，常并入 BC 段考虑；CDE 段为第二阶段，这一阶段干燥速率逐渐下降，为降速干燥阶段。

在预热阶段，湿物料的表面温度低于干燥空气对应的湿球温度，在温度梯度推动下，发生传热；同时，物料表面的水蒸气分压力大于空气中水蒸气分压力，在分压力梯度的推动下，物料表面水分汽化。预热开始时汽化量较小，汽化所需热量小于空气传入物料的热量，随着物料温度上升，水分汽化速率或物料含水率变化率也逐渐增大，当水分汽化所需热量等于空气传给物料的热量时，预热阶段结束，进入恒速干燥阶段。这一阶段物料表面温度只是微微升高，但干燥速率随物料湿含量的变化较大，此时预热所提供的热量几乎全部用于水汽蒸发。

在恒速干燥阶段，物料内部水分的扩散速率大于表面水分汽化速率，物料表面始终保持湿润，含有充足的非结合水，物料表面水蒸气压与空气中水蒸气分压之差保持不变，空气传给物料的热量等于水分汽化所需的热量，物料表面温度始终维持在空气对应的湿球温度，传热速率与传质速率相等，由于传质推动力（饱和蒸气压差）和传热推动力（温度差）是一个定值，因此干燥速率保持恒定，基本不随物料湿含量而变。在这一阶段，干燥速率大小取决于物料表面水分的汽化速率以及水蒸气通过干燥表面扩散到气相主体的速率，主要影响因素有空气流速、空气湿度、空气温度等外部条件，而与湿物料的性质关系很小。因此，恒速干燥阶段又称为表面汽化控制阶段。

在降速干燥阶段，物料内部水分的扩散速率小于表面水分的汽化速率，物料表面无法维持湿润，汽化表面逐渐从物料表面向内部转移，汽化对象逐渐从非结合水转变为结合水，物料表面的水蒸气压低于饱和蒸气压，同时，空气传给湿物料的热量大于水分汽化所需的热量，多余热量传递给了固体物料，物料表面温度不断上升，传热速率大于传质速率，由于传质、传热推动力减小，干燥速率随着物料湿含量的减少而下降。在这一阶段，干燥速率主要取决于水分和蒸汽在物料内部的扩散速度，主要影响因素为物料本身的结构、形状和大小等性质，而与空气性质的关系很小。因此，降速干燥阶段又称为内部扩散控制阶段。

恒速干燥阶段和降速干燥阶段的分界点C为临界点，对应的物料湿含量称为临界湿含量X_C。X_C是物料干燥过程中一个重要的参数。对于某些在干燥过程中会在表面形成外皮的吸湿性物料或会产生体积收缩的物料，其干燥速率曲线具有第二降速段，因此也就有第二临界点。

12.2.3　干燥的方法

按照传热方式不同，干燥可分为以下几类。

（1）传导干燥

热能通过固体壁面以传导方式传给湿物料，使其中的水分受热汽化后被干燥介质带走，或用真空泵抽走的干燥方法称为传导干燥。由于该过程中湿物料与加热介质不直接接触，故又称为间接加热干燥。该法热能利用率较高，但与传热壁面接触的物料温度不易控制，在干燥时物料容易因局部过热而变质。

（2）对流干燥

热能以对流给热的方式由热干燥介质（热空气、烟道气等）传给湿物料，使物料中的水分汽化的干燥过程称为对流干燥。在这个过程中，热能由干燥介质的主体，以对流方式传到固体物料的表面，然后由物料表面传至固体的内部；而水分从固体内部向固体表面扩散，被汽化后从固体表面扩散至气相干燥介质主体，再由介质带走。传热的推动力是温度差，传质的推动力是水的浓度差或水蒸气的分压差，传热和传质同时发生，二者方向相反、相互影响、相互制约。干燥介质既是热载体又是湿载体，干燥过程对于干燥介质而言是降温增湿的过程。目前工业上以热空气为干燥介质的对流干燥最为普遍。

（3）辐射干燥

辐射干燥过程中，热能以电磁波的形式由辐射器发射到湿物料表面，被物料吸收后再转化为热能将水分加热汽化。辐射器有电能辐射器（如专供发射红外线的灯泡）和热能辐射器两种，红外辐射干燥比热传导干燥和对流干燥的生产强度大几十倍，且设备紧凑，干燥时间短，产品干燥均匀而洁净，但能耗大，适用于干燥表面积大而薄的物料。

12-7
红外线干燥器

（4）介电加热干燥

介电加热干燥方法利用高频电场的交变作用，使物料内部分子或离子在电场作用下发生定向运动，碰撞摩擦生热，从而将电能转化为热能使物料水分汽化。电场频率低于3000MHz的介电加热称为高频加热，频率为3～3900GHz的称为超高频加热。微波加热是介电加热干燥的一种，工业上微波加热所用的频率为9GHz、15GHz和24.5GHz。对于干燥过程中表面容易结壳或皱皮（收缩）、内部水分难以去除的物料（如皮革等），采用微波加热干燥效果很好，但该法费用高，使用上受到一定的限制。由于干燥时物料内部温度较高，一般不用于热敏性物料的干燥。

12-8
微波干燥器

12.2.4　生物工业常用的干燥技术

工业用干燥技术和干燥设备种类繁多，特别是生物制品的干燥，需要依据产物的性质、存在形式（溶液或固体）和含水量采用各种不同的干燥技术和干燥设备。生物工业常用的干燥技术有气流干燥、喷雾干燥和冷冻干燥等。

（1）气流干燥

气流干燥是一种连续式高效固体流态化干燥方式，泥状、粉粒状或块状的湿物料进入热气流后，被高速热气流冲散，二者充分并流，进行传热和传质，从而蒸发出水分，最终得到分散成粉粒状的干燥产品。

气流干燥过程中，湿物料自螺旋加料器进入干燥管，空气由鼓风机鼓入，经加热器加热后与物料汇合，在干燥管内达到干燥目的。干燥后的物料通过自然沉降而得到，废气经抽风机通过旋风除尘器和袋式除尘器由排气管排出（图12-3）。对于膏糊状的高温物料，也可在底部串联一个粉碎机，边干燥边粉碎，以解决膏糊状物料难以连续操作的问题。

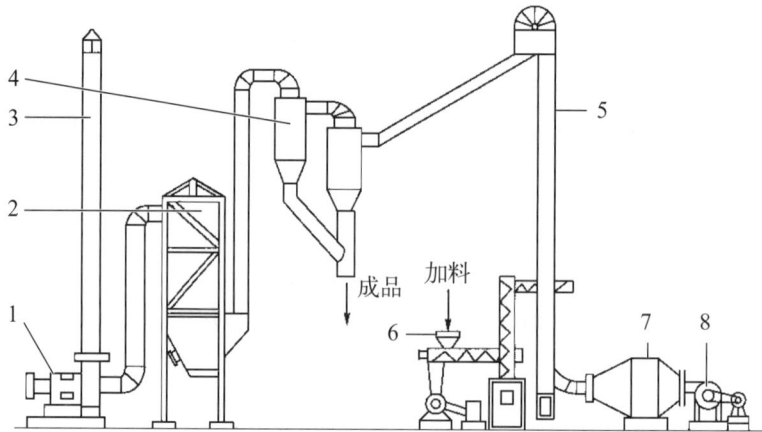

图12-3　气流干燥的基本流程图

1—抽风机；2—袋式除尘器；3—排气管；4—旋风除尘器；
5—干燥管；6—螺旋加料器；7—加热器；8—鼓风机

气流干燥的特点有：① 干燥强度大，热气体进口速度高，气固两相间相对速度很大，物料与空气之间相对运动剧烈；② 干燥时间短，物料从进入干燥器开始，到气固两相脱离接触，整个干燥过程一般为0.5 ~ 2s，特别适合于热敏性物料的干燥；③ 热效率高，气固两相间具有很大的传热传质面积；④ 处理量大；⑤ 设备简单，占地面积小，操作方便，性能稳定，维修量小；⑥ 应用范围广，可适用于各种粉粒状、碎块状物料的干燥，湿含量可大至30% ~ 40%。

气流干燥的缺点是：① 气流速度较高，粒子有一定的磨损和粉碎；② 气体通过干燥系统的流动阻力较大，风机动力消耗高，加上需要消耗大量热能，总能耗较高。因此，气流干燥不适合干燥有晶型要求、易粘壁、

12-9
气流干燥器

非常黏稠以及需要干燥至临界湿含量以下的物料，在干燥时会产生毒气的物料以及所需风量比较大的情况也不宜采用气流干燥。

（2）喷雾干燥

喷雾干燥通过雾化器在热风中将液态物料分散成细小雾滴，雾滴下落过程中水分被蒸发从而实现干燥，料液形式可以是乳浊液、悬浮液、溶液、熔融液或者膏糊液，按照生产需要可制成粉粒、颗粒、团粒或者空心球。喷雾干燥技术研究始于20世纪初期，最初主要用于脱脂奶粉的制造，并在食品工业中应用，随着喷雾干燥技术的不断成熟，应用范围逐渐扩展。目前这项技术在国内外的食品、医药、化学等许多行业都得到广泛应用，例如速溶咖啡、天然香料、酵母粉、维生素、青霉素、中草药制剂、葡萄糖、洗衣粉等产品的干燥。

喷雾干燥可分为三个基本阶段：一是料液雾化成雾滴；二是雾滴和干燥介质接触、混合及流动，即进行干燥；三是干燥产品与空气分离。在干燥塔顶部导入热风，同时将料液泵送到塔顶，经过雾化器喷成雾状的液滴。这些液滴群的表面积很大，与高温热风接触后水分迅速蒸发，在极短的时间内便成为干燥产品，从干燥塔锥体四壁滑落到锥底并通过星形阀排出。热风与液滴接触后温度显著降低，湿度增大，最后作为废气由排风机抽出。废气中夹带的少量产品细粉经旋风分离器进一步分离回收（图12-4）。

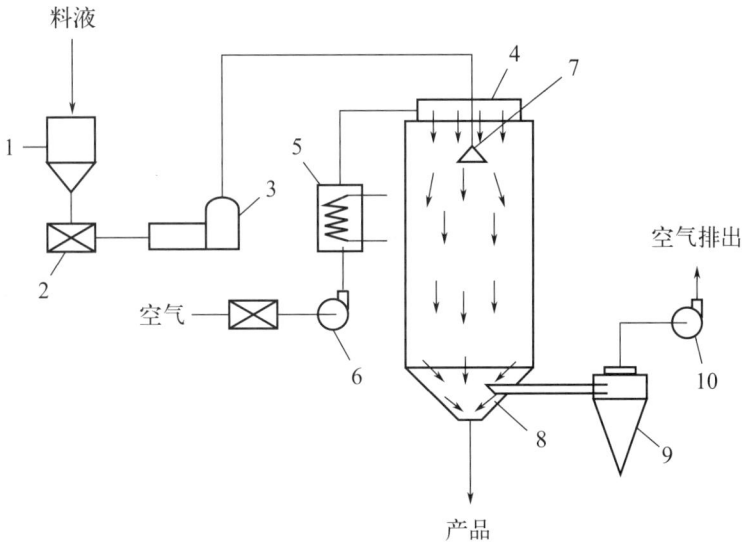

图12-4　喷雾干燥装置流程图

1—料液槽；2—过滤槽；3—泵；4—雾化器；5—空气加热器；6—风机；
7—空气分布器；8—干燥室；9—旋风分离器；10—排风机

根据热空气与料液在干燥室内的流向，喷雾干燥可分为三种，分别是并流型、逆流型和混流型。并流型指气液两相同方向流动，物料温度不高，适用于热敏性物料的干燥，由于蒸发迅速、液滴溶胀甚至胀裂，常常得到非球形的多孔颗粒。逆流型气液两相反方向流动，雾滴悬浮时间长，适用于能耐受高温、含水量低的非热敏性物料的处理。混流型的气液两相先逆流后并流，混合交错流动，液滴交换轨迹较长，具并流和逆流干燥特性，适用于不易干燥的料液。

喷雾干燥具有以下优点：

① 干燥速度十分迅速。料液雾化以后，表面积极大，高温下瞬间可蒸发95%～98%

的水分，完成干燥一般仅需5～40s。

② 干燥过程中液滴温度不高，产品质量好。即使采用高温热风，其排风温度仍不会很高。在干燥初期，物料温度不超过周围热空气的湿球温度，干燥产品质量较好，例如不容易发生蛋白变质、维生素损失、氧化等缺陷。对于热敏性物料、生物制品、药物的质量基本上能接近真空干燥的标准。

③ 产品有良好的分散性、流动性和溶解性。由于干燥过程是在空气中完成的，产品基本上能保持与液滴相近似的球状，具有良好的分散性、流动性和溶解性。

④ 生产过程简化，操作控制方便。喷雾干燥通常用于处理湿含量为40%～60%的溶液，特殊物料即使湿含量高达90%，也可不经浓缩，一次干燥成粉状产品，减少了蒸发、粉碎的生产工序，简化了生产工艺流程。在一定范围内，都可通过改变操作条件调整产品的粒径、密度、水分，控制和管理都很方便。

⑤ 适合连续化大规模生产。喷雾干燥能适应工业上大规模生产的要求，干燥产品经连续排料，在后处理上可结合冷却器和风力输送，组成连续生产作业线。

喷雾干燥的缺点是：

① 进风温度低于150℃时，蒸发强度小，热效率只有30%～40%，热能消耗大。

② 喷雾干燥塔体积较庞大，设备占地面积大，清洗较麻烦。

③ 废气中回收微粒的分离装置要求高。在生产粒径小的产品时，废气中夹带有20%左右的微粒，需选用高效的分离装置，结构比较复杂，费用比较昂贵。而对于有毒气、臭气物料，则必须采用封闭循环系统的生产流程，将毒气、臭气焚烧，以防止大气污染，改善生产环境。

喷雾干燥技术除用于产品干燥保存，还可用于将提取到的有效生物活性成分制成微胶囊制剂。该微胶囊技术在中药方面应用最多，优点是可起到缓释作用，延长药物释放时间，提高生物利用度；增加药物的稳定性；可制成靶向制剂，定向作用于患病部位等。喷雾干燥制备胶囊的方法有两种，即液滴喷雾干燥和流化床喷雾干燥。液滴喷雾干燥是微胶囊制备中常用的方法，它直接将囊心物（芯材）与囊材（壁材）的混合液通过雾化器分散成雾滴，在热气中迅速蒸发干燥形成微胶囊，这种喷雾干燥法最适合亲油性液态物料的微胶囊化。流化床喷雾干燥主要用于包埋固体颗粒芯材，它是将芯材颗粒置于流化床，通入热空气使芯材分散悬浮在承载气流中，然后将溶解或融化的壁材通过雾化喷头喷洒在快速规则流动的芯材上，干燥后壁材沉淀在芯材表面，经多次循环，最后形成厚度适中、包被均匀的微胶囊。

12-10
喷雾干燥器

（3）冷冻干燥

① 基本原理及特点。冷冻干燥是指需要干燥的产品首先在极低的温度下被预冻成固体，然后在低温、低压下使冰升华而实现干燥的过程，主要用于特别热不稳定的产品，例如微生物活体、酶、某些抗生素以及血清、菌种、疫苗、中西药等生物制品的干燥。冷冻干燥的特点如下：冷冻干燥过程中，物料的物理结构和分子结构变化极小；可以最大限度保持热敏性物料的生物学活性；物料原组织的多孔性能不变，加水后可在短时间内恢复干燥前的状态；干燥后残存水分很低，可在常温下长期保存。

② 冻干机的组成。产品的冷冻干燥在冻干机中进行，冻干机由制冷系统、真空系统、加热系统和控制系统四大部分组成，具体的结构单位有冻干箱（或称干燥箱）、冷凝器（或称水汽凝集器）、冷冻机、真空泵和阀门、电气控制元件等。其中冻干箱是冻干机的主要部分，

需要冻干的产品放在箱内分层的金属板层上进行冷冻，并在真空下适当加温，使产品内的水分加速升华而干燥。冻干箱内产品升华出来的水蒸气凝结吸附在冷凝器内部的金属表面。

③ 冷冻干燥过程。冷冻干燥流程一般为：产品预冻、第一阶段干燥（又称为升华干燥或一级干燥）、第二阶段干燥（又称为解吸附干燥或二级干燥）、密封保存。

a.产品预冻。冻干工艺过程的第一步为预冻，即将样品完全冻结。在这个过程中，溶液成为冰晶和分散的溶质。在预冻前应先确定预冻的最低温度、预冻速度、预冻时间3个数据，从而选择最优的预冻方案。预冻的最低温度应根据制品的共熔点温度决定。共熔点温度是指溶质和溶剂同时冻结或熔化的温度，预冻的最低温度应适当低于产品共熔点温度$10 \sim 15℃$，生物药品的预冻温度一般控制在$-35 \sim -30℃$之间即可。冷冻速度决定了冷冻时所形成的冰晶大小，晶体大小在很大程度上影响干燥的速率和干燥后产品的溶解速度。快速冻结法（速冻）所形成的晶体较小，缓慢冻结法（慢冻）所形成的晶体较大，冰晶越小，则干燥后越能维持产品原来的结构、溶解速度越快，因此，蛋白质等产品冷冻干燥时一般采用速冻的方法。适当的预冻时间用以保证真空干燥前冻干箱内所有产品都均匀冻实，通常情况下$2 \sim 3h$就可完成预冻过程，但如果冻干设备性能较差，则应等产品温度达到设定温度后再适当延长$1 \sim 2h$，等产品冷冻结实后再抽真空进入干燥程序。

b.第一阶段干燥。产品中绝大部分水分在第一阶段干燥的时候随着冰晶升华逐渐去除。该阶段为水的升华阶段，升华吸热，因此需要适当加热以提供能量。这一阶段的温度设置要求接近共熔点温度，但又不能超过共熔点温度。如果升华的产品低于共熔点温度过多，则升华的速率降低，升华阶段的时间会延长；如果高于共熔点温度，则产品会发生熔化，冰晶升华将被液体蒸发取代，干燥后的产品将发生体积缩小、出现气泡、颜色加深、溶解困难等现象。

c.第二阶段干燥。一旦产品内冰升华完毕，产品的干燥就进入了第二阶段。产品在升华干燥过程中，虽然去除了绝大部分水，但依旧存在着通过范德瓦耳斯力、氢键等弱分子键吸附在产品上残留的水分，如果将产品置于室温下，这部分水仍足以使产品分解。因此，需要继续进行真空干燥，即二级干燥，以去除产品中吸附的水分。二次干燥应避免过度干燥，对于蛋白质而言，其分子表面的单层水分子保护着内部的氢键和极性基团，过度干燥将使得这部分水丢失，导致蛋白质的氢键和极性基团暴露在周围环境中从而变性失活。因此，保留一定水分含量对产品稳定性具有重要作用，通常冻干药品的水分含量低于或接近于2%较为理想，原则上不应超过3%。二级干燥所需时间由产品中水分的残留量决定。一级干燥结束后，产品的温度在0℃以上，90%左右的水分都已经排除，冷凝器的负载已经降低，由于已干燥的制品热导率较低，且箱内压力下降，箱内压力与冷凝器压差增大，箱体内真空度升高，热量传递到产品上就更加困难。此时，可以直接加大供热量，将温度上升到产品的最高可耐受温度，以加快干燥速度。产品的最高许可温度视产品的品种而定，一般为$25 \sim 40℃$。由于传热不良，产品的温度上升很缓慢，因此，二级干燥阶段需要的时间几乎等于或超过大量升华时间。

当产品温度达到最高许可温度并保持此温度2h以上后，关闭冻干箱和冷凝器之间的阀门，并保持$30 \sim 60s$，如果其间没有观察到冻干箱内的压力明显升高，则说明干燥已基本完成，可以结束冻干；如果压力有明显升高，则说明还有水分逸出，要延长时间继续进行干燥，直到关闭冻干箱与冷凝器之间的阀门后无明显上升为止。

d.密封保存。产品在冻干箱内干燥完毕之后，需要开箱取出产品，进行密封保存。由于产品的保存要求各不相同，因此密封条件也各不相同，有的仅需充入无菌干燥空气直接密封包装，有的则需要充氮或者真空密封保存。

④ 冻干产品的质量分析。不同产品有不同的质量标准，如：产品的含水率，储存的稳定性、还原性，活菌的存活率或药品的效价，食品中的营养成分、芳香成分的保存率等。在冻干现场，则主要根据产品的外形进行分析判断。所有冻干制品冻干前需知道其共熔点，冻干后需测定其残余水分含量。下面主要对产品外形和含水率进行质量分析介绍。

a. 外形。冻干产品正常的外形是颜色均匀、孔隙致密的海绵状团块结构，体积和形状基本与冻干前无异。如果有硬壳、萎缩、塌陷、空洞、灰散和破碎等现象，均属于不正常外形，是不合格的产品。

产品出箱前看上去质量很好，但出箱后不久就萎缩，或出现空洞或碎块，其主要原因是产品干燥不彻底，还残存冰晶。出箱后，产品温度处于共熔点以上，冰融化为水，水被周围已经干燥的物质吸收而产生空洞、萎缩现象。干燥不彻底可能有以下一些原因：干燥时间太短或温度太低，或二者兼而有之；冻结速率太快，晶粒太细，使升华速率减慢；冻结不彻底，冻结产品与容器壁间形成间隙或气阻，降低传热效果；部分产品干燥不彻底。

产品出箱时制品就是间隙很大的骨架结构，甚至是绒毛状物质。其主要原因是产品配方中所含固体物质太少，冻结时，自由水结成纯冰所占体积增大，升华后形成的孔隙较大。出箱后绒毛状物质遇到空气会吸收水蒸气，很快融化消失。解决办法就是在配方中增加填充剂。

产品出箱时，有泡坑、干缩、塌陷、空洞等缺陷，则主要原因是：冻结温度过高；冻结时间太短，产品尚未完全冻结；第一阶段干燥时温度过高，压力过高，使部分产品融化。因此，操作时，一定要使产品冷冻结实，升华时不能超过产品的共熔点温度。

b. 含水率。含水率太低，对于生物制品来说，活菌会因结合水被抽出，细胞膜破裂，细胞质浓缩而干萎死亡；对于脂肪或脂溶性食品，则会促进储存期氧化变质。含水率太高，则为细菌提供了生长繁殖的条件进而发生腐败，大大降低储存的稳定性。一般产品的残余水分的质量分数为 1%～4%。

残余水分含量过低，主要原因是干燥时间太长，或第二阶段干燥温度过高。产品含水量过高，则主要原因有：第二阶段干燥时间太短，干燥温度太低；干燥层和瓶塞的流动阻力太大，水蒸气不易逸出；装量过厚，一般装量厚度在 10～18mm 之间；产品出箱后、密封前搁置时间太长，或环境湿度太高，空气中的水汽又返回到干燥产品中；储存期间，从瓶塞或包装的不密封处漏入水蒸气。

⑤ 冷冻干燥应用。目前冷冻干燥技术主要应用于生物制品、药品、微生物和藻类、食品、标本、显微组织等的干燥保存，其中在生物制品和药品保存方面应用最多，而冻干食品中产量最多的则为速溶咖啡、方便面调料、速溶汤等。

对于会被制成注射剂的生物制品、药品，如疫苗、菌种、抗毒素和血液制品等，一般都是将其先配成液态制剂冻干后保存，使用时再加水还原成液态供注射用。由于注射制剂会直接进入人、畜的血液循环系统，若有污染，轻者造成感染，重者危及生命，因此要特别注意生产环节消毒灭菌、产品无菌包装的要求。在注射制剂的一般冻干工艺流程中，从容器灭菌、药剂配料开始，直到安瓿熔封、小瓶加塞为止的整个工艺过程都必须在无菌室内进行；所有可能与产品发生接触感染的设备（如冻干机、分装机）都应清洗消毒；药剂、配料及容器在分装前必须灭菌（图 12-5）。

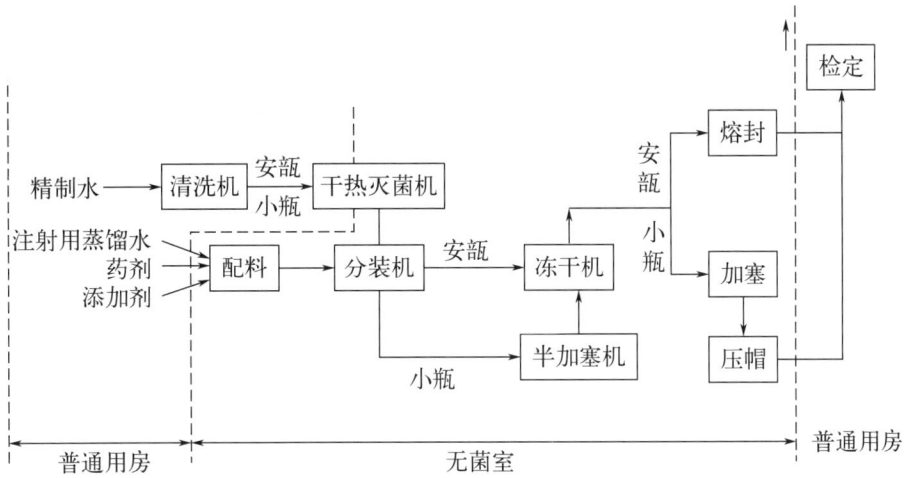

图 12-5 冻干流程

◆**思考题**◆

① 简述蒸发与干燥的区别与联系（异同点）。

② 简述减压蒸发（真空蒸发）的优缺点。

③ 生物工业中常用的干燥技术有哪几种？它们的工作原理和特点是什么？

④ 冷冻干燥过程分哪几个阶段？简述每个阶段的主要作用和目的。

第13章

生物分离综合应用

在前面章节中，本教材详细探讨了生物分离工程的多种技术，包括过滤、离心、细胞破碎、沉淀、膜分离、萃取、色谱、磁分离、电泳、结晶以及蒸发干燥等。这些技术在现代生物制品的纯化过程中扮演着关键角色，不仅极大地提高了生产效率，也显著优化了产品的质量和成本。随着技术的不断发展，这些技术已经实现了从基础原理到实验室研究以及复杂工程应用的跨越。本章将集中讨论生物分离技术的综合应用。首先，我们将探讨宏观的生物分离策略，即如何将各种单独技术整合应用于复杂的生物制品生产中，综合考虑技术选择、工艺设计、规模放大等方面；其次，我们将通过几个典型的生物制品分离案例，详细介绍不同分离技术及纯化策略在实际操作中的应用。

13.1　生物分离工艺设计的总体策略

13.1.1　分离对象与产品形式

设计生物分离纯化工艺之前首先应了解分离对象的特点。常见的分离对象包括：① 小分子，如氨基酸、有机酸、核苷酸、单糖类及脂肪酸等初级代谢产物，或生物碱、萜类、色素、鞣质类、抗生素类次级代谢产物；② 生物大分子，如蛋白质、酶、核酸、多糖等；③ 生物纳米粒子，如活病毒、病毒疫苗、噬菌体、细胞外囊泡等。对于大多数生物小分子，结构和性质较稳定，对温度、pH值等操作条件要求相对宽松，常通过有机溶剂萃取或离子交换色谱等技术进行纯化；而对于蛋白质、酶、核酸等生物大分子，由于它们具有分子量大、稳定性差等特点，因此常需运用低温、非强酸强碱溶液及尽可能避免有机溶剂的纯化技术，如膜分离技术、凝胶过滤色谱、亲和色谱等技术是蛋白类生物制品纯化中常用的手段；而对于粒径更大，通常在20到数百纳米不等的生物纳米粒子，分离纯化中除了要考虑其主要组成成分，如蛋白质、磷脂、核酸的稳定性，还应避免外力对纳米结构的破坏，降低颗粒裂解或团聚的概率。

除了对目标物的了解，还应了解样品中主要杂质的分子结构、大小和理化特性，是否含有与目的产物理化性质十分相近的杂质种类。若样品中存在含量较高的杂质，还应设计专门的纯化方法去除该杂质，从而显著提高样品纯度，并降低下游纯化的难度。此外，应考虑是否存在会对下游应用带来显著影响的杂质，如具有生物安全性风险的杂质，如果有则也应设计相应的纯化手段使其含量降低至符合使用标准的范围内。例如，通过大肠杆菌载体生产的许多重组蛋白制品，在纯化后期常常需要运用离子交换色谱等技术降低内毒素的含量。

此外，生物制品的最终应用领域决定了对其纯度和安全性的具体要求。不同的应用领域，如生物医药、功能性食品、食品添加剂、饲料等，对纯度和杂质容忍度有不同的标准。这些标准不仅影响分离过程的设计，也影响最终产品的市场定位和价值。对于产品定位为快速、低成本、大批量纯化的生产规模应用，由于用量较大，在分离过程的设计中，成本效益至关重要，此时可以尽可能选择成本低、处理量大的生物分离技术，从而在确保生物制品质量的同时，提高经济可行性。如果是生物医药产品，或某些实验室研究试剂，对分辨率具有较高要求，则主要考虑产品的纯度，可以牺牲得率和成本，选择高分辨率的色谱技术或磁分离技术等，以快速高效地获得高纯度产品。此外，尤其在医药和食品相关领域，分离过程必须遵循相应的法规和标准。这不仅包括产品的纯度和安全性要求，还涵盖了生产过程的环境和人员安全标准。这些法规对于保证产品质量和安全至关重要。

13.1.2 宏观纯化策略制定

在生物分离工程中，宏观纯化工艺路线的制定是一个关键步骤，合理的纯化路线能够确保整个过程的高效性和经济性。总结现代生物制品纯化的经验和特点，首先应对样品液进行简单的预处理，包括样品的准备、提取和澄清，以便进行后续的分离过程。生物分离过程基本可归纳为三步纯化策略（图13-1），包括初级纯化（初纯/捕获）、中级纯化（中度纯化）和高级纯化（精制/精纯）。初级纯化阶段的任务是大量处理样品，获得粗提纯物，同时稳定和浓缩目标物。在该步骤中应尽可能从原料中迅速去除大量非目标成分，以提高目标产品的浓度。这一阶段通常不追求高纯度，而是注重处理量大、速度快、成本低。常用的初级纯化技术包括离心分离、粗过滤、沉淀和初步的色谱技术。中级纯化阶段应除去绝大部分主要杂质，并平衡纯度与产率，尽量减少目标物的损失。同时，应考虑操作的成本效益，保持处理效率。此阶段可根据产品的特性选择合适的纯化技术，包括特定的膜分离技术或色谱技术等。高级纯化阶段的核心任务是去除任何残存的痕量杂质或密切相关的杂质（如目标物质的结构变异体、多聚体等），达到最高的产品纯度，满足最严格的质量标准。在该阶段首先考

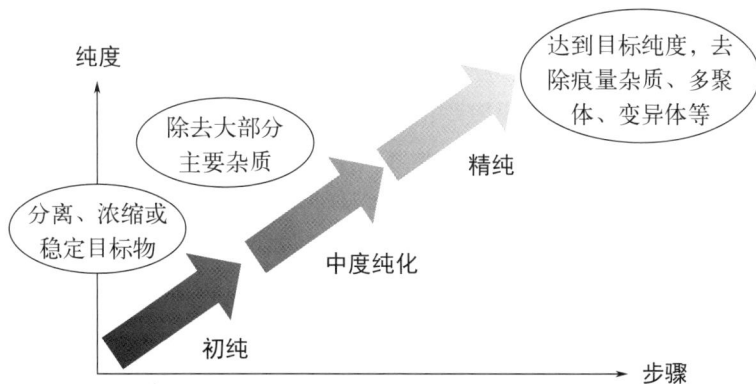

图13-1 生物分离三步纯化策略

虑分辨率及产品的最终要求，其次考虑产品的回收率及成本。此外，应确保在此阶段的处理不会对产品的生物活性或稳定性造成损害。常用的高级纯化技术包括凝胶过滤色谱、亲和色谱、电泳技术、磁分离技术等。

因此，在设计纯化方案时，任何分离技术都要在处理速度、容量、分辨率和回收率之间综合考虑。随着纯化过程的进行，分离重点会在这些参数之间发生迁移，如初级纯化阶段主要考虑速度和容量，而中级纯化阶段主要考虑容量和分辨率，到了最后的精制阶段则主要考虑分辨率和回收率，尤其是对极端分辨率的追求以获得高纯度、符合各项要求的产品，这往往也是影响生物制品成本的重要因素。整个宏观纯化策略的层级选择是一个综合考虑产品特性、成本和效率的过程。每个阶段的选择都需要基于前一阶段的结果进行调整和优化，以确保最终产品能够满足预期的质量标准和应用需求。

13.1.3　纯化技术的选择与运用

在宏观纯化策略确定之后应选择具体的纯化技术，按照合理的顺序将其串联成完整的纯化工艺，并对具体的操作条件和参数进行优化。这要求不仅考虑每项技术的独特优势和局限，还需要考虑它们如何相互协作，以达到最佳的整体纯化效果。

纯化技术选择时首先应根据目标物的特性，如大小、形状、电荷、溶解性等；其次应根据所处的纯化阶段及纯化目标选择相应技术；同时应考虑每种技术的经济性，包括设备成本、运行成本、处理时间以及样品处理量等。例如，在初级纯化阶段，可以选择过滤和低速或高速离心去除大颗粒杂质，实现固液分离，提高目标物质浓度；中级阶段可以使用沉淀，或膜分离技术进一步去除杂质，并进行溶液置换方便后续的精制；高级纯化阶段通常需要根据目标物的不同进行选择，例如重组标签蛋白纯化时常常选择修饰相应配体的亲和色谱，抗体纯化时常利用凝胶过滤色谱或复合模式色谱以去除痕量的多聚体等，青蒿素等小分子纯化时则会用结晶技术获得高纯度产品。此外，对于疫苗、抗体等生物制品的生产，纯化后还需考虑产品形式选择相应的方法对样品进行浓缩或干燥，如切向流超滤、冷冻干燥等。

绝大多数生物制品的纯化需要多种分离技术联合使用，此时还需考虑不同分离技术的先后顺序。不同的分离技术由于处理量、纯化效率、成本和操作条件等均不相同，其运用的先后顺序往往也会对纯化效果带来巨大的影响。例如，亲和色谱虽然分辨率高，但其处理量较低、成本高昂，当样品组成较复杂时，用该技术作为初级纯化手段往往无法得到较好的分离效果，且大量杂质可能会堵塞色谱柱，使分离过程难以进行。同样，在以膜分离为主体的纯化过程中，应先通过不同孔径的微滤膜进行逐级膜分离，去除溶液中的大量杂质颗粒，再通过超滤、纳滤进行精制，避免造成膜堵塞和浓差极化现象。此外，由于原理的差异，不同分离技术适用的初始溶液条件和纯化后的溶液组成不尽相同，因此在设计纯化工艺时，应尽可能将不同的分离技术进行合理组合，减少纯化步骤以避免样品损失并降低成本、节省时间和提高效率，同时能最大程度保持目标物的活性。理想的分离工艺应是前一个分离技术的结束条件适合下一次分离技术的上样。例如，以硫酸铵沉淀作为前置分离手段的工艺，后续可直接衔接疏水作用色谱，因其上样条件为高盐，而若衔接离子交换色谱，则需进行额外的脱盐换液；又如，超滤分离后可直接衔接凝胶过滤色谱进行精制，因为超滤除了可进行物质分离，还能同时进行溶液更换和浓缩操作，而凝胶过滤色谱通常需要高浓度的小体积初始液。

表13-1 色谱分离技术的特征、适用纯化阶段及初始/结束溶液条件

色谱类型	典型特征		纯化阶段			溶液条件	
	选择性	载量	初级纯化	中级纯化	高级纯化	初始	结束
凝胶过滤色谱	+++	+	+		+++	大多数溶液均可；高浓度、小体积	合适的洗脱缓冲液均可；样品稀释
离子交换作用	+++	+++	+++	+++	+++	低离子强度；pH值取决于蛋白质等电点与离子交换基团	高盐溶液或pH值改变
疏水作用色谱	+++	++	++	+++	+++	高离子强度；添加所需的盐	低离子强度
亲和色谱	+++++	+++	++	+++	++	根据亲和作用类型选择合适结合缓冲液	具有特定pH值、竞争分子等的洗脱液
复合模式色谱	+++	++	+++	+++	+++	pH值取决于蛋白质和配基类型；耐受一定浓度的盐	pH值和盐浓度取决于蛋白质和配基类型
反相色谱	++++	++	+	+	+++	含有有机溶剂或特定的添加剂	有机溶剂

注：+数量表示选择性/载量高低，以及适用程度。

13.1.4 工艺参数的优化与确定

确定了宏观纯化策略、纯化单元操作及其组合方式后，还需要对每种分离技术的工艺参数进行优化和确定，从而提高产品的纯度、收率和活性。这些参数条件包括温度控制、溶液pH值与组成、操作流速、操作压力、操作时间、样品浓度调节及分离介质选择等方面。例如，温度是影响许多生物分离过程的关键因素，尤其对于热敏感的生物分子如某些蛋白质和酶，应在不影响分离效率的前提下尽可能地使用温和的温度，同时考虑能量成本，保持最佳的能效比；pH值直接影响许多生物分子的电荷状态和稳定性，特别是在电泳和某些类型的色谱分离中，应根据目标分子的等电点和稳定性范围调整pH值以促进分离过程；在涉及流体流动的分离技术（如柱色谱）中，流速和压力是关键参数，其直接影响分离效率和分辨率，应平衡流速和压力以达到最佳分离效果，过高的流速可能导致分辨率下降，而过低的流速则可能降低生产效率；在工业规模生产中，操作时间直接影响生产效率和成本，应通过实验确定最佳操作时间，过长的操作时间可能导致产品降解或成本增加，而过短的时间可能导致不完全分离。

此外，生物分离过程中应特别注意分离介质的影响。例如，膜分离中，应根据目标物和主要杂质选择合适孔径或截留分子量的滤膜，并选择孔径均一的滤膜以保证目标物和杂质

的最大程度分离。同时，应根据操作条件，如pH值、盐浓度和温度等选择合适材质的滤膜，保证膜分离的顺利进行。此外，还可根据分离情况选择切向流膜分离、谐波振荡膜分离等特殊的膜分离形式以降低浓差极化，提高分离效率，并达到连续膜分离的目的。

在色谱分离中，色谱介质及柱长等参数则应根据实际情况进行选择。如亲和色谱过程中，配体的选择应根据其与目标物的亲和力进行确定，既能保证高效的色谱分离，同时能确保后续洗脱操作的正常进行。凝胶过滤色谱中，由于色谱柱的分离效率通常与柱长成正比，与柱的直径成反比，因此色谱柱通常是细长的（如柱长直径比为20～30）。此外，色谱柱的长度和直径还与许多因素有关，包括色谱分离模式，色谱介质的种类、容量和粒度、填装的方法和均匀度等。色谱柱直径的增加可使上样量指数增加，但柱直径过大时，液流不均匀，分离效果差；相反，柱径太小时，上样量少，且装柱困难。因此，需要根据实际纯化要求选择适当的色谱柱尺寸。另外，色谱介质种类的选择还要考虑纯化过程中对分辨率、产品纯度、操作压力等方面的要求，以及介质本身的机械强度、pH适用范围、对温度及化学试剂的稳定性等因素。

13.1.5　生物分离过程的规模放大

在生物分离工程中，将从实验室规模的分离过程转移到工业规模，是一个复杂且具有挑战性的步骤。这个过程不仅涉及生产规模的增加，还包括对工艺参数的调整和优化，以确保在更大规模下保持产品的质量和生产效率。以下是关于规模放大的主要考虑方面和步骤。

（1）工艺参数的重新评估

实验室规模下成功的条件不一定适用于工业规模。因此，关键工艺参数如温度、pH值、流速等都需要根据新的规模进行重新评估和调整。此时可通过放大试验，逐步增加处理量，观察不同规模下的效率和质量变化，并据此调整参数。例如，进行色谱分离的工艺放大时应该是线性放大，在此基础上可依据的标准包括维持床高、线性流速、样品浓度、梯度斜率/床体积比、样品保留时间等因素的恒定，而分别增加样品体积、柱直径、样品流速、梯度体积等，以维持分离效率；膜分离放大过程中，膜的总面积需要增加以处理更大的流量，因此需要选择更大尺寸的滤膜和膜组件。同时，在工业规模的膜系统中，需要调整横流速度和操作压力，以优化分离效率和防止膜污染。

（2）设备和技术的优化与调整

在工业规模下，所需的设备和技术可能与实验室规模有很大不同，特别是在处理容量和自动化程度上。因此，应尽可能选择能够处理更大批量的设备，同时考虑其稳定性和可靠性。自动化水平的提升也是放大过程中需要考虑的关键点。例如，在大规模色谱分离中应选择适合工业生产的色谱系统，这些系统通常具有更高的自动化程度，能够处理更大量的样品，且更加稳定。此外，工业规模的色谱介质除了保证分离效率之外，还需要具有高流动性、良好的物理稳定性等；在膜分离的规模放大中，应选择具有更高处理容量和耐用性强的膜组件，考虑其化学稳定性、物理强度和分离效率，同时考虑易清洗、低成本以及可连续分离等因素。

（3）质量控制和标准化

即便是相同的生产过程和分离纯化技术，在规模化放大后产品纯度和效力都可能发生变化。因此，如何保持产品质量一致性极其重要，应在具体的生产过程中建立严格的质量控制体系，确保每批产品都符合既定的标准和规格。

（4）经济效益分析

实验室规模应用中成本控制可能并非核心考虑因素，而工业规模放大过程中通常伴随成本的增加，甚至对分离的可行性产生决定性的影响。因此，规模放大前需要进行详细的经济性分析，以确保整个过程的经济可行性，包括分析放大后的生产成本，如原材料、设备、运营和维护成本，并与预期收益进行比较。

（5）绿色分离与安全性

在工业规模生产中，分离过程对环境的影响及其可持续性成为越来越重要的考虑因素。包括有机溶剂的选择与用量，高压设备的选择与压力控制等。应对能耗、废物排放和资源利用率等进行评估，最小化分离过程对环境的影响。此外，随着规模的放大，对生产过程的法规遵从和安全性要求也会增加，应确保所有操作符合相关法规要求，提高操作人员的安全性和环境的安全标准。

13.2 生物分离典型实例

13.2.1 小分子的分离纯化

在生物分离领域，传统方法和新型技术共同推动了小分子产品的分离纯化。传统方法，如板块、转鼓、活性炭脱色、固定床离子交换和醇沉，曾是小分子如抗生素、维生素、氨基酸等产品提取的主流方式。例如，从头孢、青霉素等抗生素到维生素C、维生素B_{12}，乃至必需氨基酸如赖氨酸、苏氨酸，都经历了传统方法的提纯过程。然而，随着生物分离技术的进步，特别是膜分离技术的发展，这一领域迎来了显著变革。膜分离技术，涵盖微滤、超滤、纳滤和反渗透等方法，不仅提高了分离纯化效率，还因其环保特性逐渐替代了传统高污染工艺。这种技术的优势不仅在于其宽泛的过滤精度，还体现在其对小分子产品的选择性分离能力，如菌体过滤、除蛋白、脱色、脱盐和浓缩等。近年来，膜分离技术的国产化进一步降低了技术开发和运用成本，提高了纯化效率，使其在小分子产品纯化工艺中的应用越发广泛。下文将以色氨酸纯化为例介绍以膜分离技术为核心的小分子生物分离过程。

13.2.1.1 色氨酸的性质及用途

色氨酸（学名：β-吲哚基丙氨酸；英文名：Tryptophan）是一种重要的必需氨基酸，其分子式为$C_{11}H_{12}N_2O_2$，分子量为204.23。这种氨基酸通常呈现为白色或微黄色的结晶或结晶性粉末，有微苦味，无明显气味。色氨酸在水中的溶解度相对较低（25℃下1.14g/100mL），在稀酸或稀碱中溶解性更好，而在强酸中易分解，在氯仿和乙醚中则几乎不溶。在生物体内，色氨酸不仅是合成激素、色素、生物碱和辅酶等生理活性物质的关键前体，还是人类和动物不可缺少的氨基酸之一，对生长发育和新陈代谢至关重要。医学上，色氨酸被用于制造氨基酸注射液和复合氨基酸制剂，以及预防糙皮病和改善睡眠。在食品和饲料工业中，色氨酸作为植物蛋白的强化成分，对提高蛋白质的利用率有显著作用，是继蛋氨酸和赖氨酸之后又一重要的饲料添加氨基酸。

13.2.1.2 色氨酸的生产提取工艺

色氨酸的生产最早主要依靠化学合成法和蛋白质水解法，但是随着对微生物法生产色氨酸研究的不断深入，这种方法已经走向实用并且处于主导地位。微生物法大体上可以分为直接发酵法、微生物转化法和酶法。近年来还出现了将直接发酵法与化学合成法相结合、直接发酵法与转化法相结合生产色氨酸的研究。另外，重组DNA技术在微生物育种和酶工业上的应用极大地推动了直接发酵法和酶法生产色氨酸的工业化进程。其中酶法是指使用色氨酸酶或含有色氨酸酶的菌体将其他化学或生物工艺生产的吲哚和丝氨酸催化反应生成色氨酸，该工艺的优点是产品转化率高，生成产品纯度较高，缺点是所使用的原料相对贵重；直接发酵法指通过筛选合适的菌体或构筑基因工程菌，使菌体能够直接利用玉米等物质发酵生产色氨酸，该工艺的优点是可以利用廉价的生产原料，但是其缺点是发酵产酸水平不高、发酵产物复杂。但是随着发酵技术的提高以及基因工程等生物工程优化技术的应用，直接发酵法产酸水平在不断提高，有逐渐取代酶法生产工艺的趋势。

13.2.1.3　色氨酸酶法生产中膜分离技术的应用

膜分离技术在色氨酸的生产过程中扮演重要角色，特别是在酶法生产工艺中，膜分离主要应用于菌体的回收和除杂。酶催化反应后的反应液中除含有色氨酸外，还包括菌体及蛋白质等杂质，这些杂质使用传统工艺难以去除，而采用膜分离技术可大幅提高纯度。图13-2为酶法生产工艺中，膜分离技术在菌体的回收及除杂上的应用。

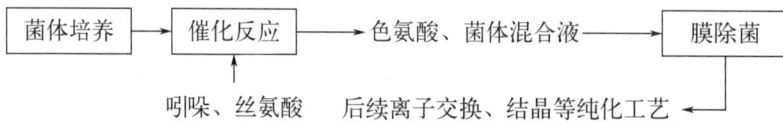

图13-2　色氨酸酶法生产中的膜分离纯化工艺

13.2.1.4　色氨酸直接发酵法中膜分离技术的应用

在色氨酸直接发酵法中，常用的菌体如大肠杆菌，在发酵液中呈高度分散状态，使得使用传统板框或离心手段进行料液分离菌体变得困难，采用平板膜或陶瓷膜进行分离具有高可行性。发酵产酸量一般在 $20 \sim 30g/L$，固含量约为 $5\% \sim 7\%$，在这种条件下，使用平板膜或陶瓷膜进行除菌的浓缩倍数可达 $4 \sim 6$ 倍。从实验看，平板膜和陶瓷膜均能有效解决除菌问题，不同膜材料的选择对于通量和滤液质量有显著影响。对直接发酵法（或称全发酵法），由于其生产的色氨酸纯度相对低且含有多种大小的杂质尤其是色素，因此膜分离不但可以应用在除菌方面，还可以应用在多个除杂纯化方面，如图13-3所示为正常含有膜除杂工艺的色氨酸直接发酵法提取工艺。

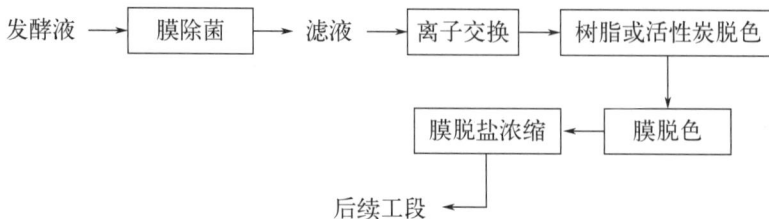

图13-3　色氨酸直接发酵法中的膜分离纯化工艺

由图13-3可知，在直接发酵法工艺中，膜分离技术主要有三个大的应用点：发酵液除菌、树脂解析液脱色、解析液脱盐浓缩。由于直接发酵法产酸相对低，料液中含有大量的菌体,且一般为基因工程菌,因此适用平板膜或陶瓷膜进行除菌体,而由于发酵产生的色氨酸含有许多大分子杂质,尽管已经过离心及后续活性炭或树脂进行脱色但是透光度有时仍达不到要求,因此还需要使用超滤或纳滤膜进行脱色除杂;最后由于纯化后的色氨酸在前段工艺中多少会被稀释并引入盐分,使用纳滤膜进行脱盐浓缩也具有很好的可行性。

13.2.1.5 色氨酸生产中树脂解析液的脱色

在色氨酸生产工艺中,膜分离技术也被广泛用于脱色除杂,尤其是在处理树脂解析液方面。经过陶瓷膜或平板膜过滤后的发酵液滤液颜色较深,透光度低。经过离子交换纯化和活性炭或脱色树脂处理后,尽管透光度有所提高,但仍无法达到要求。因此,采用超滤或纳滤膜进行进一步脱色除杂是必要的。选择适当的膜芯可以显著提高透光度,同时减少产品损失。实验中,某些膜芯能够有效地提高解析液透光度,从而改善色氨酸的质量。

13.2.1.6 纳滤膜在色氨酸脱盐中的应用

在色氨酸的发酵及提取过程中,引入的酸碱和盐分导致解析液中含有较多的盐分。纳滤膜在脱盐过程中的应用非常重要,既可以用于脱除盐分,也可以用于低浓度色氨酸料液的浓缩。合适的膜芯选用,可以有效进行脱盐和浓缩,同时保持较高的产品收率。此外,反渗透膜也被考虑用于低浓度色氨酸的浓缩,展示了膜分离技术在色氨酸生产中的多功能性。

13.2.1.7 总结

膜分离技术在色氨酸的生产工艺中起到了关键作用,不仅提高了生产效率,还改善了产品的质量。平板膜和陶瓷膜在除菌方面显示了良好的性能,而在脱色和脱盐方面的应用也极大地提高了色氨酸的纯度和产量。未来实验应进一步考察不同膜材料在实际应用中的效果,以优化整个生产过程。

13.2.2 生物大分子的分离纯化

在现代生物科学与生物工程领域,生物大分子的分离纯化不仅是基础研究的关键环节,也是工业应用的核心技术。这些大分子,包括蛋白质、核酸、多糖及其他生物大分子,无论在基础生物学研究还是在医药、生物技术以及农业等多个领域中,都扮演着至关重要的角色。因此,精确有效地分离和纯化这些大分子,不仅关系到实验的准确性和可靠性,而且直接影响到生物产品的质量和应用效果。在此过程中伴随着诸多挑战,例如原材料的多样性、目标分子含量的低下、杂质成分的复杂性,以及保持生物大分子的结构完整性和生物活性。接下来,本节将详细探讨生物大分子分离纯化的主要特点,尤其是蛋白质类生物大分子,包括天然蛋白和重组蛋白纯化的具体应用案例。

13.2.2.1 天然蛋白的分离纯化

天然蛋白的分离纯化具有以下特点:① 原材料种类繁多,同一种目的蛋白可以来源于动物、植物及微生物等,不同来源其特点及含量均有差异;② 目的蛋白含量低,在初级纯化阶段常常需要对样品溶液中的目的蛋白进行浓缩,如通过沉淀、超滤等方法;③ 杂质成分复杂,应尽可能在初级纯化和中级纯化阶段针对性选择相应的分离技术去除溶液中的最主要的杂质,便于下游精制;④ 纯化过程应保证目的蛋白的活性,天然蛋白大部分都具有其特定的空间结构，具有一定的生物学活性，纯化过程中，应保持低温及合适的缓冲液，并适当添加蛋白酶抑制剂等，保证蛋白质空间结构完整，活性得到最大程度保留。

（1）酶的分离纯化

酶作为生物化学反应的特殊催化剂，是一类具有高度专一性和催化能力的蛋白质。它们在生物体内的化学反应中起着关键作用，例如促进多糖转化为单糖、脂肪转化为甘油和脂肪酸，以及蛋白质分解为氨基酸。这些反应通常依赖于酶的催化，显示了酶在生物体内扮演着独特和至关重要的角色。为了深入了解酶的功能并有效利用它们，对酶进行有效的分离和纯化是必要的。

在酶的纯化过程中，由于酶对其底物或抑制剂具有强烈的特异性结合能力，亲和色谱技术通常被选用，使用其底物或酶抑制剂作为亲和配基。然而，考虑到亲和色谱介质的高成本和天然酶含量较低的特性，实际操作中经常将亲和色谱与其他成本更低的色谱技术结合使用。这通常包括先使用离子交换色谱去除大量杂质，然后利用亲和色谱获得高纯度的酶产品。

例1：鲫鱼肌原纤维结合型丝氨酸蛋白酶（MBSP）的分离纯化

以 Guo 等人的研究为例，他们采用了酸沉淀、Q-Sepharose Fast Flow 阴离子交换色谱和 Benzamidine-Sephaose 6B 亲和色谱等技术组合，成功从鲫鱼肌肉中纯化出肌原纤维结合型丝氨酸蛋白酶（MBSP）。通过 Sephacryl S-200 凝胶过滤色谱测定，确定鲫鱼 MBSP 的分子质量约为 28kDa，与通过分子克隆技术推断的 26kDa 分子质量相符。MBSP 的纯化过程遵循了三个主要步骤：初步提取、中间纯化和最终精纯化。

① 提取工艺。由于鲫鱼 MBSP 与肌原纤维蛋白紧密结合，关键在于将 MBSP 从肌肉中有效分离，同时去除肌质蛋白和胶原蛋白等杂质。具体提取流程详见图 13-4。

② 中间纯化。对于从鲫鱼肌肉中提取的 MBSP 粗提液，首先使用 1mol/L NaOH 调整 pH 至 8.0，并采用 20mmol/L Tris-HCl（pH8.0）进行透析。这一步骤使得 MBSP 表面带上负电荷，为后续的阴离子交换色谱提供条件。使用尺寸为 2.5cm×16cm 的 Q-Sepharose 阴离子交换色谱柱进行 MBSP 的中间纯化，旨在除去大量杂蛋白。通过逐步增加 NaCl 浓度（范围

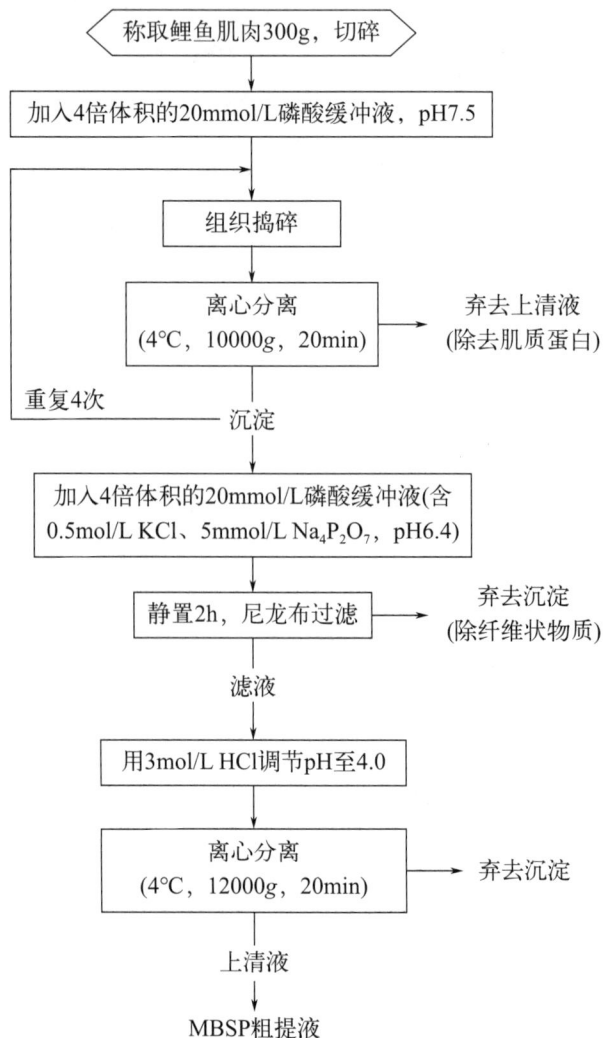

图 13-4　鲫鱼肌肉中 MBSP 提取工艺流程图

为 0 ~ 0.5mol/L）进行梯度洗脱，并以1mL/min 的流速洗脱。洗脱过程中自动收集洗脱液，并同时测定A_{280}和MBSP酶活力，从而得到色谱图（图13-5）。通过选择酶活力较高的洗脱组分，获得MBSP中间纯化产物。最终，色谱分析显示MBSP纯度提高了21倍。

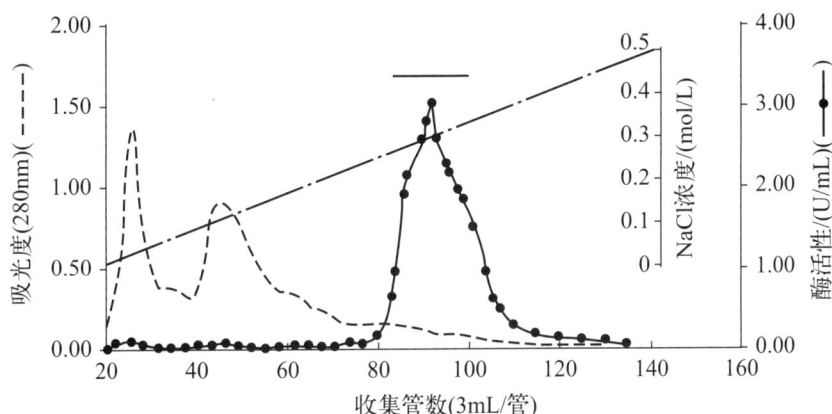

图13-5 鲫鱼肌肉MBSP阴离子交换色谱（Q-Sepharose）图

③ 精纯。将MBSP的中间纯化产物用含有0.5mol/L NaCl的50mmol/L Tris-HCl、pH8.0缓冲液进行透析，准备进行亲和色谱步骤。采用的亲和色谱柱是Benzamidine-Sepharose 6B（1cm×4cm），配基苯甲脒（benzamidine）作为MBSP的抑制剂，能够与MBSP特异性结合。通过使用10mmol/L HCl调整缓冲液pH值进行非特异性洗脱，获得色谱曲线（图13-6）。为防止蛋白质变性，立即使用1mol/L Tris-HCl（pH=8.5）对洗脱的酶活组分进行中和。从表13-2可以发现，经过精纯后，MBSP的纯度提高了26倍。

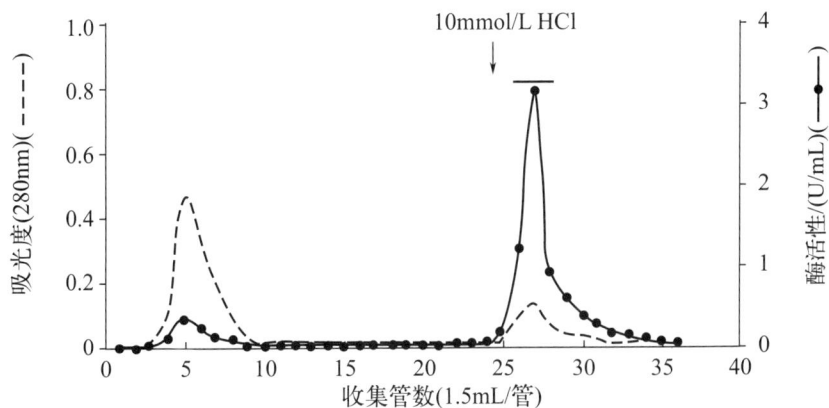

图13-6 鲫鱼肌肉MBSP亲和色谱（Benzamidine-Sepharose 6B）图

表13-2 鲫鱼肌肉MBSP的纯化表

纯化步骤	总蛋白量/mg	总酶活/U	比活/（U/mg）	纯化倍数	收率/%
MBSP粗提液	404.7	237.6	0.6	1	100
Q-Sepharose	5.3	67.5	12.7	21.2	28.4
Benzamidine-Sepharose 6B	1.2	18.7	15.6	26	7.9

④ 分子量测定。为了进一步验证鲫鱼MBSP的分子量和亚基结构，采用Sephacryl S-200凝胶过滤色谱进行分子量测定。首先，使用不同分子量的标准蛋白（例如牛血清白蛋白、碳酸酐酶、细胞色素c、抗胰蛋白酶等）进行凝胶过滤色谱，确定其洗脱体积。然后，以洗脱体积为横坐标、分子量的对数为纵坐标制作标准曲线（图13-7）。最后，将鲫鱼MBSP在相同条件下进行凝胶过滤色谱，据此估算其分子质量约为28kDa。结合SDS-PAGE的检测结果（图13-7），确认鲫鱼MBSP为单亚基蛋白。

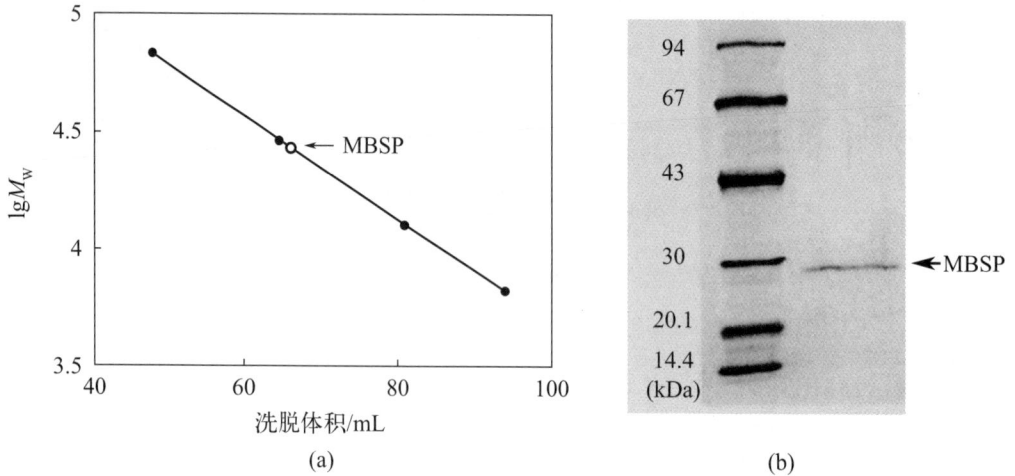

图13-7 精纯后鲫鱼肌肉MBSP的分子量测定

（a）凝胶过滤色谱（Sephacryl S-200）测定鲫鱼肌肉MBSP的分子量；

（b）SDS-PAGE电泳检测结果（银染色）

例2：鲈鱼胰凝乳蛋白酶A和B的分离纯化

Jiang等的研究团队采用了综合色谱技术，成功地从鲈鱼肝胰腺中分离出两种胰凝乳蛋白酶，分别命名为胰凝乳蛋白酶A和胰凝乳蛋白酶B。使用硫酸铵沉淀、DEAE-Sepharose阴离子交换色谱和Phenyl-Sepharose疏水作用色谱技术，他们不仅实现了这两种蛋白酶的有效分离，还通过双向电泳技术精确测定了它们的分子质量和等电点。

① 粗品的制备。首先，取50g鲈鱼肝胰腺，并加入6倍体积的含5mmol/L $CaCl_2$的Tris-HCl缓冲液（20mmol/L，pH7.5）进行组织破碎。随后，以15000g离心30min，收集上清液。之后进行硫酸铵分级沉淀，收集25%～70%硫酸铵饱和度之间的沉淀，这部分沉淀即为胰凝乳蛋白酶的粗品。

② 中间纯化。接着，将胰凝乳蛋白酶粗酶液溶于含5mmol/L $CaCl_2$的Tris-HCl缓冲液（20mmol/L，pH7.5）中，并进行过夜透析。透析后的样品被应用于DEAE-Sepharose阴离子交换色谱柱（2.5cm×16cm），通过梯度洗脱（0～0.5mol/L NaCl）分别收集胰凝乳蛋白酶A和B，同时检测洗脱液的A_{280}和酶活力，以获得对应的色谱曲线（图13-8）。

③ 精纯。向分别含有胰凝乳蛋白酶A和B的样品中加入硫酸铵至最终浓度为1mol/L，然后进行Phenyl-Sepharose疏水作用色谱。这个步骤使用了Phenyl-Sepharose色谱柱（1.5cm×8cm），通过0～50%乙二醇的梯度洗脱方式，在20mmol/L Tris-HCl（pH7.5）中进行洗脱，最终收集具有高酶活力的胰凝乳蛋白酶A和B。色谱曲线分别如图13-9所示。

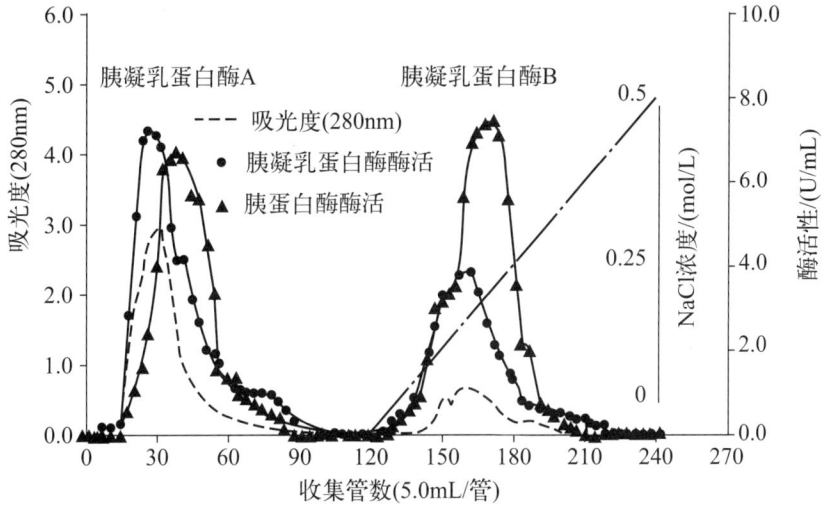

图 13-8　鲈鱼胰凝乳蛋白酶 DEAE-Sepharose 阴离子交换色谱

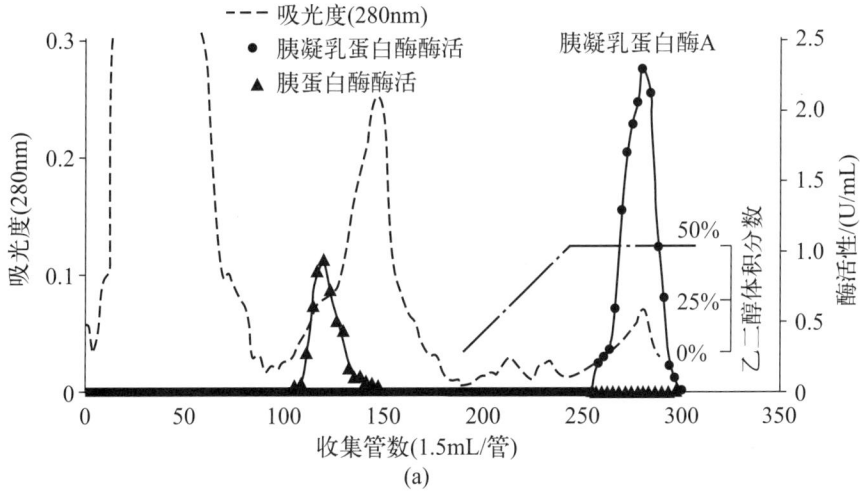

(a)

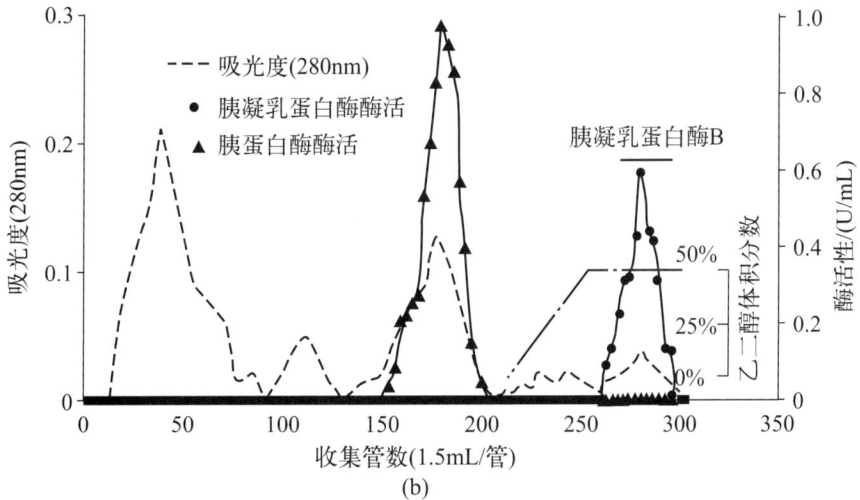

(b)

图 13-9　鲈鱼胰凝乳蛋白酶 A（a）和胰凝乳蛋白酶 B（b）的
Phenyl-Sepharose 疏水作用色谱曲线

④ 分子质量与等电点测定。为了进一步验证这两种胰凝乳蛋白酶的分子质量和等电点，研究团队进行了双向电泳检测，结果表明凝乳胰蛋白酶A和B的等电点分别为8.0和7.0，从而为这些关键蛋白酶的进一步研究和应用奠定了基础（图13-10）。

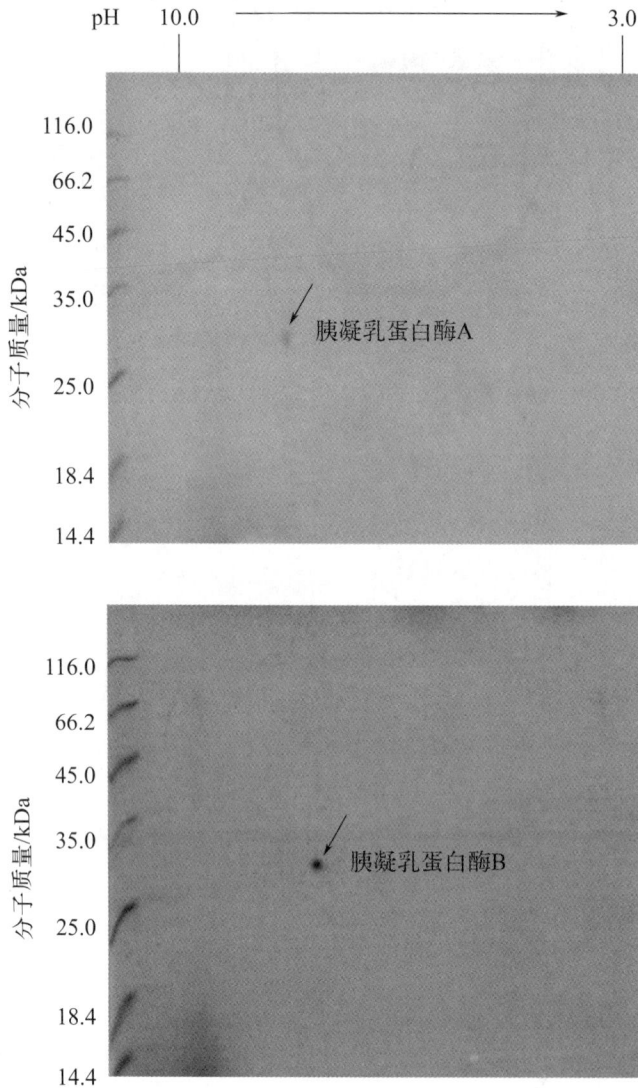

图13-10　鲈鱼胰凝乳蛋白酶A和胰凝乳蛋白酶B的双向电泳结果

（2）酶抑制剂的分离纯化

酶抑制剂是一类特殊物质，能够降低或完全消除酶的活性。在自然界中，酶抑制剂的类型多样，包括小分子物质、多肽和蛋白质。虽然酶在生物体中发挥着重要作用，但在某些情况下，由于酶的异常活动而导致的代谢异常，可能会引发多种疾病。因此，酶抑制剂在医学中有重要用途，它们通过抑制异常的酶活性，帮助恢复生理平衡。例如，在高血压治疗中，血管紧张素转化酶抑制剂（ACEI）被用作降低血压的有效药物。此外，在肉类加工中，为了防止肌肉结构蛋白的过度分解，从而影响风味和质地，酶抑制剂被用来控制蛋白酶的活性。

例：狗母鱼肌原纤维结合型丝氨酸蛋白酶内源性抑制剂（MBSPI）的分离纯化

Cao等研究者运用了多种技术如硫酸铵沉淀、离子交换柱色谱以及凝胶过滤色谱，成功从狗母鱼肌肉中提取并纯化出肌原纤维结合型丝氨酸蛋白酶的内源性抑制剂（MBSPI）。通过SDS-聚丙烯酰胺凝胶电泳技术，研究团队确认了MBSPI的单亚基分子质量大约为50kDa。这一系列纯化步骤包括从硫酸铵沉淀粗提取开始，主要对目的蛋白进行浓缩；随后进行离子交换色谱的中间纯化阶段，除去大部分主要杂质；最后运用凝胶过滤色谱完成精纯过程。其工艺过程如下：

① 粗提取。首先处理500克狗母鱼肌肉，加入其体积四倍量的硼酸盐（$Na_2B_4O_7$-KH_2PO_4）缓冲液（20mmol/L，pH7.5），并进行缓慢搅拌。之后在7000g的离心力下离心20min，收集上层清液。在冰浴中缓慢加入固体硫酸铵至75%饱和度，并持续搅拌30min以沉淀目标蛋白。通过离心分离，收集沉淀物，即得到粗提取的MBSPI。

② 离子交换色谱。将所得粗提取物溶解在20mmol/L的硼酸盐缓冲液（pH 6.0）中，并过夜透析。透析后的样品被加载到DEAE-Sephacel阴离子交换色谱柱（2.64cm×45cm），收集未被吸附的高活性MBSPI分馏并进行冻干。冻干物质溶解于200mL蒸馏水中，在50℃下加热1min后立即冷却，并在12000g离心20min后去除沉淀。上层清液再次透析并用SP-Sepharose阳离子交换色谱柱（1.9cm×45cm）分离纯化，使用含0～0.5mol/L NaCl的硼酸盐缓冲液（pH6.0）进行梯度洗脱。通过对每个洗脱峰的活性检测，0.5mol/L NaCl洗脱峰显示出最强的MBSP抑制活性，收集该组分即为MBSPI的中间纯化产品（图13-11）。

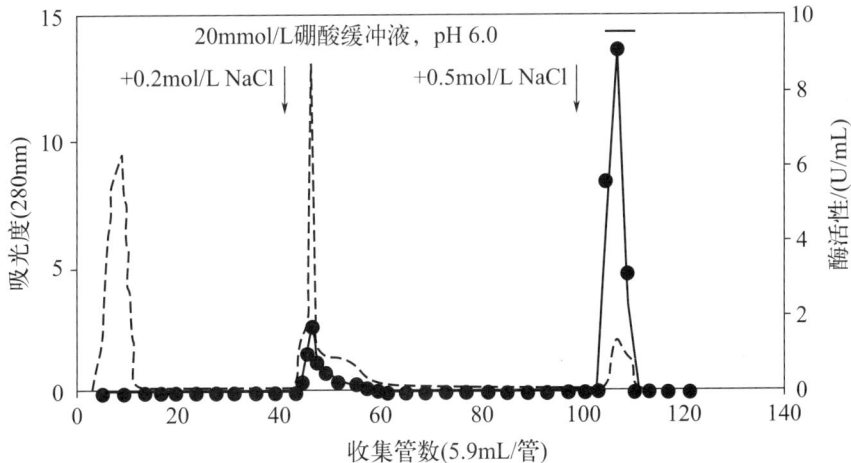

图13-11 狗母鱼MBSPI SP-Sepharose阳离子交换色谱洗脱图

③ 凝胶过滤色谱。将中间纯化产物通过Sephedex G-150凝胶过滤色谱柱（2.64cm×100cm）进行进一步分离（见图13-12）。收集含有MBSPI活性的蛋白峰，并经过超滤膜浓缩。

④ SDS-PAGE。通过SDS-PAGE检测，确认所得MBSPI的分子质量约为50kDa，从而获得电泳级纯度的狗母鱼MBSPI（图13-13）。

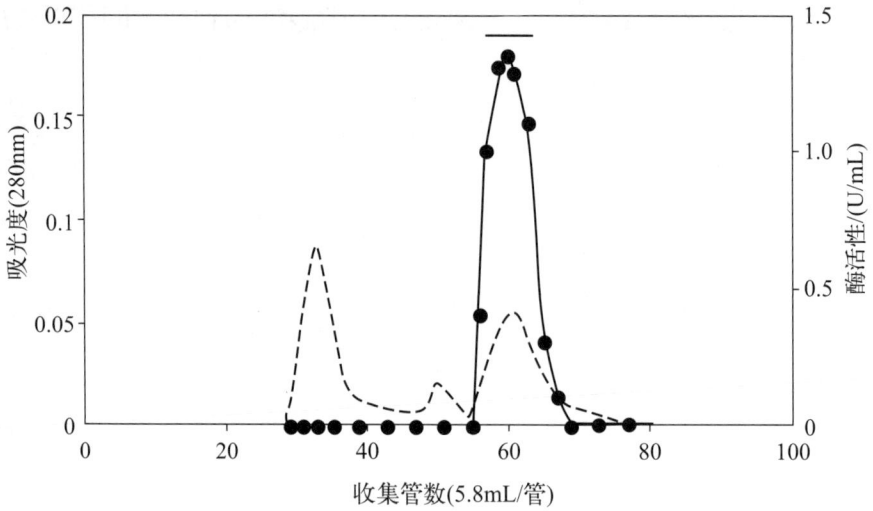

图 13-12　狗母鱼 MBSPI Sephedex G-150 凝胶过滤色谱洗脱曲线

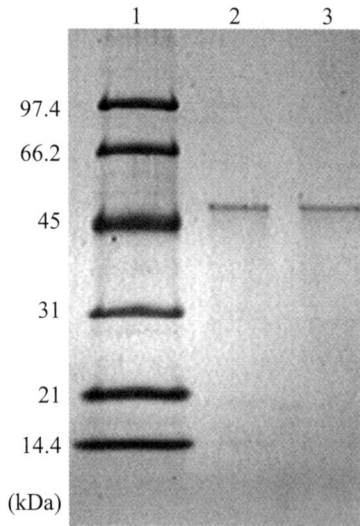

图 13-13　狗母鱼 MBSPI SDS-聚丙烯酰胺凝胶电泳检测图

1—标准蛋白；2—还原条件下的 MBSPI；3—非还原条件下的 MBSPI

（3）细胞因子的分离纯化

白细胞介素 -2（interleukin-2，IL-2）是首个被发现的细胞因子，由 T 淋巴细胞或 T 淋巴细胞系产生，它在抗肿瘤、抗病毒、免疫调节和感染性疾病治疗中发挥着关键作用。IL-2 能有效提高免疫功能，促进 T 淋巴细胞的增殖和分化，并增强 NK 细胞、单核细胞的杀伤活性。作为免疫应答系统中的重要调节因子，IL-2 是一种自然的免疫增强剂和治疗药物。

鸡白细胞介素 -2（ChIL-2）与哺乳动物的 IL-2 在一级结构上的同源性大约为 28%，为了深入研究其结构和功能，需要获取高纯度的天然 ChIL-2。Sundick 等人在 1997 年报道了 ChIL-2 的基因全序列。通过分子克隆技术，从鸡淋巴细胞中提取 ChIL-2 基因，并在大肠杆菌中实现了该基因的高效表达。随后通过 His-Tag 亲和色谱柱对重组 ChIL-2（rChIL-2）进行纯化，制备了ChIL-2的单克隆抗体。这些抗体随后与活化的Sepharose凝胶树脂相偶联，构建了专门的抗体亲和色谱柱。最后，利用ChIL-2单克隆抗体亲和色谱技术，从鸡淋巴细胞培养上清液中分离出了高纯度的天然ChIL-2。其具体纯化工艺如图13-14所示。

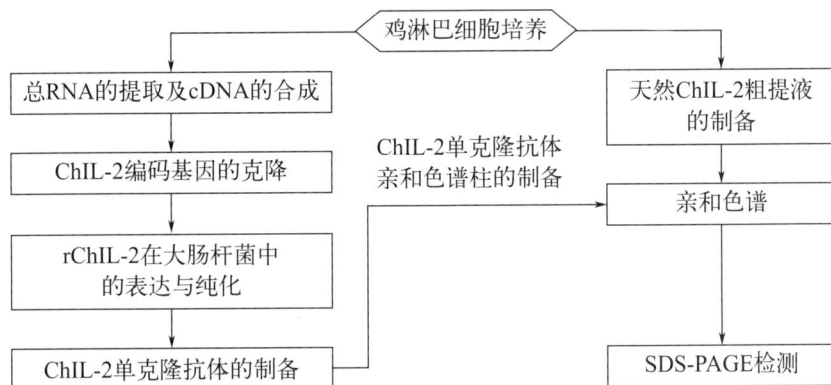

图13-14 天然ChIL-2分离纯化工艺流程图

13.2.2.2 重组蛋白的分离纯化

在原始材料中，由于天然蛋白的含量较低且分离纯化过程包含多个步骤，每一步的收率通常较低，导致整个过程成本高昂，这在大规模生产中尤为不利。随着生物技术的发展，DNA重组技术被广泛应用于在不同宿主中表达具有高应用价值的天然蛋白。这些宿主包括大肠杆菌、酵母、昆虫细胞和动物细胞等，其中大肠杆菌作为最常用的表达系统之一，有其独特优势。大肠杆菌的生长速度快，生命周期短，可以进行低成本的高密度发酵，适合大规模生产。此外，由于其遗传背景明确，可以根据具体应用目的进行遗传改造。大肠杆菌适用的表达载体众多，具有强大的启动元件，从而实现高效表达。

重组蛋白的分离纯化有其特点。① 目的蛋白含量较高：在大肠杆菌表达系统中，重组蛋白可能占总蛋白的30%以上，因此在"捕获"阶段无需进行刻意的浓缩，只需稳定目的蛋白。② 亲和纯化标签的应用：在构建重组质粒过程中，可以人为添加纯化标签（例如His标签），从而直接使用亲和色谱技术（如Ni-NTA色谱柱）进行纯化，而无需考虑目的蛋白本身的特性。这种方法不仅简化了纯化过程，也使得对不同目的蛋白采用同一套构建策略及分离纯化工艺成为可能，便于新产品开发和生产。③ 表达方式的差异：外源蛋白在大肠杆菌中的表达可以是包涵体形式或可溶性形式，这两种不同的表达方式使得重组蛋白的分离纯化工艺有很大差异。

（1）重组蛋白包涵体的分离纯化

包涵体形式表达的重组蛋白具有表达量高、易于分离以及对抗蛋白酶降解等优点。这种表达方式特别适用于易被蛋白酶降解的蛋白质。然而，包涵体形式的高效表达产品需要经过变性溶解、复性和纯化等多个步骤，才能转化为具有生物活性的蛋白质。包涵体的复性过程中，主要问题在于复性率通常较低，一般只有5%～20%，这限制了很多治疗用蛋白质成本的降低。因此，重组蛋白质的折叠复性问题成为生物工程下游技术的研究热点之一。以下以Trx-r-PA包涵体的分离纯化为例，说明重组蛋白包涵体的分离纯化过程。

r-PA是一种人组织型纤溶酶原激活剂（t-PA）的突变体，是第三代溶栓剂，含有355个氨基酸，分子质量约38kDa。通过删除编码t-PA成熟蛋白N端的4～175个氨基酸序列对应

DNA 序列，并重组到表达载体 pET32a（+）中，构建了 Trx-r-PA 融合蛋白表达载体。在大肠杆菌中表达后得到 Trx-r-PA 包涵体。其分离纯化过程包括以下步骤。

① 包涵体制备：100g 湿菌体在 1.0L 破菌缓冲液（0.1 mol/L Tris-HCl、5mmol/L EDTA、0.5% Triton X-100、0.02% 溶菌酶，pH7.0）中悬浮，高压匀浆破菌。镜检视野中完整菌体＜5% 后，10000g、4℃ 离心 20min，收集粗包涵体。

② 包涵体清洗。依次用下述 A、B、C 三种洗涤液，按每克粗包涵体沉淀加 20mL 洗涤液进行洗涤，室温搅拌 30min，10000g、4℃ 离心 20min，收集沉淀。

洗涤液 A：20mmol/L Tris-HCl、5mmol/L EDTA、2mol/L 尿素、0.5% Triton X-100，pH=8.5；

洗涤液 B：20mmol/L Tris-HCl、5mmol/L EDTA、2mol/L 尿素，pH=8.5；

洗涤液 C：20mmol/L Tris-HCl、5mmol/L EDTA、0.5% Triton X-100，pH=8.5。

③ 包涵体溶解：湿包涵体以每克 20mL 变性液（含 5mmol/L Tris-HCl、5mmol/L EDTA、6mol/L 盐酸胍、100mmol/L DTT，pH=8.5）进行溶解，37℃ 保温 2h，用稀盐酸调至 pH 3.0 酸化处理，10000g、4℃ 离心 20min，收集上清液并过滤，所得 Trx-r-PA 蛋白质变性液置于 4℃ 保存。

④ 包涵体纯化：采用反相色谱和亲和色谱技术对 Trx-r-PA 包涵体进行纯化，以获得高纯度的蛋白。

a. 反相色谱纯化：采用的反相色谱柱是 Source 30 RPC（1.2cm×18cm）。缓冲液 A 配制方法为 10%（体积分数）的甲腈（CH₃CN）加入 0.1% 三氟乙酸（TFA），而缓冲液 B 则是 90%（体积分数）的甲腈加入 0.1% 三氟乙酸。首先，使用 15% 缓冲液 B 平衡色谱柱，直至基线稳定，流速为 5.0ml/min。将 10mL 蛋白质变性液上样至色谱柱后，继续用 15% 缓冲液 B 平衡柱直到基线基本稳定。在所有未结合组分流出后，采用 15%～55% 缓冲液 B 的梯度进行洗脱，洗脱体积超过柱体积的五倍。分部收集样品，利用 SDS-PAGE 分析产物。反相柱使用 100% 的缓冲液 B 清洗，最后交替使用 85% 缓冲液 A 加 15% 缓冲液 B 以及 100% 缓冲液 B 冲洗柱。两次运行之间，使用 40% 异丙醇加 0.45mol/L NaOH 在室温下清洗柱 72h。色谱图见图 13-15。

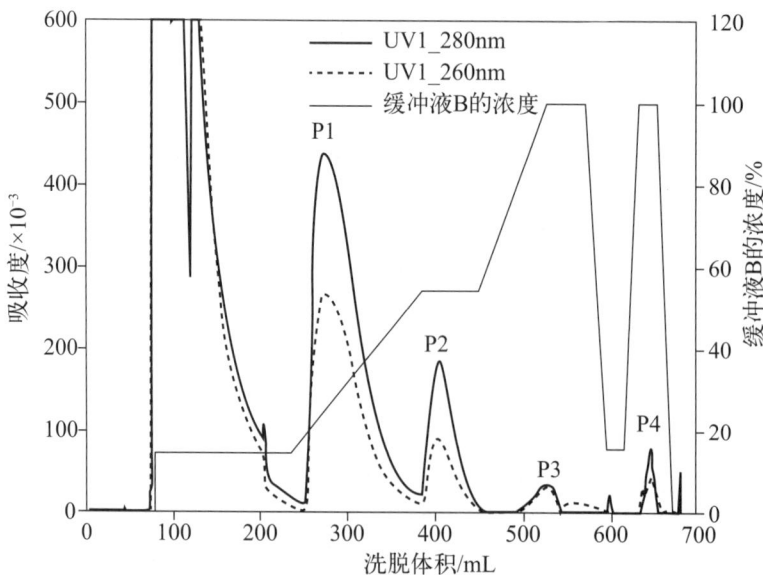

图 13-15　粗提后 Trx-r-PA 包涵体的 Source 30 RPC 色谱图谱

P1 为 30% 缓冲液 B 相时收集到的目的蛋白峰；P2 为 55% 缓冲液 B 相时洗脱下的目的蛋白峰；
P3 为 100% 缓冲液 B 相时洗脱下的蛋白峰；P4 为反相柱再生时的收集峰

b. 亲和色谱纯化：在融合蛋白 Trx-r-PA 中含有 6×His 标记片段，对 Ni^{2+} 有较好的亲和性。因此，尝试使用 IDA-Sepharose FF 亲和色谱柱（16cm×10cm）在变性状态下进行纯化。缓冲液 A 由 50mmol/L Na$_2$HPO$_4$、0.5mol/L NaCl、40mmol/L 咪唑、8mol/L 尿素组成，pH 值为 7.4，而缓冲液 B 则含 50mmol/L Na$_2$HPO$_4$、0.5mol/L NaCl、0.3mol/L 咪唑、8mol/L 尿素，pH 值同样为 7.4。使用两个柱体积的缓冲液 A 平衡亲和柱，流速为 3.0mL/min。蛋白质变性液经过超滤去除 DTT 和 EDTA 后，以 10 ～ 20mg/mL 的吸附量上样至亲和柱，随后继续使用缓冲液 A 平衡直至基线基本稳定。在所有未结合组分流出后，用 0% ～ 100% 缓冲液的梯度进行洗脱（图 13-16）。

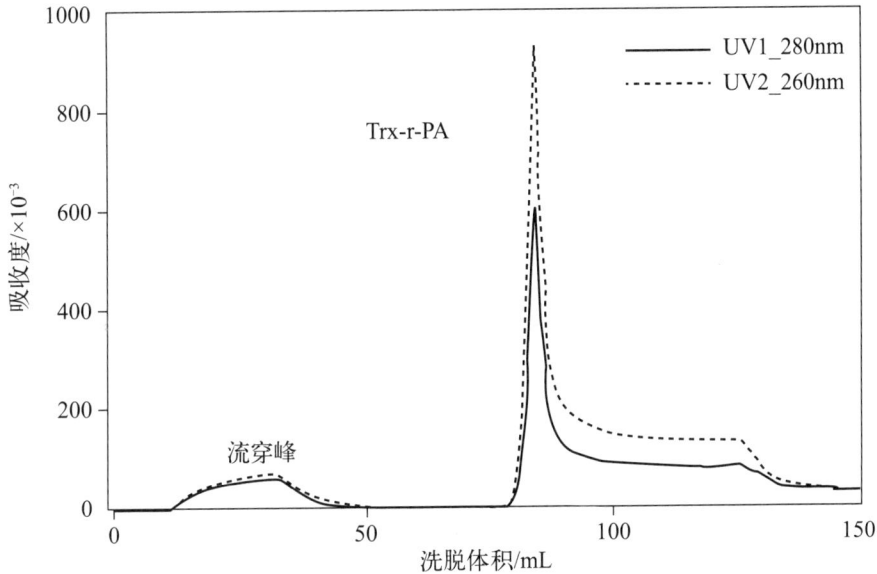

图 13-16　粗提后 Trx-r-PA 包涵体的 IDA-Sepharose FF 色谱图谱

收集洗脱后的部分样品并利用 SDS-PAGE 分析产物纯度。SDS-PAGE 检测结果见图 13-17，对于融合蛋白 Trx-r-PA，亲和色谱纯化效果明显优于反相色谱。

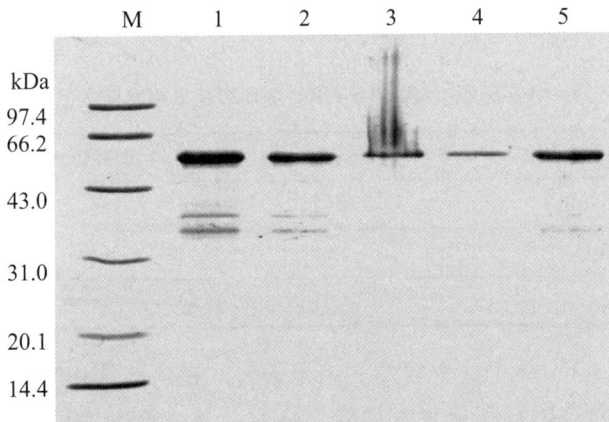

图 13-17　Trx-r-PA 包涵体经 Source 30 RPC 和 IDA-Sepharose FF 纯化后的 SDS-PAGE 检测图

M—标准蛋白；1 ～ 4—反相色谱（Source 30 RPC）的 P1 ～ P4 洗脱峰；
5—亲和色谱（IDA-Sepharose FF）的洗脱峰

⑤ 包涵体复性：包涵体复性的主要方法分为液相复性和固相色谱复性两大类。液相复性是一种传统的常用方法，包括透析、稀释和透滤复性三种方式。透析法耗时较长，且容易形成无活性的蛋白质聚集体；透滤法通过超滤实现复性，速度较快，但蛋白质在超滤过程中容易在滤膜上聚集并引起堵塞，限制了其应用；稀释法则因其简单性和高效性成为最常用的方法，尤其适用于未知包涵体蛋白质的复性研究。然而，这种方法要求低蛋白质浓度，因而处理的料液量较大，不利于工业化放大。近年来，将色谱方法应用于蛋白质的折叠复性，引起了研究者的极大兴趣，发展了多种固相色谱复性方法。这些方法能有效脱除变性剂、促进蛋白质折叠、分离杂蛋白，并便于变性剂的回收。在本例中，采用凝胶过滤色谱对Trx-r-PA包涵体进行柱上复性。

使用的色谱柱为XK16/70（1.6cm×65cm），介质选择为Sephacryl S系列（S-200、S-300、S-400），床高为65cm。复性液（0.1mol/L Tris、1mmol/L EDTA、5mmol/L GSH、0.5mmol/L GSSG、2.0mol/L尿素，pH 8.6）用于平衡凝胶柱，直至基线稳定。上样和洗脱复性时的流速均为0.3ml/min，上样量约占柱体积的1.5%。收集到的目的蛋白在室温（25℃）下放置20h后取样测定活性。色谱过程在冷藏条件下（6℃）进行。色谱曲线见图13-18，复性结果见表13-3。

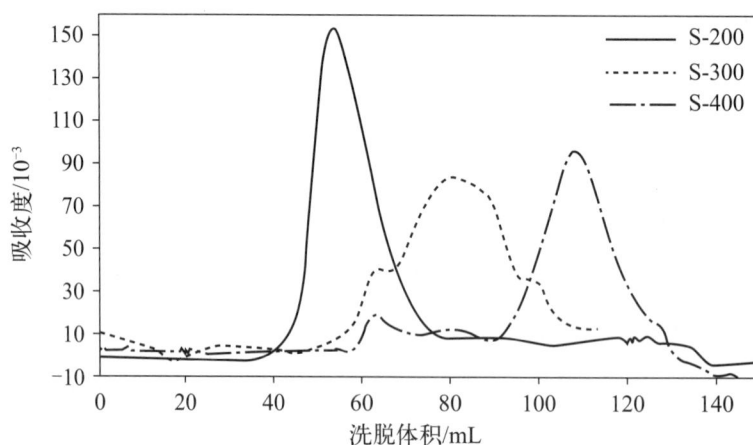

图 13-18　Trx-r-PA 在 Sephacryl S 系列凝胶柱上复性图谱

表 13-3　Trx-r-PA 在 Sephacryl S-200、S-300 和 S-400 柱上复性结果比较

项　　目	S-200	S-300	S-400
样品活性/（IU/mL）	812	503	214
样品体积/mL	43.0	54.6	63.2
总酶活/IU	34916	27447	13495

从图13-18和表13-3中关于柱上复性的结果来看，在上样量和复性条件相同的情况下，使用Sephacryl S-200介质的复性效果表现最为优异，其次是S-300，而S-400的效果相对较差。这种差异可能源于S-200介质的颗粒孔径较小，从而在一定程度上能够抑制变性蛋白的聚集。相较之下，随着S-300和S-400介质颗粒孔径的增大，当孔径足够大以至于变性蛋白质分子能够自由进入凝胶颗粒内部时，其抑制聚集的作用就显著减弱。

（2）可溶性重组蛋白的分离纯化

在大肠杆菌中表达的重组蛋白通常同时存在可溶性蛋白和包涵体蛋白的形式。鉴于包涵体需要经历复性过程才能变成具有活性的产品，且其复性效率通常不高，许多研究者因此专注于研究减少包涵体形成和提高可溶性蛋白表达的策略。目前的主流理论是通过改变蛋白质折叠中间体的形成速率来减少中间体之间的相互作用，并加速正确折叠的形成，以构建天然结构。具体的方法包括：① 与分子伴侣或折叠酶共同表达；② 与溶解性较高的蛋白质融合表达，常用的融合标签包括 GST、Trx 和 Nus 蛋白；③ 选择有利于形成二硫键的表达宿主，研究显示二硫键的形成对可溶性表达有利；④ 改变发酵条件以提高溶解性，例如降低发酵温度或调整其他发酵条件，以减少蛋白质聚集并增加其溶解性。

可溶性重组蛋白的分离纯化过程可以省去复性步骤，简化了整个纯化流程。然而，对于融合表达的重组蛋白，纯化后需要通过特定蛋白酶进行酶切以去除融合标签，这增加了酶切和后续纯化的步骤。因此，必须优化分离纯化工艺以降低成本。

接下来，以谷胱甘肽-S-转移酶-偶氮还原酶（GST-azoreductase）和谷胱甘肽-S-转移酶-白细胞介素-11（GST-IL-11）融合蛋白的分离纯化为例，来说明可溶性重组蛋白的分离纯化过程。谷胱甘肽-S-转移酶（GST）在重组蛋白的融合表达中常作为增加可溶性的融合标签使用，同时也是亲和色谱纯化的标签。带有 GST 标签的融合蛋白能够与谷胱甘肽亲和色谱介质特异性结合。因此，重组融合蛋白的粗提液经过一步亲和色谱就可以实现纯化。为了从融合蛋白中分离出 GST，构建过程中在 GST 和目标蛋白之间设计了特定的蛋白酶酶切位点（例如凝血酶或肠激酶位点）。这样，经过相应蛋白酶处理的纯化融合蛋白就可以产生最终的重组目标蛋白。

GST-azoreductase 融合蛋白是通过将偶氮还原酶（azoreductase）基因重组到表达载体 pGEX-4T-1 上获得的。该融合蛋白在大肠杆菌中表达后，可以通过特定的分离纯化工艺流程进行处理，该流程如图 13-19 所示。可溶性重组蛋白的分离纯化过程无需包涵体的制备与复性步骤。若设计了纯化标签，可直接从工程菌中提取重组蛋白，并通过一步亲和色谱获得高纯度的融合蛋白。因此，与包涵体分离纯化工艺相比，可溶性重组蛋白的纯化过程大为简化。

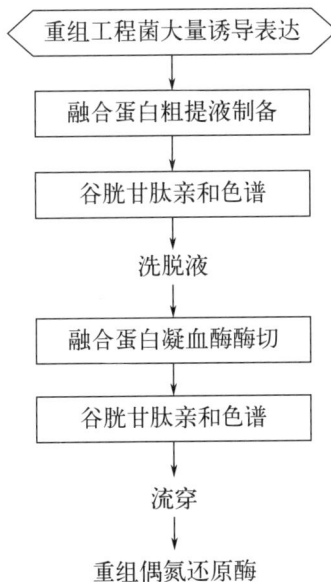

图 13-19　GST-偶氮还原酶融合蛋白纯化工艺流程图

通过SDS-PAGE检测可以发现，纯化后GST-偶氮还原酶纯度显著提高，仅能在44kDa处检测到单一条带（图13-20）。尽管如此，由于GST标签分子量较大，其条带位置与天然蛋白不同，而该标签可能会影响蛋白质的活性，因此常常需要切除融合标签。常用的标签切除方法需进一步添加蛋白酶酶切和二次亲和色谱两个步骤，从而在大规模生产中增加了纯化成本。

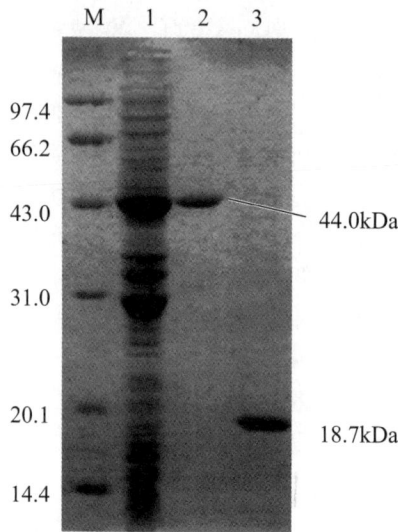

图13-20　重组偶氮还原酶纯化过程SDS-PAGE检测图

M—标准蛋白；1—粗酶；2—纯化的GST-偶氮还原酶融合蛋白；3—重组偶氮还原酶

为了进一步优化工艺，研究者开始探索在亲和色谱柱上直接进行酶切的方法。以GST-IL-11融合蛋白为例，其亲和色谱柱上酶切的纯化工艺如图13-21所示。此工艺明显简化了融合蛋白的纯化步骤，只需一步亲和色谱就可获得目标产品，这对于大规模生产具有重要价值。

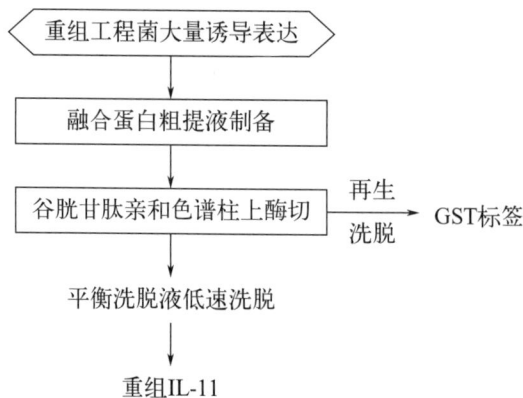

图13-21　GST-IL-11融合蛋白亲和色谱柱上酶切纯化工艺流程图

具体的纯化过程包括：

① 融合蛋白粗提液的制备：重组IL-11工程菌经高密度发酵后，菌体通过冷冻离心收集。经高压匀浆破菌和离心后，得到GST-IL-11融合蛋白粗提液。

② 亲和色谱柱上酶切：将融合蛋白粗提液上样至预先用平衡液（50mmol/L Tris，pH 7.5）平衡好的 GST-Agarose 亲和色谱柱，随后用平衡液平衡至基线。加凝血酶液至介质中，静置 1.0h，然后以低速使用平衡洗脱液（平衡液加 0.15mol/L NaCl 和 2.5mmol/L CaCl₂，pH 7.5）洗脱，收集目的蛋白。使用三种再生洗脱液处理亲和柱进行再生，分别为洗脱液 A、B 和 C。洗脱液 A 的组成为 10mmol/L GSH、0.15mol/L NaCl、50mmol/L Tris，pH 7.5；洗脱液 B 的组成为 0.5mol/L NaCl、0.1mol/L NaAc，pH 4.5；洗脱液 C 的组成为 0.5mol/L NaCl，50mmol/L Tris，pH 7.5。随后进行 SDS-PAGE 电泳检测（结果如图 13-22 所示）。

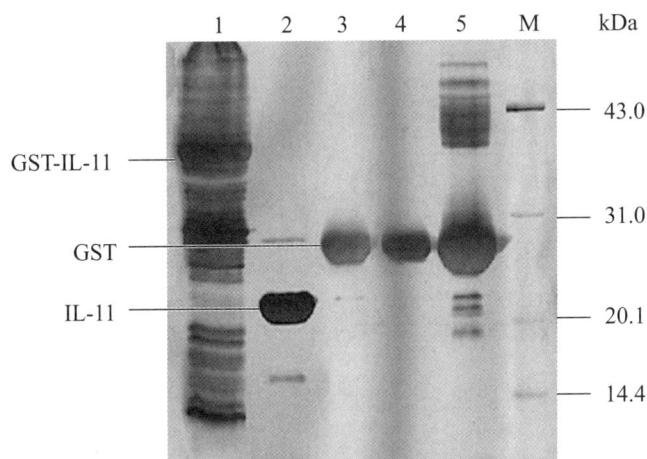

图13-22　GST-IL-11 融合蛋白的柱上酶切 SDS-PAGE 电泳图

1—GST-IL-11 融合蛋白粗提液；2—酶切后的平衡液洗脱组分；3—再生洗脱液 A 洗脱组分；
4—再生洗脱液 B 洗脱组分；5—再生洗脱液

由图 13-22 可见，经过谷胱甘肽亲和柱的纯化和柱上酶切后，IL-11 的纯度超过 95%（如泳道 2 所示），酶切效率达到 98% 以上。重复实验表明，工具酶（凝血酶）对亲和柱未造成显著损坏。图中的泳道 3、4、5 显示了使用三种再生洗脱液处理亲和柱并进行再生时的情况，表明 GST 亲和介质即便对没有融合标签的蛋白质也有一定的亲和作用（泳道 5），但这种非特异性的结合可以通过使用不同缓冲液进行洗脱而达到分离效果。

13.2.3　生物纳米粒子的分离纯化

13.2.3.1　腺病毒载体疫苗的纯化

腺病毒是一种经过充分表征和广泛研究的病毒载体，具有感染分化和未分化细胞的能力，同时不整合进宿主基因组。由于感染后通常仅引起轻微疾病，腺病毒被认为是一种安全的载体，广泛应用于基因治疗、溶瘤病毒治疗和病毒载体疫苗。

腺病毒是一种较大的非包膜双链 DNA 病毒，其分子质量约为 150MDa，颗粒直径约为 95nm。其外壳主要由带负电荷的 Hexton 蛋白组成，这使得病毒颗粒表面带有大量负电荷。因此，在纯化过程中，阴离子交换色谱成为捕获步骤的首选方法。然而，不同血清型的腺病毒外壳蛋白存在差异，这要求在下游纯化工艺中进行精细调整，以确保对于特定血清型的纯化过程的有效性和特异性。

例：重组腺病毒载体新冠疫苗纯化工艺

在开发重组腺病毒载体新冠疫苗的过程中，选择腺病毒载体是关键。腺病毒根据遗传和抗原特性上的差异可被分为不同的血清型，其中5型腺病毒（Ad5）因其高效的基因传递能力和明显的免疫激活特性成为最广泛研究和应用的一类。Ad5载体疫苗的生产过程中除了需要进行改造去除其病原特征，保障疫苗安全性之外，在纯化过程中，还需要考虑病毒颗粒的稳定性。以下为一典型的腺病毒纯化工艺路线，主要步骤包括细胞裂解、澄清、核酸酶处理、浓缩换液、捕获色谱、精纯色谱步骤等（图13-23）。

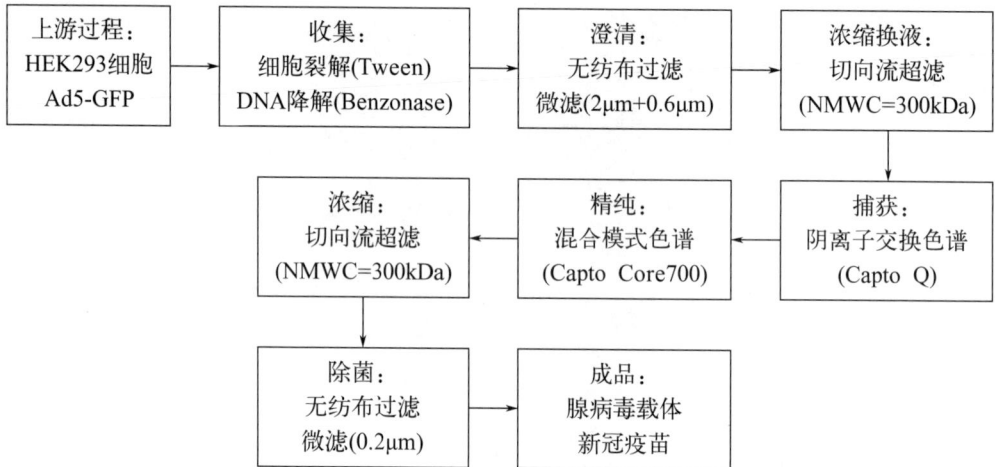

图13-23　重组腺病毒载体新冠疫苗纯化工艺路线

① 收集与细胞裂解：腺病毒属于非裂解病毒，需要进行细胞裂解将病毒从其宿主细胞中释放出来。通常使用非离子型去污剂进行细胞膜的溶解从而促进病毒从宿主细胞中的释放，然而最常用的Triton X-100存在知识产权的限制（Annex XIV），仅能用于研究目的。因此，在此纯化工艺中探究了Tween系列表面活性剂的细胞裂解效果。研究发现，使用0.5%的Tween 20和Tween 80处理会得到更多完整细胞，用Tween 80处理所需浓度更低，活性更高。通过测定六邻体Hexon病毒释放和感染滴度，结果表明其病毒释放效果与Triton X-100和冻融处理类似。2h的孵育时间后，细胞不会进一步裂解，5×10^6个/mL细胞浓度以下其裂解效率也不会受到影响。

② 核酸酶处理：核酸酶使用Benzonase，浓度为20 U/mL，并加入1mmol/L $MgCl_2$，然后在反应器中37℃、200r/min混合4h。

③ 澄清：该步骤主要通过常规过滤结合膜分离进行。经过对多种澄清过滤组合进行研究，最终基于处理载量、杂质去除、病毒回收率和浊度水平的整体考虑，优化了无纺布过滤结合逐级微滤（滤膜孔径：2μm和0.6μm）的澄清过滤工艺。

④ 浓缩换液：使用截留分子量为300kDa的中空纤维进行浓缩和换液。先进行5倍浓缩，再使用5倍体积的洗滤换液到含20mmol/L Tris、300mmol/L NaCl，pH=8的溶液中，以便进行下一步的阴离子色谱。跨膜压为0.3bar（1bar=10^5Pa），剪切速率3000s^{-1}。

⑤ 阴离子色谱捕获：基于带负电荷的Hexton蛋白，通过阴离子交换色谱进行捕获结合是一种经济有效的初级分离手段。对多种阴离子填料进行筛选评价，测定了多种阴离子色谱介质在不同NaCl浓度时的病毒动态结合载量（DBC）。结果如图13-24所示。

	NaCl							
	0mmol/L	100mmol/L	200mmol/L	300mmol/L	350mmol/L	400mmol/L	450mmol/L	480mmol/L
Capto Q	$1.51×10^{11}$		$2.32×10^{11}$	$3.78×10^{11*}$	$3.78×10^{11*}$	$3.78×10^{11*}$		
Capto Q ImpRes	$1.81×10^{11}$	$2.01×10^{11}$	$2.12×10^{11}$	$3.75×10^{11*}$	$5.63×10^{11*}$	$7.04×10^{11*}$	$7.04×10^{11*}$	$6.57×10^{11*}$
Capto adhere	$1.61×10^{11}$	$1.61×10^{11}$	$1.31×10^{11}$					
Capto adhere ImpRes	$2.22×10^{11}$	$2.22×10^{11}$	$2.01×10^{11}$	$2.12×10^{11}$				
Capto DEAE	$1.21×10^{11}$			$3.02×10^{11}$				
Q Sepharose Fast Flow		$9.07×10^{10}$	$1.01×10^{11}$					
Q Sepharose XL	$1.21×10^{11}$		$2.22×10^{11}$	$2.01×10^{11}$				
DEAE Sepharose Fast Flow	$1.31×10^{11}$		$9.07×10^{10}$					
ANX Sepharose Fast Flow	$1.11×10^{11}$		$1.11×10^{11}$					

图13-24 不同阴离子交换填料对腺病毒5的动态结合载量（VP/mL）

Capto Q ImpRes和Capto Q载量较高，后续的优化试验表明二者都可以用线性梯度洗脱的方式将腺病毒与杂质进行有效分离。两种填料在腺病毒纯化中各有优势，Capto Q的杂质去除效果更好，而Capto Q ImpRes的载量更高（图13-25）。后续纯化中Capto Core 700可以将利用Capto Q ImpRes处理后残留的杂质去除到检测限以下，考虑到高载量的经济优势，Capto Q ImpRes要优于Capto Q。与此同时，其他阴离子填料例如Q Sepharose XL、Capto DEAE等仍然可以作为捕获步骤的候选填料。洗脱方式实验中，梯度洗脱中病毒完全洗脱所需盐浓度显著高于线性梯度洗脱，而洗脱盐浓度越高，未完全降解的大片段DNA与病毒共同洗脱的风险越大，因此线性洗脱更适合腺病毒的纯化。

样品：在20mmol/L Tris，pH8.0+450mmol/L NaCl中进行直流过滤(NFF)和切向流过滤(TFF)处理的粗提物
树脂：Capto Q ImpRes
色谱柱：HiScale 26(内径26mm的色谱柱)
装载量：$5.6×10^{11}$ VP/mL(以树脂计，VP表示病毒颗粒数)
结合缓冲液：20mmol/L Tris，pH8.0+450mmol/L NaCl，2mmol/L $MgCl_2$
洗涤：2CV 20mmol/L Tris，pH8.0+480mmol/L NaCl，2mmol/L $MgCl_2$
洗脱缓冲液：20mmol/L Tris，pH8.0+450～570mmol/L NaCl，2.5CV，2mmol/L $MgCl_2$
系统：ÄKTA pure 150

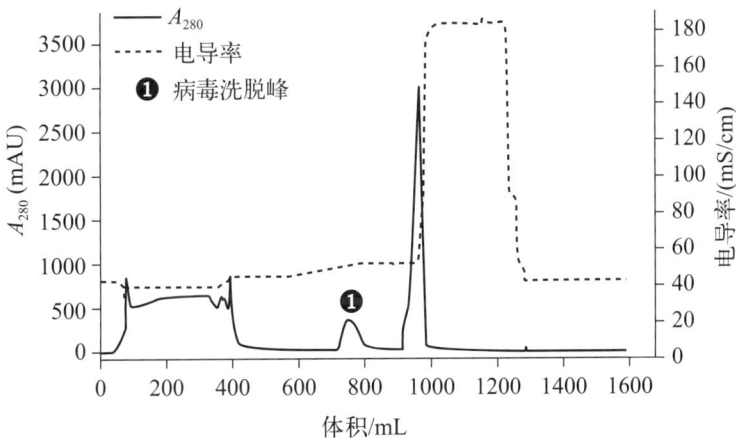

图13-25 Capto Q ImpRes用于腺病毒纯化捕获步骤

⑥ 分子筛/复合模式色谱精纯：精纯步骤可选用凝胶过滤色谱或复合模式色谱。对于Capto Core 700和Sepharose 4 Fast Flow，二者在腺病毒纯度上的表现类似，但Capto Core 700

在上样量上显著优于Sepharose 4 Fast Flow，前者上样体积可高达30 CV，而后者上样体积仅0.1CV。同时用Capto Core 700纯化得到的病毒收率要更高（图13-26）。

样品：捕获步骤后的洗脱液
树脂：Capto Core 700
柱子：HiScale 16
装载：9CV Capto Q ImpRes洗脱液
结合缓冲液：20mmol/L Tris，pH8.0+500mmol/L NaCl，2mmol/L MgCl$_2$
洗涤：1.5CV的结合缓冲液
系统：ÄKTA pure 150

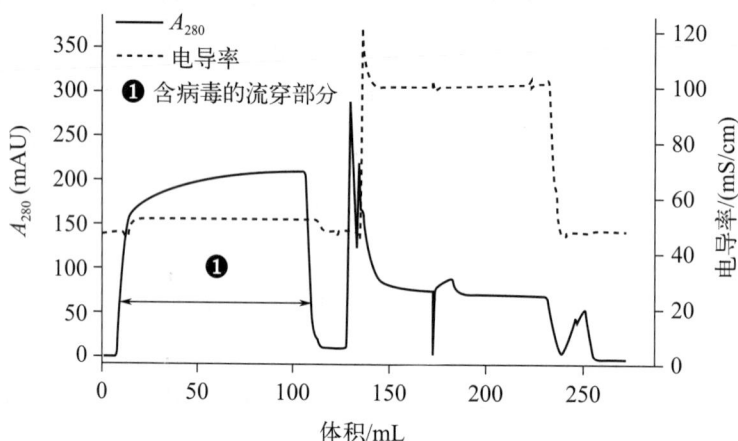

图 13-26　Capto Core 700用于腺病毒纯化的精纯步骤

腺病毒载体疫苗的纯化是一个涉及多个精密步骤的复杂过程，旨在保障最终疫苗制品的安全性、纯度和活性。从初始的细胞裂解、核酸酶处理到澄清、浓缩换液，再到阴离子交换色谱的捕获和分子筛或复合模式色谱的精纯，每一步骤都要精心设计以优化病毒回收率和杂质去除效率。本工艺通过对不同色谱介质的筛选和优化，确立了一个经济有效的纯化方案，特别是在捕获和精纯阶段的Capto Q ImpRes和Capto Core 700的应用，显著提升了纯化效率，同时降低了成本。这一工艺不仅适用于Ad5载体疫苗的生产，还可为其他腺病毒血清型疫苗的研发提供技术参考。在未来，随着新型腺病毒载体的不断涌现和纯化技术的进一步发展，这些工艺还将被持续优化，以满足公共卫生需求和应对可能出现的新挑战。

13.2.3.2　细胞外囊泡的分离纯化

细胞外囊泡（extracellular vesicles，EV）是由各种类型细胞分泌到周围环境中的纳米至微米大小的膜结构颗粒。这些囊泡具有多样的生物学功能，它们可以在细胞与细胞之间传递蛋白质、脂质、RNA和DNA等生物大分子，从而在疾病模型、免疫调节、细胞间通信以及组织修复等方面发挥作用。细胞外囊泡可以根据它们的大小、生物生成途径和分子组成被进一步分类。主要类型包括外泌体（exosomes）、微囊泡（microvesicles）和凋亡小体（apoptotic bodies）。外泌体一般较小，直径约为30～150nm，由内吞过程中形成的内泡体释放；微囊泡直径通常在100～1000nm范围，是直接从细胞膜外突而生成；而凋亡小体通常与细胞凋亡过程有关，大小可变，含有细胞残骸。

细胞外囊泡因其独特的分子组成和结构特性在再生医学、药物递送、功能食品与皮肤科学中获得广泛的研究与应用。此外，研究细胞外囊泡对于理解细胞通信机制以及识别疾病生物标志物也具有重要意义。无论应用于哪个领域，都需先进行细胞外囊泡的分离纯化。然而，目前从血液、细胞培养液或其他源材料中获得高纯度的细胞外囊泡仍是该领域面临的一大难题。

本教材第3章已介绍了如何利用差速离心、超速离心和密度梯度离心技术从细胞培养液中获得高纯度的细胞外囊泡；第5章中，我们还介绍了基于等电点沉淀和PEG沉淀技术的细胞外囊泡提取策略，并利用密度梯度离心进行精纯。第9章中，还介绍了如何利用磁分离技术进行细胞外囊泡的纯化。除此之外，本教材中介绍的多种生物分离技术均可实现细胞外囊泡的分离纯化，包括膜分离、双水相萃取、各种色谱等。接下来将着重介绍基于膜分离和色谱的细胞外囊泡纯化方案，这些方案中也联用了其他分离手段以提高纯化效率。

（1）基于膜分离技术的细胞外囊泡纯化

用于细胞外囊泡纯化的膜分离技术主要是超滤技术。超滤法纯化细胞外囊泡主要是基于尺寸效应进行分离，使用超滤不仅可以滤除大颗粒杂质以及小尺寸的蛋白质等杂质，获得高纯度的细胞外囊泡，还能对样品进行浓缩换液处理，同时具有快速、稳定、自动化处理和高重复利用率等优势，使得该技术成为传统超速离心策略的理想替代方案。超滤依据压力和液流方向的不同分为死端超滤（dead-end ultrafiltration）和切向流超滤（tangential flow ultrafiltration）两种形式。死端超滤的分离压力垂直作用于滤膜，产生的剪切力较大，可能破坏细胞外囊泡的完整性，同时也容易造成滤膜的堵塞。而切向流超滤产生的剪切力较小，不易造成滤膜堵塞，样品可以循环多次以提高样品纯度。用于细胞外囊泡分离的切向流超滤系统通常运用串联配置，即样本依次通过设置有不同尺寸排阻限制的两个以上滤器，大颗粒杂质首先会被大截留孔径（如0.65μm）的滤膜截留，而更小的杂质颗粒如蛋白质则会通过孔径更小的滤器（如500kDa）去除，最终目标囊泡则保留在超滤装置内（图13-27）。鉴于切向流超滤的独特优势，以中空纤维膜为基础的切向流超滤技术已广泛应用于各类细胞外囊泡的纯化。

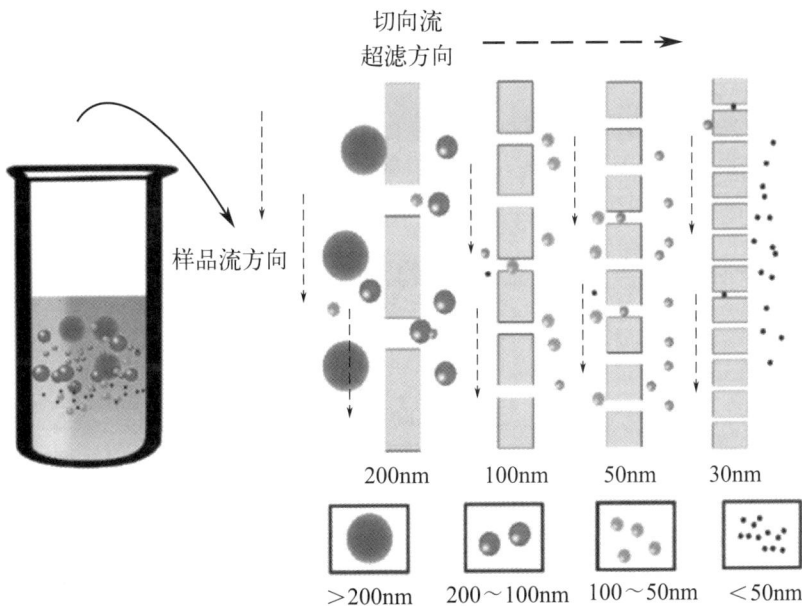

图13-27　基于切向流超滤的细胞外囊泡纯化策略

例1: 乳腺癌细胞中细胞外囊泡（EV）纯化

以下是一个乳腺癌细胞中细胞外囊泡（EV）纯化的工艺步骤：

① 样品收集：使用含有10%无细胞外囊泡血清的培养基培养乳腺癌细胞MDA-MB-231。培养48h（细胞达到约90%的融合度）后收集培养基。

② 初步离心：将收集的样品进行初步离心，如800g离心30min，以去除死细胞和大型细胞碎片。

③ 切向流过滤（TFF）系统准备：使用适当的切向流过滤系统（如KrosFlo Research 2i TFF系统），选择安装0.65μm和500kDa截留分子量的聚醚砜超滤膜，并用无菌PBS清洗滤膜。

④ 超滤膜分离：将样品装入TFF装置，以蔗糖缓冲液（含5%蔗糖、50mmol/L Tris和2mmol/L MgCl$_2$的缓冲液）作为平衡缓冲液，并设置特定的流速（流速80mL/min，剪切速率2000s^{-1}）。首先，使用0.65μm孔径的中空纤维去除细胞碎片，然后通过截留分子量为500kDa的中空纤维去除其他游离的生物分子。

⑤ 浓缩：继续使用蔗糖缓冲液进行超滤，并降低样品液体积至6～9mL，最终获得浓缩的样品，进行下游的免疫印迹分析、纳米颗粒追踪分析和透射电镜表征等。

（2）基于色谱分离技术的细胞外囊泡纯化

在细胞外囊泡的纯化过程中，最主要的挑战之一是如何有效去除样品中的杂质，尤其是蛋白质杂质。特别是在处理血液、牛奶等蛋白含量较高的样本时，这一挑战变得尤为突出。传统的超速离心法虽然被视为金标准，但在处理高蛋白含量样本时，蛋白质往往会与EV共沉淀，导致样品中的杂质含量较高。虽然可以通过多次超速离心来尝试减少杂质，但这种方法往往会对EV的结构和功能造成损害，同时也会导致高损失率和低收率。此外，密度梯度离心虽然可以提高纯化效果，但操作复杂，耗时长，且对设备要求较高。

因此，色谱技术，尤其是凝胶过滤色谱，因其独特的优势而成为EV纯化的重要手段。SEC通过利用凝胶介质的孔径差异，能够有效地分离不同大小的分子和颗粒，从而实现EV和蛋白质等杂质的分离。当选用合适的凝胶填料孔径时，EV由于粒径较大，首先从凝胶过滤色谱柱中流出，而杂质蛋白因进入凝胶孔径中，洗脱时间长，从而得以分离。与超速离心相比，凝胶过滤色谱提供了一种更为温和、破坏性小的分离方式，有助于保持EV的完整性和功能，因此也成为目前分离细胞外囊泡的常规手段，国内外均有多款基于凝胶过滤色谱的EV纯化填料和预装柱。例如，Cytiva公司研发的Sepharose系列填料、IZON公司生产的qEV系列色谱柱以及恩泽康泰公司生产的Exosupur试剂盒等。

例2: 基于凝胶过滤色谱的细胞外囊泡纯化

以下为结合差速离心、等电点沉淀、膜分离、超速离心和凝胶过滤色谱纯化牛乳细胞外囊泡的工艺路线（图13-28）。

① 差速离心：新鲜的生牛乳在4℃下以2000g低速离心10min，去除脂肪球和其他牛源细胞；接着在4℃、10000g条件下高速离心30min去除细胞碎片和脂肪残留。

② 等电点沉淀：将上清液用乙酸酸化至pH=4.6，使酪蛋白发生等电点沉淀。在酸化后，样品孵育10min，然后在10000g下离心15min，分离酪蛋白聚集物。

③ 膜分离：将沉淀上清液依次通过1μm和0.45μm聚醚砜（PES）滤膜进行膜分离，滤除残留的大颗粒杂质。

④ 超速离心：将膜分离后的溶液在100000g下超离心70min，获得EV粗提物。

⑤ 凝胶过滤色谱纯化：将沉淀的 EV 重悬于 PBS 中，并装载到 qEV 色谱柱上。通过 PBS 进行淋洗，每 2mL 一管收集流出液，结合分光光度检测器确定 EV 的洗脱体积，并收集富含 mEV 的洗脱液（约 14～20mL）。

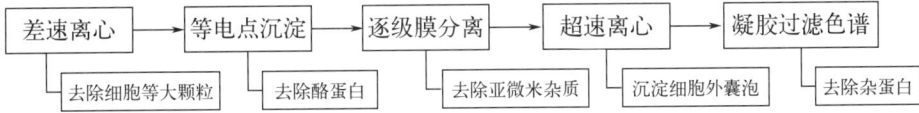

差速离心 → 等电点沉淀 → 逐级膜分离 → 超速离心 → 凝胶过滤色谱

去除细胞等大颗粒 | 去除酪蛋白 | 去除亚微米杂质 | 沉淀细胞外囊泡 | 去除杂蛋白

图13-28 基于凝胶过滤色谱的牛乳细胞外囊泡纯化工艺

最终，通过电子显微镜、纳米流式分析技术、BCA 蛋白质定量检测等方法确认经过凝胶过滤色谱后 EV 的纯度显著提高，并且结构完整性不受影响。

例3：基于离子交换色谱的细胞外囊泡纯化

由于细胞外囊泡与溶液中的各杂质组分通常具有不同的电荷强度，因此也可通过离子交换色谱来进行纯化。以下是一种使用阴离子交换色谱纯化细胞毒性 T 淋巴细胞（CTLs）来源 EV 的工艺。

① 样品收集：CTLs 细胞使用 RPMI-1640 培养基及 10% 无 EV 的血清进行培养，培养后 10000g 离心 20min 去除细胞，收集上清液；

② 膜分离浓缩：依次使用 0.45μm 和 0.22μm 的滤膜过滤上清液，去除细胞碎片及聚集的蛋白杂质。滤后的细胞上清液使用 750kDa 中空纤维膜柱进行分离和浓缩，流速设置为 50mL/min，分离并浓缩 20 倍后使用 PBS 进行洗滤；

③ 阴离子交换色谱：洗滤后的样品使用阴离子色谱柱（DEAE）进行纯化。使用 50mL 的 DEAE 色谱柱对 4 L 细胞培养上清液进行纯化，纯化过程使用含 10mmol/L Tris-HCl、0.15mol/L NaCl，pH 7.4 的溶液平衡。上样后使用 5 倍柱体积，浓度为 0.15～0.8mol/L 的 NaCl 进行线性梯度洗脱，并按 3.5mL 每管进行收集。洗脱后的 EV 直接被置换到低盐溶液中（含 10mmol/L Tris-HCl、0.15mol/L NaCl，pH 7.4）进行下游应用。

结果显示在线性洗脱过程中，通过组分收集共收集到 2 个组分，Fr20 和 Fr26，超滤浓缩及阴离子交换两步纯化总回收率约 66.4%，高于使用超速离心方法的回收率（约 45%）。经过后续功能的鉴定，发现 Fr20 在对肿瘤的清除、抑制肿瘤转移等方面优于 Fr26（图 13-29）。

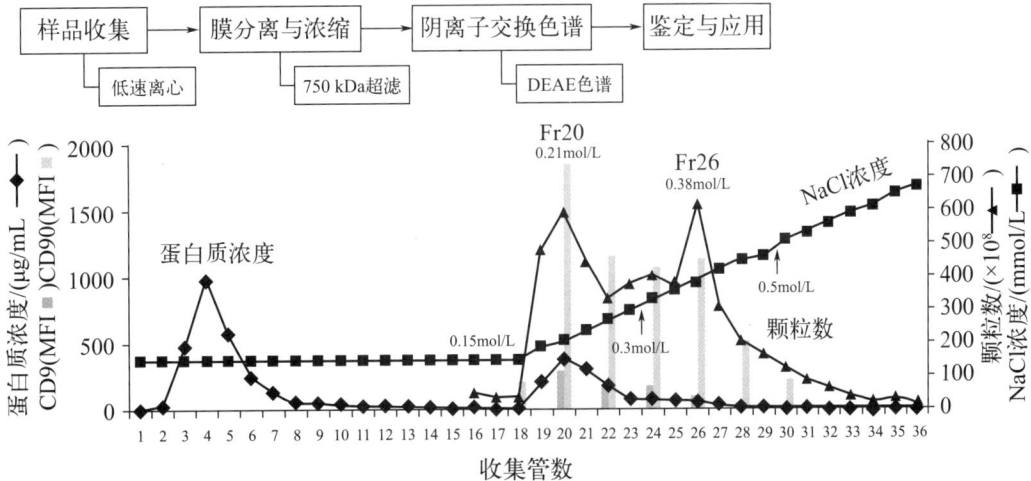

样品收集 → 膜分离与浓缩 → 阴离子交换色谱 → 鉴定与应用

低速离心 | 750 kDa超滤 | DEAE色谱

图13-29 基于阴离子交换色谱的CTLs细胞外囊泡纯化工艺及色谱曲线

◆ 参考文献 ◆

[1] 杜翠红, 邱晓燕. 生化分离技术原理及应用. 北京: 化学工业出版社, 2011.

[2] 胡永红, 刘凤珠, 韩曜平. 生物分离工程. 武汉: 华中科技大学出版社, 2015.

[3] 纪蓓, 朱明军, 梁世中. 反胶束萃取技术在生物工程中的应用. 食品与发酵工业, 2002, 28: 62.

[4] 梁晓嫒, 李隆云, 白志川. 青蒿中青蒿素提取工艺研究进展. 重庆理工大学学报 (自然科学), 2013, 27: 32-38.

[5] 欧阳平凯, 胡永红, 姚忠. 生物分离原理及技术. 北京: 化学工业出版社, 2019.

[6] 苏勇, 易进华, 李军, 等. 人组织性纤溶酶原激活物衍生物在大肠杆菌硫氧化还原蛋白融合表达系统中的表达. 中国生物工程杂志, 2000, 20: 63-67.

[7] 孙彦. 生物分离工程. 北京: 化学工业出版社, 2013.

[8] 谭显东, 张成刚, 常志东, 等. 青霉素萃取分离技术研究进展. 中国抗生素杂志, 2005, 30: 380-384.

[9] 田国贺, 赵艳, 孙海涛, 等. 反相高效液相色谱法测定刺五加叶中绿原酸和金丝桃苷含量. 品牌与标准化, 2023 (6): 86-88.

[10] 危凤. 纤维素三苯基氨基甲酸酯手性固定相的研制与奥美拉唑的手性色谱分离. 杭州: 浙江大学, 2003.

[11] 魏明辉, 李朝波, 孟范义, 等. L-色氨酸分离纯化工艺改进的探讨. 粮食与食品工业, 2023, 30: 51-52, 57.

[12] 辛秀兰. 生物分离与纯化技术. 北京: 科学出版社, 2008.

[13] 张朝正, 吴兆亮, 李瑸, 等. 多元萃取体系萃取林可霉素的机理研究. 中国抗生素杂志, 2005, 30: 42-44.

[14] 张昊, 武浩然, 杨欣, 等. 膜技术在单克隆抗体分离纯化中的应用研究进展. 膜科学与技术, 2023, 43: 150-158.

[15] Appaiahgari M B, Vrati S. Adenoviruses as Gene/Vaccine Delivery Vectors: Promises and Pitfalls. Expert Opin. Biol. Ther., 2015: 15: 337-351.

[16] Belew M, Li Y M, Zhang W, et al. Purification of Recombinant Human Serum Albumin (RHSA) Produced by Genetically Modified Pichia Pastoris. Sep. Sci. Technol., 2008, 43: 3134-3153.

[17] Block H, Maertens B, Spriestersbach A, et al. Immobilized-Metal Affinity Chromatography (IMAC): A Review. Methods Enzymol., 2009, 463: 439-473.

[18] Bonnerjea J, Oh S, Hoare M, et al. Protein purification: The right step at the right time. Bio/Technology (现 Nature Biotechnology), 1986, 4(11): 954-958.

[19] Burdett V. Purification and Characterization of Tet (M), a Protein That Renders Ribosomes Resistant to Tetracycline. J. Biol. Chem., 1991, 266: 2872-2877.

[20] Burgess R R. Protein Precipitation Techniques. Methods Enzymol., 2009, 463: 331-342.

[21] Cao M J, Osatomi K, Hara K, et al. Purification of a Novel Myofibril-Bound Serine Proteinase Inhibitor (MBSPI) from the Skeletal Muscle of Lizard Fish. Comp. Biochem. Physiol. B: Biochem. Mol. Biol., 2001, 128: 19-25.

[22] Cao M J, Osatomi K, Matsuda R, et al. Purification of a Novel Serine Proteinase Inhibitor from the Skeletal Muscle of White Croaker (*Argyrosomus argentatus*). Biochem. Biophys. Res. Commun., 2000, 272: 485-489.

[23] Cao M J, Wu G P, Guo C, et al. Expression of Chicken Interleukin-2 in Insect Cells. Biochemistry (Moscow), 2005, 70: 1223-1226.

[24] Cascaval D, Oniscu C, Cascaval C. Selective Separation of Penicillin V from Phenoxyacetic Acid Using Liquid Membranes. Biochem. Eng. J., 2000, 5: 45-50.

[25] Chankvetadze B. Recent Trends in Preparation, Investigation and Application of Polysaccharide-Based Chiral Stationary Phases for Separation of Enantiomers in High-Performance Liquid Chromatography. TrAC, Trends Anal. Chem., 2020, 122: 115709.

[26] Gupta A, Yan D. Mineral Processing Design and Operations (Second Edition). Eds. Amsterdam: Elsevier, 2016: 507-561.

[27] Chen C, Sun M, Liu X, et al. General and Mild Modification of Food-Derived Extracellular Vesicles for Enhanced Cell Targeting. Nanoscale, 2021, 13: 3061-3069.

[28] Chen C, Sun M, Wang J, et al. Active Cargo Loading into Extracellular Vesicles: Highlights the Heterogeneous Encapsulation Behaviour. J. Extracell. Vesicles, 2021, 10: e12163.

[29] Chen C, Wang J, Sun M，et al. Toward the Next-Generation Phyto-Nanomedicines: Cell-Derived Nanovesicles (CDNS) for Natural Product Delivery. Biomed. Pharmacother., 2022, 145: 112416.

[30] Corso G, Mäger I, Lee Y, et al. Reproducible and Scalable Purification of Extracellular Vesicles Using Combined Bind-Elute and Size Exclusion Chromatography. Sci. Rep., 2017, 7: 11561.

[31] Cutler P. Protein Purification Protocols. Springer Science & Business Media, 2008.

[32] D'hondt E, Martin-Juarez J, Bolado S, et al. Cell Disruption Technologies. In Microalgae-Based Biofuels and Bioproducts, Elsevier, 2017: 133-154.

[33] de Sousa P, Tavares P, Teixeira E, et al. Experimental Designs for Optimizing the Purification of Immunoglobulin G by Mixed-Mode Chromatography. J. Chromatogr., 2019, 1125: 121719.

[34] Dong Z, Ye L, Zhang Y, et al. Identification of N-Linked Glycoproteins in Silkworm Serum Using Con a Lectin Affinity Chromatography and Mass Spectrometry. J. Insect Sci., 2021, 21: 14.

[35] Du C, Yi X, Zhang Y. Expression and Purification of Soluble Recombinant Human Endostatin in *Escherichia coli*. Biotechnol. Bioprocess Eng., 2010, 15: 229-235.

[36] Egutkin N, Maidanov V, Nikitin Y E. Extraction of Lincomycin by Organic Solvents. Pharm. Chem. J., 1984, 18: 649-654.

[37] Ettner N, Müller G, Berens C, et al. Fast Large-Scale Purification of Tetracycline Repressor Variants from Overproducing Escherichia Coli Strains. J. Chromatogr., 1996, 742: 95-105.

[38] Galea C, Mangelings D, Vander Heyden Y. Characterization and Classification of Stationary Phases in HPLC and SFC–a Review. Anal. Chim. Acta, 2015, 886: 1-15.

[39] Ghose S, Jin M, Liu J, et al. Integrated Polishing Steps for Monoclonal Antibody Purification. Process scale purification of antibodies, 2017: 303-323.

[40] Grützkau A, Radbruch A. Small but Mighty: How the MACS® - Technology Based on Nanosized Superparamagnetic Particles Has Helped to Analyze the Immune System within the Last 20 Years.

Cytometry Part A, 2010, 77: 643-647.

[41] Günerken E, D'Hondt E, Eppink M, et al. Cell Disruption for Microalgae Biorefineries. *Biotechnol. Adv.*, 2015, 33: 243-260.

[42] Guo C, Cao M J, Liu G M, et al. Purification, Characterization, and CDNA Cloning of a Myofibril-Bound Serine Proteinase from the Skeletal Muscle of Crucian Carp (*Carassius auratus*). J. Agric. Food. Chem., 2007, 55: 1510-1516.

[43] Guo J, Wu C, Lin X, et al. Establishment of a Simplified Dichotomic Size-Exclusion Chromatography for Isolating Extracellular Vesicles toward Clinical Applications. J. Extracell. Vesicles, 2021, 10: e12145.

[44] Hage D S, Anguizola J A, Li R, et al. Liquid Chromatography, Elsevier, 2023: 539-561.

[45] Handbook, Affinity Chromatography, Vol. 1: Antibodies. Cytiva: 18103746.

[46] Handbook, Affinity Chromatography, Vol. 3: Specific Groups of Biomolecules. Cytiva: 18102229.

[47] Handbook, Cytiva: Affinity Chromatography, Vol. 2: Tagged Proteins; 18114275.

[48] Handbook, Hydrophobic Interaction and Reversed Phase Chromatography. Cytiva: 11001269.

[49] Handbook, Lon Exchange Chromatography. Cytiva: 11000421.

[50] Handbook, Multimodal Chromatography. Cytiva: 29054808.

[51] Handbook, Size Exclusion Chromatography. Cytiva: 18102218.

[52] Handbook, Strategies for Protein Purification. Cytiva: 28983331.

[53] Harrison S T. Bacterial Cell Disruption: A Key Unit Operation in the Recovery of Intracellular Products. Biotechnol. Adv., 1991, 9: 217-240.

[54] Hjertén S, Yao K, Eriksson K O, et al. Gradient and Isocratic High-Performance Hydrophobic Interaction Chromatography of Proteins on Agarose Columns. J. Chromatogr. A, 1986, 359: 99-109.

[55] Jiang Y K, Sun L C, Cai Q F, et al. Biochemical Characterization of Chymotrypsins from the Hepatopancreas of Japanese Sea Bass (*Lateolabrax Japonicus*). J. Agric. Food. Chem., 2010, 58: 8069-8076.

[56] Kallel H, Kamen A A. Large-Scale Adenovirus and Poxvirus‐Vectored Vaccine Manufacturing to Enable Clinical Trials. Biotechnol. J., 2015, 10: 741-747.

[57] Kapnissi-Christodoulou C P, Stavrou I J, Mavroudi M C. Chiral Ionic Liquids in Chromatographic and Electrophoretic Separations. J. Chromatogr., 2014, 1363: 2-10.

[58] Kim D K, Nishida H, An S Y, et al. Chromatographically Isolated Cd63+ Cd81+ Extracellular Vesicles from Mesenchymal Stromal Cells Rescue Cognitive Impairments after Tbi. Proceedings of the National Academy of Sciences, 2016, 113: 170-175.

[59] Krishna S H, Srinivas N, Raghavarao K, et al. Reverse Micellar Extraction for Downstream Processing of Proteins/Enzymes. History and trends in bioprocessing and biotransformation, 2002: 119-183.

[60] Kulkarni P S, Sahai A, Gunale B, et al. Development of a New Purified Vero Cell Rabies Vaccine (Rabivax-S) at the Serum Institute of India Pvt Ltd. Expert review of vaccines, 2017, 16: 303-311.

[61] Lapkin A A, Plucinski P K, Cutler M. Comparative Assessment of Technologies for Extraction of Artemisinin. J. Nat. Prod., 2006, 69: 1653-1664.

[62] Lenco J, Jadeja S, Naplekov D K, et al. Reversed-Phase Liquid Chromatography of Peptides for Bottom-up Proteomics: A Tutorial. Journal of Proteome Research, 2022, 21: 2846-2892.

[63] Li X, Li B, Liu M, et al. Core-Shell Metal-Organic Frameworks as the Mixed-Mode Stationary Phase for Hydrophilic Interaction/Reversed-Phase Chromatography. ACS Appl. Mater. Interfaces, 2019, 11: 10320-10327.

[64] Mi X, Fuks P, Wang S C, et al. Protein Adsorption on Core-Shell Particles: Comparison of Capto™ Core 400 and 700 Resins. J. Chromatogr. A, 2021, 1651: 462314.

[65] Minjie C, Kwang J , Monoclonal Antibody Production and Purification of Native Chicken Interleukin-2. Pharmaceutical Biotechnology, 2004, 11: 232-237.

[66] Moldovan R C, Bodoki E, Servais A C, et al. (+) or (−)-1-(9-Fluorenyl) Ethyl Chloroformate as Chiral Derivatizing Agent: A Review. J. Chromatogr. A, 2017, 1513: 1-17.

[67] Morgan D A, Ruscetti F W, Gallo R. Selective in vitro Growth of T Lymphocytes from Normal Human Bone Marrows. Science, 1976, 193: 1007-1008.

[68] Niiranen L, Espelid S, Karlsen C R, et al. Comparative Expression Study to Increase the Solubility of Cold Adapted Vibrio Proteins in *Escherichia coli*. Protein Expression Purif., 2007, 52: 210-218.

[69] O'Farrell P H, High Resolution Two-Dimensional Electrophoresis of Proteins. J. Biol. Chem. 1975, 250: 4007-4021.

[70] Paithankar K, Prasad K. Precipitation of DNA by Polyethylene Glycol and Ethanol. Nucleic Acids Res., 1991, 19: 1346.

[71] Polaris Observatory C. Global Prevalence, Cascade of Care, and Prophylaxis Coverage of Hepatitis B in 2022: A Modelling Study. Lancet Gastroenterol Hepatol, 2023, 8: 879-907.

[72] Raynie D E. Modern Extraction Techniques. Anal. Chem., 2006, 78: 3997-4004.

[73] Rodriguez E L, Poddar S, Iftekhar S, et al. Affinity Chromatography: A Review of Trends and Developments over the Past 50 Years. J. Chromatogr. B, 2020, 1157: 122332.

[74] Sánchez-Trasviña C, Fuks P, Mushagasha C, et al. Structure and Functional Properties of Capto™ Core 700 Core-Shell Particles. J. Chromatogr. A, 2020, 1621: 461079.

[75] Schuette H, Kula M R. Pilot-and Process-Scale Techniques for Cell Disruption. Biotechnol. Appl. Biochem., 1990, 12: 599-620.

[76] Shi Q, Sun Y. Protein a-Based Ligands for Affinity Chromatography of Antibodies. Chin. J. Chem. Eng., 2021, 30: 194-203.

[77] Silva A C, Fernandes P, Sousa M F, et al. Scalable Production of Adenovirus Vectors. Adenovirus: Methods and Protocols, 2014: 175-196.

[78] Singla M, Sit N. Theoretical Aspects and Applications of Aqueous Two‐Phase Systems. ChemBioEng Rev., 2023: 10, 65-80.

[79] Strathmann H. Membrane Separation Processes. J. Membr. Sci., 1981, 9: 121-189.

[80] Sun Z, Lu W, Tang Y, et al. Expression, Purification and Characterization of Human Urodilatin in *E.coli*. Protein Expression Purif., 2007, 55: 312-318.

[81] Sundick R S, Gill-Dixon C. A Cloned Chicken Lymphokine Homologous to Both Mammalian IL-2 and IL-15. Journal of immunology (Baltimore, Md.: 1950), 1997, 159: 720-725.

[82] Sýkora D, Řezanka P, Záruba K, et al. Recent Advances in Mixed‐Mode Chromatographic Stationary

Phases. J. Sep. Sci., 2019, 42: 89-129.

[83] Tan S C, Yiap B C. DNA, RNA, and Protein Extraction: The Past and the Present. Biomed Res. Int., 2009.

[84] Tarafder A, Miller L. Chiral Chromatography Method Screening Strategies: Past, Present and Future. J. Chromatogr. A, 2021, 1638: 461878.

[85] Teixeira J, Tiritan M E, Pinto M M, et al. Chiral Stationary Phases for Liquid Chromatography: Recent Developments. Molecules, 2019, 24: 865.

[86] Ter-Ovanesyan D, Gilboa T, Budnik B, et al. Improved Isolation of Extracellular Vesicles by Removal of Both Free Proteins and Lipoproteins. Elife, 2023, 12: e86394.

[87] Trabelsi K, Zakour M B, Kallel H. Purification of Rabies Virus Produced in Vero Cells Grown in Serum Free Medium. Vaccine, 2019, 37: 7052-7060.

[88] Treleaven J, Ugelstad J, Philip T, et al. Removal of Neuroblastoma Cells from Bone Marrow with Monoclonal Antibodies Conjugated to Magnetic Microspheres. The Lancet, 1984, 323: 70-73.

[89] Wan Y, Cheng G, Liu X, et al. Rapid Magnetic Isolation of Extracellular Vesicles via Lipid-Based Nanoprobes. Nat. Biomed. Eng., 2017, 1(4): 58.

[90] Wang J, Zhang X, Wang H, et al. Purification of Vancomycin by Ultrafiltration. Chinese Journal of Bioprocess Engineering, 2010, 8: 17-21.

[91] Wang L, Lin J. Recent Advances on Magnetic Nanobead Based Biosensors: From Separation to Detection. TrAC, Trends Anal. Chem., 2020, 128: 115915.

[92] Wang L, Wei W, Xia Z, et al. Recent Advances in Materials for Stationary Phases of Mixed-Mode High-Performance Liquid Chromatography. TrAC Trends Anal. Chem., 2016, 80: 495-506.

[93] Wittig I, Braun H P, Schägger, H. Blue native PAGE. Nat. Protoc. 2006,1, 418-428.

[94] Xu M, Zhang Y, Ji D, et al. Expression of Soluble, Biologically Active Recombinant Human Endostatin in Escherichia coli. Protein Expression Purif., 2005, 41: 252-258.

[95] Yan B, Zhou J T, Wang J, et al. Expression and Characteristics of the Gene Encoding Azoreductase from Rhodobacter Sphaeroides ASL. 1737. FEMS Microbiol. Lett., 2004, 236: 129-136.

[96] Yang Y, Su Z, Ma G, et al. Characterization and Stabilization in Process Development and Product Formulation for Super Large Proteinaceous Particles. Eng. Life Sci., 2020, 20: 451-465.

[97] Yi J, Qin Q, Wang Y, et al. Identification of Pathogenic Bacteria in Human Blood Using IgG-Modified Fe_3O_4 Magnetic Beads as a Sorbent and MALDI-TOF MS for Profiling. Mikrochim. Acta, 2018, 185: 542.

[98] Zeugin J A, Hartley J L. Ethanol Precipitation of DNA. Focus, 1985, 7: 1-2.

[99] Zhang J H, Xie S M, Yuan L M. Recent Progress in the Development of Chiral Stationary Phases for High-Performance Liquid Chromatography. J. Sep. Sci., 2022, 45: 51-77.

[100] Zhang L, Dai Q, Qiao X, et al. Mixed-Mode Chromatographic Stationary Phases: Recent Advancements and Its Applications for High-Performance Liquid Chromatography. TrAC Trends Anal. Chem., 2016, 82: 143-163.

[101] Zhao R t, Pei D, Yu P l, et al. Aqueous Two-Phase Systems Based on Deep Eutectic Solvents and Their Application in Green Separation Processes. J. Sep. Sci., 2020, 43: 348-359.

[102] Zhong X, Qin X, Du P, et al. Simultaneous Determination of Ofloxacin Enantiomers in Water by High Performance Liquid Chromatography. Chin. J. Chromatogr., 2018, 36: 1167-1172.